Formeln und Beispiele für den Maschinenbau.

Ein Hilfsbuch für den Unterricht mit besonderer Berücksichtigung der technischen Mittelschulen.

Von

Max Schneider,
Ingenieur.

Mit 280 Textfiguren.

Springer-Verlag Berlin Heidelberg GmbH 1906

ISBN 978-3-662-32168-3 ISBN 978-3-662-32995-5 (eBook)
DOI 10.1007/978-3-662-32995-5
Softcover reprint of the hardcover 1st edition 1906

Alle Rechte, insbesondere das der Übersetzung
in fremde Sprachen, vorbehalten.

# Vorwort.

Vorliegendes Buch verfolgt den Zweck, das Aufsuchen und die Anwendung von Formeln über die verschiedenen Zweige des allgemeinen Maschinenbaues leicht und schnell zu ermöglichen. Es sind deshalb die wichtigsten Formeln der Mechanik, Wärmelehre, Festigkeitslehre, Maschinenelemente, Krane, Dampfkessel, Dampfmaschinen, Schwungräder und Regulatoren, Pumpen, Wasserräder, Turbinen, Verbrennungsmotoren, des Eisenbahnwesens, der Motorwagen und der Bauwerke zusammengestellt und durch zahlreiche ausgeführte Rechnungsbeispiele erläutert.

Dem Zweck des Buches entsprechend sind die Formeln ohne Ableitungen gegeben, da diese in den als Quellen benutzten und an den betreffenden Stellen des Buches bezeichneten Werken eingesehen werden können und beim praktischen Gebrauch der Formeln auch meist entbehrlich sind.

Die häufig zur Anwendung kommenden Tabellen über Potenzen, Wurzeln, Logarithmen u. f., sowie kürzere Angaben aus der Arithmetik, Planimetrie, Trigonometrie und Stereometrie sind im ersten Abschnitt des Buches angeführt. Auch die notwendigen Tabellen über die spezifischen Gewichte, Reibungskoeffizienten, Wärme (Fliegner-Tabelle) u. f. sowie die Tabellen über die deutschen Normalprofile fehlen nicht.

Da es neuerdings üblich ist, die Formeln in Zentimetern aufzustellen und demnach auch die Zahlenwerte in Zentimetern einzusetzen, habe ich besonders die Festigkeitsrechnungen in Zentimetern ausgeführt. Um aber dem Studierenden auch die Umrechnung in Millimetern zu zeigen, ist auch teilweise die noch häufig vorkommende Millimeter-Berechnung in Anwendung gebracht. Die nötigen Erklärungen hierüber sind den Formeln beigegeben.

Die in den Figuren stehenden Maßzahlen sind, wenn nichts anderes gesagt ist, wie gebräuchlich in Millimetern eingeschrieben.

Im übrigen ist es ja gleich, ob man in Millimetern oder in Zentimetern rechnet; die Millimeter-Berechnung hat aber in bezug auf Maßeinheit den Vorzug der Einfachheit und können hierbei außerdem die gefundenen Zahlen ohne Umrechnung in die Zeichnung eingetragen werden.

Den Herren Verfassern, welche mir die Benutzung ihrer Veröffentlichungen zur Bearbeitung dieses Buches bereitwilligst gestatteten, spreche ich hiermit meinen Dank aus.

Altenburg, S.-A., im September 1906.

M. Schneider.

Inhaltsverzeichnis.

Erster Abschnitt.
Mathematik.
Seite
I. Einige oft vorkommende Zahlenwerte 1
II. Tafeln 2
III. Arithmetik 31
IV. Planimetrie 35
    Beispiel 38
V. Trigonometrie 39
VI. Stereometrie 43
    Beispiel 47

Zweiter Abschnitt.
I. Maße und Gewichte 48
II. Volumengewichte (Spezifische Gewichte) 48
III. Gewichtsbestimmung eines Körpers 52
    Beispiel 52

Dritter Abschnitt.
Mechanik.
1. Gleichförmige, geradlinige Bewegung 53
    Beispiel 53
2. Gleichförmige Kreisbewegung 53
    Beispiel 53
3. Winkelgeschwindigkeit 54
    Beispiel 54
4. Gleichförmig beschleunigte Bewegung 54
    Beispiele 55
5. Masse und Schwerkraft 55
    Beispiele 55

Inhaltsverzeichnis.

	Seite
6. Arbeit und Leistung	56
Beispiele	56
7. Statik. Zusammensetzung und Zerlegung der Kräfte	60
Beispiel	60
a) Das Parallelogramm-Gesetz	60
Beispiele	60
b) Das statische Moment	61
c) Drehmoment	61
Beispiele	62
8. Schwerpunktslagen	63
a) Schwerpunkte von Linien	63
b) Schwerpunkte von Flächen	64
Beispiele	67
c) Schwerpunkte von Körpern	68
Beispiel	69
9. Dynamische Stabilität	69
Beispiel	70
10. Gleitende Reibung	70
Beispiele	71
11. Zapfenreibung	72
Beispiele	72
12. Rollende Reibung	73
a) Fortbewegung von Fuhrwerken	74
b) Auf geneigten Bahnen	74
13. Seilreibung	74
Beispiele	74
14. Seil- und Kettenbiegungswiderstand	75
Beispiele	76
15. Der Hebel	76
Beispiele	76
16. Die Rolle	78
17. Flaschenzüge	79
Beispiel	79
18. Die schiefe Ebene	82
Beispiel	82
19. Die Schraube	83
Beispiel	84
20. Keil	85
Beispiel	86
21. Bewegung auf der schiefen Ebene und freier Fall	86
22. Zusammensetzung von Bewegungen	86
23. Wurfbewegung	87
Beispiel	87
24. Gleichförmige Kreisbewegung. Zentrifugalspannungen im Innern sich drehender Körper	88
Beispiel	89
25. Das Pendel	89
26. Gerader, zentraler Stoß vollkommen unelastischer Körper	90
26a. Gerader, zentraler Stoß vollkommen elastischer Körper	91
Beispiel	91

		Seite
27.	Hydrostatischer Druck	92
	Beispiele	93
27a.	Seitendruck	94
	Beispiele	94
27b.	Mittelpunkt des Druckes	94
	Beispiel	95
28.	Auftrieb	95
29.	Spezifisches Gewicht	96
	Beispiel	96
30.	Ausfluß des Wassers aus Gefäßen	96
	Beispiel	97
31.	Bewegung des Wassers in Röhren und Kanälen	97
	Beispiel	98
32.	Druck der atmosphärischen Luft	99
	Beispiel	99
33.	Höhenmessung durch das Barometer	99
34.	Auftrieb der Luft, Steigkraft und Steighöhe des Luftballons	99
	Beispiel	100
35.	Ausfluß der Luft	100
	Beispiel	100
36.	Widerstand der Flüssigkeiten gegen bewegte feste Körper und Luftwiderstand	101
	Beispiel	102

Vierter Abschnitt.

Von der Wärme.

1.	Temperaturbestimmung	103
2.	Schmelzpunkte	103
3.	Glühpunkte in C.	103
4.	Siedepunkte in C.	103
5.	Spezifische Wärme fester und flüssiger Körper	104
6.	Spezifische Wärme der Gase und Dämpfe	104
7.	Tabelle für gesättigte Wasserdämpfe nach Fliegner	104
8.	Lineare Messung	107
	Beispiele	107
9.	Flächenausdehnung	108
	Beispiel	108
10.	Ausdehnung der Körper	108
	Beispiel	108
11.	Allgemeines über Wärme und Wasserdampf	109
	Beispiele	110
11a.	Das Mariotte-, Gay-Lussacsche und kombinierte Gesetz. Adiabatischer Prozeß	111
11b.	Arbeitsleistung	112
	Beispiele	113
11c.	Gesetze für den Wasserdampf	117
	Beispiele	118

VIII Inhaltsverzeichnis.

Fünfter Abschnitt.

Festigkeitslehre.

Seite
1. Elastizitäts- und Festigkeitszahlen 120
2. Zulässige Spannungen 123
3. Zug- und Druckfestigkeit 125
   Beispiele 125
4. Schubfestigkeit 126
   Beispiel 126
5. Biegungsfestigkeit 126
   a) Trägheits- und Widerstandsmomente 127
   b) Biegungsmomente für verschiedene Belastungsweisen prismatischer Stäbe 131
      Beispiele 132
6. Drehungsfestigkeit 135
7. Zusammengesetzte Festigkeit 138
   a) Zug (Druck) und Biegung 138
      Beispiel 138
   b) Zug (Druck) und Drehung 139
      Beispiel 139
   c) Biegung und Drehung 140
      Beispiel 141
8. Knickfestigkeit 142
   Beispiel 143
9. Festigkeit der Federn 143
10. Festigkeit von Gefäßen und plattenförmigen Körpern . . 147
    A. Hohlkugel 147
    B. Flache Böden 147
    C. Hohlzylinder 149
    D—E. Ebene Scheibe u. f. 149
    F—G. Elliptische Platte u. f. 150
    H—J. Rechteckige Platte u. f. 151

Sechster Abschnitt.

Maschinenelemente.

1. Schrauben 152
   Beispiel 154
2. Nieten 154
   A. Allgemeines und allgemeine Berechnung 154
   B. Dampfkesselnietungen 156
      Beispiel 161
   C. Stabnietung 162
      Beispiel 162
   D. Nur dichte Nietverbindungen, für Blechgefäße unter geringem Druck, wie Wasserbehälter, Gasometer usw. . 163
3. Keile 163
   Beispiel 165
4. Zapfen 165

	Seite
A. Tragzapfen	165
Beispiele	168
B. Stützzapfen	170
Beispiele	170
5. Achsen	172
Beispiele	173
6. Wellen	175
Beispiele	176
7. Zahnräder	177
A. Stirnräder	177
Beispiel	179
B. Kegelräder	183
Beispiele	184
C. Schraube und Schraubenrad	186
Beispiel	188
8. Reibungs- oder Friktionsräder	189
9. Riemen- und Seilbetrieb	190
A. Der Riemenbetrieb	190
Beispiel	194
B. Der Seilbetrieb	195
Beispiele	196
C. Seile, welche zum Heben von Lasten dienen, sowie deren Rollen und Trommeln	200
10. Der Kettenbetrieb	201
11. Haken	202
12. Das Kurbelgetriebe	203
Beispiel	205
13. Kurbeln	205
14. Exzenter	207
15. Schubstangen	207
Beispiele	208
16. Exzenterstangen	208
17. Kolbenstangen	209
Beispiel	209
18. Kolbenkörper	210
19. Zylinder	211
20. Rohre	212
21. Hubventile	212

Siebenter Abschnitt.

Bandbremsen und Krane.

1. Bandbremsen	216
2. Krane	217
A. Der freistehende Kran mit drehbarer Säule	218
Beispiel	220
B. Der freistehende Kran mit fester Säule	226
C. Der Fairbairn-Kran	227

		Seite
D.	Der Magazin-Kran	228
E.	Der Gießerei-Kran	229
	Beispiel	230

Achter Abschnitt.

Dampfkessel.

A. Dampfbildung und Brennstoffverbrauch 236
    Beispiel 237
B. Feuerungsanlage und Rost 237
C. Feuerbrücke und Züge 240
D. Der Schornstein 241
E. Dampfraum und Heizfläche 242
F. Blechstärke, Vernietung u. dergl. 242
G. Dampfkessel-Systeme 246
   a) Einfacher Zylinderkessel 246
      Beispiel 247
   b) Siederkessel 247
   c) Flammrohr- und Zweiflammrohr-Kessel 249
      Berechnung 250
      Beispiele 252
   d) Rohrleitungen für Kessel und Maschinenanlagen . . 255
   e) Speisevorrichtungen 255

Neunter Abschnitt.

Dampfmaschinen.

A. Dampfzylinder und Schieber 256
B. Leistung der einzylindrigen Expansionsmaschine . . . 260
C. Die Arbeit der Widerstände. Verluste 261
    Beispiele 263
D. Dampf- und Wasserverbrauch 265
    Beispiele 266
E. Kolbendurchmesser, Hub und Geschwindigkeit . . . 267
    Beispiel 268
F. Der günstigste Füllungsgrad 269
    Beispiel 269
Verbund-Maschinen 270
A. Woolfsche Maschinen 270
    Beispiel 271
B. Verbund-Maschinen 273

Zehnter Abschnitt.

Schwungräder und Regulatoren.

A. Schwungräder 276
    Schwungraddimensionen 278

Seite

B. Zentrifugalpendel-Regulatoren 279
   a) Regulator von Porter 281
      Beispiel 282
   b) Regulator von Watt 283
      Beispiel 284
   c) Regulator von Kley 285
      Beispiel 286
   d) Das Winkelpendel 287

Elfter Abschnitt.

Pumpen.

A. Kolbenpumpen 289
   Beispiel 293
B. Kreiselpumpen 295

Zwölfter Abschnitt.

Wasserräder.

Einteilung und Wahl der Wasserräder 300
A. Effekt und Wirkungsgrad der Wasserräder 302
   Beispiel 302
B. Radius R und Umfangsgeschwindigkeit v der Wasserräder 303
C. Füllung ε der Räder 303
D. Radbreite b und Kranztiefe a 304
E. Arm- und Schaufelzahl. Teilung 305
   Beispiel 305
F. Stoßwirkung des Wassers 306
   1. Das unterschlächtige Rad 308
   2. Das Poncelet-Rad 309
      Beispiel 310
   3. Das Kropfrad 312
      Beispiel 313
   4. Das Schaufelrad mit Überfalleinlauf 315
   5. Das Schaufelrad mit Kulisseneinlauf 316
   6. Das rückenschlächtige Rad 318
   7. Das oberschlächtige Rad 320
      Beispiel 323
G. Die Art der Kraftübertragung 324
H. Gewicht der Wasserräder 325
J. Welle, Arme und Rosette 325
K. Schaufeln und Radkranz 326
L. Die Wasserregulierung 326

Dreizehnter Abschnitt.

Turbinen.

Einteilung 328
A. Unterschied zwischen Druck- und Reaktionsturbinen . 329
B. Anwendung der verschiedenen Turbinenarten 331

	Seite
C. Allgemeine Bedingungen	332
Druckturbinen	333
1. Radiale Druckturbinen	333
Beispiel	337
2. Girardturbinen	339
Beispiel	340
Reaktionsturbinen	344
1. Radiale Reaktionsturbinen	344
2. Die Henschel-Jonval-Turbine	349
Beispiel	349
Details	351
1. Rohre	351
2. Rad und Welle	352
3. Regulierapparate	353

Vierzehnter Abschnitt.
Verbrennungsmotoren.

Maße D und S nach dem Bedarf an Verbrennungsluft	354
Motoren für gasförmige und flüssige Brennstoffe	355

Fünfzehnter Abschnitt.
Eisenbahnwesen.

Widerstände und Zuglänge	358
Beispiel	360
Zweckmäßigstes Steigungsverhältnis	361

Sechzehnter Abschnitt.
Motorwagen.

Kraft zur Fortbewegung eines Wagens	363
Zugkraft zur Überwindung von Steigungen	364
Arbeitsleistung	364

Siebenzehnter Abschnitt.
Bauwerke.

Tragfähigkeit des Baugrundes	367
Sandschüttung	368
Tragfähigkeit der Pfähle	368

Anhang.

Deutsche Normalprofile für Walzeisen	370
Griechisches Alphabet	376

Erster Abschnitt.

Mathematik.

I. Einige oft vorkommende Zahlenwerte.

1. $\pi = 3{,}14$ (genauer 3,14159265 . . . .) heißt **Ludolf**sche Zahl. π ist diejenige Zahl, welche mit dem Durchmesser eines Kreises multipliziert den Umfang (die Peripherie) desselben gibt.
2. **log π = 0,49715.**
3. **g = 9,81 m** ist die Beschleunigung durch die Schwere.
4. **log g = 0,99167.**
5. **e = 2,71828** . . . ist die Basis der natürlichen oder **Napier**schen Logarithmen.
6. **m = 0,43429** . . . ist der Logarithmus von e (auch Modul genannt).

II. Tafeln.
(Siehe Seite 2—30.)

A. Tafeln der Potenzen, Wurzeln, Briggsschen Logarithmen, Kreisumfänge und Kreisflächen.

n	n^2	n^3	$\sqrt{n}$	$\sqrt[3]{n}$	$\log n$	$\dfrac{1000}{n}$	πn	$\dfrac{\pi n^2}{4}$	n
1	1	1	1,0000	1,0000	0,00000	1000,000	3,142	0,7854	1
2	4	8	1,4142	1,2599	0,30103	500,000	6,283	3,1416	2
3	9	27	1,7321	1,4422	0,47712	333,333	9,425	7,0686	3
4	16	64	2,0000	1,5874	0,60206	250,000	12,566	12,5664	4
5	25	125	2,2361	1,7100	0,69897	200,000	15,708	19,6350	5
6	36	216	2,4495	1,8171	0,77815	166,667	18,850	28,2743	6
7	49	343	2,6458	1,9129	0,84510	142,857	21,991	38,4845	7
8	64	512	2,8284	2,0000	0,90309	125,000	25,133	50,2655	8
9	81	729	3,0000	2,0801	0,95424	111,111	28,274	63,6173	9
10	1 00	1 000	3,1623	2,1544	1,00000	100,000	31,416	78,5398	10
11	1 21	1 331	3,3166	2,2240	1,04139	90,9091	34,558	95,0332	11
12	1 44	1 728	3,4641	2,2894	1,07918	83,3333	37,699	113,097	12
13	1 69	2 197	3,6056	2,3513	1,11394	76,9231	40,841	132,732	13
14	1 96	2 744	3,7417	2,4101	1,14613	71,4286	43,982	153,938	14
15	2 25	3 375	3,8730	2,4662	1,17609	66,6667	47,124	176,715	15
16	2 56	4 096	4,0000	2,5198	1,20412	62,5000	50,265	201,062	16
17	2 89	4 913	4,1231	2,5713	1,23045	58,8235	53,407	226,980	17
18	3 24	5 832	4,2426	2,6207	1,25527	55,5556	56,549	254,469	18
19	3 61	6 859	4,3589	2,6684	1,27875	52,6316	59,690	283,529	19
20	4 00	8 000	4,4721	2,7144	1,30103	50,0000	62,832	314,159	20
21	4 41	9 261	4,5826	2,7589	1,32222	47,6190	65,973	346,361	21
22	4 84	10 648	4,6904	2,8020	1,34242	45,4545	69,115	380,133	22
23	5 29	12 167	4,7958	2,8439	1,36173	43,4783	72,257	415,476	23
24	5 76	13 824	4,8990	2,8845	1,38021	41,6667	75,398	452,389	24
25	6 25	15 625	5,0000	2,9240	1,39794	40,0000	78,540	490,874	25
26	6 76	17 576	5,0990	2,9625	1,41497	38,4615	81,681	530,929	26
27	7 29	19 683	5,1962	3,0000	1,43136	37,0370	84,823	572,555	27
28	7 84	21 952	5,2915	3,0366	1,44716	35,7143	87,965	615,752	28
29	8 41	24 389	5,3852	3,0723	1,46240	34,4828	91,106	660,520	29
30	9 00	27 000	5,4772	3,1072	1,47712	33,3333	94,248	706,858	30
31	9 61	29 791	5,5678	3,1414	1,49136	32,2581	97,389	754,768	31
32	10 24	32 768	5,6569	3,1748	1,50515	31,2500	100,531	804,248	32
33	10 89	35 937	5,7446	3,2075	1,51851	30,3030	103,673	855,299	33
34	11 56	39 304	5,8310	3,2396	1,53148	29,4118	106,814	907,920	34
35	12 25	42 875	5,9161	3,2711	1,54407	28,5714	109,956	962,113	35
36	12 96	46 656	6,0000	3,3019	1,55630	27,7778	113,097	1017,88	36
37	13 69	50 653	6,0828	3,3322	1,56820	27,0270	116,239	1075,21	37
38	14 44	54 872	6,1644	3,3620	1,57978	26,3158	119,381	1134,11	38
39	15 21	59 319	6,2450	3,3912	1,59106	25,6410	122,522	1194,59	39
40	16 00	64 000	6,3246	3,4200	1,60206	25,0000	125,66	1256,64	40
41	16 81	68 921	6,4031	3,4482	1,61278	24,3902	128,81	1320,25	41
42	17 64	74 088	6,4807	3,4760	1,62325	23,8095	131,95	1385,44	42
43	18 49	79 507	6,5574	3,5034	1,63347	23,2558	135,09	1452,20	43
44	19 36	85 184	6,6332	3,5303	1,64345	22,7273	138,23	1520,53	44
45	20 25	91 125	6,7082	3,5569	1,65321	22,2222	141,37	1590,43	45
46	21 16	97 336	6,7823	3,5830	1,66276	21,7391	144,51	1661,90	46
47	22 09	103 823	6,8557	3,6088	1,67210	21,2766	147,65	1734,94	47
48	23 04	110 592	6,9282	3,6342	1,68124	20,8333	150,80	1809,56	48
49	24 01	117 649	7,0000	3,6593	1,69020	20,4082	153,94	1885,74	49
50	25 00	125 000	7,0711	3,6840	1,69897	20,0000	157,08	1963,50	50

A. Tafeln der Potenzen, Wurzeln, Briggsschen Logarithmen etc. 3

n	n^2	n^3	$\sqrt{n}$	$\sqrt[3]{n}$	$\log n$	$\dfrac{1000}{n}$	πn	$\dfrac{\pi n^2}{4}$	n
50	25 00	125 000	7,0711	3,6840	1,69897	20,0000	157,08	1963,50	50
51	26 01	132 651	7,1414	3,7084	1,70757	19,6078	160,22	2042,82	51
52	27 04	140 608	7,2111	3,7325	1,71600	19,2308	163,36	2123,72	52
53	28 09	148 877	7,2801	3,7563	1,72428	18,8679	166,50	2206,18	53
54	29 16	157 464	7,3485	3,7798	1,73239	18,5185	169,65	2290,22	54
55	30 25	166 375	7,4162	3,8030	1,74036	18,1818	172,79	2375,83	55
56	31 36	175 616	7,4833	3,8259	1,74819	17,8571	175,93	2463,01	56
57	32 49	185 193	7,5498	3,8485	1,75587	17,5439	179,07	2551,76	57
58	33 64	195 112	7,6158	3,8709	1,76343	17,2414	182,21	2642,08	58
59	34 81	205 379	7,6811	3,8930	1,77085	16,9492	185,35	2733,97	59
60	36 00	216 000	7,7460	3,9149	1,77815	16,6667	188,50	2827,43	60
61	37 21	226 981	7,8102	3,9365	1,78533	16,3934	191,64	2922,47	61
62	38 44	238 328	7,8740	3,9579	1,79239	16,1290	194,78	3019,07	62
63	39 69	250 047	7,9373	3,9791	1,79934	15,8730	197,92	3117,25	63
64	40 96	262 144	8,0000	4,0000	1,80618	15,6250	201,06	3216,99	64
65	42 25	274 625	8,0623	4,0207	1,81291	15,3846	204,20	3318,31	65
66	43 56	287 496	8,1240	4,0412	1,81954	15,1515	207,35	3421,19	66
67	44 89	300 763	8,1854	4,0615	1,82607	14,9254	210,49	3525,65	67
68	46 24	314 432	8,2462	4,0817	1,83251	14,7059	213,63	3631,68	68
69	47 61	328 509	8,3066	4,1016	1,83885	14,4928	216,77	3739,28	69
70	49 00	343 000	8,3666	4,1213	1,84510	14,2857	219,91	3848,45	70
71	50 41	357 911	8,4261	4,1408	1,85126	14,0845	223,05	3959,19	71
72	51 84	373 248	8,4853	4,1602	1,85733	13,8889	226,19	4071,50	72
73	53 29	389 017	8,5440	4,1793	1,86332	13,6986	229,34	4185,39	73
74	54 76	405 224	8,6023	4,1983	1,86923	13,5135	232,48	4300,84	74
75	56 25	421 875	8,6603	4,2172	1,87506	13,3333	235,62	4417,86	75
76	57 76	438 976	8,7178	4,2358	1,88081	13,1579	238,76	4536,46	76
77	59 29	456 533	8,7750	4,2543	1,88649	12,9870	241,90	4656,63	77
78	60 84	474 552	8,8318	4,2727	1,89209	12,8205	245,04	4778,36	78
79	62 41	493 039	8,8882	4,2908	1,89763	12,6582	248,19	4901,67	79
80	64 00	512 000	8,9443	4,3089	1,90309	12,5000	251,33	5026,55	80
81	65 61	531 441	9,0000	4,3267	1,90849	12,3457	254,47	5153,00	81
82	67 24	551 368	9,0554	4,3445	1,91381	12,1951	257,61	5281,02	82
83	68 89	571 787	9,1104	4,3621	1,91908	12,0482	260,75	5410,61	83
84	70 56	592 704	9,1652	4,3795	1,92428	11,9048	263,89	5541,77	84
85	72 25	614 125	9,2195	4,3968	1,92942	11,7647	267,04	5674,50	85
86	73 96	636 056	9,2736	4,4140	1,93450	11,6279	270,18	5808,80	86
87	75 69	658 503	9,3274	4,4310	1,93952	11,4943	273,32	5944,68	87
88	77 44	681 472	9,3808	4,4480	1,94448	11,3636	276,46	6082,12	88
89	79 21	704 969	9,4340	4,4647	1,94939	11,2360	279,60	6221,14	89
90	81 00	729 000	9,4868	4,4814	1,95424	11,1111	282,74	6361,73	90
91	82 81	753 571	9,5394	4,4979	1,95904	10,9890	285,88	6503,88	91
92	84 64	778 688	9,5917	4,5144	1,96379	10,8696	289,03	6647,61	92
93	86 49	804 357	9,6437	4,5307	1,96848	10,7527	292,17	6792,91	93
94	88 36	830 584	9,6954	4,5468	1,97313	10,6383	295,31	6939,78	94
95	90 25	857 375	9,7468	4,5629	1,97772	10,5263	298,45	7088,22	95
96	92 16	884 736	9,7980	4,5789	1,98227	10,4167	301,59	7238,23	96
97	94 09	912 673	9,8489	4,5947	1,98677	10,3093	304,73	7389,81	97
98	96 04	941 192	9,8995	4,6104	1,99123	10,2041	307,88	7542,96	98
99	98 01	970 299	9,9499	4,6261	1,99564	10,1010	311,02	7697,69	99
100	1 00 00	1 000 000	10,0000	4,6416	2,00000	10,0000	314,16	7853,98	100

1*

n	n^2	n^3	$\sqrt{n}$	$\sqrt[3]{n}$	$\log n$	$\dfrac{1000}{n}$	πn	$\dfrac{\pi n^2}{4}$	n
100	10000	1000000	10,0000	4,6416	2,00000	10,0000	314,16	7853,98	**100**
101	10201	1030301	10,0499	4,6570	2,00432	9,90099	317,30	8011,85	101
102	10404	1061208	10,0995	4,6723	2,00860	9,80392	320,44	8171,28	102
103	10609	1092727	10,1489	4,6875	2,01284	9,70874	323,58	8332,29	103
104	10816	1124864	10,1980	4,7027	2,01703	9,61538	326,73	8494,87	104
105	11025	1157625	10,2470	4,7177	2,02119	9,52381	329,87	8659,01	105
106	11236	1191016	10,2956	4,7326	2,02531	9,43396	333,01	8824,73	106
107	11449	1225043	10,3441	4,7475	2,02938	9,34579	336,15	8992,02	107
108	11664	1259712	10,3923	4,7622	2,03342	9,25926	339,29	9160,88	108
109	11881	1295029	10,4403	4,7769	2,03743	9,17431	342,43	9331,32	109
110	12100	1331000	10,4881	4,7914	2,04139	9,09091	345,58	9503,32	**110**
111	12321	1367631	10,5357	4,8059	2,04532	9,00901	348,72	9676,89	111
112	12544	1404928	10,5830	4,8203	2,04922	8,92857	351,86	9852,03	112
113	12769	1442897	10,6301	4,8346	2,05308	8,84956	355,00	10028,7	113
114	12996	1481544	10,6771	4,8488	2,05690	8,77193	358,14	10207,0	114
115	13225	1520875	10,7238	4,8629	2,06070	8,69565	361,28	10386,9	115
116	13456	1560896	10,7703	4,8770	2,06446	8,62069	364,42	10568,3	116
117	13689	1601613	10,8167	4,8910	2,06819	8,54701	367,57	10751,3	117
118	13924	1643032	10,8628	4,9049	2,07188	8,47458	370,71	10935,9	118
119	14161	1685159	10,9087	4,9187	2,07555	8,40336	373,85	11122,0	119
120	14400	1728000	10,9545	4,9324	2,07918	8,33333	376,99	11309,7	**120**
121	14641	1771561	11,0000	4,9461	2,08279	8,26446	380,13	11499,0	121
122	14884	1815848	11,0454	4,9597	2,08636	8,19672	383,27	11689,9	122
123	15129	1860867	11,0905	4,9732	2,08991	8,13008	386,42	11882,3	123
124	15376	1906624	11,1355	4,9866	2,09342	8,06452	389,56	12076,3	124
125	15625	1953125	11,1803	5,0000	2,09691	8,00000	392,70	12271,8	125
126	15876	2000376	11,2250	5,0133	2,10037	7,93651	395,84	12469,0	126
127	16129	2048383	11,2694	5,0265	2,10380	7,87402	398,98	12667,7	127
128	16384	2097152	11,3137	5,0397	2,10721	7,81250	402,12	12868,0	128
129	16641	2146689	11,3578	5,0528	2,11059	7,75194	405,27	13069,8	129
130	16900	2197000	11,4018	5,0658	2,11394	7,69231	408,41	13273,2	**130**
131	17161	2248091	11,4455	5,0788	2,11727	7,63359	411,55	13478,2	131
132	17424	2299968	11,4891	5,0916	2,12057	7,57576	414,69	13684,8	132
133	17689	2352637	11,5326	5,1045	2,12385	7,51880	417,83	13892,9	133
134	17956	2406104	11,5758	5,1172	2,12710	7,46269	420,97	14102,6	134
135	18225	2460375	11,6190	5,1299	2,13033	7,40741	424,12	14313,9	135
136	18496	2515456	11,6619	5,1426	2,13354	7,35294	427,26	14526,7	136
137	18769	2571353	11,7047	5,1551	2,13672	7,29927	430,40	14741,1	137
138	19044	2628072	11,7473	5,1676	2,13988	7,24638	433,54	14957,1	138
139	19321	2685619	11,7898	5,1801	2,14301	7,19424	436,68	15174,7	139
140	19600	2744000	11,8322	5,1925	2,14613	7,14286	439,82	15393,8	**140**
141	19881	2803221	11,8743	5,2048	2,14922	7,09220	442,96	15614,5	141
142	20164	2863288	11,9164	5,2171	2,15229	7,04225	446,11	15836,8	142
143	20449	2924207	11,9583	5,2293	2,15534	6,99301	449,25	16060,6	143
144	20736	2985984	12,0000	5,2415	2,15836	6,94444	452,39	16286,0	144
145	21025	3048625	12,0416	5,2536	2,16137	6,89655	455,53	16513,0	145
146	21316	3112136	12,0830	5,2656	2,16435	6,84932	458,67	16741,5	146
147	21609	3176523	12,1244	5,2776	2,16732	6.80272	461,81	16971,7	147
148	21904	3241792	12,1655	5,2896	2,17026	6,75676	464,96	17203,4	148
149	22201	3307949	12,2066	5,3015	2,17319	6,71141	468,10	17436,6	149
150	22500	3375000	12,2474	5,3133	2,17609	6,66667	471,24	17671,5	**150**

A. Tafeln der Potenzen, Wurzeln, Briggsschen Logarithmen etc. 5

n	n^2	n^3	$\sqrt{n}$	$\sqrt[3]{n}$	$\log n$	$\dfrac{1000}{n}$	πn	$\dfrac{\pi n^2}{4}$	n
150	22500	3375000	12,2474	5,3133	2,17609	6,66667	471,24	17671,5	150
151	22801	3442951	12,2882	5,3251	2,17898	6,62252	474,38	17907,9	151
152	23104	3511808	12,3288	5,3368	2,18184	6,57895	477,52	18145,8	152
153	23409	3581577	12,3693	5,3485	2,18469	6,53595	480,66	18385,4	153
154	23716	3652264	12,4097	5,3601	2,18752	6,49351	483,81	18626,5	154
155	24025	3723875	12,4499	5,3717	2,19033	6,45161	486,95	18869,2	155
156	24336	3796416	12,4900	5,3832	2,19312	6,41026	490,09	19113,4	156
157	24649	3869893	12,5300	5,3947	2,19590	6,36943	493,23	19359,3	157
158	24964	3944312	12,5698	5,4061	2,19866	6,32911	496,37	19606,7	158
159	25281	4019679	12,6095	5,4175	2,20140	6,28931	499,51	19855,7	159
160	25600	4096000	12,6491	5,4288	2,20412	6,25000	502,65	20106,2	160
161	25921	4173281	12,6886	5,4401	2,20683	6,21118	505,80	20358,3	161
162	26244	4251528	12,7279	5,4514	2,20952	6,17284	508,94	20612,0	162
163	26569	4330747	12,7671	5,4626	2,21219	6,13497	512,08	20867,2	163
164	26896	4410944	12,8062	5,4737	2,21484	6,09756	515,22	21124,1	164
165	27225	4492125	12,8452	5,4848	2,21748	6,06061	518,36	21382,5	165
166	27556	4574296	12,8841	5,4959	2,22011	6,02410	521,50	21642,4	166
167	27889	4657463	12,9228	5,5069	2,22272	5,98802	524,65	21904,0	167
168	28224	4741632	12,9615	5,5178	2,22531	5,95238	527,79	22167,1	168
169	28561	4826809	13,0000	5,5288	2,22789	5,91716	530,93	22431,8	169
170	28900	4913000	13,0384	5,5397	2,23045	5,88235	534,07	22698,0	170
171	29241	5000211	13,0767	5,5505	2,23300	5,84795	537,21	22965,8	171
172	29584	5088448	13,1149	5,5613	2,23553	5,81395	540,35	23235,2	172
173	29929	5177717	13,1529	5,5721	2,23805	5,78035	543,50	23506,2	173
174	30276	5268024	13,1909	5,5828	2,24055	5,74713	546,64	23778,7	174
175	30625	5359375	13,2288	5,5934	2,24304	5,71429	549,78	24052,8	175
176	30976	5451776	13,2665	5,6041	2,24551	5,68182	552,92	24328,5	176
177	31329	5545233	13,3041	5,6147	2,24797	5,64972	556,06	24605,7	177
178	31684	5639752	13,3417	5,6252	2,25042	5,61798	559,20	24884,6	178
179	32041	5735339	13,3791	5,6357	2,25285	5,58659	562,35	25164,9	179
180	32400	5832000	13,4164	5,6462	2,25527	5,55556	565,49	25446,9	180
181	32761	5929741	13,4536	5,6567	2,25768	5,52486	568,63	25730,4	181
182	33124	6028568	13,4907	5,6671	2,26007	5,49451	571,77	26015,5	182
183	33489	6128487	13,5277	5,6774	2,26245	5,46448	574,91	26302,2	183
184	33856	6229504	13,5647	5,6877	2,26482	5,43478	578,05	26590,4	184
185	34225	6331625	13,6015	5,6980	2,26717	5,40541	581,19	26880,3	185
186	34596	6434856	13,6382	5,7083	2,26951	5,37634	584,34	27171,6	186
187	34969	6539203	13,6748	5,7185	2,27184	5,34759	587,48	27464,6	187
188	35344	6644672	13,7113	5,7287	2,27416	5,31915	590,62	27759,1	188
189	35721	6751269	13,7477	5,7388	2,27646	5,29101	593,76	28055,2	189
190	36100	6859000	13,7840	5,7489	2,27875	5,26316	596,90	28352,9	190
191	36481	6967871	13,8203	5,7590	2,28103	5,23560	600,04	28652,1	191
192	36864	7077888	13,8564	5,7690	2,28330	5,20833	603,19	28952,9	192
193	37249	7189057	13,8924	5,7790	2,28556	5,18135	606,33	29255,3	193
194	37636	7301384	13,9284	5,7890	2,28780	5,15464	609,47	29559,2	194
195	38025	7414875	13,9642	5,7989	2,29003	5,12821	612,61	29864,8	195
196	38416	7529536	14,0000	5,8088	2,29226	5,10204	615,75	30171,9	196
197	38809	7645373	14,0357	5,8186	2,29447	5,07614	618,89	30480,5	197
198	39204	7762392	14,0712	5,8285	2,29667	5,05051	622,04	30790,7	198
199	39601	7880599	14,1067	5,8383	2,29885	5,02513	625,18	31102,6	199
200	40000	8000000	14,1421	5,8480	2,30103	5,00000	628,32	31415,9	200

Erster Abschnitt. Mathematik.

n	n^2	n^3	$\sqrt{n}$	$\sqrt[3]{n}$	$\log n$	$\dfrac{1000}{n}$	πn	$\dfrac{\pi n^2}{4}$	n
200	40000	8000000	14,1421	5,8480	2,30103	5,00000	628,32	31415,9	**200**
201	40401	8120601	14,1774	5,8578	2,30320	4,97512	631,46	31730,9	201
202	40804	8242408	14,2127	5,8675	2,30535	4,95050	634,60	32047,4	202
203	41209	8365427	14,2478	5,8771	2,30750	4,92611	637,74	32365,5	203
204	41616	8489664	14,2829	5,8868	2,30963	4,90196	640,88	32685,1	204
205	42025	8615125	14,3178	5,8964	2,31175	4,87805	644,03	33006,4	205
206	42436	8741816	14,3527	5,9059	2,31387	4,85437	647,17	33329,2	206
207	42849	8869743	14,3875	5,9155	2,31597	4,83092	650,31	33653,5	207
208	43264	8998912	14,4222	5,9250	2,31806	4,80769	653,45	33979,5	208
209	43681	9129329	14,4568	5,9345	2,32015	4,78469	656,59	34307,0	209
210	44100	9261000	14,4914	5,9439	2,32222	4,76190	659,73	34636,1	**210**
211	44521	9393931	14,5258	5,9533	2,32428	4,73934	662,88	34966,7	211
212	44944	9528128	14,5602	5,9627	2,32634	4,71698	666,02	35298,9	212
213	45369	9663597	14,5945	5,9721	2,32838	4,69484	669,16	35632,7	213
214	45796	9800344	14,6287	5,9814	2,33041	4,67290	672,30	35968,1	214
215	46225	9938375	14,6629	5,9907	2,33244	4,65116	675,44	36305,0	215
216	46656	10077696	14,6969	6,0000	2,33445	4,62963	678,58	36643,5	216
217	47089	10218313	14,7309	6,0092	2,33646	4,60829	681,73	36983,6	217
218	47524	10360232	14,7648	6,0185	2,33846	4,58716	684,87	37325,3	218
219	47961	10503459	14,7986	6,0277	2,34044	4,56621	688,01	37668,5	219
220	48400	10648000	14,8324	6,0368	2,34242	4,54545	691,15	38013,3	**220**
221	48841	10793861	14,8661	6,0459	2,34439	4,52489	694,29	38359,6	221
222	49284	10941048	14,8997	6,0550	2,34635	4,50450	697,43	38707,6	222
223	49729	11089567	14,9332	6,0641	2,34830	4,48430	700,58	39057,1	223
224	50176	11239424	14,9666	6,0732	2,35025	4,46429	703,72	39408,1	224
225	50625	11390625	15,0000	6,0822	2,35218	4,44444	706,86	39760,8	225
226	51076	11543176	15,0333	6,0912	2,35411	4,42478	710,00	40115,0	226
227	51529	11697083	15,0665	6,1002	2,35603	4,40529	713,14	40470,8	227
228	51984	11852352	15,0997	6,1091	2,35793	4,38596	716,28	40828,1	228
229	52441	12008989	15,1327	6,1180	2,35984	4,36681	719,42	41187,1	229
230	52900	12167000	15,1658	6,1269	2,36173	4,34783	722,57	41547,6	**230**
231	53361	12326391	15,1987	6,1358	2,36361	4,32900	725,71	41909,6	231
232	53824	12487168	15,2315	6,1446	2,36549	4,31034	728,85	42273,3	232
233	54289	12649337	15,2643	6,1534	2,36736	4,29185	731,99	42638,5	233
234	54756	12812904	15,2971	6,1622	2,36922	4,27350	735,13	43005,3	234
235	55225	12977875	15,3297	6,1710	2,37107	4,25532	738,27	43373,6	235
236	55696	13144256	15,3623	6,1797	2,37291	4,23729	741,42	43743,5	236
237	56169	13312053	15,3948	6,1885	2,37475	4,21941	744,56	44115,0	237
238	56644	13481272	15,4272	6,1972	2,37658	4,20168	747,70	44488,1	238
239	57121	13651919	15,4596	6,2058	2,37840	4,18410	750,84	44862,7	239
240	57600	13824000	15,4919	6,2145	2,38021	4,16667	753,98	45238,9	**240**
241	58081	13997521	15,5242	6,2231	2,38202	4,14938	757,12	45616,7	241
242	58564	14172488	15,5563	6,2317	2,38382	4,13223	760,27	45996,1	242
243	59049	14348907	15,5885	6,2403	2,38561	4,11523	763,41	46377,0	243
244	59536	14526784	15,6205	6,2488	2,38739	4,09836	766,55	46759,5	244
245	60025	14706125	15,6525	6,2573	2,38917	4,08163	769,69	47143,5	245
246	60516	14886936	15,6844	6,2658	2,39094	4,06504	772,83	47529,2	246
247	61009	15069223	15,7162	6,2743	2,39270	4,04858	775,97	47916,4	247
248	61504	15252992	15,7480	6,2828	2,39445	4,03226	779,11	48305,1	248
249	62001	15438249	15,7797	6,2912	2,39620	4,01606	782,26	48695,5	249
250	62500	15625000	15,8114	6,2996	2,39794	4,00000	785,40	49087,4	**250**

A. Tafeln der Potenzen, Wurzeln, Briggsschen Logarithmen etc.

n	n^2	n^3	$\sqrt{n}$	$\sqrt[3]{n}$	log n	$\dfrac{1000}{n}$	$\pi\,n$	$\dfrac{\pi\,n^2}{4}$	n
250	62500	15625000	15,8114	6,2996	2,39794	4,00000	785,40	49087,4	250
251	63001	15813251	15,8430	6,3080	2,39967	3,98406	788,54	49480,9	251
252	63504	16003008	15,8745	6,3164	2,40140	3,96825	791,68	49875,9	252
253	64009	16194277	15,9060	6,3247	2,40312	3,95257	794,82	50272,6	253
254	64516	16387064	15,9374	6,3330	2,40483	3,93701	797,96	50670,7	254
255	65025	16581375	15,9687	6,3413	2,40654	3,92157	801,11	51070,5	255
256	65536	16777216	16,0000	6,3496	2,40824	3,90625	804,25	51471,9	256
257	66049	16974593	16,0312	6,3579	2,40993	3,89105	807,39	51874,8	257
258	66564	17173512	16,0624	6,3661	2,41162	3,87597	810,53	52279,2	258
259	67081	17373979	16,0935	6,3743	2,41330	3,86100	813,67	52685,3	259
260	67600	17576000	16,1245	6,3825	2,41497	3,84615	816,81	53092,9	260
261	68121	17779581	16,1555	6,3907	2,41664	3,83142	819,96	53502,1	261
262	68644	17984728	16,1864	6,3988	2,41830	3,81679	823,10	53912,9	262
263	69169	18191447	16,2173	6,4070	2,41996	3,80228	826,24	54325,2	263
264	69696	18399744	16,2481	6,4151	2,42160	3,78788	829,38	54739,1	264
265	70225	18609625	16,2788	6,4232	2,42325	3,77358	832,52	55154,6	265
266	70756	18821096	16,3095	6,4312	2,42488	3,75940	835,66	55571,6	266
267	71289	19034163	16,3401	6,4393	2,42651	3,74532	838,81	55990,2	267
268	71824	19248832	16,3707	6,4473	2,42813	3,73134	841,95	56410,4	268
269	72361	19465109	16,4012	6,4553	2,42975	3,71747	845,09	56832,2	269
270	72900	19683000	16,4317	6,4633	2,43136	3,70370	848,23	57255,5	270
271	73441	19902511	16,4621	6,4713	2,43297	3,69004	851,37	57680,4	271
272	73984	20123648	16,4924	6,4792	2,43457	3,67647	854,51	58106,9	272
273	74529	20346417	16,5227	6,4872	2,43616	3,66300	857,65	58534,9	273
274	75076	20570824	16,5529	6,4951	2,43775	3,64964	860,80	58964,6	274
275	75625	20796875	16,5831	6,5030	2,43933	3,63636	863,94	59395,7	275
276	76176	21024576	16,6132	6,5108	2,44091	3,62319	867,08	59828,5	276
277	76729	21253933	16,6433	6,5187	2,44248	3,61011	870,22	60262,8	277
278	77284	21484952	16,6733	6,5265	2,44404	3,59712	873,36	60698,7	278
279	77841	21717639	16,7033	6,5343	2,44560	3,58423	876,50	61136,2	279
280	78400	21952000	16,7332	6,5421	2,44716	3,57143	879,65	61575,2	280
281	78961	22188041	16,7631	6,5499	2,44871	3,55872	882,79	62015,8	281
282	79524	22425768	16,7929	6,5577	2,45025	3,54610	885,93	62458,0	282
283	80089	22665187	16,8226	6,5654	2,45179	3,53357	889,07	62901,8	283
284	80656	22906304	16,8523	6,5731	2,45332	3,52113	892,21	63347,1	284
285	81225	23149125	16,8819	6,5808	2,45484	3,50877	895,35	63794,0	285
286	81796	23393656	16,9115	6,5885	2,45637	3,49650	898,50	64242,4	286
287	82369	23639903	16,9411	6,5962	2,45788	3,48432	901,64	64692,5	287
288	82944	23887872	16,9706	6,6039	2,45939	3,47222	904,78	65144,1	288
289	83521	24137569	17,0000	6,6115	2,46090	3,46021	907,92	65597,2	289
290	84100	24389000	17,0294	6,6191	2,46240	3,44828	911,06	66052,0	290
291	84681	24642171	17,0587	6,6267	2,46389	3,43643	914,20	66508,3	291
292	85264	24897088	17,0880	6,6343	2,46538	3,42466	917,35	66966,2	292
293	85849	25153757	17,1172	6,6419	2,46687	3,41297	920,49	67425,6	293
294	86436	25412184	17,1464	6,6494	2,46835	3,40136	923,63	67886,7	294
295	87025	25672375	17,1756	6,6569	2,46982	3,38983	926,77	68349,3	295
296	87616	25934336	17,2047	6,6644	2,47129	3,37838	929,91	68813,4	296
297	88209	26198073	17,2337	6,6719	2,47276	3,36700	933,05	69279,2	297
298	88804	26463592	17,2627	6,6794	2,47422	3,35570	936,19	69746,5	298
299	89401	26730899	17,2916	6,6869	2,47567	3,34448	939,34	70215,4	299
300	90000	27000000	17,3205	6,6943	2,47712	3,33333	942,48	70685,8	300

Erster Abschnitt. Mathematik.

n	n^2	n^3	$\sqrt{n}$	$\sqrt[3]{n}$	$\log n$	$\dfrac{1000}{n}$	πn	$\dfrac{\pi n^2}{4}$	n
300	90000	27000000	17,3205	6,6943	2,47712	3,33333	942,48	70685,8	**300**
301	90601	27270901	17,3494	6,7018	2,47857	3,32226	945,62	71157,9	301
302	91204	27543608	17,3781	6,7092	2,48001	3,31126	948,76	71631,5	302
303	91809	27818127	17,4069	6,7166	2,48144	3,30033	951,90	72106,6	303
304	92416	28094464	17,4356	6,7240	2,48287	3,28947	955,04	72583,4	304
305	93025	28372625	17,4642	6,7313	2,48430	3,27869	958,19	73061,7	305
306	93636	28652616	17,4929	6,7387	2,48572	3,26797	961,33	73541,5	306
307	94249	28934443	17,5214	6,7460	2,48714	3,25733	964,47	74023,0	307
308	94864	29218112	17,5499	6,7533	2,48855	3,24675	967,61	74506,0	308
309	95481	29503629	17,5784	6,7606	2,48996	3,23625	970,75	74990,6	309
310	96100	29791000	17,6068	6,7679	2,49136	3,22581	973,89	75476,8	**310**
311	96721	30080231	17,6352	6,7752	2,49276	3,21543	977,04	75964,5	311
312	97344	30371328	17,6635	6,7824	2,49415	3,20513	980,18	76453,8	312
313	97969	30664297	17,6918	6,7897	2,49554	3,19489	983,32	76944,7	313
314	98596	30959144	17,7200	6,7969	2,49693	3,18471	986,46	77437,1	314
315	99225	31255875	17,7482	6,8041	2,49831	3,17460	989,60	77931,1	315
316	99856	31554496	17,7764	6,8113	2,49969	3,16456	992,74	78426,7	316
317	100489	31855013	17,8045	6,8185	2,50106	3,15457	995,88	78923,9	317
318	101124	32157432	17,8326	6,8256	2,50243	3,14465	999,03	79422,6	318
319	101761	32461759	17,8606	6,8328	2,50379	3,13480	1002,2	79922,9	319
320	102400	32768000	17,8885	6,8399	2,50515	3,12500	1005,3	80424,8	**320**
321	103041	33076161	17,9165	6,8470	2,50651	3,11526	1008,5	80928,2	321
322	103684	33386248	17,9444	6,8541	2,50786	3,10559	1011,6	81433,2	322
323	104329	33698267	17,9722	6,8612	2,50920	3,09598	1014,7	81939,8	323
324	104976	34012224	18,0000	6,8683	2,51055	3,08642	1017,9	82448,0	324
325	105625	34328125	18,0278	6,8753	2,51188	3,07692	1021,0	82957,7	325
326	106276	34645976	18,0555	6,8824	2,51322	3,06748	1024,2	83469,0	326
327	106929	34965783	18,0831	6,8894	2,51455	3,05810	1027,3	83981,8	327
328	107584	35287552	18,1108	6,8964	2,51587	3,04878	1030,4	84496,3	328
329	108241	35611289	18,1384	6,9034	2,51720	3,03951	1033,6	85012,3	329
330	108900	35937000	18,1659	6,9104	2,51851	3,03030	1036,7	85529,9	**330**
331	109561	36264691	18,1934	6,9174	2,51983	3,02115	1039,9	86049,0	331
332	110224	36594368	18,2209	6,9244	2,52114	3,01205	1043,0	86569,7	332
333	110889	36926037	18,2483	6,9313	2,52244	3,00300	1046,2	87092,0	333
334	111556	37259704	18,2757	6,9382	2,52375	2,99401	1049,3	87615,9	334
335	112225	37595375	18,3030	6,9451	2,52504	2,98507	1052,4	88141,3	335
336	112896	37933056	18,3303	6,9521	2,52634	2,97619	1055,6	88668,3	336
337	113569	38272753	18,3576	6,9589	2,52763	2,96736	1058,7	89196,9	337
338	114244	38614472	18,3848	6,9658	2,52892	2,95858	1061,9	89727,0	338
339	114921	38958249	18,4120	6,9727	2,53020	2,94985	1065,0	90258,7	339
340	115600	39304000	18,4391	6,9795	2,53148	2,94118	1068,1	90792,0	**340**
341	116281	39651821	18,4662	6,9864	2,53275	2,93255	1071,3	91326,9	341
342	116964	40001688	18,4932	6,9932	2,53403	2,92398	1074,4	91863,3	342
343	117649	40353607	18,5203	7,0000	2,53529	2,91545	1077,6	92401,3	343
344	118336	40707584	18,5472	7,0068	2,53656	2,90698	1080,7	92940,9	344
345	119025	41063625	18,5742	7,0136	2,53782	2,89855	1083,8	93482,0	345
346	119716	41421736	18,6011	7,0203	2,53908	2,89017	1087,0	94024,7	346
347	120409	41781923	18,6279	7,0271	2,54033	2,88184	1090,1	94569,0	347
348	121104	42144192	18,6548	7,0338	2,54158	2,87356	1093,3	95114,9	348
349	121801	42508549	18,6815	7,0406	2,54283	2,86533	1096,4	95662,3	349
350	122500	42875000	18,7083	7,0473	2,54407	2,85714	1099,6	96211,3	**350**

A. Tafeln der Potenzen, Wurzeln, Briggsschen Logarithmen etc.

n	n^2	n^3	$\sqrt{n}$	$\sqrt[3]{n}$	$\log n$	$\dfrac{1000}{n}$	πn	$\dfrac{\pi n^2}{4}$	n
350	122500	42875000	18,7083	7,0473	2,54407	2,85714	1099,6	96211,3	350
351	123201	43243551	18,7350	7,0540	2,54531	2,84900	1102,7	96761,8	351
352	123904	43614208	18,7617	7,0607	2,54654	2,84091	1105,8	97314,0	352
353	124609	43986977	18,7883	7,0674	2,54777	2,83286	1109,0	97867,7	353
354	125316	44361864	18,8149	7,0740	2,54900	2,82486	1112,1	98423,0	354
355	126025	44738875	18,8414	7,0807	2,55023	2,81690	1115,3	98979,8	355
356	126736	45118016	18,8680	7,0873	2,55145	2,80899	1118,4	99538,2	356
357	127449	45499293	18,8944	7,0940	2,55267	2,80112	1121,5	100098	357
358	128164	45882712	18,9209	7,1006	2,55388	2,79330	1124,7	100660	358
359	128881	46268279	18,9473	7,1072	2,55509	2,78552	1127,8	101223	359
360	129600	46656000	18,9737	7,1138	2,55630	2,77778	1131,0	101788	360
361	130321	47045881	19,0000	7,1204	2,55751	2,77008	1134,1	102354	361
362	131044	47437928	19,0263	7,1269	2,55871	2,76243	1137,3	102922	362
363	131769	47832147	19,0526	7,1335	2,55991	2,75482	1140,4	103491	363
364	132496	48228544	19,0788	7,1400	2,56110	2,74725	1143,5	104062	364
365	133225	48627125	19,1050	7,1466	2,56229	2,73973	1146,7	104635	365
366	133956	49027896	19,1311	7,1531	2,56348	2,73224	1149,8	105209	366
367	134689	49430863	19,1572	7,1596	2,56467	2,72480	1153,0	105785	367
368	135424	49836032	19,1833	7,1661	2,56585	2,71739	1156,1	106362	368
369	136161	50243409	19,2094	7,1726	2,56703	2,71003	1159,2	106941	369
370	136900	50653000	19,2354	7,1791	2,56820	2,70270	1162,4	107521	370
371	137641	51064811	19,2614	7,1855	2,56937	2,69542	1165,5	108103	371
372	138384	51478848	19,2873	7,1920	2,57054	2,68817	1168,7	108687	372
373	139129	51895117	19,3132	7,1984	2,57171	2,68097	1171,8	109272	373
374	139876	52313624	19,3391	7,2048	2,57287	2,67380	1175,0	109858	374
375	140625	52734375	19,3649	7,2112	2,57403	2,66667	1178,1	110447	375
376	141376	53157376	19,3907	7,2177	2,57519	2,65957	1181,2	111036	376
377	142129	53582633	19,4165	7,2240	2,57634	2,65252	1184,4	111628	377
378	142884	54010152	19,4422	7,2304	2,57749	2,64550	1187,5	112221	378
379	143641	54439939	19,4679	7,2368	2,57864	2,63852	1190,7	112815	379
380	144400	54872000	19,4936	7,2432	2,57978	2,63158	1193,8	113411	380
381	145161	55306341	19,5192	7,2495	2,58092	2,62467	1196,9	114009	381
382	145924	55742968	19,5448	7,2558	2,58206	2,61780	1200,1	114608	382
383	146689	56181887	19,5704	7,2622	2,58320	2,61097	1203,2	115209	383
384	147456	56623104	19,5959	7,2685	2,58433	2,60417	1206,4	115812	384
385	148225	57066625	19,6214	7,2748	2,58546	2,59740	1209,5	116416	385
386	148996	57512456	19,6469	7,2811	2,58659	2,59067	1212,7	117021	386
387	149769	57960603	19,6723	7,2874	2,58771	2,58398	1215,8	117628	387
388	150544	58411072	19,6977	7,2936	2,58883	2,57732	1218,9	118237	388
389	151321	58863869	19,7231	7,2999	2,58995	2,57069	1222,1	118847	389
390	152100	59319000	19,7484	7,3061	2,59106	2,56410	1225,2	119459	390
391	152881	59776471	19,7737	7,3124	2,59218	2,55754	1228,4	120072	391
392	153664	60236288	19,7990	7,3186	2,59329	2,55102	1231,5	120687	392
393	154449	60698457	19,8242	7,3248	2,59439	2,54453	1234,6	121304	393
394	155236	61162984	19,8494	7,3310	2,59550	2,53807	1237,8	121922	394
395	156025	61629875	19,8746	7,3372	2,59660	2,53165	1240,9	122542	395
396	156816	62099136	19,8997	7,3434	2,59770	2,52525	1244,1	123163	396
397	157609	62570773	19,9249	7,3496	2,59879	2,51889	1247,2	123786	397
398	158404	63044792	19,9499	7,3558	2,59988	2,51256	1250,4	124410	398
399	159201	63521199	19,9750	7,3619	2,60097	2,50627	1253,5	125036	399
400	160000	64000000	20,0000	7,3681	2,60206	2,50000	1256,6	125664	400

Erster Abschnitt. Mathematik.

n	n^2	n^3	$\sqrt{n}$	$\sqrt[3]{n}$	$\log n$	$\dfrac{1000}{n}$	πn	$\dfrac{\pi n^2}{4}$	n
400	160000	64000000	20,0000	7,3681	2,60206	2,50000	1256,6	125664	**400**
401	160801	64481201	20,0250	7,3742	2,60314	2,49377	1259,8	126293	401
402	161604	64964808	20,0499	7,3803	2,60423	2,48756	1262,9	126923	402
403	162409	65450827	20,0749	7,3864	2,60531	2,48139	1266,1	127556	403
404	163216	65939264	20,0998	7,3925	2,60638	2,47525	1269,2	128190	404
405	164025	66430125	20,1246	7,3986	2,60746	2,46914	1272,3	128825	405
406	164836	66923416	20,1494	7,4047	2,60853	2,46305	1275,5	129462	406
407	165649	67419143	20,1742	7,4108	2,60959	2,45700	1278,6	130100	407
408	166464	67917312	20,1990	7,4169	2,61066	2,45098	1281,8	130741	408
409	167281	68417929	20,2237	7,4229	2,61172	2,44499	1284,9	131382	409
410	168100	68921000	20,2485	7,4290	2,61278	2,43902	1288,1	132025	**410**
411	168921	69426531	20,2731	7,4350	2,61384	2,43309	1291,2	132670	411
412	169744	69934528	20,2978	7,4410	2,61490	2,42718	1294,3	133317	412
413	170569	70444997	20,3224	7,4470	2,61595	2,42131	1297,5	133965	413
414	171396	70957944	20,3470	7,4530	2,61700	2,41546	1300,6	134614	414
415	172225	71473375	20,3715	7,4590	2,61805	2,40964	1303,8	135265	415
416	173056	71991296	20,3961	7,4650	2,61909	2,40385	1306,9	135918	416
417	173889	72511713	20,4206	7,4710	2,62014	2,39808	1310,0	136572	417
418	174724	73034632	20,4450	7,4770	2,62118	2,39234	1313,2	137228	418
419	175561	73560059	20,4695	7,4829	2,62221	2,38663	1316,3	137885	419
420	176400	74088000	20,4939	7,4889	2,62325	2,38095	1319,5	138544	**420**
421	177241	74618461	20,5183	7,4948	2,62428	2,37530	1322,6	139205	421
422	178084	75151448	20,5426	7,5007	2,62531	2,36967	1325,8	139867	422
423	178929	75686967	20,5670	7,5067	2,62634	2,36407	1328,9	140531	423
424	179776	76225024	20,5913	7,5126	2,62737	2,35849	1332,0	141196	424
425	180625	76765625	20,6155	7,5185	2,62839	2,35294	1335,2	141863	425
426	181476	77308776	20,6398	7,5244	2,62941	2,34742	1338,3	142531	426
427	182329	77854483	20,6640	7,5302	2,63043	2,34192	1341,5	143201	427
428	183184	78402752	20,6882	7,5361	2,63144	2,33645	1344,6	143872	428
429	184041	78953589	20,7123	7,5420	2,63246	2,33100	1347,7	144545	429
430	184900	79507000	20,7364	7,5478	2,63347	2,32558	1350,9	145220	**430**
431	185761	80062991	20,7605	7,5537	2,63448	2,32019	1354,0	145896	431
432	186624	80621568	20,7846	7,5595	2,63548	2,31481	1357,2	146574	432
433	187489	81182737	20,8087	7,5654	2,63649	2,30947	1360,3	147254	433
434	188356	81746504	20,8327	7,5712	2,63749	2,30415	1363,5	147934	434
435	189225	82312875	20,8567	7,5770	2,63849	2,29885	1366,6	148617	435
436	190096	82881856	20,8806	7,5828	2,63949	2,29358	1369,7	149301	436
437	190969	83453453	20,9045	7,5886	2,64048	2,28833	1372,9	149987	437
438	191844	84027672	20,9284	7,5944	2,64147	2,28311	1376,0	150674	438
439	192721	84604519	20,9523	7,6001	2,64246	2,27790	1379,2	151363	439
440	193600	85184000	20,9762	7,6059	2,64345	2,27273	1382,3	152053	**440**
441	194481	85766121	21,0000	7,6117	2,64444	2,26757	1385,4	152745	441
442	195364	86350888	21,0238	7,6174	2,64542	2,26244	1388,6	153439	442
443	196249	86938307	21,0476	7,6232	2,64640	2,25734	1391,7	154134	443
444	197136	87528384	21,0713	7,6289	2,64738	2,25225	1394,9	154830	444
445	198025	88121125	21,0950	7,6346	2,64836	2,24719	1398,0	155528	445
446	198916	88716536	21,1187	7,6403	2,64933	2,24215	1401,2	156228	446
447	199809	89314623	21,1424	7,6460	2,65031	2,23714	1404,3	156930	447
448	200704	89915392	21,1660	7,6517	2,65128	2,23214	1407,4	157633	448
449	201601	90518849	21,1896	7,6574	2,65225	2,22717	1410,6	158337	449
450	202500	91125000	21,2132	7,6631	2,65321	2,22222	1413,7	159043	**450**

A. Tafeln der Potenzen, Wurzeln, Briggsschen Logarithmen etc. 11

n	n^2	n^3	$\sqrt{n}$	$\sqrt[3]{n}$	$\log n$	$\dfrac{1000}{n}$	πn	$\dfrac{\pi n^2}{4}$	n
450	202500	91125000	21,2132	7,6631	2,65321	2,22222	1413,7	159043	**450**
451	203401	91733851	21,2368	7,6688	2,65418	2,21729	1416,9	159751	451
452	204304	92345408	21,2603	7,6744	2,65514	2,21239	1420,0	160460	452
453	205209	92959677	21,2838	7,6801	2,65610	2,20751	1423,1	161171	453
454	206116	93576664	21,3073	7,6857	2,65706	2,20264	1426,3	161883	454
455	207025	94196375	21,3307	7,6914	2,65801	2,19780	1429,4	162597	455
456	207936	94818816	21,3542	7,6970	2,65896	2,19298	1432,6	163313	456
457	208849	95443993	21,3776	7,7026	2,65992	2,18818	1435,7	164030	457
458	209764	96071912	21,4009	7,7082	2,66087	2,18341	1438,8	164748	458
459	210681	96702579	21,4243	7,7138	2,66181	2,17865	1442,0	165468	459
460	211600	97336000	21,4476	7,7194	2,66276	2,17391	1445,1	166190	**460**
461	212521	97972181	21,4709	7,7250	2,66370	2,16920	1448,3	166914	461
462	213444	98611128	21,4942	7,7306	2,66464	2,16450	1451,4	167639	462
463	214369	99252847	21,5174	7,7362	2,66558	2,15983	1454,6	168365	463
464	215296	99897344	21,5407	7,7418	2,66652	2,15517	1457,7	169093	464
465	216225	100544625	21,5639	7,7473	2,66745	2,15054	1460,8	169823	465
466	217156	101194696	21,5870	7,7529	2,66839	2,14592	1464,0	170554	466
467	218089	101847563	21,6102	7,7584	2,66932	2,14133	1467,1	171287	467
468	219024	102503232	21,6333	7,7639	2,67025	2,13675	1470,3	172021	468
469	219961	103161709	21,6564	7,7695	2,67117	2,13220	1473,4	172757	469
470	220900	103823000	21,6795	7,7750	2,67210	2,12766	1476,5	173494	**470**
471	221841	104487111	21,7025	7,7805	2,67302	2,12314	1479,7	174234	471
472	222784	105154048	21,7256	7,7860	2,67394	2,11864	1482,8	174974	472
473	223729	105823817	21,7486	7,7915	2,67486	2,11416	1486,0	175716	473
474	224676	106496424	21,7715	7,7970	2,67578	2,10970	1489,1	176460	474
475	225625	107171875	21,7945	7,8025	2,67669	2,10526	1492,3	177205	475
476	226576	107850176	21,8174	7,8079	2,67761	2,10084	1495,4	177952	476
477	227529	108531333	21,8403	7,8134	2,67852	2,09644	1498,5	178701	477
478	228484	109215352	21,8632	7,8188	2,67943	2,09205	1501,7	179451	478
479	229441	109902239	21,8861	7,8243	2,68034	2,08768	1504,8	180203	479
480	230400	110592000	21,9089	7,8297	2,68124	2,08333	1508,0	180956	**480**
481	231361	111284641	21,9317	7,8352	2,68215	2,07900	1511,1	181711	481
482	232324	111980168	21,9545	7,8406	2,68305	2,07469	1514,2	182467	482
483	233289	112678587	21,9773	7,8460	2,68395	2,07039	1517,4	183225	483
484	234256	113379904	22,0000	7,8514	2,68485	2,06612	1520,5	183984	484
485	235225	114084125	22,0227	7,8568	2,68574	2,06186	1523,7	184745	485
486	236196	114791256	22,0454	7,8622	2,68664	2,05761	1526,8	185508	486
487	237169	115501303	22,0681	7,8676	2,68753	2,05339	1530,0	186272	487
488	238144	116214272	22,0907	7,8730	2,68842	2,04918	1533,1	187038	488
489	239121	116930169	22,1133	7,8784	2,68931	2,04499	1536,2	187805	489
490	240100	117649000	22,1359	7,8837	2,69020	2,04082	1539,4	188574	**490**
491	241081	118370771	22,1585	7,8891	2,69108	2,03666	1542,5	189345	491
492	242064	119095488	22,1811	7,8944	2,69197	2,03252	1545,7	190117	492
493	243049	119823157	22,2036	7,8998	2,69285	2,02840	1548,8	190890	493
494	244036	120553784	22,2261	7,9051	2,69373	2,02429	1551,9	191665	494
495	245025	121287375	22,2486	7,9105	2,69461	2,02020	1555,1	192442	495
496	246016	122023936	22,2711	7,9158	2,69548	2,01613	1558,2	193221	496
497	247009	122763473	22,2935	7,9211	2,69636	2,01207	1561,4	194000	497
498	248004	123505992	22,3159	7,9264	2,69723	2,00803	1564,5	194782	498
499	249001	124251499	22,3383	7,9317	2,69810	2,00401	1567,7	195565	499
500	250000	125000000	22,3607	7,9370	2,69897	2,00000	1570,8	196350	**500**

Erster Abschnitt. Mathematik.

n	n^2	n^3	$\sqrt{n}$	$\sqrt[3]{n}$	$\log n$	$\dfrac{1000}{n}$	πn	$\dfrac{\pi n^2}{4}$	n
500	250000	125000000	22,3607	7,9370	2,69897	2,00000	1570,8	196350	**500**
501	251001	125751501	22,3830	7,9423	2,69984	1,99601	1573,9	197136	501
502	252004	126506008	22,4054	7,9476	2,70070	1,99203	1577,1	197923	502
503	253009	127263527	22,4277	7,9528	2,70157	1,98807	1580,2	198713	503
504	254016	128024064	22,4499	7,9581	2,70243	1,98413	1583,4	199504	504
505	255025	128787625	22,4722	7,9634	2,70329	1,98020	1586,5	200296	505
506	256036	129554216	22,4944	7,9686	2,70415	1,97628	1589,6	201090	506
507	257049	130323843	22,5167	7,9739	2,70501	1,97239	1592,8	201886	507
508	258064	131096512	22,5389	7,9791	2,70586	1,96850	1595,9	202683	508
509	259081	131872229	22,5610	7,9843	2,70672	1,96464	1599,1	203482	509
510	260100	132651000	22,5832	7,9896	2,70757	1,96078	1602,2	204282	**510**
511	261121	133432831	22,6053	7,9948	2,70842	1,95695	1605,4	205084	511
512	262144	134217728	22,6274	8,0000	2,70927	1,95312	1608,5	205887	512
513	263169	135005697	22,6495	8,0052	2,71012	1,94932	1611,6	206692	513
514	264196	135796744	22,6716	8,0104	2,71096	1,94553	1614,8	207499	514
515	265225	136590875	22,6936	8,0156	2,71181	1,94175	1617,9	208307	515
516	266256	137388096	22,7156	8,0208	2,71265	1,93798	1621,1	209117	516
517	267289	138188413	22,7376	8,0260	2,71349	1,93424	1624,2	209928	517
518	268324	138991832	22,7596	8,0311	2,71433	1,93050	1627,3	210741	518
519	269361	139798359	22,7816	8,0363	2,71517	1,92678	1630,5	211556	519
520	270400	140608000	22,8035	8,0415	2,71600	1,92308	1633,6	212372	**520**
521	271441	141420761	22,8254	8,0466	2,71684	1,91939	1636,8	213189	521
522	272484	142236648	22,8473	8,0517	2,71767	1,91571	1639,9	214008	522
523	273529	143055667	22,8692	8,0569	2,71850	1,91205	1643,1	214829	523
524	274576	143877824	22,8910	8,0620	2,71933	1,90840	1646,2	215651	524
525	275625	144703125	22,9129	8,0671	2,72016	1,90476	1649,3	216475	525
526	276676	145531576	22,9347	8,0723	2,72099	1,90114	1652,5	217301	526
527	277729	146363183	22,9565	8,0774	2,72181	1,89753	1655,6	218128	527
528	278784	147197952	22,9783	8,0825	2,72263	1,89394	1658,8	218956	528
529	279841	148035889	23,0000	8,0876	2,72346	1,89036	1661,9	219787	529
530	280900	148877000	23,0217	8,0927	2,72428	1,88679	1665,0	220618	**530**
531	281961	149721291	23,0434	8,0978	2,72509	1,88324	1668,2	221452	531
532	283024	150568768	23,0651	8,1028	2,72591	1,87970	1671,3	222287	532
533	284089	151419437	23,0868	8,1079	2,72673	1,87617	1674,5	223123	533
534	285156	152273304	23,1084	8,1130	2,72754	1,87266	1677,6	223961	534
535	286225	153130375	23,1301	8,1180	2,72835	1,86916	1680,8	224801	535
536	287296	153990656	23,1517	8,1231	2,72916	1,86567	1683,9	225642	536
537	288369	154854153	23,1733	8,1281	2,72997	1,86220	1687,0	226484	537
538	289444	155720872	23,1948	8,1332	2,73078	1,85874	1690,2	227329	538
539	290521	156590819	23,2164	8,1382	2,73159	1,85529	1693,3	228175	539
540	291600	157464000	23,2379	8,1433	2,73239	1,85185	1696,5	229022	**540**
541	292681	158340421	23,2594	8,1483	2,73320	1,84843	1699,6	229871	541
542	293764	159220088	23,2809	8,1533	2,73400	1,84502	1702,7	230722	542
543	294849	160103007	23,3024	8,1583	2,73480	1,84162	1705,9	231574	543
544	295936	160989184	23,3238	8,1633	2,73560	1,83824	1709,0	232428	544
545	297025	161878625	23,3452	8,1683	2,73640	1,83486	1712,2	233283	545
546	298116	162771336	23,3666	8,1733	2,73719	1,83150	1715,3	234140	546
547	299209	163667323	23,3880	8,1783	2,73799	1,82815	1718,5	234998	547
548	300304	164566592	23,4094	8,1833	2,73878	1,82482	1721,6	235858	548
549	301401	165469149	23,4307	8,1882	2,73957	1,82149	1724,7	236720	549
550	302500	166375000	23,4521	8,1932	2,74036	1,81818	1727,9	237583	**550**

A. Tafeln der Potenzen, Wurzeln, Briggsschen Logarithmen etc. 13

n	n^2	n^3	$\sqrt{n}$	$\sqrt[3]{n}$	$\log n$	$\dfrac{1000}{n}$	πn	$\dfrac{\pi n^2}{4}$	n
550	302500	166375000	23,4521	8,1932	2,74036	1,81818	1727,9	237583	550
551	303601	167284151	23,4734	8,1982	2,74115	1,81488	1731,0	238448	551
552	304704	168196608	23,4947	8,2031	2,74194	1,81159	1734,2	239314	552
553	305809	169112377	23,5160	8,2081	2,74273	1,80832	1737,3	240182	553
554	306916	170031464	23,5372	8,2130	2,74351	1,80505	1740,4	241051	554
555	308025	170953875	23,5584	8,2180	2,74429	1,80180	1743,6	241922	555
556	309136	171879616	23,5797	8,2229	2,74507	1,79856	1746,7	242795	556
557	310249	172808693	23,6008	8,2278	2,74586	1,79533	1749,9	243669	557
558	311364	173741112	23,6220	8,2327	2,74663	1,79211	1753,0	244545	558
559	312481	174676879	23,6432	8,2377	2,74741	1,78891	1756,2	245422	559
560	313600	175616000	23,6643	8,2426	2,74819	1,78571	1759,3	246301	560
561	314721	176558481	23,6854	8,2475	2,74896	1,78253	1762,4	247181	561
562	315844	177504328	23,7065	8,2524	2,74974	1,77936	1765,6	248063	562
563	316969	178453547	23,7276	8,2573	2,75051	1,77620	1768,7	248947	563
564	318096	179406144	23,7487	8,2621	2,75128	1,77305	1771,9	249832	564
565	319225	180362125	23,7697	8,2670	2,75205	1,76991	1775,0	250719	565
566	320356	181321496	23,7908	8,2719	2,75282	1,76678	1778,1	251607	566
567	321489	182284263	23,8118	8,2768	2,75358	1,76367	1781,3	252497	567
568	322624	183250432	23,8328	8,2816	2,75435	1,76056	1784,4	253388	568
569	323761	184220009	23,8537	8,2865	2,75511	1,75747	1787,6	254281	569
570	324900	185193000	23,8747	8,2913	2,75587	1,75439	1790,7	255176	570
571	326041	186169411	23,8956	8,2962	2,75664	1,75131	1793,8	256072	571
572	327184	187149248	23,9165	8,3010	2,75740	1,74825	1797,0	256970	572
573	328329	188132517	23,9374	8,3059	2,75815	1,74520	1800,1	257869	573
574	329476	189119224	23,9583	8,3107	2,75891	1,74216	1803,3	258770	574
575	330625	190109375	23,9792	8,3155	2,75967	1,73913	1806,4	259672	575
576	331776	191102976	24,0000	8,3203	2,76042	1,73611	1809,6	260576	576
577	332929	192100033	24,0208	8,3251	2,76118	1,73310	1812,7	261482	577
578	334084	193100552	24,0416	8,3300	2,76193	1,73010	1815,8	262389	578
579	335241	194104539	24,0624	8,3348	2,76268	1,72712	1819,0	263298	579
580	336400	195112000	24,0832	8,3396	2,76343	1,72414	1822,1	264208	580
581	337561	196122941	24,1039	8,3443	2,76418	1,72117	1825,3	265120	581
582	338724	197137368	24,1247	8,3491	2,76492	1,71821	1828,4	266033	582
583	339889	198155287	24,1454	8,3539	2,76567	1,71527	1831,6	266948	583
584	341056	199176704	24,1661	8,3587	2,76641	1,71233	1834,7	267865	584
585	342225	200201625	24,1868	8,3634	2,76716	1,70940	1837,8	268783	585
586	343396	201230056	24,2074	8,3682	2,76790	1,70648	1841,0	269703	586
587	344569	202262003	24,2281	8,3730	2,76864	1,70358	1844,1	270624	587
588	345744	203297472	24,2487	8,3777	2,76938	1,70068	1847,3	271547	588
589	346921	204336469	24,2693	8,3825	2,77012	1,69779	1850,4	272471	589
590	348100	205379000	24,2899	8,3872	2,77085	1,69492	1853,5	273397	590
591	349281	206425071	24,3105	8,3919	2,77159	1,69205	1856,7	274325	591
592	350464	207474688	24,3311	8,3967	2,77232	1,68919	1859,8	275254	592
593	351649	208527857	24,3516	8,4014	2,77305	1,68634	1863,0	276184	593
594	352836	209584584	24,3721	8,4061	2,77379	1,68350	1866,1	277117	594
595	354025	210644875	24,3926	8,4108	2,77452	1,68067	1869,2	278051	595
596	355216	211708736	24,4131	8,4155	2,77525	1,67785	1872,4	278986	596
597	356409	212776173	24,4336	8,4202	2,77597	1,67504	1875,5	279923	597
598	357604	213847192	24,4540	8,4249	2,77670	1,67224	1878,7	280862	598
599	358801	214921799	24,4745	8,4296	2,77743	1,66945	1881,8	281802	599
600	360000	216000000	24,4949	8,4343	2,77815	1,66667	1885,0	282743	600

14　Erster Abschnitt. Mathematik.

n	n^2	n^3	$\sqrt{n}$	$\sqrt[3]{n}$	$\log n$	$\dfrac{1000}{n}$	πn	$\dfrac{\pi n^2}{4}$	n
600	360000	216000000	24,4949	8,4343	2,77815	1,66667	1885,0	282743	600
601	361201	217081801	24,5153	8,4390	2,77887	1,66389	1888,1	283687	601
602	362404	218167208	24,5357	8,4437	2,77960	1,66113	1891,2	284631	602
603	363609	219256227	24,5561	8,4484	2,78032	1,65837	1894,4	285578	603
604	364816	220348864	24,5764	8,4530	2,78104	1,65563	1897,5	286526	604
605	366025	221445125	24,5967	8,4577	2,78176	1,65289	1900,7	287475	605
606	367236	222545016	24,6171	8,4623	2,78247	1,65017	1903,8	288426	606
607	368449	223648543	24,6374	8,4670	2,78319	1,64745	1906,9	289379	607
608	369664	224755712	24,6577	8,4716	2,78390	1,64474	1910,1	290333	608
609	370881	225866529	24,6779	8,4763	2,78462	1,64204	1913,2	291289	609
610	372100	226981000	24,6982	8,4809	2,78533	1,63934	1916,4	292247	610
611	373321	228099131	24,7184	8,4856	2,78604	1,63666	1919,5	293206	611
612	374544	229220928	24,7386	8,4902	2,78675	1,63399	1922,7	294166	612
613	375769	230346397	24,7588	8,4948	2,78746	1,63132	1925,8	295128	613
614	376996	231475544	24,7790	8,4994	2,78817	1,62866	1928,9	296092	614
615	378225	232608375	24,7992	8,5040	2,78888	1,62602	1932,1	297057	615
616	379456	233744896	24,8193	8,5086	2,78958	1,62338	1935,2	298024	616
617	380689	234885113	24,8395	8,5132	2,79029	1,62075	1938,4	298992	617
618	381924	236029032	24,8596	8,5178	2,79099	1,61812	1941,5	299962	618
619	383161	237176659	24,8797	8,5224	2,79169	1,61551	1944,6	300934	619
620	384400	238328000	24,8998	8,5270	2,79239	1,61290	1947,8	301907	620
621	385641	239483061	24,9199	8,5316	2,79309	1,61031	1950,9	302882	621
622	386884	240641848	24,9399	8,5362	2,79379	1,60772	1954,1	303858	622
623	388129	241804367	24,9600	8,5408	2,79449	1,60514	1957,2	304836	623
624	389376	242970624	24,9800	8,5453	2,79518	1,60256	1960,4	305815	624
625	390625	244140625	25,0000	8,5499	2,79588	1,60000	1963,5	306796	625
626	391876	245314376	25,0200	8,5544	2,79657	1,59744	1966,6	307779	626
627	393129	246491883	25,0400	8,5590	2,79727	1,59490	1969,8	308763	627
628	394384	247673152	25,0599	8,5635	2,79796	1,59236	1972,9	309748	628
629	395641	248858189	25,0799	8,5681	2,79865	1,58983	1976,1	310736	629
630	396900	250047000	25,0998	8,5726	2,79934	1,58730	1979,2	311725	630
631	398161	251239591	25,1197	8,5772	2,80003	1,58479	1982,3	312715	631
632	399424	252435968	25,1396	8,5817	2,80072	1,58228	1985,5	313707	632
633	400689	253636137	25,1595	8,5862	2,80140	1,57978	1988,6	314700	633
634	401956	254840104	25,1794	8,5907	2,80209	1,57729	1991,8	315696	634
635	403225	256047875	25,1992	8,5952	2,80277	1,57480	1994,9	316692	635
636	404496	257259456	25,2190	8,5997	2,80346	1,57233	1998,1	317690	636
637	405769	258474853	25,2389	8,6043	2,80414	1,56986	2001,2	318690	637
638	407044	259694072	25,2587	8,6088	2,80482	1,56740	2004,3	319692	638
639	408321	260917119	25,2784	8,6132	2,80550	1,56495	2007,5	320695	639
640	409600	262144000	25,2982	8,6177	2,80618	1,56250	2010,6	321699	640
641	410881	263374721	25,3180	8,6222	2,80686	1,56006	2013,8	322705	641
642	412164	264609288	25,3377	8,6267	2,80754	1,55763	2016,9	323713	642
643	413449	265847707	25,3574	8,6312	2,80821	1,55521	2020,0	324722	643
644	414736	267089984	25,3772	8,6357	2,80889	1,55280	2023,2	325733	644
645	416025	268336125	25,3969	8,6401	2,80956	1,55039	2026,3	326745	645
646	417316	269586136	25,4165	8,6446	2,81023	1,54799	2029,5	327759	646
647	418609	270840023	25,4362	8,6490	2,81090	1,54560	2032,6	328775	647
648	419904	272097792	25,4558	8,6535	2,81158	1,54321	2035,8	329792	648
649	421201	273359449	25,4755	8,6579	2,81224	1,54083	2038,9	330810	649
650	422500	274625000	25,4951	8,6624	2,81291	1,53846	2042,0	331831	650

A. Tafeln der Potenzen, Wurzeln, Briggsschen Logarithmen etc. **15**

n	n^2	n^3	$\sqrt{n}$	$\sqrt[3]{n}$	$\log n$	$\dfrac{1000}{n}$	πn	$\dfrac{\pi n^2}{4}$	n
650	422500	274625000	25,4951	8,6624	2,81291	1,53846	2042,0	331831	650
651	423801	275894451	25,5147	8,6668	2,81358	1,53610	2045,2	332853	651
652	425104	277167808	25,5343	8,6713	2,81425	1,53374	2048,3	333876	652
653	426409	278445077	25,5539	8,6757	2,81491	1,53139	2051,5	334901	653
654	427716	279726264	25,5734	8,6801	2,81558	1,52905	2054,6	335927	654
655	429025	281011375	25,5930	8,6845	2,81624	1,52672	2057,7	336955	655
656	430336	282300416	25,6125	8,6890	2,81690	1,52439	2060,9	337985	656
657	431649	283593393	25,6320	8,6934	2,81757	1,52207	2064,0	339016	657
658	432964	284890312	25,6515	8,6978	2,81823	1,51976	2067,2	340049	658
659	434281	286191179	25,6710	8,7022	2,81889	1,51745	2070,3	341084	659
660	435600	287496000	25,6905	8,7066	2,81954	1,51515	2073,5	342119	660
661	436921	288804781	25,7099	8,7110	2,82020	1,51286	2076,6	343157	661
662	438244	290117528	25,7294	8,7154	2,82086	1,51057	2079,7	344196	662
663	439569	291434247	25,7488	8,7198	2,82151	1,50830	2082,9	345237	663
664	440896	292754944	25,7682	8,7241	2,82217	1,50602	2086,0	346279	664
665	442225	294079625	25,7876	8,7285	2,82282	1,50376	2089,2	347323	665
666	443556	295408296	25,8070	8,7329	2,82347	1,50150	2092,3	348368	666
667	444889	296740963	25,8263	8,7373	2,82413	1,49925	2095,4	349415	667
668	446224	298077632	25,8457	8,7416	2,82478	1,49701	2098,6	350464	668
669	447561	299418309	25,8650	8,7460	2,82543	1,49477	2101,7	351514	669
670	448900	300763000	25,8844	8,7503	2,82607	1,49254	2104,9	352565	670
671	450241	302111711	25,9037	8,7547	2,82672	1,49031	2108,0	353618	671
672	451584	303464448	25,9230	8,7590	2,82737	1,48810	2111,2	354673	672
673	452929	304821217	25,9422	8,7634	2,82802	1,48588	2114,3	355730	673
674	454276	306182024	25,9615	8,7677	2,82866	1,48368	2117,4	356788	674
675	455625	307546875	25,9808	8,7721	2,82930	1,48148	2120,6	357847	675
676	456976	308915776	26,0000	8,7764	2,82995	1,47929	2123,7	358908	676
677	458329	310288733	26,0192	8,7807	2,83059	1,47710	2126,9	359971	677
678	459684	311665752	26,0384	8,7850	2,83123	1,47493	2130,0	361035	678
679	461041	313046839	26,0576	8,7893	2,83187	1,47275	2133,1	362101	679
680	462400	314432000	26,0768	8,7937	2,83251	1,47059	2136,3	363168	680
681	463761	315821241	26,0960	8,7980	2,83315	1,46843	2139,4	364237	681
682	465124	317214568	26,1151	8,8023	2,83378	1,46628	2142,6	365308	682
683	466489	318611987	26,1343	8,8066	2,83442	1,46413	2145,7	366380	683
684	467856	320013504	26,1534	8,8109	2,83506	1,46199	2148,8	367453	684
685	469225	321419125	26,1725	8,8152	2,83569	1,45985	2152,0	368528	685
686	470596	322828856	26,1916	8,8194	2,83632	1,45773	2155,1	369605	686
687	471969	324242703	26,2107	8,8237	2,83696	1,45560	2158,3	370684	687
688	473344	325660672	26,2298	8,8280	2,83759	1,45349	2161,4	371764	688
689	474721	327082769	26,2488	8,8323	2,83822	1,45138	2164,6	372845	689
690	476100	328509000	26,2679	8,8366	2,83885	1,44928	2167,7	373928	690
691	477481	329939371	26,2869	8,8408	2,83948	1,44718	2170,8	375013	691
692	478864	331373888	26,3059	8,8451	2,84011	1,44509	2174,0	376099	692
693	480249	332812557	26,3249	8,8493	2,84073	1,44300	2177,1	377187	693
694	481636	334255384	26,3439	8,8536	2,84136	1,44092	2180,3	378276	694
695	483025	335702375	26,3629	8,8578	2,84198	1,43885	2183,4	379367	695
696	484416	337153536	26,3818	8,8621	2,84261	1,43678	2186,5	380459	696
697	485809	338608873	26,4008	8,8663	2,84323	1,43472	2189,7	381553	697
698	487204	340068392	26,4197	8,8706	2,84386	1,43266	2192,8	382649	698
699	488601	341532099	26,4386	8,8748	2,84448	1,43062	2196,0	383746	699
700	490000	343000000	26,4575	8,8790	2,84510	1,42857	2199,1	384845	700

Erster Abschnitt. Mathematik.

n	n^2	n^3	$\sqrt{n}$	$\sqrt[3]{n}$	$\log n$	$\dfrac{1000}{n}$	πn	$\dfrac{\pi n^2}{4}$	n
700	490000	343000000	26,4575	8,8790	2,84510	1,42857	2199,1	384845	700
701	491401	344472101	26,4764	8,8833	2,84572	1,42653	2202,3	385945	701
702	492804	345948408	26,4953	8,8875	2,84634	1,42450	2205,4	387047	702
703	494209	347428927	26,5141	8,8917	2,84696	1,42248	2208,5	388151	703
704	495616	348913664	26,5330	8,8959	2,84757	1,42045	2211,7	389256	704
705	497025	350402625	26,5518	8,9001	2,84819	1,41844	2214,8	390363	705
706	498436	351895816	26,5707	8,9043	2,84880	1,41643	2218,0	391471	706
707	499849	353393243	26,5895	8,9085	2,84942	1,41443	2221,1	392580	707
708	501264	354894912	26,6083	8,9127	2,85003	1,41243	2224,2	393692	708
709	502681	356400829	26,6271	8,9169	2,85065	1,41044	2227,4	394805	709
710	504100	357911000	26,6458	8,9211	2,85126	1,40845	2230,5	395919	710
711	505521	359425431	26,6646	8,9253	2,85187	1,40647	2233,7	397035	711
712	506944	360944128	26,6833	8,9295	2,85248	1,40449	2236,8	398153	712
713	508369	362467097	26,7021	8,9337	2,85309	1,40252	2240,0	399272	713
714	509796	363994344	26,7208	8,9378	2,85370	1,40056	2243,1	400393	714
715	511225	365525875	26,7395	8,9420	2,85431	1,39860	2246,2	401515	715
716	512656	367061696	26,7582	8,9462	2,85491	1,39665	2249,4	402639	716
717	514089	368601813	26,7769	8,9503	2,85552	1,39470	2252,5	403765	717
718	515524	370146232	26,7955	8,9545	2,85612	1,39276	2255,7	404892	718
719	516961	371694959	26,8142	8,9587	2,85673	1,39082	2258,8	406020	719
720	518400	373248000	26,8328	8,9628	2,85733	1,38889	2261,9	407150	720
721	519841	374805361	26,8514	8,9670	2,85794	1,38696	2265,1	408282	721
722	521284	376367048	26,8701	8,9711	2,85854	1,38504	2268,2	409415	722
723	522729	377933067	26,8887	8,9752	2,85914	1,38313	2271,4	410550	723
724	524176	379503424	26,9072	8,9794	2,85974	1,38122	2274,5	411687	724
725	525625	381078125	26,9258	8,9835	2,86034	1,37931	2277,7	412825	725
726	527076	382657176	26,9444	8,9876	2,86094	1,37741	2280,8	413965	726
727	528529	384240583	26,9629	8,9918	2,86153	1,37552	2283,9	415106	727
728	529984	385828352	26,9815	8,9959	2,86213	1,37363	2287,1	416248	728
729	531441	387420489	27,0000	9,0000	2,86273	1,37174	2290,2	417393	729
730	532900	389017000	27,0185	9,0041	2,86332	1,36986	2293,4	418539	730
731	534361	390617891	27,0370	9,0082	2,86392	1,36799	2296,5	419686	731
732	535824	392223168	27,0555	9,0123	2,86451	1,36612	2299,6	420835	732
733	537289	393832837	27,0740	9,0164	2,86510	1,36426	2302,8	421986	733
734	538756	395446904	27,0924	9,0205	2,86570	1,36240	2305,9	423138	734
735	540225	397065375	27,1109	9,0246	2,86629	1,36054	2309,1	424293	735
736	541696	398688256	27,1293	9,0287	2,86688	1,35870	2312,2	425447	736
737	543169	400315553	27,1477	9,0328	2,86747	1,35685	2315,4	426604	737
738	544644	401947272	27,1662	9,0369	2,86806	1,35501	2318,5	427762	738
739	546121	403583419	27,1846	9,0410	2,86864	1,35318	2321,6	428922	739
740	547600	405224000	27,2029	9,0450	2,86923	1,35135	2324,8	430084	740
741	549081	406869021	27,2213	9,0491	2,86982	1,34953	2327,9	431247	741
742	550564	408518488	27,2397	9,0532	2,87040	1,34771	2331,1	432412	742
743	552049	410172407	27,2580	9,0572	2,87099	1,34590	2334,2	433578	743
744	553536	411830784	27,2764	9,0613	2,87157	1,34409	2337,3	434746	744
745	555025	413493625	27,2947	9,0654	2,87216	1,34228	2340,5	435916	745
746	556516	415160936	27,3130	9,0694	2,87274	1,34048	2343,6	437087	746
747	558009	416832723	27,3313	9,0735	2,87332	1,33869	2346,8	438259	747
748	559504	418508992	27,3496	9,0775	2,87390	1,33690	2349,9	439433	748
749	561001	420189749	27,3679	9,0816	2,87448	1,33511	2353,1	440609	749
750	562500	421875000	27,3861	9,0856	2,87506	1,33333	2356,2	441786	750

A. Tafeln der Potenzen, Wurzeln, Briggsschen Logarithmen etc.

n	n^2	n^3	$\sqrt{n}$	$\sqrt[3]{n}$	$\log n$	$\dfrac{1000}{n}$	πn	$\dfrac{\pi n^2}{4}$	n
750	562500	421875000	27,3861	9,0856	2,87506	1,33333	2356,2	441786	**750**
751	564001	423564751	27,4044	9,0896	2,87564	1,33156	2359,3	442965	751
752	565504	425259008	27,4226	9,0937	2,87622	1,32979	2362,5	444146	752
753	567009	426957777	27,4408	9,0977	2,87679	1,32802	2365,6	445328	753
754	568516	428661064	27,4591	9,1017	2,87737	1,32626	2368,8	446511	754
755	570025	430368875	27,4773	9,1057	2,87795	1,32450	2371,9	447697	755
756	571536	432081216	27,4955	9,1098	2,87852	1,32275	2375,0	448883	756
757	573049	433798093	27,5136	9,1138	2,87910	1,32100	2378,2	450072	757
758	574564	435519512	27,5318	9,1178	2,87967	1,31926	2381,3	451262	758
759	576081	437245479	27,5500	9,1218	2,88024	1,31752	2384,5	452453	759
760	577600	438976000	27,5681	9,1258	2,88081	1,31579	2387,6	453646	**760**
761	579121	440711081	27,5862	9,1298	2,88138	1,31406	2390,8	454841	761
762	580644	442450728	27,6043	9,1338	2,88195	1,31234	2393,9	456037	762
763	582169	444194947	27,6225	9,1378	2,88252	1,31062	2397,0	457234	763
764	583696	445943744	27,6405	9,1418	2,88309	1,30890	2400,2	458434	764
765	585225	447697125	27,6586	9,1458	2,88366	1,30719	2403,3	459635	765
766	586756	449455096	27,6767	9,1498	2,88423	1,30548	2406,5	460837	766
767	588289	451217663	27,6948	9,1537	2,88480	1,30378	2409,6	462041	767
768	589824	452984832	27,7128	9,1577	2,88536	1,30208	2412,7	463247	768
769	591361	454756609	27,7308	9,1617	2,88593	1,30039	2415,9	464454	769
770	592900	456533000	27,7489	9,1657	2,88649	1,29870	2419,0	465663	**770**
771	594441	458314011	27,7669	9,1696	2,88705	1,29702	2422,2	466873	771
772	595984	460099648	27,7849	9,1736	2,88762	1,29534	2425,3	468085	772
773	597529	461889917	27,8029	9,1775	2,88818	1,29366	2428,5	469298	773
774	599076	463684824	27,8209	9,1815	2,88874	1,29199	2431,6	470513	774
775	600625	465484575	27,8388	9,1855	2,88930	1,29032	2434,7	471730	775
776	602176	467288576	27,8568	9,1894	2,88986	1,28866	2437,9	472948	776
777	603729	469097433	27,8747	9,1933	2,89042	1,28700	2441,0	474168	777
778	605284	470910952	27,8927	9,1973	2,89098	1,28535	2444,2	475389	778
779	606841	472729139	27,9106	9,2012	2,89154	1,28370	2447,3	476612	779
780	608400	474552000	27,9285	9,2052	2,89209	1,28205	2450,4	477836	**780**
781	609961	476379541	27,9464	9,2091	2,89265	1,28041	2453,6	479062	781
782	611524	478211768	27,9643	9,2130	2,89321	1,27877	2456,7	480290	782
783	613089	480048687	27,9821	9,2170	2,89376	1,27714	2459,9	481519	783
784	614656	481890304	28,0000	9,2209	2,89432	1,27551	2463,0	482750	784
785	616225	483736625	28,0179	9,2248	2,89487	1,27389	2466,2	483982	785
786	617796	485587656	28,0357	9,2287	2,89542	1,27226	2469,3	485216	786
787	619369	487443403	28,0535	9,2326	2,89597	1,27065	2472,4	486451	787
788	620944	489303872	28,0713	9,2365	2,89653	1,26904	2475,6	487688	788
789	622521	491169069	28,0891	9,2404	2,89708	1,26743	2478,7	488927	789
790	624100	493039000	28,1069	9,2443	2,89763	1,26582	2481,9	490167	**790**
791	625681	494913671	28,1247	9,2482	2,89818	1,26422	2485,0	491409	791
792	627264	496793088	28,1425	9,2521	2,89873	1,26263	2488,1	492652	792
793	628849	498677257	28,1603	9,2560	2,89927	1,26103	2491,3	493897	793
794	630436	500566184	28,1780	9,2599	2,89982	1,25945	2494,4	495143	794
795	632025	502459875	28,1957	9,2638	2,90037	1,25786	2497,6	496391	795
796	633616	504358336	28,2135	9,2677	2,90091	1,25628	2500,7	497641	796
797	635209	506261573	28,2312	9,2716	2,90146	1,25471	2503,8	498892	797
798	636804	508169592	28,2489	9,2754	2,90200	1,25313	2507,0	500145	798
799	638401	510082399	28,2666	9,2793	2,90255	1,25156	2510,1	501399	799
800	640000	512000000	28,2843	9,2832	2,90309	1,25000	2513,3	502655	**800**

Erster Abschnitt. Mathematik.

n	n^2	n^3	$\sqrt{n}$	$\sqrt[3]{n}$	$\log n$	$\dfrac{1000}{n}$	πn	$\dfrac{\pi n^2}{4}$	n
800	640000	512000000	28,2843	9,2832	2,90309	1,25000	2513,3	502655	800
801	641601	513922401	28,3019	9,2870	2,90363	1,24844	2516,4	503912	801
802	643204	515849608	28,3196	9,2909	2,90417	1,24688	2519,6	505171	802
803	644809	517781627	28,3373	9,2948	2,90472	1,24533	2522,7	506432	803
804	646416	519718464	28,3549	9,2986	2,90526	1,24378	2525,8	507694	804
805	648025	521660125	28,3725	9,3025	2,90580	1,24224	2529,0	508958	805
806	649636	523606616	28,3901	9,3063	2,90634	1,24069	2532,1	510223	806
807	651249	525557943	28,4077	9,3102	2,90687	1,23916	2535,3	511490	807
808	652864	527514112	28,4253	9,3140	2,90741	1,23762	2538,4	512758	808
809	654481	529475129	28,4429	9,3179	2,90795	1,23609	2541,5	514028	809
810	656100	531441000	28,4605	9,3217	2,90849	1,23457	2544,7	515300	810
811	657721	533411731	28,4781	9,3255	2,90902	1,23305	2547,8	516573	811
812	659344	535387328	28,4956	9,3294	2,90956	1,23153	2551,0	517848	812
813	660969	537367797	28,5132	9,3332	2,91009	1,23001	2554,1	519124	813
814	662596	539353144	28,5307	9,3370	2,91062	1,22850	2557,3	520402	814
815	664225	541343375	28,5482	9,3408	2,91116	1,22699	2560,4	521681	815
816	665856	543338496	28,5657	9,3447	2,91169	1,22549	2563,5	522962	816
817	667489	545338513	28,5832	9,3485	2,91222	1,22399	2566,7	524245	817
818	669124	547343432	28,6007	9,3523	2,91275	1,22249	2569,8	525529	818
819	670761	549353259	28,6182	9,3561	2,91328	1,22100	2573,0	526814	819
820	672400	551368000	28,6356	9,3599	2,91381	1,21951	2576,1	528102	820
821	674041	553387661	28,6531	9,3637	2,91434	1,21803	2579,2	529391	821
822	675684	555412248	28,6705	9,3675	2,91487	1,21655	2582,4	530681	822
823	677329	557441767	28,6880	9,3713	2,91540	1,21507	2585,5	531973	823
824	678976	559476224	28,7054	9,3751	2,91593	1,21359	2588,7	533267	824
825	680625	561515625	28,7228	9,3789	2,91645	1,21212	2591,8	534562	825
826	682276	563559976	28,7402	9,3827	2,91698	1,21065	2595,0	535858	826
827	683929	565609283	28,7576	9,3865	2,91751	1,20919	2598,1	537157	827
828	685584	567663552	28,7750	9,3902	2,91803	1,20773	2601,2	538456	828
829	687241	569722789	28,7924	9,3940	2,91855	1,20627	2604,4	539758	829
830	688900	571787000	28,8097	9,3978	2,91908	1,20482	2607,5	541061	830
831	690561	573856191	28,8271	9,4016	2,91960	1,20337	2610,7	542365	831
832	692224	575930368	28,8444	9,4053	2,92012	1,20192	2613,8	543671	832
833	693889	578009537	28,8617	9,4091	2,92065	1,20048	2616,9	544979	833
834	695556	580093704	28,8791	9,4129	2,92117	1,19904	2620,1	546288	834
835	697225	582183875	28,8964	9,4166	2,92169	1,19760	2623,2	547599	835
836	698896	584277056	28,9137	9,4204	2,92221	1,19617	2626,4	548912	836
837	700569	586376253	28,9310	9,4241	2,92273	1,19474	2629,5	550226	837
838	702244	588480472	28,9482	9,4279	2,92324	1,19332	2632,7	551541	838
839	703921	590589719	28,9655	9,4316	2,92376	1,19190	2635,8	552858	839
840	705600	592704000	28,9828	9,4354	2,92428	1,19048	2638,9	554177	840
841	707281	594823321	29,0000	9,4391	2,92480	1,18906	2642,1	555497	841
842	708964	596947688	29,0172	9,4429	2,92531	1,18765	2645,2	556819	842
843	710649	599077107	29,0345	9,4466	2,92583	1,18624	2648,4	558142	843
844	712336	601211584	29,0517	9,4503	2,92634	1,18483	2651,5	559467	844
845	714025	603351125	29,0689	9,4541	2,92686	1,18343	2654,6	560794	845
846	715716	605495736	29,0861	9,4578	2,92737	1,18203	2657,8	562122	846
847	717409	607645423	29,1033	9,4615	2,92788	1,18064	2660,9	563452	847
848	719104	609800192	29,1204	9,4652	2,92840	1,17925	2664,1	564783	848
849	720801	611960049	29,1376	9,4690	2,92891	1,17786	2667,2	566116	849
850	722500	614125000	29,1548	9,4727	2,92942	1,17647	2670,4	567450	850

A. Tafeln der Potenzen, Wurzeln, Briggsschen Logarithmen etc. **19**

n	n^2	n^3	$\sqrt{n}$	$\sqrt[3]{n}$	$\log n$	$\dfrac{1000}{n}$	πn	$\dfrac{\pi n^2}{4}$	n
850	722500	614125000	29,1548	9,4727	2,92942	1,17647	2670,4	567450	**850**
851	724201	616295051	29,1719	9,4764	2,92993	1,17509	2673,5	568786	851
852	725904	618470208	29,1890	9,4801	2,93044	1,17371	2676,6	570124	852
853	727609	620650477	29,2062	9,4838	2,93095	1,17233	2679,8	571463	853
854	729316	622835864	29,2233	9,4875	2,93146	1,17096	2682,9	572803	854
855	731025	625026375	29,2404	9,4912	2,93197	1,16959	2686,1	574146	855
856	732736	627222016	29,2575	9,4949	2,93247	1,16822	2689,2	575490	856
857	734449	629422793	29,2746	9,4986	2,93298	1,16686	2692,3	576835	857
858	736164	631628712	29,2916	9,5023	2,93349	1,16550	2695,5	578182	858
859	737881	633839779	29,3087	9,5060	2,93399	1,16414	2698,6	579530	859
860	739600	636056000	29,3258	9,5097	2,93450	1,16279	2701,8	580880	**860**
861	741321	638277381	29,3428	9,5134	2,93500	1,16144	2704,9	582232	861
862	743044	640503928	29,3598	9,5171	2,93551	1,16009	2708,1	583585	862
863	744769	642735647	29,3769	9,5207	2,93601	1,15875	2711,2	584940	863
864	746496	644972544	29,3939	9,5244	2,93651	1,15741	2714,3	586297	864
865	748225	647214625	29,4109	9,5281	2,93702	1,15607	2717,5	587655	865
866	749956	649461896	29,4279	9,5317	2,93752	1,15473	2720,6	589014	866
867	751689	651714363	29,4449	9,5354	2,93802	1,15340	2723,8	590375	867
868	753424	653972032	29,4618	9,5391	2,93852	1,15207	2726,9	591738	868
869	755161	656234909	29,4788	9,5427	2,93902	1,15075	2730,0	593102	869
870	756900	658503000	29,4958	9,5464	2,93952	1,14943	2733,2	594468	**870**
871	758641	660776311	29,5127	9,5501	2,94002	1,14811	2736,3	595835	871
872	760384	663054848	29,5296	9,5537	2,94052	1,14679	2739,5	597204	872
873	762129	665338617	29,5466	9,5574	2,94101	1,14548	2742,6	598575	873
874	763876	667627624	29,5635	9,5610	2,94151	1,14416	2745,8	599947	874
875	765625	669921875	29,5804	9,5647	2,94201	1,14286	2748,9	601320	875
876	767376	672221376	29,5973	9,5683	2,94250	1,14155	2752,0	602696	876
877	769129	674526133	29,6142	9,5719	2,94300	1,14025	2755,2	604073	877
878	770884	676836152	29,6311	9,5756	2,94349	1,13895	2758,3	605451	878
879	772641	679151439	29,6479	9,5792	2,94399	1,13766	2761,5	606831	879
880	774400	681472000	29,6648	9,5828	2,94448	1,13636	2764,6	608212	**880**
881	776161	683797841	29,6816	9,5865	2,94498	1,13507	2767,7	609595	881
882	777924	686128968	29,6985	9,5901	2,94547	1,13379	2770,9	610980	882
883	779689	688465387	29,7153	9,5937	2,94596	1,13250	2774,0	612366	883
884	781456	690807104	29,7321	9,5973	2,94645	1,13122	2777,2	613754	884
885	783225	693154125	29,7489	9,6010	2,94694	1,12994	2780,3	615143	885
886	784996	695506456	29,7658	9,6046	2,94743	1,12867	2783,5	616534	886
887	786769	697864103	29,7825	9,6082	2,94792	1,12740	2786,6	617927	887
888	788544	700227072	29,7993	9,6118	2,94841	1,12613	2789,7	619321	888
889	790321	702595369	29,8161	9,6154	2,94890	1,12486	2792,9	620717	889
890	792100	704969000	29,8329	9,6190	2,94939	1,12360	2796,0	622114	**890**
891	793881	707347971	29,8496	9,6226	2,94988	1,12233	2799,2	623513	891
892	795664	709732288	29,8664	9,6262	2,95036	1,12108	2802,3	624913	892
893	797449	712121957	29,8831	9,6298	2,95085	1,11982	2805,4	626315	893
894	799236	714516984	29,8998	9,6334	2,95134	1,11857	2808,6	627718	894
895	801025	716917375	29,9166	9,6370	2,95182	1,11732	2811,7	629124	895
896	802816	719323136	29,9333	9,6406	2,95231	1,11607	2814,9	630530	896
897	804609	721734273	29,9500	9,6442	2,95279	1,11483	2818,0	631938	897
898	806404	724150792	29,9666	9,6477	2,95328	1,11359	2821,2	633348	898
899	808201	726572699	29,9833	9,6513	2,95376	1,11235	2824,3	634760	899
900	810000	729000000	30,0000	9,6549	2,95424	1,11111	2827,4	636173	**900**

Erster Abschnitt. Mathematik.

n	n^2	n^3	$\sqrt{n}$	$\sqrt[3]{n}$	$\log n$	$\dfrac{1000}{n}$	πn	$\dfrac{\pi n^2}{4}$	n
900	810000	729000000	30,0000	9,6549	2,95424	1,11111	2827,4	636173	**900**
901	811801	731432701	30,0167	9,6585	2,95472	1,10988	2830,6	637587	901
902	813604	733870808	30,0333	9,6620	2,95521	1,10865	2833,7	639003	902
903	815409	736314327	30,0500	9,6656	2,95569	1,10742	2836,9	640421	903
904	817216	738763264	30,0666	9,6692	2,95617	1,10619	2840,0	641840	904
905	819025	741217625	30,0832	9,6727	2,95665	1,10497	2843,1	643261	905
906	820836	743677416	30,0998	9,6763	2,95713	1,10375	2846,3	644683	906
907	822649	746142643	30,1164	9,6799	2,95761	1,10254	2849,4	646107	907
908	824464	748613312	30,1330	9,6834	2,95809	1,10132	2852,6	647533	908
909	826281	751089429	30,1496	9,6870	2,95856	1,10011	2855,7	648960	909
910	828100	753571000	30,1662	9,6905	2,95904	1,09890	2858,8	650388	**910**
911	829921	756058031	30,1828	9,6941	2,95952	1,09796	2862,0	651818	911
912	831744	758550528	30,1993	9,6976	2,95999	1,09649	2865,1	653250	912
913	833569	761048497	30,2159	9,7012	2,96047	1,09529	2868,3	654684	913
914	835396	763551944	30,2324	9,7047	2,96095	1,09409	2871,4	656118	914
915	837225	766060875	30,2490	9,7082	2,96142	1,09290	2874,6	657555	915
916	839056	768575296	30,2655	9,7118	2,96190	1,09170	2877,7	658993	916
917	840889	771095213	30,2820	9,7153	2,96237	1,09051	2880,8	660433	917
918	842724	773620632	30,2985	9,7188	2,96284	1,08932	2884,0	661874	918
919	844561	776151559	30,3150	9,7224	2,96332	1,08814	2887,1	663317	919
920	846400	778688000	30,3315	9,7259	2,96379	1,08696	2890,3	664761	**920**
921	848241	781229961	30,3480	9,7294	2,96426	1,08578	2893,4	666207	921
922	850084	783777448	30,3645	9,7329	2,96473	1,08460	2896,5	667654	922
923	851929	786330467	30,3809	9,7364	2,96520	1,08342	2899,7	669103	923
924	853776	788889024	30,3974	9,7400	2,96567	1,08225	2902,8	670554	924
925	855625	791453125	30,4138	9,7435	2,96614	1,08108	2906,0	672006	925
926	857476	794022776	30,4302	9,7470	2,96661	1,07991	2909,1	673460	926
927	859329	796597983	30,4467	9,7505	2,96708	1,07875	2912,3	674915	927
928	861184	799178752	30,4631	9,7540	2,96755	1,07759	2915,4	676372	928
929	863041	801765089	30,4795	9,7575	2,96802	1,07643	2918,5	677831	929
930	864900	804357000	30,4959	9,7610	2,96848	1,07527	2921,7	679291	**930**
931	866761	806954491	30,5123	9,7645	2,96895	1,07411	2924,8	680752	931
932	868624	809557568	30,5287	9,7680	2,96942	1,07296	2928,0	682216	932
933	870489	812166237	30,5450	9,7715	2,96988	1,07181	2931,1	683680	933
934	872356	814780504	30,5614	9,7750	2,97035	1,07066	2934,2	685147	934
935	874225	817400375	30,5778	9,7785	2,97081	1,06952	2937,4	686615	935
936	876096	820025856	30,5941	9,7819	2,97128	1,06838	2940,5	688084	936
937	877969	822656953	30,6105	9,7854	2,97174	1,06724	2943,7	689555	937
938	879844	825293672	30,6268	9,7889	2,97220	1,06610	2946,8	691028	938
939	881721	827936019	30,6431	9,7924	2,97267	1,06496	2950,0	692502	939
940	883600	830584000	30,6594	9,7959	2,97313	1,06383	2953,1	693978	**940**
941	885481	833237621	30,6757	9,7993	2,97359	1,06270	2956,2	695455	941
942	887364	835896888	30,6920	9,8028	2,97405	1,06157	2959,4	696934	942
943	889249	838561807	30,7083	9,8063	2,97451	1,06045	2962,5	698415	943
944	891136	841232384	30,7246	9,8097	2,97497	1,05932	2965,7	699897	944
945	893025	843908625	30,7409	9,8132	2,97543	1,05820	2968,8	701380	945
946	894916	846590536	30,7571	9,8167	2,97589	1,05708	2971,9	702865	946
947	896809	849278123	30,7734	9,8201	2,97635	1,05597	2975,1	704352	947
948	898704	851971392	30,7896	9,8236	2,97681	1,05485	2978,2	705840	948
949	900601	854670349	30,8058	9,8270	2,97727	1,05374	2981,4	707330	949
950	902500	857375000	30,8221	9,8305	2,97772	1,05263	2984,5	708822	**950**

A. Tafeln der Potenzen, Wurzeln, Briggsschen Logarithmen etc. 21

n	n^2	n^3	$\sqrt{n}$	$\sqrt[3]{n}$	$\log n$	$\dfrac{1000}{n}$	πn	$\dfrac{\pi n^2}{4}$	n
950	902500	857375000	30,8221	9,8305	2,97772	1,05263	2984,5	708822	950
951	904401	860085351	30,8383	9,8339	2,97818	1,05152	2987,7	710315	951
952	906304	862801408	30,8545	9,8374	2,97864	1,05042	2990,8	711809	952
953	908209	865523177	30,8707	9,8408	2,97909	1,04932	2993,9	713306	953
954	910116	868250664	30,8869	9,8443	2,97955	1,04822	2997,1	714803	954
955	912025	870983875	30,9031	9,8477	2,98000	1,04712	3000,2	716303	955
956	913936	873722816	30,9192	9,8511	2,98046	1,04603	3003,4	717804	956
957	915849	876467493	30,9354	9,8546	2,98091	1,04493	3006,5	719306	957
958	917764	879217912	30,9516	9,8580	2,98137	1,04384	3009,6	720810	958
959	919681	881974079	30,9677	9,8614	2,98182	1,04275	3012,8	722316	959
960	921600	884736000	30,9839	9,8648	2,98227	1,04167	3015,9	723823	960
961	923521	887503681	31,0000	9,8683	2,98272	1,04058	3019,1	725332	961
962	925444	890277128	31,0161	9,8717	2,98318	1,03950	3022,2	726842	962
963	927369	893056347	31,0322	9,8751	2,98363	1,03842	3025,4	728354	963
964	929296	895841344	31,0483	9,8785	2,98408	1,03734	3028,5	729867	964
965	931225	898632125	31,0644	9,8819	2,98453	1,03627	3031,6	731382	965
966	933156	901428696	31,0805	9,8854	2,98498	1,03520	3034,8	732899	966
967	935089	904231063	31,0966	9,8888	2,98543	1,03413	3037,9	734417	967
968	937024	907039232	31,1127	9,8922	2,98588	1,03306	3041,1	735937	968
969	938961	909853209	31,1288	9,8956	2,98632	1,03199	3044,2	737458	969
970	940900	912673000	31,1448	9,8990	2,98677	1,03093	3047,3	738981	970
971	942841	915498611	31,1609	9,9024	2,98722	1,02987	3050,5	740506	971
972	944784	918330048	31,1769	9,9058	2,98767	1,02881	3053,6	742032	972
973	946729	921167317	31,1929	9,9092	2,98811	1,02775	3056,8	743559	973
974	948676	924010424	31,2090	9,9126	2,98856	1,02669	3059,9	745088	974
975	950625	926859375	31,2250	9,9160	2,98900	1,02564	3063,1	746619	975
976	952576	929714176	31,2410	9,9194	2,98945	1,02459	3066,2	748151	976
977	954529	932574833	31,2570	9,9227	2,98989	1,02354	3069,3	749685	977
978	956484	935441352	31,2730	9,9261	2,99034	1,02249	3072,5	751221	978
979	958441	938313739	31,2890	9,9295	2,99078	1,02145	3075,6	752758	979
980	960400	941192000	31,3050	9,9329	2,99123	1,02041	3078,8	754296	980
981	962361	944076141	31,3209	9,9363	2,99167	1,01937	3081,9	755837	981
982	964324	946966168	31,3369	9,9396	2,99211	1,01833	3085,0	757378	982
983	966289	949862087	31,3528	9,9430	2,99255	1,01729	3088,2	758922	983
984	968256	952763904	31,3688	9,9464	2,99300	1,01626	3091,3	760466	984
985	970225	955671625	31,3847	9,9497	2,99344	1,01523	3094,5	762013	985
986	972196	958585256	31,4006	9,9531	2,99388	1,01420	3097,6	763561	986
987	974169	961504803	31,4166	9,9565	2,99432	1,01317	3100,8	765111	987
988	976144	964430272	31,4325	9,9598	2,99476	1,01215	3103,9	766662	988
989	978121	967361669	31,4484	9,9632	2,99520	1,01112	3107,0	768214	989
990	980100	970299000	31,4643	9,9666	2,99564	1,01010	3110,2	769769	990
991	982081	973242271	31,4802	9,9699	2,99607	1,00908	3113,3	771325	991
992	984064	976191488	31,4960	9,9733	2,99651	1,00806	3116,5	772882	992
993	986049	979146657	31,5119	9,9766	2,99695	1,00705	3119,6	774441	993
994	988036	982107784	31,5278	9,9800	2,99739	1,00604	3122,7	776002	994
995	990025	985074875	31,5436	9,9833	2,99782	1,00503	3125,9	777564	995
996	992016	988047936	31,5595	9,9866	2,99826	1,00402	3129,0	779128	996
997	994009	991026973	31,5753	9,9900	2,99870	1,00301	3132,2	780693	997
998	996004	994011992	31,5911	9,9933	2,99913	1,00200	3135,3	782260	998
999	998001	997002999	31,6070	9,9967	2,99957	1,00100	3138,5	783828	999

B. Quadrat- und Kubikwurzeln einiger Brüche.

n	$\sqrt{n}$	$\sqrt[3]{n}$	n	$\sqrt{n}$	$\sqrt[3]{n}$	n	$\sqrt{n}$	$\sqrt[3]{n}$	n	$\sqrt{n}$	$\sqrt[3]{n}$
0,01	0,100	0,215	0,25	0,500	0,630	$1/4$	0,500	0,630	$3/8$	0,612	0,721
0,02	0,141	0,271	0,3	0,548	0,669	$3/4$	0,866	0,909	$5/8$	0,791	0,855
0,03	0,173	0,311	0,4	0,632	0,737	$1/6$	0,408	0,550	$7/8$	0,935	0,956
0,04	0,200	0,342	0,5	0,707	0,794	$5/6$	0,913	0,941	$1/9$	0,333	0,481
0,05	0,224	0,368	0,6	0,775	0,843	$1/7$	0,378	0,523	$2/9$	0,471	0,606
0,06	0,245	0,391	0,7	0,837	0,888	$2/7$	0,535	0,659	$4/9$	0,667	0,763
0,07	0,265	0,412	0,75	0,867	0,909	$3/7$	0,655	0,754	$5/9$	0,745	0,822
0,08	0,283	0,431	0,8	0,894	0,928	$4/7$	0,756	0,830	$7/9$	0,882	0,920
0,09	0,300	0,448	0,9	0,949	0,965	$5/7$	0,845	0,894	$1/12$	0,289	0,437
0,1	0,316	0,464	$1/3$	0,577	0,693	$6/7$	0,926	0,950	$5/12$	0,645	0,747
0,2	0,447	0,585	$2/3$	0,816	0,874	$1/8$	0,354	0,500	$7/12$	0,764	0,836

C. Natürliche Logarithmen.

N	0	1	2	3	4	5	6	7	8	9
0	— ∞	0,0000	0,6931	1,0986	1,3863	1,6094	1,7918	1,9459	2,0794	2,1972
10	2,3026	2,3979	2,4849	2,5649	2,6391	2,7081	2,7726	2,8332	2,8904	2,9444
20	2,9957	3,0445	3,0910	3,1355	3,1781	3,2189	3,2581	3,2958	3,3322	3,3673
30	3,4012	3,4340	3,4657	3,4965	3,5264	3,5553	3,5835	3,6109	3,6376	3,6636
40	3,6889	3,7136	3,7377	3,7612	3,7842	3,8067	3,8286	3,8501	3,8712	3,8918
50	3,9120	3,9318	3,9512	3,9703	3,9890	4,0073	4,0254	4,0431	4,0604	4,0775
60	4,0943	4,1109	4,1271	4,1431	4,1589	4,1744	4,1897	4,2047	4,2195	4,2341
70	4,2485	4,2627	4,2767	4,2905	4,3041	4,3175	4,3307	4,3438	4,3567	4,3694
80	4,3820	4,3944	4,4067	4,4188	4,4308	4,4427	4,4543	4,4659	4,4773	4,4886
90	4,4998	4,5109	4,5218	4,5326	4,5433	4,5539	4,5643	4,5747	4,5850	4,5951
100	4,6052	4,6151	4,6250	4,6347	4,6444	4,6540	4,6634	4,6728	4,6821	4,6913
110	4,7005	4,7095	4,7185	4,7274	4,7362	4,7449	4,7536	4,7622	4,7707	4,7791
120	4,7875	4,7958	4,8040	4,8122	4,8203	4,8283	4,8363	4,8442	4,8520	4,8598
130	4,8675	4,8752	4,8828	4,8903	4,8978	4,9053	4,9127	4,9200	4,9273	4,9345
140	4,9416	4,9488	4,9558	4,9628	4,9698	4,9767	4,9836	4,9904	4,9972	5,0039
150	5,0106	5,0173	5,0239	5,0304	5,0370	5,0434	5,0499	5,0562	5,0626	5,0689
160	5,0752	5,0814	5,0876	5,0938	5,0999	5,1059	5,1120	5,1180	5,1240	5,1299
170	5,1358	5,1417	5,1475	5,1533	5,1591	5,1648	5,1705	5,1761	5,1818	5,1874
180	5,1930	5,1985	5,2040	5,2095	5,2149	5,2204	5,2257	5,2311	5,2364	5,2417
190	5,2470	5,2523	5,2575	5,2627	5,2679	5,2730	5,2781	5,2832	5,2883	5,2933
200	5,2983	5,3033	5,3083	5,3132	5,3181	5,3230	5,3279	5,3327	5,3375	5,3423
210	5,3471	5,3519	5,3566	5,3613	5,3660	5,3706	5,3753	5,3799	5,3845	5,3891
220	5,3936	5,3982	5,4027	5,4072	5,4116	5,4161	5,4205	5,4250	5,4293	5,4337
230	5,4381	5,4424	5,4467	5,4510	5,4553	5,4596	5,4638	5,4681	5,4723	5,4765
240	5,4806	5,4848	5,4889	5,4931	5,4972	5,5013	5,5053	5,5094	5,6134	5,5175
250	5,5215	5,5255	5,5294	5,5334	5,5373	5,5413	5,5452	5,5491	5,5530	5,5568
260	5,5607	5,5645	5,5683	5,5722	5,5759	5,5797	5,5835	5,5872	5,5910	5,5947
270	5,5984	5,6021	5,6058	5,6095	5,6131	5,6168	5,6204	5,6240	5,6276	5,6312
280	5,6348	5,6384	5,6419	5,6454	5,6490	5,6525	5,6560	5,6595	5,6630	5,6664
290	5,6699	5,6733	5,6768	5,6802	5,6836	5,6870	5,6904	5,6937	5,6971	5,7004
300	5,7038	5,7071	5,7104	5,7137	5,7170	5,7203	5,7236	5,7268	5,7301	5,7333
310	5,7366	5,7398	5,7430	5,7462	5,7494	5,7526	5,7557	5,7589	5,7621	5,7652
320	5,7683	5,7714	5,7746	5,7777	5,7807	5,7838	5,7869	5,7900	5,7930	5,7961
330	5,7991	5,8021	5,8051	5,8081	5,8111	5,8141	5,8171	5,8201	5,8230	5,8260
340	5,8289	5,8319	5,8348	5,8377	5,8406	5,8435	5,8464	5,8493	5,8522	5,8551
350	5,8579	5,8608	5,8636	5,8665	5,8693	5,8721	5,8749	5,8777	5,8805	5,8833
360	5,8861	5,8889	5,8916	5,8944	5,8972	5,8999	5,9026	5,9054	5,9081	5,9011
370	5,9135	5,9162	5,9189	5,9216	5,9243	5,9269	5,9296	5,9322	5,9349	5,9375
380	5,9402	5,9428	5,9454	5,9480	5,9506	5,9532	5,9558	5,9584	5,9610	5,9636
390	5,9661	5,9687	5,9713	5,9738	5,9764	5,9789	5,9814	5,9839	5,9865	5,9890
400	5,9915	5,9940	5,9965	5,9989	6,0014	6,0039	6,0064	6,0088	6,0113	6,0137
410	6,0162	6,0186	6,0210	6,0234	6,0259	6,0283	6,0307	6,0331	6,0355	6,0379
420	6,0403	6,0426	6,0450	6,0474	6,0497	6,0521	6,0544	6,0568	6,0591	6,0615
430	6,0638	6,0661	6,0684	6,0707	6,0730	6,0753	6,0776	6,0799	6,0822	6,0845
440	6,0868	6,0890	6,0913	6,0936	6,0958	6,0981	6,1003	6,1026	6,1048	6,1070
450	6,1092	6,1115	6,1137	6,1159	6,1181	6,1203	6,1225	6,1247	6,1269	6,1291
460	6,1312	6,1334	6,1356	6,1377	6,1399	6,1420	6,1442	6,1463	6,1485	6,1506
470	6,1527	6,1549	6,1570	6,1591	6,1612	6,1633	6,1654	6,1675	6,1696	6,1717
480	6,1738	6,1759	6,1779	6,1800	6,1821	6,1841	6,1862	6,1883	6,1903	6,1924
490	6,1944	6,1964	6,1985	6,2005	6,2025	6,2046	6,2066	6,2086	6,2106	6,2126

Erster Abschnitt. Mathematik.

N	0	1	2	3	4	5	6	7	8	9
500	6,2146	6,2166	6,2186	6,2206	6,2226	6,2246	6,2265	6,2285	6,2305	6,2324
510	6,2344	6,2364	6,2383	6,2403	6,2422	6,2442	6,2461	6,2480	6,2500	6,2519
520	6,2538	6,2558	6,2577	6,2596	6,2615	6,2634	6,2653	6,2672	6,2691	6,2710
530	6,2729	6,2748	6,2766	6,2785	6,2804	6,2823	6,2841	6,2860	6,2879	6,2897
540	6,2916	6,2934	6,2953	6,2971	6,2989	6,3008	6,3026	6,3044	6,3063	6,3081
550	6,3099	6,3117	6,3135	6,3154	6,3172	6,3190	6,3208	6,3226	6,3244	6,3261
560	6,3279	6,3297	6,3315	6,3333	6,3351	6,3368	6,3386	6,3404	6,3421	6,3439
570	6,3456	6,3474	6,3491	6,3509	6,3526	6,3544	6,3561	6,3578	6,3596	6,3613
580	6,3630	6,3648	6,3665	6,3682	6,3699	6,3716	6,3733	6,3750	6,3767	6,3784
590	6,3801	6,3818	6,3835	6,3852	6,3869	6,3886	6,3902	6,3919	6,3936	6,3953
600	6,3969	6,3986	6,4003	6,4019	6,4036	6,4052	6,4069	6,4085	6,4102	6,4118
610	6,4135	6,4151	6,4167	6,4184	6,4200	6,4216	6,4232	6,4249	6,4265	6,4281
620	6,4297	6,4313	6,4329	6,4345	6,4362	6,4378	6,4394	6,4409	6,4425	6,4441
630	6,4457	6,4473	6,4489	6,4505	6,4520	6,4536	6,4552	6,4568	6,4583	6,4599
640	6,4615	6,4630	6,4646	6,4661	6,4677	6,4693	6,4708	6,4723	6,4739	6,4754
650	6,4770	6,4785	6,4800	6,4816	6,4831	6,4846	6,4862	6,4877	6,4892	6,4907
660	6,4922	6,4938	6,4953	6,4968	6,4983	6,4998	6,5013	6,5028	6,5043	6,5058
670	6,5073	6,5088	6,5103	6,5117	6,5132	6,5147	6,5162	6,5177	6,5191	6,5206
680	6,5221	6,5236	6,5250	6,5265	6,5280	6,5294	6,5309	6,5323	6,5338	6,5352
690	6,5367	6,5381	6,5396	6,5410	6,5425	6,5439	6,5453	6,5468	6,5482	6,5497
700	6,5511	6,5525	6,5539	6,5554	6,5568	6,5582	6,5596	6,5610	6,5624	6,5639
710	6,5653	6,5667	6,5681	6,5695	6,5709	6,5723	6,5737	6,5751	6,5765	6,5779
720	6,5793	6,5806	6,5820	6,5834	6,5848	6,5862	6,5876	6,5889	6,5903	6,5917
730	6,5930	6,5944	6,5958	6,5971	6,5985	6,5999	6,6012	6,6026	6,6039	6,6053
740	6,6067	6,6080	6,6093	6,6107	6,6120	6,6134	6,6147	6,6161	6,6174	6,6187
750	6,6201	6,6214	6,6227	6,6241	6,6254	6,6267	6,6280	6,6294	6,6307	6,6320
760	6,6333	6,6346	6,6359	6,6373	6,6386	6,6399	6,6412	6,6425	6,6438	6,6451
770	6,6464	6,6477	6,6490	6,6503	6,6516	6,6529	6,6542	6,6554	6,6567	6,6580
780	6,6593	6,6606	6,6619	6,6631	6,6644	6,6657	6,6670	6,6682	6,6695	6,6708
790	6,6720	6,6733	6,6746	6,6758	6,6771	6,6783	6,6796	6,6809	6,6821	6,6834
800	6,6846	6,6859	6,6871	6,6884	6,6896	6,6908	6,6921	6,6933	6,6946	6,6958
810	6,6970	6,6983	6,6995	6,7007	6,7020	6,7032	6,7044	6,7056	6,7069	6,7081
820	6,7093	6,7105	6,7117	6,7130	6,7142	6,7154	6,7166	6,7178	6,7190	6,7202
830	6,7214	6,7226	6,7238	6,7250	6,7262	6,7274	6,7286	6,7298	6,7310	6,7322
840	6,7334	6,7346	6,7358	6,7370	6,7382	6,7393	6,7405	6,7417	6,7429	6,7441
850	6,7452	6,7464	6,7476	6,7488	6,7499	6,7511	6,7523	6,7534	6,7546	6,7558
860	6,7569	6,7581	6,7593	6,7604	6,7616	6,7627	6,7639	6,7650	6,7662	6,7673
870	6,7685	6,7696	6,7708	6,7719	6,7731	6,7742	6,7754	6,7765	6,7776	6,7788
880	6,7799	6,7811	6,7822	6,7833	6,7845	6,7856	6,7867	6,7878	6,7890	6,7901
890	6,7912	6,7923	6,7935	6,7946	6,7957	6,7968	6,7979	6,7991	6,8002	6,8013
900	6,8024	6,8035	6,8046	6,8057	6,8068	6,8079	6,8090	6,8101	6,8112	6,8123
910	6,8134	6,8145	6,8156	6,8167	6,8178	6,8189	6,8200	6,8211	6,8222	6,8233
920	6,8244	6,8255	6,8265	6,8276	6,8287	6,8298	6,8309	6,8320	6,8330	6,8341
930	6,8352	6,8363	6,8373	6,8384	6,8395	6,8405	6,8416	6,8427	6,8437	6,8448
940	6,8459	6,8469	6,8480	6,8491	6,8501	6,8512	6,8522	6,8533	6,8544	6,8554
950	6,8565	6,8575	6,8586	6,8596	6,8607	6,8617	6,8628	6,8638	6,8648	6,8659
960	6,8669	6,8680	6,8690	6,8701	6,8711	6,8721	6,8732	6,8742	6,8752	6,8763
970	6,8773	6,8783	6,8794	6,8804	6,8814	6,8824	6,8835	6,8845	6,8855	6,8865
980	6,8876	6,8886	6,8896	6,8906	6,8916	6,8926	6,8937	6,8947	6,8957	6,8967
990	6,8977	6,8987	6,8997	6,9007	6,9017	6,9027	6,9037	6,9047	6,9057	6,9068

D. Tafeln der Kreisfunktionen.

Grad	Sinus							
	0'	10'	20'	30'	40'	50'	60'	
0	0,00000	0,00291	0,00582	0,00873	0,01164	0,01454	0,01745	89
1	0,01745	0,02036	0,02327	0,02618	0,02908	0,03199	0,03490	88
2	0,03490	0,03781	0,04071	0,04362	0,04653	0,04943	0,05234	87
3	0,05234	0,05524	0,05814	0,06105	0,06395	0,06685	0,06976	86
4	0,06976	0,07266	0,07556	0,07846	0,08136	0,08426	0,08716	85
5	0,08716	0,09005	0,09295	0,09585	0,09874	0,10164	0,10453	84
6	0,10453	0,10742	0,11031	0,11320	0,11609	0,11898	0,12187	83
7	0,12187	0,12476	0,12764	0,13053	0,13341	0,13629	0,13917	82
8	0,13917	0,14205	0,14493	0,14781	0,15069	0,15356	0,15643	81
9	0,15643	0,15931	0,16218	0,16505	0,16792	0,17078	0,17365	80
10	0,17365	0,17651	0,17937	0,18224	0,18509	0,18795	0,19081	79
11	0,19081	0,19366	0,19652	0,19937	0,20222	0,20507	0,20791	78
12	0,20791	0,21076	0,21360	0,21644	0,21928	0,22212	0,22495	77
13	0,22495	0,22778	0,23062	0,23345	0,23627	0,23910	0,24192	76
14	0,24192	0,24474	0,24756	0,25038	0,25320	0,25601	0,25882	75
15	0,25882	0,26163	0,26443	0,26724	0,27004	0,27284	0,27564	74
16	0,27564	0,27843	0,28123	0,28402	0,28680	0,28959	0,29237	73
17	0,29237	0,29515	0,29793	0,30071	0,30348	0,30625	0,30902	72
18	0,30902	0,31178	0,31454	0,31730	0,32006	0,32282	0,32557	71
19	0,32557	0,32832	0,33106	0,33381	0,33655	0,33929	0,34202	70
20	0,34202	0,34475	0,34748	0,35021	0,35293	0,35565	0,35837	69
21	0,35837	0,36108	0,36379	0,36650	0,36921	0,37191	0,37461	68
22	0,37461	0,37730	0,37999	0,38268	0,38537	0,38805	0,39073	67
23	0,39073	0,39341	0,39608	0,39875	0,40141	0,40408	0,40674	66
24	0,40674	0,40939	0,41204	0,41469	0,41734	0,41998	0,42262	65
25	0,42262	0,42525	0,42788	0,43051	0,43313	0,43575	0,43837	64
26	0,43837	0,44098	0,44359	0,44620	0,44880	0,45140	0,45399	63
27	0,45399	0,45658	0,45917	0,46175	0,46433	0,46690	0,46947	62
28	0,46947	0,47204	0,47460	0,47716	0,47971	0,48226	0,48481	61
29	0,48481	0,48735	0,48989	0,49242	0,49495	0,49748	0,50000	60
30	0,50000	0,50252	0,50503	0,50754	0,51004	0,51254	0,51504	59
31	0,51504	0,51753	0,52002	0,52250	0,52498	0,52745	0,52992	58
32	0,52992	0,53238	0,53484	0,53730	0,53975	0,54220	0,54464	57
33	0,54464	0,54708	0,54951	0,55194	0,55436	0,55678	0,55919	56
34	0,55919	0,56160	0,56401	0,56641	0,56880	0,57119	0,57358	55
35	0,57358	0,57596	0,57833	0,58070	0,58307	0,58543	0,58779	54
36	0,58779	0,59014	0,59248	0,59482	0,59716	0,59949	0,60182	53
37	0,60182	0,60414	0,60645	0,60876	0,61107	0,61337	0,61566	52
38	0,61566	0,61795	0,62024	0,62251	0,62479	0,62706	0,62932	51
39	0,62932	0,63158	0,63383	0,63608	0,63832	0,64056	0,64279	50
40	0,64279	0,64501	0,64723	0,64945	0,65166	0,65386	0,65606	49
41	0,65606	0,65825	0,66044	0,66262	0,66480	0,66697	0,66913	48
42	0,66913	0,67129	0,67344	0,67559	0,67773	0,67987	0,68200	47
43	0,68200	0,68412	0,68624	0,68835	0,69046	0,69256	0,69466	46
44	0,69466	0,69675	0,69883	0,70091	0,70298	0,70505	0,70711	45
	60'	50'	40'	30'	20'	10'	0'	Grad
	Cosinus							

Erster Abschnitt. Mathematik.

Grad	Cosinus							
	0'	10'	20'	30'	40'	50'	60'	
0	1,00000	1,00000	0,99998	0,99996	0,99993	0,99989	0,99985	89
1	0,99985	0,99979	0,99973	0,99966	0,99958	0,99949	0,99939	88
2	0,99939	0,99929	0,99917	0,99905	0,99892	0,99878	0,99863	87
3	0,99863	0,99847	0,99831	0,99813	0,99795	0,99776	0,99756	86
4	0,99756	0,99736	0,99714	0,99692	0,99668	0,99644	0,99619	85
5	0,99619	0,99594	0,99567	0,99540	0,99511	0,99482	0,99452	84
6	0,99452	0,99421	0,99390	0,99357	0,99324	0,99290	0,99255	83
7	0,99255	0,99219	0,99182	0,99144	0,99106	0,99067	0,99027	82
8	0,99027	0,98986	0,98944	0,98902	0,98858	0,98814	0,98769	81
9	0,98769	0,98723	0,98676	0,98629	0,98580	0,98531	0,98481	80
10	0,98481	0,98430	0,98378	0,98325	0,98272	0,98218	0,98163	79
11	0,98163	0,98107	0,98050	0,97992	0,97934	0,97875	0,97815	78
12	0,97815	0,97754	0,97692	0,97630	0,97566	0,97502	0,97437	77
13	0,97437	0,97371	0,97304	0,97237	0,97169	0,97100	0,97030	76
14	0,97030	0,96959	0,96887	0,96815	0,96742	0,96667	0,96593	75
15	0,96593	0,96517	0,96440	0,96363	0,96285	0,96206	0,96126	74
16	0,96126	0,96046	0,95964	0,95882	0,95799	0,95715	0,95630	73
17	0,95630	0,95545	0,95459	0,95372	0,95284	0,95195	0,95106	72
18	0,95106	0,95015	0,94924	0,94832	0,94740	0,94646	0,94552	71
19	0,94552	0,94457	0,94361	0,94264	0,94167	0,94068	0,93969	70
20	0,93969	0,93869	0,93769	0,93667	0,93565	0,93462	0,93358	69
21	0,93358	0,93253	0,93148	0,93042	0,92935	0,92827	0,92718	68
22	0,92718	0,92609	0,92499	0,92388	0,92276	0,92164	0,92050	67
23	0,92050	0,91936	0,91822	0,91706	0,91590	0,91472	0,91355	66
24	0,91355	0,91236	0,91116	0,90996	0,90875	0,90753	0,90631	65
25	0,90631	0,90507	0,90383	0,90259	0,90133	0,90007	0,89879	64
26	0,89879	0,89752	0,89623	0,89493	0,89363	0,89232	0,89101	63
27	0,89101	0,88968	0,88835	0,88701	0,88566	0,88431	0,88295	62
28	0,88295	0,88158	0,88020	0,87882	0,87743	0,87603	0,87462	61
29	0,87462	0,87321	0,87178	0,87036	0,86892	0,86748	0,86603	60
30	0,86603	0,86457	0,86310	0,86163	0,86015	0,85866	0,85717	59
31	0,85717	0,85567	0,85416	0,85264	0,85112	0,84959	0,84805	58
32	0,84805	0,84650	0,84495	0,84339	0,84182	0,84025	0,83867	57
33	0,83867	0,83708	0,83549	0,83389	0,83228	0,83066	0,82904	56
34	0,82904	0,82741	0,82577	0,82413	0,82248	0,82082	0,81915	55
35	0,81915	0,81748	0,81580	0,81412	0,81242	0,81072	0,80902	54
36	0,80902	0,80730	0,80558	0,80386	0,80212	0,80038	0,79864	53
37	0,79864	0,79688	0,79512	0,79335	0,79158	0,78980	0,78801	52
38	0,78801	0,78622	0,78442	0,78261	0,78079	0,77897	0,77715	51
39	0,77715	0,77531	0,77347	0,77162	0,76977	0,76791	0,76604	50
40	0,76604	0,76417	0,76229	0,76041	0,75851	0,75661	0,75471	49
41	0,75471	0,75280	0,75088	0,74896	0,74703	0,74509	0,74314	48
42	0,74314	0,74120	0,73924	0,73728	0,73531	0,73333	0,73135	47
43	0,73135	0,72937	0,72737	0,72537	0,72337	0,72136	0,71934	46
44	0,71934	0,71732	0,71529	0,71325	0,71121	0,70916	0,70711	45
	60'	50'	40'	30'	20'	10'	0'	Grad
	Sinus							

D. Tafeln der Kreisfunktionen.

Grad	Tangens							
	0'	10'	20'	30'	40'	50'	60'	
0	0,00000	0,00291	0,00582	0,00873	0,01164	0,01455	0,01746	89
1	0,01746	0,02036	0,02328	0,02619	0,02910	0,03201	0,03492	88
2	0,03492	0,03783	0,04075	0,04366	0,04658	0,04949	0,05241	87
3	0,05241	0,05533	0,05824	0,06116	0,06408	0,06700	0,06993	86
4	0,06993	0,07285	0,07578	0,07870	0,08163	0,08456	0,08749	85
5	0,08749	0,09042	0,09335	0,09629	0,09923	0,10216	0,10510	84
6	0,10510	0,10805	0,11099	0,11394	0,11688	0,11983	0,12278	83
7	0,12278	0,12574	0,12869	0,13165	0,13461	0,13758	0,14054	82
8	0,14054	0,14351	0,14648	0,14945	0,15243	0,15540	0,15838	81
9	0,15838	0,16137	0,16435	0,16734	0,17033	0,17333	0,17633	80
10	0,17633	0,17933	0,18233	0,18534	0,18835	0,19136	0,19438	79
11	0,19438	0,19740	0,20042	0,20345	0,20648	0,20952	0,21256	78
12	0,21256	0,21560	0,21864	0,22169	0,22475	0,22781	0,23087	77
13	0,23087	0,23393	0,23700	0,24008	0,24316	0,24624	0,24933	76
14	0,24933	0,25242	0,25552	0,25862	0,26172	0,26483	0,26795	75
15	0,26795	0,27107	0,27419	0,27732	0,28046	0,28360	0,28675	74
16	0,28675	0,28990	0,29305	0,29621	0,29938	0,30255	0,30573	73
17	0,30573	0,30891	0,31210	0,31530	0,31850	0,32171	0,32492	72
18	0,32492	0,32814	0,33136	0,33460	0,33783	0,34108	0,34433	71
19	0,34433	0,34758	0,35085	0,35412	0,35740	0,36068	0,36397	70
20	0,36397	0,36727	0,37057	0,37388	0,37720	0,38053	0,38386	69
21	0,38386	0,38721	0,39055	0,39391	0,39727	0,40065	0,40403	68
22	0,40403	0,40741	0,41081	0,41421	0,41763	0,42105	0,42447	67
23	0,42447	0,42791	0,43136	0,43481	0,43828	0,44175	0,44523	66
24	0,44523	0,44872	0,45222	0,45573	0,45924	0,46277	0,46631	65
25	0,46631	0,46985	0,47341	0,47698	0,48055	0,48414	0,48773	64
26	0,48773	0,49134	0,49495	0,49858	0,50222	0,50587	0,50953	63
27	0,50953	0,51319	0,51688	0,52057	0,52427	0,52798	0,53171	62
28	0,53171	0,53545	0,53920	0,54296	0,54673	0,55051	0,55431	61
29	0,55431	0,55812	0,56194	0,56577	0,56962	0,57348	0,57735	60
30	0,57735	0,58124	0,58513	0,58905	0,59297	0,59691	0,60086	59
31	0,60086	0,60483	0,60881	0,61280	0,61681	0,62083	0,62487	58
32	0,62487	0,62892	0,63299	0,63707	0,64117	0,64528	0,64941	57
33	0,64941	0,65355	0,65771	0,66189	0,66608	0,67028	0,67451	56
34	0,67451	0,67875	0,68301	0,68728	0,69157	0,69588	0,70021	55
35	0,70021	0,70455	0,70891	0,71329	0,71769	0,72211	0,72654	54
36	0,72654	0,73100	0,73547	0,73996	0,74447	0,74900	0,75355	53
37	0,75355	0,75812	0,76272	0,76733	0,77196	0,77661	0,78129	52
38	0,78129	0,78598	0,79070	0,79544	0,80020	0,80498	0,80978	51
39	0,80978	0,81461	0,81946	0,82434	0,82923	0,83415	0,83910	50
40	0,83910	0,84407	0,84906	0,85408	0,85912	0,86419	0,86929	49
41	0,86929	0,87441	0,87955	0,88473	0,88992	0,89515	0,90040	48
42	0,90040	0,90569	0,91099	0,91633	0,92170	0,92709	0,93252	47
43	0,93252	0,93797	0,94345	0,94896	0,95451	0,96008	0,96569	46
44	0,96569	0,97133	0,97700	0,98270	0,98843	0,99420	1,00000	45
	60'	50'	40'	30'	20'	10'	0'	Grad
	Cotangens							

Grad	Cotangens							
	0′	10′	20′	30′	40′	50′	60′	
0	∞	343,77371	171,88540	114,58865	85,93979	68,75009	57,28996	89
1	57,28996	49,10388	42,96408	38,18846	34,36777	31,24158	28,63625	88
2	28,63625	26,43160	24,54176	22,90377	21,47040	20,20555	19,08114	87
3	19,08114	18,07498	17,16934	16,34986	15,60478	14,92442	14,30067	86
4	14,30067	13,72674	13,19688	12,70621	12,25051	11,82617	11,43005	85
5	11,43005	11,05943	10,71191	10,38540	10,07803	9,78817	9,51436	84
6	9,51436	9,25530	9,00983	8,77689	8,55555	8,34496	8,14435	83
7	8,14435	7,95302	7,77035	7,59575	7,42871	7,26873	7,11537	82
8	7,11537	6,96823	6,82694	6,69116	6,56055	6,43484	6,31375	81
9	6,31375	6,19703	6,08444	5,97576	5,87080	5,76937	5,67128	80
10	5,67128	5,57638	5,48451	5,39552	5,30928	5,22566	5,14455	79
11	5,14455	5,06584	4,98940	4,91516	4,84300	4,77286	4,70463	78
12	4,70463	4,63825	4,57363	4,51071	4,44942	4,38969	4,33148	77
13	4,33148	4,27471	4,21933	4,16530	4,11256	4,06107	4,01078	76
14	4,01078	3,96165	3,91364	3,86671	3,82083	3,77595	3,73205	75
15	3,73205	3,68909	3,64705	3,60588	3,56557	3,52609	3,48741	74
16	3,48741	3,44951	3,41236	3,37594	3,34023	3,30521	3,27085	73
17	3,27085	3,23714	3,20406	3,17159	3,13972	3,10842	3,07768	72
18	3,07768	3,04749	3,01783	2,98869	2,96004	2,93189	2,90421	71
19	2,90421	2,87700	2,85023	2,82391	2,79802	2,77254	2,74748	70
20	2,74748	2,72281	2,69853	2,67462	2,65109	2,62791	2,60509	69
21	2,60509	2,58261	2,56046	2,53865	2,51715	2,49597	2,47509	68
22	2,47509	2,45451	2,43422	2,41421	2,39449	2,37504	2,35585	67
23	2,35585	2,33693	2,31826	2,29984	2,28167	2,26374	2,24604	66
24	2,24604	2,22857	2,21132	2,19430	2,17749	2,16090	2,14451	65
25	2,14451	2,12832	2,11233	2,09654	2,08094	2,06553	2,05030	64
26	2,05030	2,03526	2,02039	2,00569	1,99116	1,97680	1,96261	63
27	1,96261	1,94858	1,93470	1,92098	1,90741	1,89400	1,88073	62
28	1,88073	1,86760	1,85462	1,84177	1,82906	1,81649	1,80405	61
29	1,80405	1,79174	1,77955	1,76749	1,75556	1,74375	1,73205	60
30	1,73205	1,72047	1,70901	1,69766	1,68643	1,67530	1,66428	59
31	1,66428	1,65337	1,64256	1,63185	1,92125	1,61074	1,60033	58
32	1,60033	1,59002	1,57981	1,56969	1,55966	1,54972	1,53987	57
33	1,53987	1,53010	1,52043	1,51084	1,50133	1,49190	1,48256	56
34	1,48256	1,47330	1,46411	1,45501	1,44598	1,43703	1,42815	55
35	1,42815	1,41934	1,41061	1,40195	1,39336	1,38484	1,37638	54
36	1,37638	1,36800	1,35968	1,35142	1,34323	1,33511	1,32704	53
37	1,32704	1,31904	1,31110	1,30323	1,29541	1,28764	1,27994	52
38	1,27994	1,27230	1,26471	1,25717	1,24969	1,24227	1,23490	51
39	1,23490	1,22758	1,22031	1,21310	1,20593	1,19882	1,19175	50
40	1,19175	1,18474	1,17777	1,17085	1,16398	1,15715	1,15037	49
41	1,15037	1,14363	1,13694	1,13029	1,12369	1,11713	1,11061	48
42	1,11061	1,10414	1,09770	1,09131	1,08496	1,07864	1,07237	47
43	1,07237	1,06613	1,05994	1,05378	1,04766	1,04158	1,03553	46
44	1,03553	1,02952	1,02355	1,01761	1,01170	1,00583	1,00000	45
	60′	50′	40′	30′	20′	10′	0′	Grad
	Tangens							

E. Bogenlängen, Bogenhöhen, Sehnenlängen und Kreisabschnitte für den Halbmesser = 1.

Centriwinkel in Grad	Bogenlänge	Bogenhöhe	Sehnenlänge	Inhalt des Kreisabschnittes	Centriwinkel in Grad	Bogenlänge	Bogenhöhe	Sehnenlänge	Inhalt des Kreisabschnittes
1	0,0175	0,0000	0,0175	0,00000	46	0,8029	0,0795	0,7815	0,04176
2	0,0349	0,0002	0,0349	0,00000	47	0,8203	0,0829	0,7975	0,04448
3	0,0524	0,0003	0,0524	0,00001	48	0,8378	0,0865	0,8135	0,04731
4	0,0698	0,0006	0,0698	0,00003	49	0,8552	0,0900	0,8294	0,05025
5	0,0873	0,0010	0,0872	0,00006	50	0,8727	0,0937	0,8452	0,05331
6	0,1047	0,0014	0,1047	0,00010	51	0,8901	0,0974	0,8610	0,05649
7	0,1222	0,0019	0,1221	0,00015	52	0,9076	0,1012	0,8767	0,05978
8	0,1396	0,0024	0,1395	0,00023	53	0,9250	0,1051	0,8924	0,06319
9	0,1571	0,0031	0,1569	0,00032	54	0,9425	0,1090	0,9080	0,06673
10	0,1745	0,0038	0,1743	0,00044	55	0,9599	0,1130	0,9235	0,07039
11	0,1920	0,0046	0,1917	0,00059	56	0,9774	0,1171	0,9389	0,07417
12	0,2094	0,0055	0,2091	0,00076	57	0,9948	0,1212	0,9543	0,07808
13	0,2269	0,0064	0,2264	0,00097	58	1,0123	0,1254	0,9696	0,08212
14	0,2443	0,0075	0,2437	0,00121	59	1,0297	0,1296	0,9848	0,08629
15	0,2618	0,0086	0,2611	0,00149	60	1,0472	0,1340	1,0000	0,09059
16	0,2793	0,0097	0,2783	0,00181	61	1,0647	0,1384	1,0151	0,09502
17	0,2967	0,0110	0,2956	0,00217	62	1,0821	0,1428	1,0301	0,09958
18	0,3142	0,0123	0,3129	0,00257	63	1,0996	0,1474	1,0450	0,10428
19	0,3316	0,0137	0,3301	0,00302	64	1,1170	0,1520	1,0598	0,10911
20	0,3491	0,0152	0,3473	0,00352	65	1,1345	0,1566	1,0746	0,11408
21	0,3665	0,0167	0,3645	0,00408	66	1,1519	0,1613	1,0893	0,11919
22	0,3840	0,0184	0,3816	0,00468	67	1,1694	0,1661	1,1039	0,12443
23	0,4014	0,0201	0,3987	0,00535	68	1,1868	0,1710	1,1184	0,12982
24	0,4189	0,0219	0,4158	0,00607	69	1,2043	0,1759	1,1328	0,13535
25	0,4363	0,0237	0,4329	0,00686	70	1,2217	0,1808	1,1472	0,14102
26	0,4538	0,0256	0,4499	0,00771	71	1,2392	0,1859	1,1614	0,14683
27	0,4712	0,0276	0,4669	0,00862	72	1,2566	0,1910	1,1756	0,15279
28	0,4887	0,0297	0,4838	0,00961	73	1,2741	0,1961	1,1896	0,15889
29	0,5061	0,0319	0,5008	0,01067	74	1,2915	0,2014	1,2036	0,16514
30	0,5236	0,0341	0,5176	0,01180	75	1,3090	0,2066	1,2175	0,17154
31	0,5411	0,0364	0,5345	0,01301	76	1,3265	0,2120	1,2313	0,17808
32	0,5585	0,0387	0,5512	0,01429	77	1,3439	0,2174	1,2450	0,18477
33	0,5760	0,0412	0,5680	0,01566	78	1,3614	0,2229	1,2586	0,19160
34	0,5934	0,0437	0,5847	0,01711	79	1,3788	0,2284	1,2722	0,19859
35	0,6109	0,0463	0,6014	0,01864	80	1,3963	0,2340	1,2856	0,20573
36	0,6283	0,0489	0,6180	0,02027	81	1,4137	0,2396	1,2989	0,21301
37	0,6458	0,0517	0,6346	0,02198	82	1,4312	0,2453	1,3121	0,22045
38	0,6632	0,0545	0,6511	0,02378	83	1,4486	0,2510	1,3252	0,22804
39	0,6807	0,0574	0,6676	0,02568	84	1,4661	0,2569	1,3383	0,23578
40	0,6981	0,0603	0,6840	0,02767	85	1,4835	0,2627	1,3512	0,24367
41	0,7156	0,0633	0,7004	0,02976	86	1,5010	0,2686	1,3640	0,25171
42	0,7330	0,0664	0,7167	0,03195	87	1,5184	0,2746	1,3767	0,25990
43	0,7505	0,0696	0,7330	0,03425	88	1,5359	0,2807	1,3893	0,26825
44	0,7679	0,0728	0,7492	0,03664	89	1,5533	0,2867	1,4018	0,27675
45	0,7854	0,0761	0,7654	0,03915	90	1,5708	0,2929	1,4142	0,28540

Ist r der Kreishalbmesser und φ der Centriwinkel in Grad, so ergibt sich: 1) die Sehnenlänge: $s = 2r\sin\frac{\varphi}{2}$; 2) die Bogenhöhe: $h = r\left(1 - \cos\frac{\varphi}{2}\right) = \frac{s}{2}\operatorname{tg}\frac{\varphi}{4} = 2r\sin^2\frac{\varphi}{4}$;

3) die Bogenlänge: $l = \pi r \frac{\varphi}{180} = 0{,}017453\, r\,\varphi = \sqrt{s^2 + \frac{16}{3}h^2}$ (angenähert);

Erster Abschnitt. Mathematik.

Centri-winkel in Grad	Bogen-länge	Bogen-höhe	Sehnen-länge	Inhalt des Kreisab-schnittes	Centri-winkel in Grad	Bogen-länge	Bogen-höhe	Sehnen-länge	Inhalt des Kreisab-schnittes
91	1,5882	0,2991	1,4265	0,29420	136	2,3736	0,6254	1,8544	0,83949
92	1,6057	0,3053	1,4387	0,30316	137	2,3911	0,6335	1,8603	0,85455
93	1,6232	0,3116	1,4507	0,31226	138	2,4086	0,6416	1,8672	0,86971
94	1,6406	0,3180	1,4627	0,32152	139	2,4260	0,6498	1,8733	0,88497
95	1,6580	0,3244	1,4746	0,33093	140	2,4435	0,6580	1,8794	0,90034
96	1,6755	0,3309	1,4863	0,34050	141	2,4609	0,6662	1,8853	0,91580
97	1,6930	0,3374	1,4979	0,35021	142	2,4784	0,6744	1,8910	0,93135
98	1,7104	0,3439	1,5094	0,36008	143	2,4958	0,6827	1,8966	0,94700
99	1,7279	0,3506	1,5208	0,37009	144	2,5133	0,6910	1,9021	0,96274
100	1,7453	0,3575	1,5321	0,38026	145	2,5307	0,6993	1,9074	0,97858
101	1,7628	0,3639	1,5432	0,39058	146	2,5482	0,7076	1,9126	0,99449
102	1,7802	0,3707	1,5543	0,40104	147	2,5656	0,7160	1,9176	1,01050
103	1,7977	0,3775	1,5652	0,41166	148	2,5831	0,7244	1,9225	1,02658
104	1,8151	0,3843	1,5760	0,42242	149	2,6005	0,7328	1,9273	1,04275
105	1,8326	0,3912	1,5867	0,43333	150	2,6180	0,7412	1,9319	1,05900
106	1,8500	0,3982	1,5973	0,44439	151	2,6354	0,7496	1,9363	1,07532
107	1,8675	0,4052	1,6077	0,45560	152	2,6529	0,7581	1,9406	1,09171
108	1,8850	0,4122	1,6180	0,46695	153	2,6704	0,7666	1,9447	1,10818
109	1,9024	0,4193	1,6282	0,47844	154	2,6878	0,7750	1,9487	1,12472
110	1,9199	0,4264	1,6383	0,49008	155	2,7053	0,7836	1,9526	1,14132
111	1,9373	0,4336	1,6483	0,50187	156	2,7227	0,7921	1,9563	1,15799
112	1,9548	0,4408	1,6581	0,51379	157	2,7402	0,8006	1,9598	1,17472
113	1,9722	0,4481	1,6678	0,52586	158	2,7576	0,8092	1,9633	1,19151
114	1,9897	0,4554	1,6773	0,53807	159	2,7751	0,8178	1,9665	1,20835
115	2,0071	0,4627	1,6868	0,55041	160	2,7925	0,8264	1,9696	1,22525
116	2,0246	0,4701	1,6961	0,56289	161	2,8100	0,8350	1,9726	1,24221
117	2,0420	0,4775	1,7053	0,57551	162	2,8274	0,8436	1,9754	1,25921
118	2,0595	0,4850	1,7143	0,58827	163	2,8449	0,8522	1,9780	1,27626
119	2,0769	0,4925	1,7233	0,60116	164	2,8623	0,8608	1,9805	1,29335
120	2,0944	0,5000	1,7321	0,61418	165	2,8798	0,8695	1,9829	1,31049
121	2,1118	0,5076	1,7407	0,62734	166	2,8972	0,8781	1,9851	1,32765
122	2,1293	0,5152	1,7492	0,64063	167	2,9147	0,8868	1,9871	1,34487
123	2,1468	0,5228	1,7576	0,65404	168	2,9322	0,8955	1,9890	1,36212
124	2,1642	0,5305	1,7659	0,66759	169	2,9496	0,9042	1,9908	1,37940
125	2,1817	0,5383	1,7740	0,68125	170	2,9671	0,9128	1,9924	1,39671
126	2,1991	0,5460	1,7820	0,69505	171	2,9845	0,9215	1,9938	1,41404
127	2,2166	0,5538	1,7899	0,70897	172	3,0020	0,9302	1,9951	1,43140
128	2,2340	0,5616	1,7976	0,72301	173	3,0194	0,9390	1,9963	1,44878
129	2,2515	0,5695	1,8052	0,73716	174	3,0369	0,9477	1,9973	1,46617
130	2,2689	0,5774	1,8126	0,75144	175	3,0543	0,9564	1,9981	1,48359
131	2,2864	0,5853	1,8199	0,76584	176	3,0718	0,9651	1,9988	1,50101
132	2,3038	0,5933	1,8271	0,78034	177	3,0892	0,9738	1,9993	1,51845
133	2,3213	0,6013	1,8341	0,79497	178	3,1067	0,9825	1,9997	1,53589
134	2,3387	0,6093	1,8410	0,80970	179	3,1241	0,9913	1,9999	1,55334
135	2,3562	0,6173	1,8478	0,82454	180	3,1416	1,0000	2,0000	1,57080

4) der Inhalt des Kreisabschnittes $= \dfrac{r^2}{2}\left(\dfrac{\pi}{180}\varphi - \sin\varphi\right)$;

5) „ „ „ Kreisausschnittes $= \dfrac{\varphi}{360}\pi r^2 = 0{,}00872665\,\varphi\,r^2$.

Ferner ist: Bogenmaß (arcus) $180^0 = \pi$ für den Halbmesser 1, Bogenmaß (arcus) $360^0 = 2\pi$, Bogenmaß (arcus) $\alpha^0 = \dfrac{\alpha\pi}{180}$.

III. Arithmetik.
A. Potenzen, Wurzeln, Logarithmen.

a) Potenzen.

In der Potenz a^n heißt a die Basis der Potenz und n der Potenzexponent. Die Potenz einer Zahl suchen, heißt potenzieren.

1. $a^m \cdot a^n = a^{m+n}$.
2. $\dfrac{a^m}{a^n} = a^{m-n}$.
3. $a^n \cdot b^n = (ab)^n$.
4. $(a^m)^n = a^{mn} = (a^n)^m$.
5. $\left(\dfrac{a}{b}\right)^n = \dfrac{a^n}{b^n}$.
6. $\dfrac{1}{a^n} = a^{-n}$.
7. $\left(\dfrac{a}{b}\right)^{-n} = \left(\dfrac{b}{a}\right)^n$.
8. $(+a)^n = +a^n$.
9. $(-a)^{2n} = +a^{2n}$.
10. $(-a)^{2n+1} = -a^{2n+1}$.
11. $a^0 = 1$; $0^a = 0$; $0^0 =$ unbestimmt.
12. $a^2 - b^2 = (a+b)(a-b)$.
13. $(a \pm b)^2 = a^2 \pm 2ab + b^2$.
14. $(a \pm b)^3 = a^3 \pm 3a^2 b + 3ab^2 \pm b^3$.
15. **Binomischer Satz.**

$$(a \pm b)^n = a^n \pm n a^{n-1} b + \dfrac{n(n-1)}{1 \cdot 2} a^{n-2} b^2$$
$$\pm \dfrac{n(n-1)(n-2)}{1 \cdot 2 \cdot 3} a^{n-3} b^3 + \ldots$$

Die Reihe rechts ist endlich, wenn n eine ganze, positive Zahl; sie ist unendlich, wenn n gebrochen oder negativ ist; und sie ist für $a > b$ konvergent.

b) Wurzeln.

Es ist allgemein $\sqrt[n]{a} = b$, wenn $b^n = a$ ist.
$a =$ Radikand, $n =$ Wurzelexponent.

Die Wurzel ausziehen heißt radizieren. Das Radizieren ist die Umkehrung des Potenzierens.

1. $\sqrt{a^2} = \pm a$.
2. $\sqrt[n]{ab} = \sqrt[n]{a} \cdot \sqrt[n]{b}$.
3. $\sqrt[n]{\dfrac{a}{b}} = \dfrac{\sqrt[n]{a}}{\sqrt[n]{b}}$.
4. $\sqrt[n]{a^m} = \left(\sqrt[n]{a}\right)^m$.
5. $\sqrt[n]{a^m} = \sqrt[nx]{a^{mx}}$.
6. $\sqrt[m]{\sqrt[n]{a}} = \sqrt[n]{\sqrt[m]{a}} = \sqrt[mn]{a}$.
7. $\sqrt[n]{\dfrac{1}{a}} = \dfrac{1}{\sqrt[n]{a}} = a^{-\frac{1}{n}}$.
8. $\sqrt{a} \cdot \sqrt{a} = \sqrt{a^2} = a$.
9. $\sqrt[3]{a} \cdot \sqrt[3]{a} = \sqrt[3]{a^2}$.
10. $\sqrt[-n]{a} = a^{-\frac{1}{n}} = \dfrac{1}{a^{\frac{1}{n}}}$.
11. $\sqrt{-1} = i$; $\sqrt{-1} \cdot \sqrt{a} = \sqrt{-a} = i\sqrt{a}$, also imaginär.

c) Logarithmen.

Sind in der Gleichung $b^x = a$ die Größen a und b gegeben und wird der Exponent x gesucht, so geschieht dies vermittelst des Logarithmierens; es heißt x der Logarithmus von a für die Basis b und man schreibt $\log a_{(b)} = x$.

x = Logarithmus, b = Basis, a = Logarithmand, Zahl oder Numerus.

Natürliche Logarithmen haben zur Basis $e = 2{,}71828\ldots$, Briggssche Logarithmen dagegen 10.

Man schreibt statt $\log a_{(e)}$ kürzer $\ln a$, statt $\log a_{(10)}$ kürzer $\log a$.

1. $\log ab = \log a + \log b$.
2. $\log \dfrac{a}{b} = \log a - \log b$.
3. $\log a^n = n \log a$.
4. $\log \sqrt[n]{a} = \dfrac{\log a}{n}$.
5. $\ln x = \ln 10 \log x = 2{,}30258 \log x,$
   $\log x = \log e \ln x = 0{,}43429 \ln x,$ $\}$ $\ln 10 \log e = 1$.

B. Gleichungen.

a) Gleichungen ersten Grades.

1. Gleichung mit einer Unbekannten.

$$ax = b$$
$$x = \frac{b}{a}.$$

2. Zwei Gleichungen mit zwei Unbekannten.

$$\begin{array}{l} ax + by = c \\ a_1 x + b_1 y = c_1 \end{array} \quad \text{Auflösung} \quad \left\{ \begin{array}{l} x = \dfrac{c b_1 - c_1 b}{a b_1 - a_1 b}, \\ y = \dfrac{a c_1 - a_1 c}{a b_1 - a_1 b}. \end{array} \right.$$

b) Gleichungen zweiten Grades.

1. $x^2 + px + q = 0;\ x = -\dfrac{p}{2} \pm \sqrt{\dfrac{p^2}{4} - q}.$

2. $ax^2 + bx + c = 0;\ x = \dfrac{-b \pm \sqrt{b^2 - 4ac}}{2a}.$

3. $x^{2n} + px^n + q = 0;\ x = \sqrt[n]{-\dfrac{p}{2} \pm \sqrt{\dfrac{p^2}{4} - q}}.$

c) Exponentialgleichungen.

1. Ohne Anwendung von Logarithmen (wenn gleiche Basis vorhanden).

$$\left. \begin{array}{l} a^{x+7} = a^{10} \\ a^x \cdot a^7 = a^{10} \\ a^x = \dfrac{a^{10}}{a^7} = a^3 \\ x = 3. \end{array} \right\} \quad \begin{array}{l} \text{Oder man läßt einfach die gemeinschaft-} \\ \text{liche a Basis wegfallen,} \\ \text{also: } x + 7 = 10 \\ \phantom{\text{also: }} x = 3. \end{array}$$

2. Mit Anwendung von Logarithmen.

$$a^x = b$$
$$x \log a = \log b$$
$$x = \frac{\log b}{\log a}.$$

d) Proportion.

Ist in der Proportion $a : b = c : d$, so ist $ad = bc$.

C. Reihen.

a) Arithmetische Reihen.

Eine arithmetische Reihe ist eine solche, in welcher je zwei aufeinander folgende Glieder stets die nämliche Differenz ergeben.

Ist a = erstes Glied der Reihe, d = beständige Differenz, n = Anzahl der Glieder, t = letztes oder n. Glied, S = Summe aller Glieder, so ist das Schema der Reihe folgendes:

$$a,\ a+d,\ a+2d,\ \ldots\ldots\ t-2d,\ t-d,\ t.$$

Es gilt dann:
$$t = a + (n-1)\,d$$
und
$$S = \frac{n(a+t)}{2}.$$

b) Geometrische Reihen.

Eine geometrische Reihe ist eine solche, deren aufeinander folgende Glieder durch einander dividiert stets den nämlichen Quotienten geben.

Ist a = erstes Glied der Reihe, e = beständiger Quotient, n = Anzahl der Glieder, t = letztes oder n. Glied, S = Summe aller Glieder, so ist das Schema einer geometrischen Reihe folgendes:

$$a,\ ae,\ ae^2\ \ldots\ \frac{t}{e^2},\ \frac{t}{e},\ t.$$

Es gilt dann:
$$t = a\,e^{n-1}$$
und
$$S = \frac{et - a}{e - 1} = \frac{a(e^n - 1)}{(e - 1)}.$$

c) Einige besondere Reihen.

1. $1 + 2 + 3 + 4 + 5 + \ldots + (n-1) + n = \dfrac{n(n+1)}{2}$.
2. $2 + 4 + 6 + 8 + \ldots + (2n-2) + 2n = n(n+1)$.
3. $1 + 3 + 5 + 7 + \ldots + (2n-3) + (2n-1) = n^2$.
4. $1^2 + 2^2 + 3^2 + 4^2 + \ldots + (n-1)^2 + n^2 = \dfrac{n(n+1)(2n+1)}{1 \cdot 2 \cdot 3}$.

D. Zinseszins- und Rentenrechnung.

Die Zinsen des Kapitals K zu P % betragen nach einem Jahre $\dfrac{K \cdot P}{100}$. In n Jahren bringt das Kapital daher $\dfrac{n \cdot K \cdot P}{100}$.

Werden die Zinsen zum Kapital geschlagen und weiter mitverzinst, so hat das Kapital nach n Jahren den Wert $K\left(\frac{P+100}{100}\right)^n$.

Der Wert $\frac{P+100}{100} = p$ heißt der Diskontfaktor.

Zahlt man am Ende jedes Jahres zu einem Kapital noch die Summe R ein oder nimmt man die Summe R fort, so beträgt der Wert nach n Jahren $K_n = Kp^n \pm R \frac{(p^n - 1)}{p - 1}$.

Legt man zu Anfang eines jeden Jahres die Summe S auf Zinseszins, so hat das angesammelte Kapital am Ende des n ten Jahres den Wert:

$$W = S \frac{p(p^n - 1)}{p - 1}.$$

IV. Planimetrie.

1. (Fig. 1.) Die Messung der Winkel geschieht in der Planimetrie durch den zugehörigen Kreisbogen.
$$\sphericalangle \alpha + \beta + \gamma = 2R = 180^0.$$

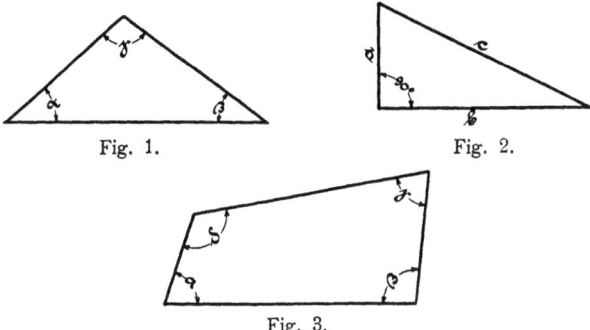

Fig. 1. Fig. 2.

Fig. 3.

2. (Fig. 2.) $a^2 + b^2 = c^2$ (Pythagoreischer Lehrsatz).
   a und b = Katheten, c = Hypotenuse.
3. (Fig. 3.) $\sphericalangle \alpha + \beta + \gamma + \delta = 4R = 360^0$.
4. Der Centriwinkel C_n eines regulären Polygones ist gleich 4R, dividiert durch die Anzahl n der Seiten, also
$$C_n = \frac{4R}{n}.$$
5. In jedem Polygon beträgt die Summe aller Winkel (SP_n) so vielmal 2R, als das Polygon Seiten (n) hat, weniger 4R, also $SP_n = 2nR - 4R$.

6. Der **Polygonwinkel** (P_n) eines regulären Polygons von n-Seiten ist das Supplement des Centriwinkels, also
$$P_n = \frac{2nR - 4R}{n}.$$

7. Bedeutet
F = Flächeninhalt, h = Höhe, so folgt
im Dreieck:
$$F = \frac{gh}{2}, \text{ oder } F = \sqrt{s(s-a)(s-b)(s-c)}, \text{ worin}$$
$s = \frac{a+b+c}{2}$ ist und a, b, c die drei Seiten des Dreiecks bedeuten.

im Parallelogramm:
F = g . h,

im Trapez:
$$F = \frac{(G+g)h}{2}, \text{ worin } G = \text{große und } g = \text{kleine Grundlinie ist.}$$

8. Bedeutet **im regulären Polygon:**
F = Flächeninhalt, S = Seite des Polygons, U = Umfang, n = Seitenzahl, ϱ = kleinster Radius, so ist:
$$F = \frac{n \cdot S \cdot \varrho}{2} = \frac{U \cdot \varrho}{2}.$$

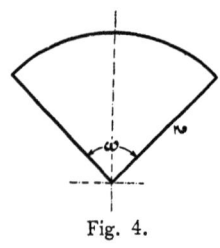

9. Bedeutet **im Kreise:**
F = Flächeninhalt, U = Umfang oder Peripherie, d = Durchmesser, r = Halbmesser (Radius), so ist:
$$F = r^2 \pi = \frac{d^2 \pi}{4}.$$
$$U = 2r\pi = d\pi.$$

10. **Die Fläche eines Kreissektors** ist (Fig. 4):

Fig. 4.
$$F = \frac{br}{2} = 0{,}0087 \, \omega \, r^2.$$

Der Bogen ist:
$$b = \frac{r \pi \omega^0}{180}, \text{ denn } b : 2r\pi = \omega : 360^0.$$

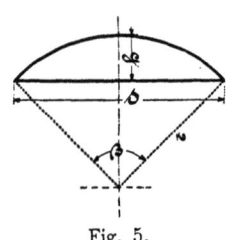

Der Winkel ist:
$$\omega = \frac{180 b}{r \pi} = 57{,}326 \, \frac{b}{r}.$$

11. **Die Fläche eines Kreissegmentes** ist (Fig. 5):
$$F = \frac{br - s(r-h)}{2} = \left(\frac{\beta \pi}{180} - \sin \beta\right) \frac{r^2}{2}.$$

Fig. 5.

Sehne und Radius sind:
$$s = 2\sqrt{h(2r-h)},$$
$$r = \frac{\dfrac{s^2}{4}+h^2}{2h}.$$

12. **Die Fläche eines Kreisringes** ist (Fig. 6):
$F = (R^2 - r^2)\pi = (R+r)(R-r)\pi.$

13. **Ellipse** (Fig. 7):
   Große Halbachse $= a$,
   Kleine Halbachse $= b$.

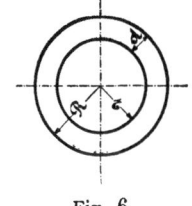

Fig. 6.

Mittelpunktsgleichung: $\dfrac{x^2}{a^2} + \dfrac{y^2}{b^2} = 1$

Die Gesamtfläche der Ellipse: $F = \pi ab$.

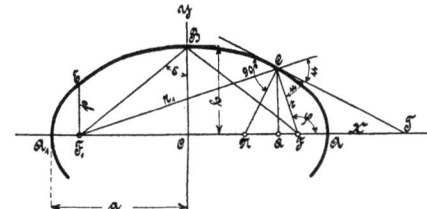

Fig. 7.

Das Flächenstück OBCQ:
$$F = \frac{xy}{2} + \frac{ab}{2}\arcsin\frac{x}{a}, \text{ wobei } x = OQ;\ y = QC.$$

Der Umfang der Ellipse:
$U = \pi(a+b) \rightarrow$
$$\left[1 + \tfrac{1}{4}\left(\frac{a-b}{a+b}\right)^2 + \tfrac{1}{64}\left(\frac{a-b}{a+b}\right)^4 + \tfrac{1}{256}\left(\frac{a-b}{a+b}\right)^6 + \cdots\right]$$

14. **Hyperpel** (Fig. 8):

Mittelpunktsgleichung:
$\dfrac{x^2}{a^2} - \dfrac{y^2}{b^2} = 1.$

Asymptotengleichung:
$x \cdot y = \text{Konstant}.$

Fläche $ACQ = \dfrac{xy}{2}$
$- \dfrac{ab}{2}\ln\left(\dfrac{x}{a} + \dfrac{y}{b}\right).$

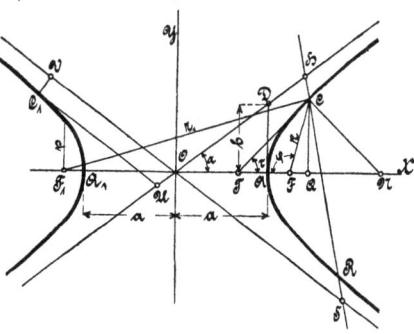

Fig. 8.

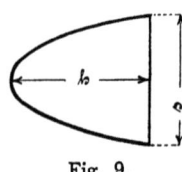

Fig. 9.

15. Parabel (Fig. 9):

Scheitelgleichung: $x^2 = 2py$.
Fläche: $F = {}^2\!/_3\, h r$.
Länge eines flachen Parabelbogens:

$$L = s\left(1 + \frac{8}{3}\frac{h^2}{s^2}\right),$$

wobei s die Sehnenlänge, h die Pfeilhöhe bedeutet.

16. Simpsons Regel:

Soll der Flächeninhalt einer **beliebigen Fläche** bestimmt werden, so zerlege man diese Fläche in n (immer

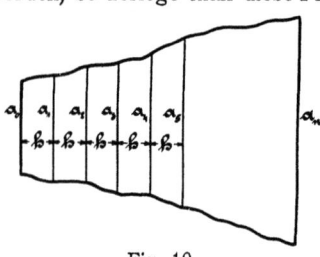

Fig. 10.

eine **gerade** Zahl) parallele Streifen von der gleichen Breite h, alsdann ist der gesuchte Flächeninhalt:

$$F = \frac{1}{3}h\left[a_0 + 4(a_1 + a_3 + a_5 + \ldots) + 2(a_2 + a_4 + a_6 + \ldots + a_{n-2}) + a_n\right].$$

Ist die Teilzahl n ungerade, so wird das letzte, n. Flächenstück als Trapez berechnet. Zur Berechnung der übrigen (n — 1) Teile ist die obige Formel anzuwenden. Die Gesamtfläche ist dann gleich der Summe der beiden einzelnen Flächen.

Beispiel. Es ist die Halbkreisfläche (Fig. 11) nach der Simpsonschen Regel zu bestimmen.

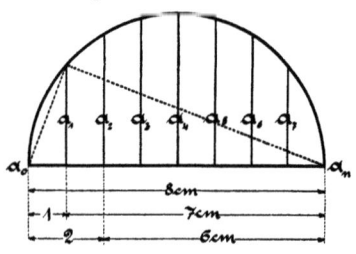

Fig. 11.

Es ist:
$a_0 = 0$.
$1 : a_1 = a_1 : 7$
$a_1 = \sqrt{7} = 2{,}65$ cm.
$2 : a_2 = a_2 : 6$.
$a_2 = \sqrt{12} = 3{,}46$ cm.
$3 : a_3 = a_3 : 5$
$a_3 = \sqrt{15} = 3{,}87$ cm.
$a_4 = 4$ cm.

Demnach nach der **Simpsonschen Regel** (a_0 und a_n sind hier $= 0$):

$$F = \frac{1}{3}[4(2{,}65+3{,}87)2+2(3{,}46+4+3{,}46)] = 24{,}67 \text{ qcm}.$$

Nach der **Trapez-Methode** ergäbe sich für die Halbkreisfläche:

$$F = 2\left(\frac{0+2{,}65}{2}+\frac{2{,}65+3{,}46}{2}+\frac{3{,}46+3{,}87}{2}+\frac{3{,}87+4}{2}\right) = 23{,}96 \text{ qcm},$$

wobei das Multiplizieren mit der Höhe 1 in Wegfall kommen konnte und der Viertelkreis (Klammerausdruck) mit 2 multipliziert worden ist.

Da nach der Planimetrie $F = \frac{r^2 \pi}{2} = \frac{4^2 \pi}{2} = 25{,}13 \text{ qcm}$ sein muß, so folgt, daß die **Simpsonsche** Regel genauer ist als die Trapez-Methode.

Ein weiteres Beispiel über die **Simpsonsche** Regel siehe S. 57 u. f.

V. Trigonometrie.

A. Erklärung der trigonometrischen Linien und Funktionen.

Die Messung der Winkel geschieht hier durch Verhältnisse gerader Linien, d. h. mittelst der trigonometrischen Linien und Funktionen.

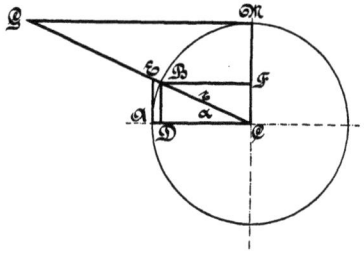

Fig. 12.

$$
\left.\begin{array}{l}
BD = \text{Sinuslinie} \\
DC = \text{Cosinuslinie} \\
AE = \text{Tangentenlinie} \\
MG = \text{Cotangentenlinie} \\
AD = \text{Sinus-versus-Linie} \\
MF = \text{Cosinus-versus-Linie} \\
CE = \text{Secantenlinie} \\
CG = \text{Cosecantenlinie}
\end{array}\right\} \text{des } \measuredangle \alpha, (ACB).
$$

Grad	0°	90°	180°	270°	360°
sin	0	$+1$	0	-1	0
cos	$+1$	0	-1	0	$+1$
tg	0	$+\infty$	0	$-\infty$	0
cotg	$+\infty$	0	$-\infty$	0	$-\infty$

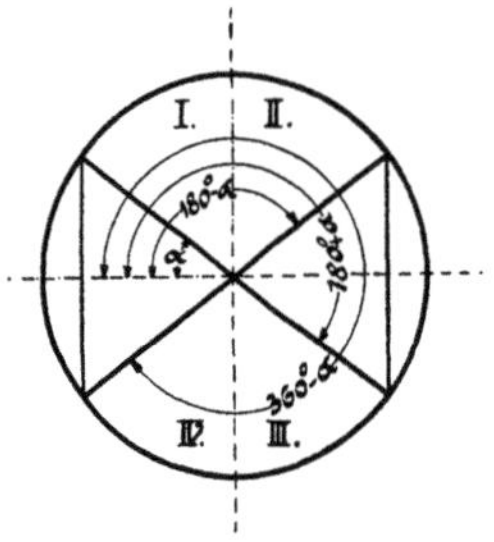

Fig. 13.

Es sind also die Sinus im I. und II. Quadranten positiv, im III. und IV. negativ, die Cosinus im I. und IV. positiv, im II. und III. negativ.

B. Trigonometrische Formeln.

a) Beziehungen zwischen den Funktionen desselben Winkels.

1. $\sin^2 \alpha + \cos^2 \alpha = 1$.
2. $\operatorname{tg} \alpha = \dfrac{\sin \alpha}{\cos \alpha}$.
3. $\cot \alpha = \dfrac{\cos \alpha}{\sin \alpha}$.
4. $\operatorname{tg} \alpha \cdot \operatorname{cotg} \alpha = 1$.
5. $\sec \alpha = \dfrac{1}{\cos \alpha} = \sqrt{1 + \operatorname{tang}^2 \alpha}$.
6. $\operatorname{cosec} \alpha = \dfrac{1}{\sin \alpha} = \sqrt{1 + \operatorname{cotg}^2 \alpha}$.
7. $\sin \operatorname{vers} \alpha = 1 - \cos \alpha$.
8. $\cos \operatorname{vers} \alpha = 1 - \sin \alpha$.
9. $\sin \alpha = \sqrt{1 - \cos^2 \alpha} = \dfrac{\operatorname{tg} \alpha}{\sqrt{1 + \operatorname{tg}^2 \alpha}} = \dfrac{1}{\sqrt{1 + \operatorname{cotg}^2 \alpha}}$.
10. $\cos \alpha = \sqrt{1 - \sin^2 \alpha} = \dfrac{1}{\sqrt{1 + \operatorname{tg}^2 \alpha}} = \dfrac{\operatorname{cotg} \alpha}{\sqrt{1 + \operatorname{cotg}^2 \alpha}}$.
11. $\operatorname{tg} \alpha = \dfrac{\sin \alpha}{\sqrt{1 - \sin^2 \alpha}} = \dfrac{\sqrt{1 - \cos^2 \alpha}}{\cos \alpha} = \dfrac{1}{\operatorname{cotg} \alpha}$.
12. $\operatorname{cotg} \alpha = \dfrac{\sqrt{1 - \sin^2 \alpha}}{\sin \alpha} = \dfrac{\cos \alpha}{\sqrt{1 - \cos^2 \alpha}} = \dfrac{1}{\operatorname{tg} \alpha}$.

b) Beziehungen der Funktionen zweier Winkel.

13. $\sin(\alpha \pm \beta) = \sin\alpha \cos\beta \pm \cos\alpha \sin\beta$.
14. $\cos(\alpha \pm \beta) = \cos\alpha \cos\beta \mp \sin\alpha \sin\beta$.
15. $\operatorname{tg}(\alpha \pm \beta) = \dfrac{\operatorname{tg}\alpha \pm \operatorname{tg}\beta}{1 \mp \operatorname{tg}\alpha \operatorname{tg}\beta}$.
16. $\operatorname{cotg}(\alpha \pm \beta) = \dfrac{\operatorname{cotg}\alpha \cdot \operatorname{cotg}\beta \pm 1}{\operatorname{cotg}\alpha \pm \operatorname{cotg}\beta}$.
17. $\sin\alpha + \sin\beta = 2\sin\dfrac{\alpha+\beta}{2} \cdot \cos\dfrac{\alpha-\beta}{2}$.
18. $\sin\alpha - \sin\beta = 2\cos\dfrac{\alpha+\beta}{2} \sin\dfrac{\alpha-\beta}{2}$.
19. $\cos\alpha + \cos\beta = 2\cos\dfrac{\alpha+\beta}{2} \cos\dfrac{\alpha-\beta}{2}$.
20. $\cos\alpha - \cos\beta = -2\sin\dfrac{\alpha+\beta}{2}\sin\dfrac{\alpha-\beta}{2}$.
21. $\operatorname{tg}\alpha \pm \operatorname{tg}\beta = \dfrac{\sin(\alpha \pm \beta)}{\cos\alpha \cos\beta}$.
22. $\operatorname{cotg}\alpha \pm \operatorname{cotg}\beta = \dfrac{\sin(\beta \pm \alpha)}{\sin\alpha \cdot \sin\beta}$.

c) Formeln für die Vielfachen und Teile eines Winkels.

1. $\sin\alpha = 2\sin\dfrac{\alpha}{2}\cos\dfrac{\alpha}{2}$.
2. $\cos\alpha = \cos^2\dfrac{\alpha}{2} - \sin^2\dfrac{\alpha}{2}$.
3. $\operatorname{tg}\alpha = \dfrac{2\operatorname{tg}\dfrac{\alpha}{2}}{1 - \operatorname{tg}^2\dfrac{\alpha}{2}}$.
4. $\operatorname{cotg}\alpha = \dfrac{\operatorname{cotg}^2\dfrac{\alpha}{2} - 1}{2\operatorname{cotg}\dfrac{\alpha}{2}}$.
5. $\sin\dfrac{\alpha}{2} = \sqrt{\dfrac{1-\cos\alpha}{2}} = \dfrac{1}{2}\sqrt{1+\sin\alpha} - \dfrac{1}{2}\sqrt{1-\sin\alpha}$.
6. $\cos\dfrac{\alpha}{2} = \sqrt{\dfrac{1+\cos\alpha}{2}} = \dfrac{1}{2}\sqrt{1+\sin\alpha} + \dfrac{1}{2}\sqrt{1-\sin\alpha}$.
7. $\operatorname{tg}\dfrac{\alpha}{2} = \dfrac{\sin\alpha}{1+\cos\alpha} = \dfrac{1-\cos\alpha}{\sin\alpha}$.
8. $\operatorname{cotg}\dfrac{\alpha}{2} = \dfrac{\sin\alpha}{1-\cos\alpha} = \dfrac{1+\cos\alpha}{\sin\alpha}$.
9. $\sin 2\alpha = 2\sin\alpha \cos\alpha$.

10. $\cos 2\alpha = \cos^2\alpha - \sin^2\alpha = 1 - 2\sin^2\alpha = 2\cos^2\alpha - 1$.

11. $\tg 2\alpha = \dfrac{2\tg\alpha}{1-\tg^2\alpha} = \dfrac{2}{\cotg\alpha - \tg\alpha}$.

12. $\cotg 2\alpha = \dfrac{\cotg^2\alpha - 1}{2\cotg\alpha} = \dfrac{\cotg\alpha}{2} - \dfrac{\tg\alpha}{2}$.

C. Trigonometrische Berechnung der Dreiecke.

a) Gleichungen für das rechtwinklige Dreieck.

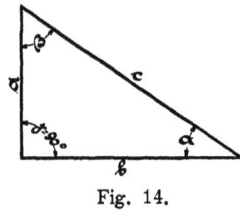

Fig. 14.

1. $\sin\alpha = \dfrac{a}{c}$.

2. $\cos\alpha = \dfrac{b}{c}$.

3. $\tg\alpha = \dfrac{a}{b}$.

4. $\cotg\alpha = \dfrac{b}{a}$.

b) Gleichungen für das schiefwinklige Dreieck.

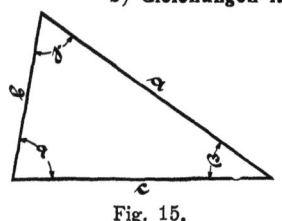

Fig. 15.

1. Der Sinussatz:

$a : b = \sin\alpha : \sin\beta$,

überhaupt $a : b : c = \sin\alpha : \sin\beta : \sin\gamma$.

Anwendung wenn gegeben:
2 Winkel und 1 Seite, oder
2 Seiten und 1 Winkel; gesucht die fehlenden Stücke.

2. Der Cosinussatz (Projektionssatz) (vergl. Fig. 15):

$c^2 = a^2 + b^2 - 2ab\cos\gamma$ und
$\cos\gamma = \dfrac{a^2 + b^2 - c^2}{2ab}$.

Anwendung, wenn gegeben:
2 Seiten und der von ihnen eingeschlossene Winkel (dann Berechnung der 3. Seite), oder
3 Seiten (dann Berechnung der 3 Winkel).

3. Der Tangentialsatz:

$(a+b) : (a-b) = \tg\dfrac{\alpha+\beta}{2} : \tg\dfrac{\alpha-\beta}{2}$.

Anwendung statt des Cosinussatzes, wenn gegeben:
2 Seiten und der eingeschlossene Winkel (dann Berechnung der beiden anderen Winkel).

VI. Stereometrie.

Körper	Bezeichnung der Abmessungen	Inhalt = V. Oberfläche = O. Mantelfläche = M.
1. Prisma	F = Grundfläche, h = Höhe	$V = F h.$
Würfel	a = Kante, d = Diagonale	$V = a^3.\ O = 6 a^2.$ $d^2 = 3 a^2.$
Schief abgeschnittenes, dreiseitiges Prisma	a, b, c = Längen der drei parallelen Kanten, N = Querschnitt, senkrecht zu den Kanten	$V = \dfrac{1}{3}(a+b+c)N.$
2. Pyramide	F = Grundfläche, h = Höhe	$V = \dfrac{1}{3} F h.$
Abgestumpfte Pyramide	F, f = parallele Endflächen, h = Abstand derselben	$V = \dfrac{1}{3} h (F + f + \sqrt{F f}).$
3. Obelisk	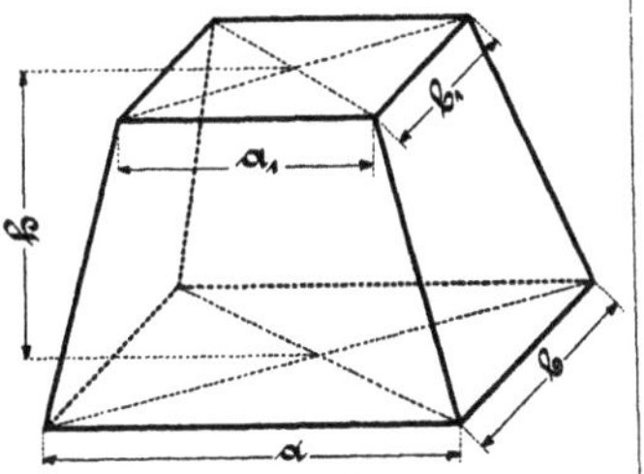 Fig. 16.	$V = \dfrac{1}{6} h [(2a + a_1) b + (2a_1 + a) b_1]$ $= \dfrac{1}{6} h [a b + (a + a_1)(b + b_1) + a_1 b_1].$
4. Keil	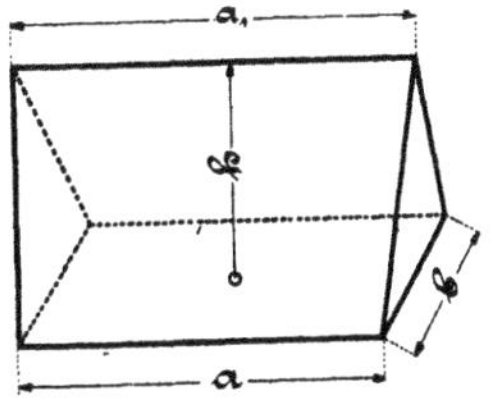 Fig. 17.	$V = \dfrac{1}{6}(2a + a_1) b h.$

Körper	Bezeichnung der Abmessungen	Inhalt = V. Oberfläche = O. Mantelfläche = M.
5. Zylinder	F = Grundfläche, h = Höhe	$V = F h$.
Kreiszylinder	r = Halbmesser der Grundfläche, h = Höhe	$V = r^2 \pi h$. $M = 2 r \pi h$. $O = 2 r \pi (r + h)$.
Schief abgeschnittener, gerader Kreiszylinder	h_1 = kürzeste Zylinderseite, h_2 = längste „ r = Halbmesser der Grundfläche	$V = r^2 \pi \dfrac{h_1 + h_2}{2}$. $M = r \pi (h_1 + h_2)$.
Hohlzylinder (Rohr)	R = äußerer Halbmesser, r = innerer „ h = Höhe, $s = R - r$ die Dicke, $\varrho = \dfrac{1}{2}(R + r)$ der mittlere Halbmesser	$V = \pi h (R^2 - r^2)$ $= \pi h s (2R - s)$ $= \pi h s (2r + s)$ $= 2 \pi h s \varrho$.
6. Kreiskegel	r = Halbmesser der Grundfläche, h = Höhe, s = Seite	$V = \dfrac{1}{3} r^2 \pi h$. $M = r \pi \sqrt{r^2 + h^2} = r \pi s$. $s = \sqrt{r^2 + h^2}$.
Abgestumpfter Kreiskegel	Wie vorstehend; ferner R = Halbmesser der anderen Grundfläche $\sigma = R + r$ $\delta = R - r$ $s = \sqrt{\delta^2 + h^2}$	$V = \dfrac{1}{3} \pi h (R^2 + R r + r^2)$ $= \dfrac{h}{4}\left[\pi \sigma^2 + \dfrac{1}{3}(\pi \delta^2)\right]$. $M = \pi s \sigma$.
7. Kugel	r = Halbmesser, nämlich $r = \sqrt[3]{\dfrac{3 V}{4 \pi}}$.	$V = \dfrac{4}{3} r^3 \pi = 4{,}188790205\, r^3$ $= \dfrac{1}{6} d^3 \pi = 0{,}523598776\, d^3$. $O = 4 r^2 \pi = d^2 \pi$.
Hohlkugel	R = äußerer, r = innerer Halbmesser.	$V = \dfrac{4}{3} \pi (R^3 - r^3)$.

Stereometrie.

Körper	Bezeichnung der Abmessungen	Inhalt = V. Oberfläche = O. Mantelfläche = M.
Kugelabschnitt (Kugelkalotte)	h = Höhe der Zone, r = Halbmesser der Kugel, a = Halbmesser der Grundfläche;	$V = \frac{1}{6}\pi h(3a^2 + h^2)$ $= \frac{1}{3}\pi h^2(3r - h)$. $M = 2r\pi h = \pi(a^2 + h^2)$. $a^2 = h(2r - h)$.
Kugelzone	h = Höhe der Zone, r = Halbmesser der Kugel, a, b = Halbmesser der Endflächen; (a > b).	$V = \frac{1}{6}\pi h(3a^2 + 3b^2 + h^2)$. $M = 2r\pi h$. $r^2 = a^2 + \left(\frac{a^2 - b^2 - h^2}{2h}\right)^2$.
Kugelausschnitt	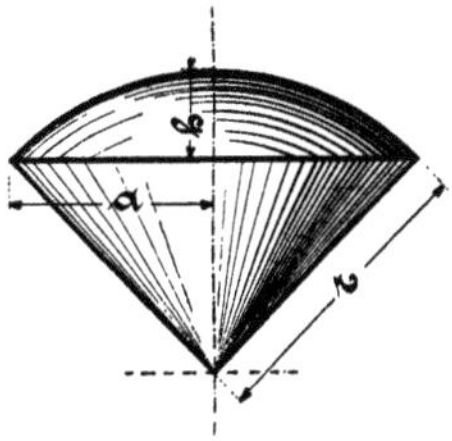 Fig. 18.	$V = \frac{2}{3}r^2\pi h$. $O = r\pi(2h + a)$.
8. **Ellipsoid**	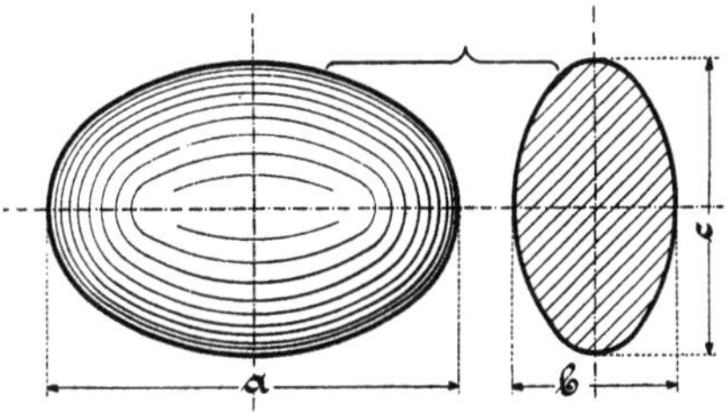 Fig. 19.	$V = \frac{4}{3}\pi abc$.
Umdrehungsellipsoid	1. Wenn 2a die Drehachse: 2. Wenn 2b die Drehachse:	$V = \frac{4}{3}\pi ab^2$. $V = \frac{4}{3}\pi a^2 b$.

Körper	Bezeichnung der Abmessungen	Inhalt = V. Oberfläche = O. Mantelfläche = M.
9. Umdrehungsparaboloid	Fig. 20.	$V = \frac{1}{2} r^2 \pi h$ = der Hälfte des Kreiszylinders für r und h.
Abgestumpftes Paraboloid	R, r = Halbmesser der parallelen Endflächen, h = Höhe.	$V = \frac{1}{2} \pi (R^2 + r^2) h$, = Mittelfläche × Höhe.
10. Zylindrischer Ring	Fig. 21.	$V = 2 \pi^2 R r^2$. $O = 4 \pi^2 R r$.
11. Faß	Fig. 22.	$V = \frac{1}{12} \pi h (2 D^2 + d^2)$ angenähert für kreisförmige Dauben. $V = \frac{1}{15} \pi h \left(2 D^2 + D d + \frac{3}{4} d^2 \right)$ genau für parabolische Dauben.

12. Guldinsche Regel.

1. Bezeichnet
   l = Länge einer Kurve, die sich um eine in ihrer Ebene liegende, sie nicht schneidende Achse dreht,
   x_0 = den Abstand ihres Schwerpunktes von der Achse,

so ist der Flächeninhalt der erzeugten **Umdrehungsfläche**:
$$M = 1 \cdot 2 x_0 \pi$$
= Länge der Kurve × Schwerpunktsweg.

2. Bezeichnet
F = Inhalt einer ebenen Fläche, die sich um eine in ihrer
  Ebene liegende, sie nicht schneidende Achse dreht,
x_0 = den Abstand ihres Schwerpunktes von der Achse,
so ist der Inhalt des erzeugten **Umdrehungskörpers**:
$$V = F \cdot 2 x_0 \pi$$
= Inhalt der Fläche × Schwerpunktsweg.

Beispiel. Wenn sich ein Halbkreis um seinen Durchmesser (Achse y y) dreht, so entsteht eine Kugel, deren Oberfläche und Inhalt leicht nach der Guldinschen Regel zu bestimmen sind.

Umfang des Halbkreises: $l = r \pi$.

Schwerpunktsabstand der Halbkreislinie (vergl. Mechanik):
$$x_0 = \frac{2r}{\pi}.$$

Demnach Oberfläche der Kugel:
$$M = 1 \cdot 2 x_0 \pi = r \pi \cdot 2 \frac{2r}{\pi} \pi = 4 r^2 \pi.$$

Ferner Inhalt der Halbkreisfläche: $F = \frac{r^2 \pi}{2}$.

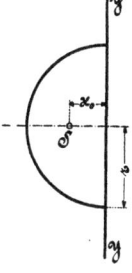

Fig. 23.

Schwerpunktsabstand derselben (vergl. Mechanik):
$$x_0 = \frac{4}{3} \frac{r}{\pi}.$$

Demnach Inhalt der Kugel:
$$V = F \cdot 2 x_0 \pi = \frac{r^2 \pi}{2} 2 \frac{4r}{3 \pi} \pi = \frac{4}{3} r^3 \pi.$$

Zweiter Abschnitt.

I. Maße und Gewichte.

a) Längenmaße.

1 m = 100 cm = 1000 mm.
1 km = 1000 m.

b) Flächenmaße.

1 qm = 10 000 qcm = 1 000 000 qmm.
1 qkm = 100 ha.
1 ha = 100 a = 3,916 617 Morgen.
1 a = 100 qm.

c) Körpermaße und Gewichte.

1 l = 0,001 cbm.
1 hl = 0,1 cbm = 100 l.
1 g = 1000 mg.
1 kg = 1000 g = Gewicht eines l Wasser von 4° C.
1 t = 1000 kg.

II. Volumengewichte (Spezifische Gewichte).

a) Starre Körper. 1 cdm wiegt kg:

Asbest . . . . 2,26—2,74	gebrannt 1,41
Bausteine u. a. — Materialien	gegossen, trocken 0,97
Asphalt . . . . 1,07—1,2	Kalk, gebrannt . . . 2,3—4,2
Basalt . . . . . 2,7—3,1	gelöscht, festerTeig 1,33—1,43
Bausteine 2,5	-Mörtel . . . . 1,50—1,85
Beton 2,48	Kalkstein . . . . 2,36—2,84
Chamottesteine 2,10	Kies, trocken . . 1,37—1,49
Dachschiefer 2,74	feucht . . . 1,85—2,0
Gneis . . . . . 2,39—2,90	Lava 2,76
Granit . . . . . 2,54—2,96	Lehm, fett . . . . 1,6—2,1
Grauwacke 2,70	erhärtet . 1,45—1,50
Gips, roh 1,81	Marmor . . . . 2,65—2,8

II. Volumengewichte.

Porphyr . . . . . 2,6—2,9
Quarzitfels . . . . 2,5—2,8
Sand, fein, trocken 1,40—1,64
„ feucht . 1,88—1,95
grob, trocken 1,37—1,40
Sandstein . . . . . 2,2—2,5
Serpentin . . . . 2,43—2,66
Schiefer . . . . . 2,6—2,7
Syenit . . . . . 2,63—2,7
Tonschiefer 2,82
Trachyt . . . . . 2,7—2,8
Tuffstein, harter . . . 2,0
Cement, gebrannt . 1,38—1,54
Portland-, Pulver . . 1,7
„ erhärtet 2,72—3,05
Ziegelsteine, gew. 1,40—1,60
„ Klinker 1,52—2,29
Bimsstein . . . . 0,91—1,65
Braunstein, Pyrolusit . 3,7—4,6
Brennstoffe.
Holzkohle, weiche 0,28—0,44
„ harte . 0,47—0,57
Anthracit . . . . 1,04—1,7
Braunkohle . . . 1,10—1,43
Koks . . . . . 0,30—0,50
Steinkohle . . . 1,21—1,51
Dolomit . . . . . . 2,8—3,0
Eis 0,92
Erde, lehmig, frisch . . 2,1
lehmig, trocken . . 1,9
magere, „ . . 1,3
Feldspat . . . . . 2,5—2,6
Fette . . . . . 0,92—0,94
Feuerstein, Hornstein 2,6—2,75
Glas, Fenster- 2,64
Spiegel- 2,45
Kristall- 2,95
Flint- 3,42
Graphit, natürlicher . . 2,25
Retorten- . . . 1,89
Guttapercha . . . 0,96—0,98
Harz, Pech 1,07
Holz.   grün trocken
Ahorn, Feld- . . 0,98 0,72
Spitz- . . 0,992 0,769
Akazie 0,855 0,755
Apfelbaum, wild . 0,918 0,603
Birke 0,978 0,734
Birne, wild . . . 1,090 0,725
Buche, Rot- . . 0,934 0,706
Hain- . . 1,019 0,762

Buchsbaum . . . 1,03 0,97
Eiche, Stiel- . . . 0,877 0,640
         bis   bis
         1,055 0,759
Erle, Schwarz- . . 0,826 0,542
Esche 0,854 0,763
Faulbaum . . . 0,879 0,586
Fichte 0,830 0,479
Kastanie, Roß- . 0,912 0,573
Kiefer, gemeine . 0,897 0,529
Schwarz- . . 0,855 0,461
Weymouths- . 0,927 0,342
Kirsche, Vogel- . 1,041 0,853
Kork . . . . . . — 0,24
Lärche 0,929 0,624
Linde 0,740 0,450
Mahagoni . . . . — 0,75
Nußbaum . . 0,88 0,66
Pappel, Canad. . 0,758 0,406
Zitter- . 0,829 0,541
Pflaumenbaum . — 0,79
Pockholz (Guajak) — 1,263
Tanne 0,937 0,469
Ulme 0,950 0,690
Vogelbeere . . . 0,905 0,671
Weide, Sal- . . . 0,850 0,530
Weißdorn . . . . — 0,87
Laubholz im Mittel 1,11 0,66
Nadelholz „ „ 0,84 0,45
Holzfaser(Zellulose) — 1,56
Knochen . . . . . 1,8—2,0
Kautschuk, nicht vulk. 0,92—0,93
Dichtungsgummi . 1,19
Kochsalz, Siedesalz . 2,1—2,2
Stein- . . . 2,2—2,4
Kreide . . . . . 2,25—2,69
Magnesit 3,1
Mauerwerk.
Bruchstein- . . . 2,30—2,46
Sandstein- . . . 2,05—2,12
Ziegelstein-, trocken . 1,43
„ feucht . 1,63
ff. Steine 1,85
Mehl, Weizen- 1,56
Mennige 9,07
Mergel . . . . . . 2,4—2,6
Metalle und Legierungen.
Aluminium 2,56
Blei, gegossen . . . 11,35
gewalzt . . . 11,38
Eisen, Roh-, grau . . 7,8

Eisen, Roh-, weiß	7,66	Bronze, Maschinen-	8,30—8,60
flüssig	7,3	Glocken-	8,81
Schmiedeeisen	7,79—7,85	Kanonen-	8,79
Stahl	7,60—7,80	Messing	8,40—8,73
Gußstahl	7,87	Porzellan, Steingut	2,24—2,29
Kupfer, gegossen	8,88	Quarz	2,65
gehämmert od. gezogen	8,94	Schieferton	2,64
Nickel, gegossen	8,90	Schwefel, natürl.	1,96—2,07
Silber, gegossen	10,47	Schwefelkies	4,9—5,1
gehämmert	10,56	Schwerspat	4,48—4,72
Zink, gegossen	7,15	Speckstein, Talk	2,60—2,62
gewalzt	7,19	Ton, Töpfer-	1,8—2,6
Zinn, gegossen	7,29	Tonwaren	1,92—2,14
gehämmert	7,31	Wachs	0,96
Aluminiumbronze	7,69	Zucker	1,61
Argentan (Neusilber)	8,56		

b) **Flüssigkeiten.** 1 l wiegt bei 15° kg:

Äther, abs.	0,729	Öl, Oliven-	0,918
Alkohol, abs. bei 15,56°	0,7939	Petroleum	0,798
93 Vol. % bei 15,56°	0,8280	Salpetersäure, 100%	1,530
90 Vol. % bei 15,56°	0,8332	49%	1,312
Ammoniakflüssigkeit 36%		33,8%	1,210
bei 14°	0,8844	Salzsäure, 40,8% HCl	1,2000
10% bei 14°	0,9593	24,5% „	1,1206
Bier	1,023—1,034	Salzsole, gesättigt 26,75%	
Chloroform	1,525	NaCl bei 18°	1,208
Essigsäure, 100%	1,0553	Seewasser	1,02—1,04
29%	1,0400	Schwefelsäure, 66° B.	1,842
Glyzerin	1,27	60° B.	1,711
Kalilauge, 27% HKO	1,252	50° B.	1,530
12% „	1,100	verdünnt 1:5	1,113
Milch	1,030—1,060	Teer	1,20
Natronlauge 27% HNaO	1,300	Terpentinöl bei 25°	0,887
12% „	1,137	Wasser bei 4°	1,0000
Öl, Lein- bei 12°	0,940	bei 15°	0,99916
Rüb-	0,913	Wein, Rhein-	0,992—1,002

Umwandlung der Aräometergrade (n) in Vol.-Gew. (V).

	Flüss. schwerer als H_2O	Flüss. leichter als H_2O
Baumé (rat) bei 15°	$V = 144{,}3 : (144{,}3 - n)$	$V = 144{,}3 : (144{,}3 + n)$
Brix (amtlich. preuß. Aräometer) b. 16,625°	$V = 400 : (400 - n)$	$V = 400 : (400 + n)$
Twaddle	$V = (n/2 + 100) : 100$	

c) **Gase.** 1 l wiegt bei 0° und 760 mm Druck unter 51° Br. am Meeresspiegel in g:

Äthylen (C_2H_4)	1,2559	Chlorwasserstoff	1,6348
Ammoniak	0,7646	Cyangas	2,3356
Benzol (C_6H_6)	3,0384	Cyanwasserstoff	1,2127

II. Volumengewichte.

Grubengas (CH_4)	0,7178	Salpetrige Säure	3,4147
Kohlenoxyd	1,2555	Schwefelwasserstoff	1,5274
Kohlensäure	1,9781	Schweflige Säure	2,8723
Leuchtgas	0,5032	Stickoxyd	1,3471
Luft, atmosph.	1,2937	Stickoxydul	1,9769
„ CO_2frei	1,2935	Untersalpetersäure	2,0645
Propylen (C_2H_6)	1,8775	Wasserdampf bei 108°	0,6059

d) Geschichtete Körper. 1 Raummeter wiegt in kg:

Braunkohle, Lignit . 550 –750
        gemeine . . 700
Bruchsteine, im Mittel . 2000
Formsand, aufgeschüttet . 1200
        aufgestampt . 1650
Hochofenschlacke, granuliert 880
Holz.
  Nutzscheite, starke . . 80 %
  Nutzknüppel und Brenn-
    scheite, starke . . . 75 %
  „ schwache . . . . . 70 %
  „ knorrig und krumm . 65 %
  Stockholz . . . . . 45 %
  Langreisig vom Stamm,
    Nadel- . . . . . . 50 %
    Laub- . . . . . . 35 %
  Abfallreisig von Ästen 15 %
  der unter a angegebenen
  Volumengewichte
Holzkohle, harte Laub- 200 – 240
  weiche Laub- . . . 140 – 200
  „ Nadel- . . 125 – 180
Kalk, gebrannt 1000
Lehm, frisch gegraben . 1650
  „ trocken 1500

Mörtel aus Sand und Kalk 1800
Koks, westfäl. Schmelz- . 450
    Zwickauer . . . 350
    Saar- 435
    Gas- 350
Sand und Schutt, trocken 1330
  „ feuchter Fluß- . . . 1770
Steinkohle
  westf. Gas- u. Flamm- . 720
  „ Fett- 750
  „ Eß- u. magere . 765
  „ Preßkohlen . . 1090
  Wormrevier. Flamm- . 765
    magere . 775
  oberschlesische . . . 745
  niederschlesische . . 705
  Saar- 750
  Zwickauer 745
  engl. Dampf- . . . 735
  schottische Gas . . . 675
Torf, Faser- 250
  Pech- . . . 350 – 400
Zement 1200
Ziegelsteine 2100

e) 1 Wagenladung von 10 t enthält cbm:

Holzkohle, weiche Laub-	50—71	Koks, Gas-	29
„ Nadel-	55—80	Formsand	8,3
„ harte Laub-	41—50	Sand, trocken	7,5
Steinkohle, westf.	13—14	„ naß	5,65
„ schles.	13,8	Lehm, frisch gegraben	6,1
„ Zwickauer	13,4	Bruchsteine	5
Brikets	9	Kalk, gebrannt	10
Koks-, Schmelz-	22	Ziegelsteine	4,75

III. Gewichtsbestimmung eines Körpers.

Bezeichnet
G = absolutes Gewicht eines Körpers,
V = Volumen desselben,
γ = sein spezifisches Gewicht (Gewicht der Volumeneinheit),
so ist:
$$G = V \cdot \gamma \quad \ldots \ldots 1$$

Beispiel. Wie schwer ist ein Balken aus Tannenholz von 18 cm Breite und 5,5 cm Dicke und wie groß ist die Schwimmtiefe h desselben, wenn er auf Wasser schwimmt (γ des Balkens sei 0,5)?

Es sind die Maße in dm einzusetzen, da γ pro cdm angegeben ist, also:
$G = V \cdot \gamma = 60 \cdot 1{,}8 \cdot 0{,}55 \cdot 0{,}5 = 29{,}7$ kg.

Für die Schwimmtiefe folgt:
absolutes Gewicht = Gewicht des verdrängten Wassers, also da für Wasser $\gamma = 1$ ist
$a \, b \, 1 \cdot 0{,}5 = a \, h \, 1 \cdot 1$
$h = 0{,}5 \, b = 0{,}5 \cdot 5{,}5 = 2{,}75$ cm.

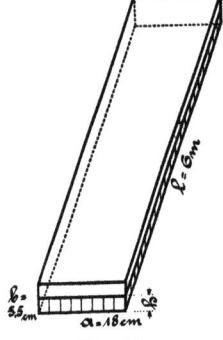

Fig. 24.

Dritter Abschnitt.

Mechanik.

1. Gleichförmige, geradlinige Bewegung (es werden in gleichen Zeiten gleiche Wege zurückgelegt).

Bezeichnet
  $s = $ Weg in m,
  $v = $ Geschwindigkeit in m pro Sek. (ist der in 1 Sek. zurückgelegte Weg),
  $t = $ Zeit in Sek.,
so ist:
$$s = v\,t \quad \ldots \ldots \ldots \quad 2$$

Beispiel. Welche Geschwindigkeit hat eine Lokomotive, welche in 1 Stunde 50 km zurücklegt?

$$v = \frac{s}{t} = \frac{50000}{60 \cdot 60} = \sim 13{,}9 \text{ m pro Sek.}$$

2. Gleichförmige Kreisbewegung.

Bezeichnet
  $v = $ Geschwindigkeit in m pro Sek.,
  $r = $ Radius des Kreises in m,
  $n = $ Umdrehungszahl des Kreises pro Min.,
so ist:
$$v = \frac{2\,r\,\pi\,n}{60} = \frac{r\,\pi\,n}{30} \quad \ldots \ldots \ldots \quad 3$$

Beispiel. Ein Wasserrad von 5,2 m Durchmesser macht pro Minute 7 Umdrehungen, wie groß ist die Umfangsgeschwindigkeit v?

$$v = \frac{5{,}2 \cdot 3{,}14 \cdot 7}{60} = 1{,}904 \text{ m pro Sek.}$$

3. Winkelgeschwindigkeit (Geschwindigkeit im Abstande 1).

Bezeichnet
$v =$ Geschwindigkeit in m pro Sek.,
$r =$ Scheibenradius in m,
$\omega =$ Winkelgeschwindigkeit,
$n =$ Umgangszahl der Scheibe pro Min.,

so ist:
$$\omega = \frac{v}{r} \quad \ldots \ldots \ldots \quad 4$$

und
$$\omega = \frac{n}{9{,}55} \quad \ldots \ldots \ldots \quad 5$$

Beispiel. Eine Welle macht 200 Umdrehungen, $\omega = ?$
$$\omega = \frac{n}{9{,}55} = \frac{200}{9{,}55} = 20{,}95.$$

4. Gleichförmig beschleunigte Bewegung.

Beschleunigung = Geschwindigkeitszunahme pro Sek.
Verzögerung = Geschwindigkeitsabnahme pro Sek. = negative Beschleunigung.

Bezeichnet
$p =$ Beschleunigung in m,
$c =$ Anfangsgeschwindigkeit in m,
$v =$ Endgeschwindigkeit (m) nach t Sekunden,
$s =$ zurückgelegter Weg in m,

so ist ($v = c \pm p\,t$):
$$p = \frac{v-c}{t} \quad \ldots \ldots \ldots \quad 6$$

$$\left.\begin{array}{l} s = \dfrac{v+c}{2} t \\[4pt] s = \dfrac{v^2 - c^2}{2\,p} \\[4pt] s = c\,t + \dfrac{1}{2} p\,t^2 \\[4pt] s = v\,t - \dfrac{1}{2} p\,t^2 \end{array}\right\} \quad \ldots \ldots \ldots \quad 7$$

Für $c = 0$ folgt hieraus:
$$p = \frac{v}{t} \quad \ldots \ldots \ldots \quad 8$$

$$\left.\begin{array}{l} s = \dfrac{1}{2} v\,t \\[4pt] s = \dfrac{v^2}{2\,p} \\[4pt] s = \dfrac{1}{2} p\,t^2 \end{array}\right\} \quad \ldots \ldots \ldots \quad 9$$

Beispiel. Ein Körper bewege sich bei einer Anfangsgeschwindigkeit $c = 3$ m mit der Beschleunigung $p = 1$ m, die Endgeschwindigkeit sei $v = 12$ m; welche Zeit t hat er zur Bewegung gebraucht und wie groß ist der zurückgelegte Weg s?

$$t = \frac{v-c}{p} = \frac{12-3}{1} = 9 \text{ Sek.}$$

$$s = \frac{v+c}{2} t = \frac{12+3}{2} \cdot 9 = 67{,}5 \text{ m.}$$

Beispiel. Ein Körper bewegt sich mit $c = 10$ m, dabei nimmt seine Geschwindigkeit in jeder Sekunde um $p = 0{,}1$ m ab. In welcher Zeit t kommt der Körper zur Ruhe und wie groß ist s?

Der Körper kommt zur Ruhe, wenn $v = 0$ wird, also

$v = c - p t$,
$0 = 10 - 0{,}1 t$,
$t = 100$ Sek.

Ferner (c statt v gesetzt):

$$s = c t - \frac{1}{2} p t^2,$$

$$s = 10 \cdot 100 - \frac{1}{2} 0{,}1 \cdot 100^2 = 500 \text{ m.}$$

Beispiel. Bei einer Kanonenkugel ist $p = ?$, wenn die Geschützrohrlänge 5 m beträgt und die Kugel mit einer Geschwindigkeit von 450 m bei der Mündung ankommt?

Hier ist $c = 0$, demnach:

$$p = \frac{v^2}{2 s} = \frac{450^2}{2 \cdot 5} = 20\,250 \text{ m.}$$

5. Masse und Schwerkraft.

Bezeichnet
$P = $ Kraft (konstant),
$m = $ Masse,
$p = $ Beschleunigung,
$G = $ Gewicht,
$g = 9{,}81$ (Fallbeschleunigung),

so ist:

$P = m p$ **10**
$G = m g$ **11**

Desgleichen:

$P : P_1 = p : p_1$ **12**

Beispiel. Wie groß muß eine konstante Kraft P sein, wenn eine Masse $m = 30$ eine Beschleunigung $p = 4$ m erhalten soll?
$P = m p = 30 \cdot 4 = 120$ kg.

Beispiel. Ein Körper hat $G = 50$ kg, $m = ?$

$$m = \frac{G}{g} = \frac{50}{9{,}81} = 5{,}1.$$

6. Arbeit und Leistung.

Bezeichnet
 N = Anzahl der Pferdekräfte (1 P S = 75 mkg),
 A = Arbeit in mkg (lebendige Kraft),
 P = Kraft in kg,
 s = Weg in m,
 L = Leistung (Effekt) in Sek.-mkg,
 v = Geschwindigkeit in m $\left(v = \frac{s}{t}\right)$,
 m = Masse,
so ist:

$$A = P s = \frac{1}{2} m v^2 \quad \ldots \ldots \quad 13^1$$

$$L = P v \quad \ldots \ldots \ldots \quad 14$$

$$N = \frac{P v}{75} \quad \ldots \ldots \ldots \quad 15$$

Steigt die Geschwindigkeit eines Körpers von c bis v, so nimmt die lebendige Kraft zu um den Wert:

$$A_2 - A_1 = \frac{1}{2} m (v^2 - c^2) \quad \ldots \ldots \quad 16$$

Beispiel. Der Bär eines Fallwerkes hat ein Gewicht von 330 kg, wieviel Arbeit wird in demselben aufgespeichert, wenn derselbe von seiner Höhe von 6,7 m herunter fällt?
$$A = P s = 330 \cdot 6{,}7 = 2211 \text{ mkg.}$$

Beispiel. Wieviel Pferdekräfte (PS) muß eine Fördermaschine haben, welche einen Förder von 1100 kg (mit Inhalt) in $^5/_4$ Min. hebt; die Tiefe des Schachtes beträgt 460 m? Sämtliche Widerstände sind vernachlässigt.
$$A = P \cdot s = 1100 \cdot 460 = 506\,000 \text{ mkg;}$$
Zeit $t = {}^5/_4$ Min. = 75 Sek.;

$$L = P v = P \frac{s}{t} = 1100 \cdot \frac{460}{75} = \infty\, 6746 \text{ Sek. mkg.}$$

$$N = \frac{L}{75} = \frac{6746}{75} = \infty\, 90 \text{ PS.}$$

Beispiel. Ein Körper hat G = 2,5 kg, es wirkt auf ihn eine Kraft P = 4 kg 3 Sek. lang ein, A des Körpers?
Nach Gl. 11 u. 10:

$$m = \frac{G}{g} = \frac{2{,}5}{9{,}81} = 0{,}255;$$

$$p = \frac{P}{m} = \frac{4}{0{,}255} = 15{,}7 \text{ m.}$$

---

[1]) Vergl. auch Gl. 168 u. 169, S. 127 und das Beispiel S. 135.

Nach Gl. 6:
$$v = c + pt = 0 + 15{,}7 \cdot 3 = 47{,}1 \text{ m},$$
folglich nach Gl. 13:
$$A = \frac{1}{2} m v^2 = \frac{1}{2} \cdot 0{,}255 \cdot 47{,}1^2 = \infty\ 283 \text{ mkg}.$$

Beispiel. In welcher Zeit t bringt eine Kraft von 0,1 kg einen Körper von 10 kg Gewicht von 7 auf 17 m Geschwindigkeit?

Nach Gl. 13 und 16:
$$Ps = \frac{1}{2} m (v^2 - c^2),$$
und nach Gl. 7:
$$s = \frac{v+c}{2} t.$$
Folglich:
$$P \frac{v+c}{2} t = \frac{1}{2} m (v^2 - c^2)$$
$$0{,}1 \frac{17+7}{2} \cdot t = \frac{1}{2} \cdot \frac{10}{9{,}81} (17^2 - 7^2)$$
$$t = 102 \text{ Sek.}$$

Beispiel: Ein Körper von 0,8 kg Gewicht wird durch einen Magneten vertikal aufwärts gezogen, wie groß ist die hierbei geleistete Arbeit, wenn der Körper von 80 cm bis 20 cm sich dem Magneten genähert hat und wenn die magnetische Kraft im Abstande 1 m 1 kg beträgt?

Zunächst ist die Größe der magnetischen Kräfte für die in der Figur 25 angegebenen Entfernungen von 80 bis 20 cm zu bestimmen. Ist die magnetische Kraft in der Entfernung x gleich P_x, so ist (die magnetischen Kräfte verhalten sich umgekehrt wie das Quadrat ihrer Entfernungen):
$$1 : P_x = x^2 : 100^2$$
$$P_x = \frac{100^2}{x^2} = \frac{10000}{x^2}.$$

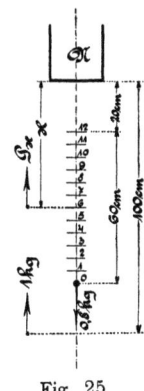

Fig. 25.

Demnach:

$P_0 = \dfrac{10000}{80^2} = 1{,}56$ kg; $\qquad P_3 = \dfrac{10000}{65^2} = 2{,}36$ kg;

$P_1 = \dfrac{10000}{75^2} = 1{,}78$ kg; $\qquad P_4 = \dfrac{10000}{60^2} = 2{,}78$ kg;

$P_2 = \dfrac{10000}{70^2} = 2{,}04$ kg; $\qquad P_5 = \dfrac{10000}{55^2} = 3{,}31$ kg;

$$P_6 = \frac{10000}{50^2} = 4{,}00 \text{ kg}; \qquad P_9 = \frac{10000}{35^2} = 8{,}16 \text{ kg};$$

$$P_7 = \frac{10000}{45^2} = 4{,}94 \text{ kg}; \qquad P_{10} = \frac{10000}{30^2} = 11{,}11 \text{ kg};$$

$$P_8 = \frac{10000}{40^2} = 6{,}25 \text{ kg}; \qquad P_{11} = \frac{10000}{25^2} = 16{,}00 \text{ kg};$$

$$P_{12} = \frac{10000}{20^2} = 25{,}00 \text{ kg};$$

Zusammenstellung der Kräfte.

Entfernung in cm x	Kraft im Abstande x P_x	$P_x - 0{,}8$ kg
80	1,56	$0{,}76 = a_0$
75	1,78	$0{,}98 = a_1$
70	2,04	$1{,}24 = a_2$
65	2,36	$1{,}56 = a_3$
60	2,78	$1{,}98 = a_4$
55	3,31	$2{,}51 = a_5$
50	4	$3{,}2 = a_6$
45	4,94	$4{,}14 = a_7$
40	6,25	$5{,}45 = a_8$
35	8,16	$7{,}36 = a_9$
30	11,11	$10{,}31 = a_{10}$
25	16	$15{,}2 = a_{11}$
20	25	$24{,}2 = a_{12}$

$AE = 0{,}76 + 0{,}8 = 1{,}56.$
$CE = 0{,}76 = a_0.$

Wir zeichnen das Diagramm der magnetischen Kraft und subtrahieren das Diagramm der Schwerkraft, so ergibt sich die zum Heben des Körpers und zur Erteilung der (noch zu bestimmenden) Endgeschwindigkeit v notwendige Arbeit. Es ist

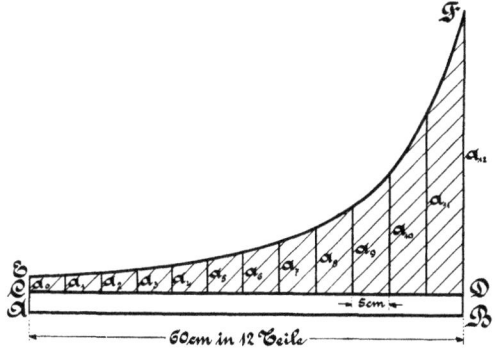

Fig. 26.

Fläche ABDC die negative Arbeit der Schwerkraft 0,8 kg; Fläche ABFE die Arbeit der magnetischen Kraft; Fläche CDFE die Arbeit der resultierenden Kraft.

Nach der Simpsonschen Regel erhalten wir nun für das Diagramm CDFE:

$$A = \frac{h}{3}[a_0 + 4(a_1 + a_3 + a_5 + \ldots) + 2(a_2 + a_4 + a_6 + \ldots + a_{n-2}) + a_n].$$

$$A = \frac{5}{3}\bigl[\overset{a_0}{0{,}76} + 4(\overset{a_1}{0{,}98} + \overset{a_3}{1{,}56} + \overset{a_5}{2{,}51} + \overset{a_7}{4{,}14} + \overset{a_9}{7{,}36} + \overset{a_{11}}{15{,}2})$$
$$+ 2(\overset{a_2}{1{,}24} + \overset{a_4}{1{,}98} + \overset{a_6}{3{,}2} + \overset{a_8}{5{,}45} + \overset{a_{10}}{10{,}31}) + \overset{a_{12}}{24{,}2}\bigr] = 327{,}2 \text{ cmkg,}$$

oder

$$A = \infty\, 3{,}27 \text{ mkg.}$$

Die Arbeit 3,27 mkg ist auf den bewegten Körper übertragen als lebendige Kraft, so daß sich für den im Abstand von 20 cm befindlichen Körper eine Geschwindigkeit ergibt (vergl. Gl. 13):

$$3{,}27 = \frac{1}{2}\, m v^2$$

$$3{,}27 = \frac{1}{2} \cdot \frac{0{,}8}{9{,}81} v^2$$

$$v = \sqrt{\frac{2 \cdot 9{,}81 \cdot 3{,}27}{0{,}8}} = \infty\, 9 \text{ m.}$$

7. Statik. Zusammensetzung und Zerlegung der Kräfte.

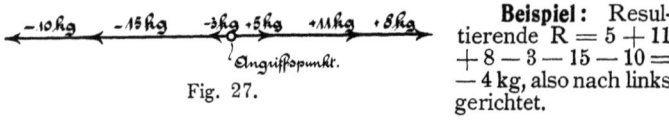

Fig. 27.

Beispiel: Resultierende $R = 5 + 11 + 8 - 3 - 15 - 10 = -4$ kg, also nach links gerichtet.

a) Das Parallelogramm-Gesetz.

P und Q = Komponenten,
R = Resultierende.

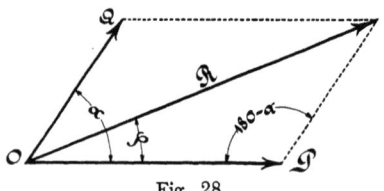

Fig. 28.

$$R = \sqrt{P^2 + Q^2 + 2PQ\cos\alpha} \quad \ldots \ldots \quad 17$$

$$\sin\varphi = \frac{Q}{R}\sin\alpha \quad \ldots \ldots \ldots \quad 18$$

Beispiel: Welchen Zapfendruck erfährt eine Rolle, mit welcher eine Last von 50 kg durch eine Kraft von 55 kg gehoben wird und wie wird der Zapfendruck gerichtet sein, wenn der Winkel zwischen Kraft und Last 60° beträgt?

Nach Gl. 17 und 18 ist:

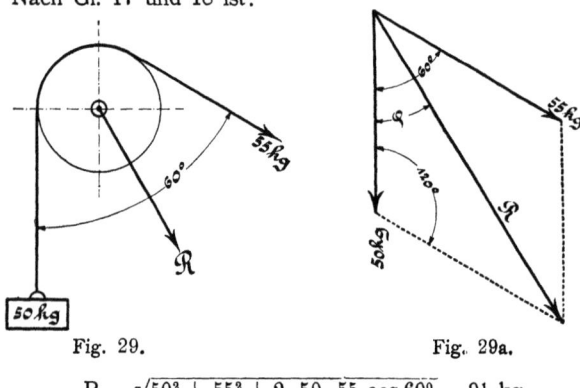

Fig. 29.   Fig. 29a.

$$R = \sqrt{50^2 + 55^2 + 2 \cdot 50 \cdot 55 \cos 60°} = 91 \text{ kg.}$$

$$\sin\varphi = \frac{55}{91}\sin 60° = 0{,}5234$$

$$\sphericalangle \varphi = 31° 34'.$$

Das statische Moment. Drehmoment.   61

Beispiel. Welche Größe und Richtung wird der Zapfendruck R haben, wenn Kraft und Last einen Winkel von 90° einschließen?

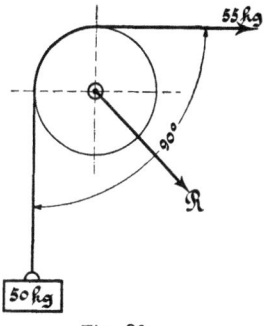 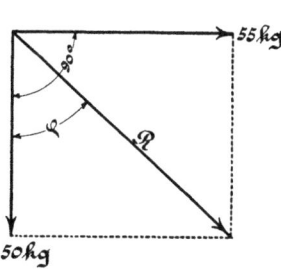

Fig. 30.   Fig. 30a.

Dann ist:

$$R = \sqrt{50^2 + 55^2} = 74 \text{ kg}.$$

$$\operatorname{tg} \varphi = \frac{55}{50} = 1{,}1$$

$$\sphericalangle \varphi = 47° 43'.$$

b) Das statische Moment.

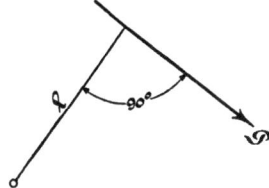

Fig. 31.

$$\mathbf{M = P \cdot l} \quad \dots \dots \dots \dots \quad \mathbf{19}$$

Moment = Kraft × Hebelarm.

c) Drehmoment (bei Wellen u. f.).

Bezeichnet (vergl. die Gl. 20 mit der Gl. 271)
R = Halbmesser in mm einer Scheibe oder dergl.,
P = Kraft (kg) am Hebelarm R (M = PR),
N = Anzahl der zu übertragenden Pferdestärken,
n = Umgangszahl der Scheibe, bezw. der Welle,

so ist:

$$\mathbf{M = PR = 716200 \frac{N}{n}} \quad \dots \dots \quad \mathbf{20}$$

Beispiel. Wie groß ist der Zahndruck p und die Last Q bei nebenskizziertem Winden-Schema (ohne Rücksicht auf Reibung)?

$$20 \cdot 400 = p \cdot 65 \qquad 123 \cdot 290 = Q \cdot 90$$
$$p = 123 \text{ kg}; \qquad Q = 396{,}3 \text{ kg}.$$

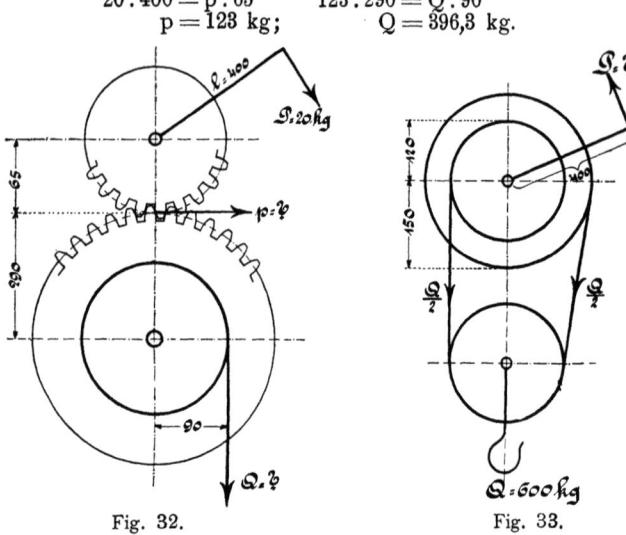

Fig. 32.   Fig. 33.

Beispiel. Wie groß ist P bei obenskizziertem Flaschenzug, Fig. 33, (ohne Reibung)?

$$P \cdot 400 + \frac{Q}{2} \cdot 120 = \frac{Q}{2} \cdot 150$$
$$P \cdot 400 + 300 \cdot 120 = 300 \cdot 150$$
$$P = 22{,}5 \text{ kg}.$$

Beispiel. Es ist die Größe und die Lage der Resultierenden bei den Parallelkräften (Fig. 34) zu bestimmen.

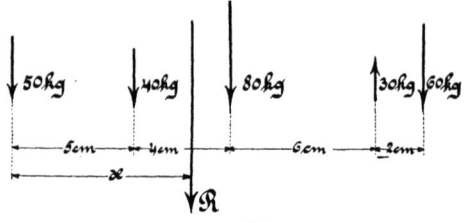

Fig. 34.

$$R = 50 + 40 + 80 - 30 + 60 = 200 \text{ kg}.$$
$$200 \cdot x = 40 \cdot 5 + 80 \cdot 9 - 30 \cdot 15 + 60 \cdot 17$$
$$x = 7{,}45.$$

8. Schwerpunktslagen.

Ist der Schwerpunktsabstand einer **unsymmetrischen Fläche** zu bestimmen, so kann man dieselbe meist in einzelne Teile i_1, i_2, i_3 u. f. zerlegen, deren Schwerpunktsabstände x_1, x_2, x_3 u. f. von einer angenommenen Kante bekannt sind, man erhält dann den Schwerpunktsabstand:

$$x_0 = \frac{i_1 x_1 + i_2 x_2 + i_3 x_3 + \ldots}{i_1 + i_2 + i_3 + \ldots},$$

und ebenso in bezug auf eine andere Kante:

$$y_0 = \frac{i_1 y_1 + i_2 y_2 + i_3 y_3 + \ldots}{i_1 + i_2 + i_3 + \ldots}.$$

Allgemein:

$$\left. \begin{array}{l} x_0 = \dfrac{\Sigma(i\,x)}{\Sigma(i)} \\ y_0 = \dfrac{\Sigma(i\,y)}{\Sigma(i)} \end{array} \right\} \quad \ldots \ldots \ldots \quad 21$$

Es bedeutet ferner i bei Linien die Länge der Linien, bei Körpern die Gewichte der einzelnen Körperteile.

a) Schwerpunkte von Linien.

Nach Gl. 21 ist:

$$x_0 = \frac{l_1 x_1 + l_2 x_2}{l_1 + l_2} = \frac{2{,}8 \cdot 5 + 4 \cdot 6}{2{,}8 + 4} = 5{,}588 \text{ cm}.$$

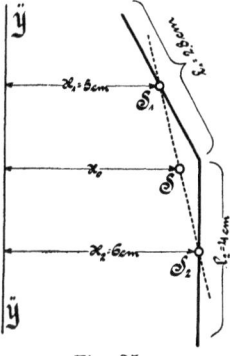

Fig. 35.

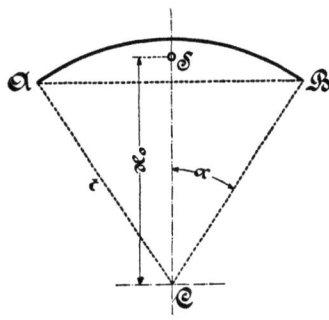

Fig. 36.

Kreisbogen (Fig. 36).

$$x_0 = r\,\frac{\overline{AB}}{\overarc{AB}} = r\,\frac{s}{b} \quad \ldots \ldots \ldots \quad 22$$

Für den **Halbkreisbogen** ist $s = 2r$ und $b = r\pi$, folglich:

$$x_0 = \frac{2r}{\pi} \quad \ldots \ldots \ldots \quad 23$$

b) Schwerpunkte von Flächen.

Dreieck.

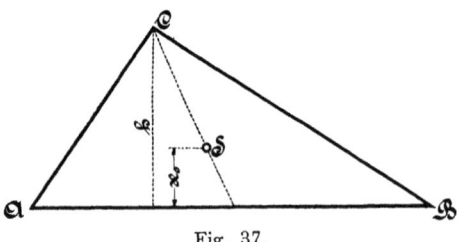

Fig. 37.

S liegt im Schnittpunkt der 3 Transversalen oder

$$x_0 = \frac{1}{3} h \qquad \qquad 24$$

Viereck.

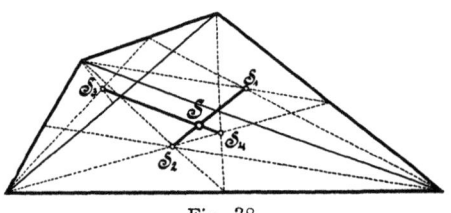

Fig. 38.

Man teilt das Viereck zweimal in Dreiecke und sucht deren Schwerpunkte S_1, S_2, S_3, S_4. Im Schnittpunkt der Schwerlinien liegt der Schwerpunkt S.

Trapez.

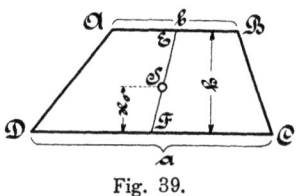

Fig. 39.

α) Man halbiert (Fig. 39) die beiden parallelen Seiten AB und DC in E und F und zieht die Halbierungslinie EF. Auf dieser liegt der Schwerpunkt S. Es ist:

$$x_0 = h \frac{a + 2b}{3(a+b)} \qquad \qquad 25$$

Schwerpunktslagen. 65

β) Durch Konstruktion findet man S in folgender Weise: Man halbiert so wie bei Fig. 39 und zieht die Linie EF. Hierauf

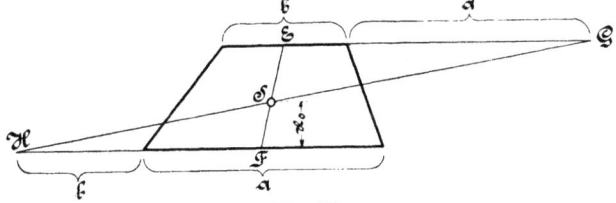

Fig. 40.

verlängert man b um a und a nach der andern Seite um b und zieht GH. Der Schnittpunkt S mit EF ist der Schwerpunkt.

Kreisausschnitt (Kreissektor).

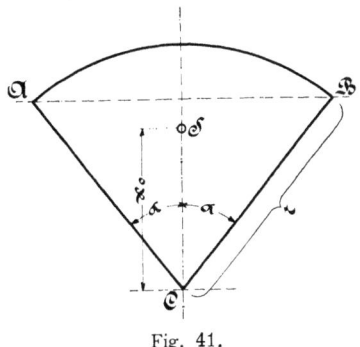

Fig. 41.

$$x_0 = \frac{2}{3} \frac{r \sin \alpha}{\text{arc } \alpha} \quad \ldots \ldots \ldots \quad 26$$

Halbkreisfläche.

Wird in Gl. 26 $\alpha = 90° = \frac{\pi}{2}$ gesetzt, so folgt:

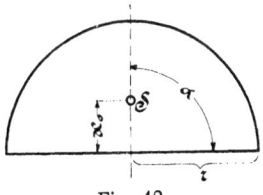

Fig. 42.

$$x_0 = \frac{4}{3} \frac{r}{\pi} \quad \ldots \ldots \ldots \quad 27$$

Schneider, Formel- und Beispielsammlung.

Kreisabschnitt (Kreissegment).

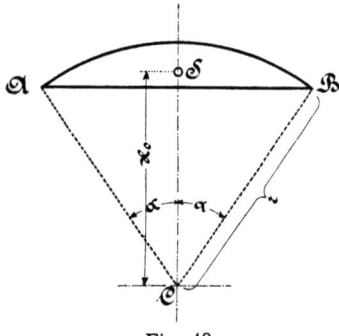

Fig. 43.

Bezeichnet F = Segmentfläche,
s = Sehne, so ist:

$$x_0 = \frac{s^3}{12\,F} = \frac{2}{3} \frac{r \sin^3 \alpha}{\operatorname{arc} \alpha - \sin \alpha . \cos \alpha} \quad \ldots \quad 28$$

Ellipsensegment.

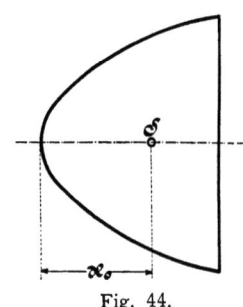

Fig. 44.

Bezeichnet F = Fläche,
s = Sehne, so ist:

$$x_0 = \frac{s^3}{12\,F} \quad \ldots \ldots \quad 29$$

Parabelsegment.

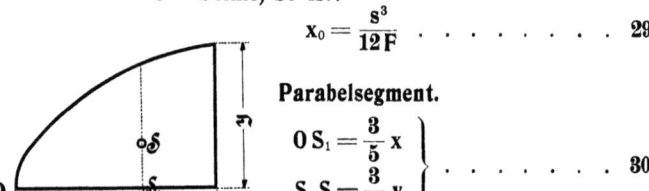

Fig. 45.

$$\left. \begin{array}{l} O\,S_1 = \dfrac{3}{5}\,x \\[4pt] S_1\,S = \dfrac{3}{8}\,y \end{array} \right\} \quad \ldots \ldots \quad 30$$

Beispiel. Man erhält den Schwerpunktsabstand x_0 von der unteren Kante XX, Fig. 46, nach Gl. 21:

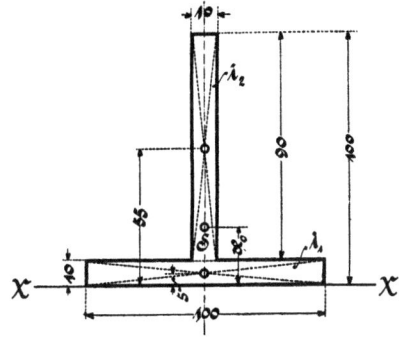

Fig. 46.

$$x_0 = \frac{\Sigma(ix)}{\Sigma(i)} = \frac{100 \cdot 10 \cdot 5 + 10 \cdot 90 \cdot 55}{100 \cdot 10 + 10 \cdot 90} = 28{,}68.$$

Beispiel. In Bezug auf die beiden Achsen XX und YY ist nach Gl. 21 (der Schwerpunktsabstand y der Halbkreisfläche von der XX-Achse beträgt nach Gl. 27 $y = \frac{4}{3}\frac{r}{\pi} = \frac{4}{3}\frac{5}{3{,}14} = 2{,}12$ und zwar $-2{,}12$, weil entgegengesetzter Drehsinn um die Achse XX):

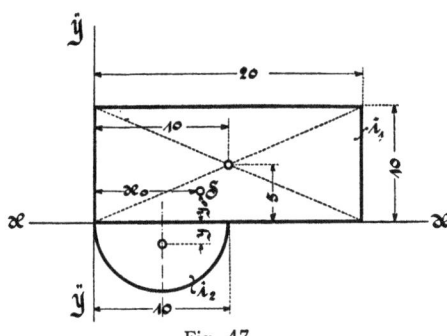

Fig. 47.

$$x_0 = \frac{\Sigma(ix)}{\Sigma(i)} = \frac{10 \cdot 20 \cdot 10 + \frac{5^2\pi}{2} \cdot 5}{10 \cdot 20 + \frac{5^2\pi}{2}} = 9{,}18.$$

$$y_0 = \frac{\Sigma(iy)}{\Sigma i)} = \frac{20 \cdot 10 \cdot 5 - \frac{5^2\pi}{2} \cdot 2{,}12}{20 \cdot 10 + \frac{5^2\pi}{2}} = 3{,}83.$$

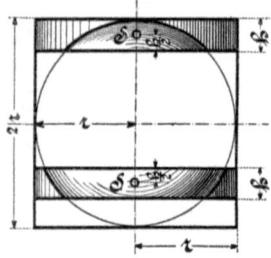

Schwerpunkt der Oberfläche eines Zylinders, einer Kugelzone und Kugelhaube (Calotte).

Bezeichnet h = Höhen der betreffenden Oberflächen, so liegt der Schwerpunkt S stets in $\frac{h}{2}$.

Folglich ist der Schwerpunktsabstand einer Halbkugeloberfläche vom Mittelpunkt gleich dem halben Radius.

c) Schwerpunkte von Körpern.

Prisma und Zylinder.

S liegt in der Mitte der Verbindungslinie zwischen den Schwerpunkten der Endflächen.

Pyramide und Kegel.

S liegt in der Schwerachse um $\frac{1}{4}$ h von der Grundfläche entfernt (h = Höhe).

Kugelausschnitt (Kugelsektor).

$$x_0 = \frac{3}{4} r - \frac{3}{8} h \qquad \ldots \ldots \ldots 31$$

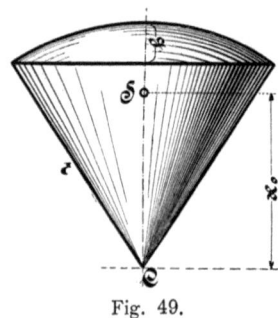
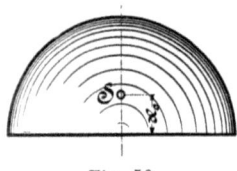

Fig. 49.　　　　　　　Fig. 50.

Halbkugel.

Wird in Gl. 31 h = r gesetzt, so folgt für die Halbkugel:

$$x_0 = \frac{3}{8} r \qquad \ldots \ldots \ldots 32$$

Kugelabschnitt (Kugelsegment).

Bezeichnet r = Kugelradius,
h = Höhe des Kugelabschnittes (vergl. Fig. 49)
so ist hier

$$x_0 = \frac{3}{4} \cdot \frac{(2r-h)^2}{3r-h} \quad \ldots \ldots \ldots \quad 33$$

Beispiel. Wie lang muß das kreisförmige Stück Holz (Fig. 51) sein, damit die bleierne Halbkugel den Körper nicht um die Kante A kippt?
Es ist:

$$x_1 = \frac{1}{2}; \quad x_2 = \frac{3}{8} r = \frac{3}{8} \cdot 8 = 3 \text{ cm} = 0,3 \text{ dm.}$$

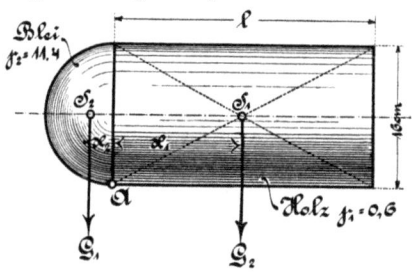

Fig. 51.

Nun muß sein (wegen γ in dm rechnen):

$$G_1 \cdot x_2 = G_2 \cdot \frac{1}{2},$$

$$\frac{4}{3 \cdot 2} r^3 \pi \cdot \gamma_2 \cdot x_2 = \frac{0,8^2 \pi}{2} \cdot 1 \cdot \gamma_1 \cdot \frac{1}{2},$$

$$\frac{4}{3 \cdot 2} \cdot 0,8^3 \cdot 3,14 \cdot 11,4 \cdot 0,3 = \frac{0,8^2 \cdot 3,14}{2} \cdot 0,6 \cdot \frac{l^2}{2},$$

$$l = 2,46 \text{ dm.}$$

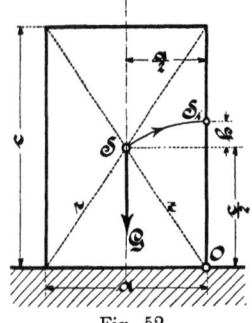

Fig. 52.

9. Dynamische Stabilität.

Soll ein standfähiger Körper um die Kante O gekippt werden, so muß sein Schwerpunkt S senkrecht über diese Kante O in die Lage S_1 gebracht oder: das Gewicht G um die Höhe h gehoben werden.

Die hierzu erforderliche Arbeit (dynamische Stabilität) ist:

$$A = G \cdot h \quad \ldots \ldots \quad 34$$

Beispiel. Es sei (vergl. Fig. 52) a = 2 m, c = 6 m, die Breite bezw. Tiefe des Körpers b = 4 m, spez. Gew. γ = 3000 kg/cbm, dann ist:

$$G = a \cdot b \cdot c \cdot \gamma = 2 \cdot 4 \cdot 6 \cdot 3000 = 144\,000 \text{ kg}.$$

also

$$h = r - \frac{c}{2} = \sqrt{\left(\frac{a}{2}\right)^2 + \left(\frac{c}{2}\right)^2} - \frac{c}{2} = \frac{\sqrt{a^2 + c^2} - c}{2};$$

$$h = \frac{\sqrt{2^2 + 6^2} - 6}{2} = 0{,}15 \text{ m}.$$

Somit nach Gl. 34:

$$A = G \cdot h = 144\,000 \cdot 0{,}15 = 21\,600 \text{ mkg}.$$

10. Gleitende Reibung.

Tabelle für Reibungskoeffizienten.

Art der Körper	Lage der Fasern	Zustand der Oberflächen.	Reibungskoeff. μ der Ruhe	der Bewegung
Gußeisen:				
auf Gußeisen oder Bronze . . .	. . . .	wenig fettig .	0,16	0,15
		mit Wasser .	. . .	0,31
„ Eiche	parallel	trocken . .	. . .	0,49
		trockene Seife	. . .	0,19
Schmiedeeisen:				
auf Schmiedeeisen	. . . .	trocken . .	. . .	0,44
„ Gußeisen oder Bronze . . .	. . . .	desgl. . . .	0,19	0,18
„ Eiche	parallel	mit Wasser .	0,65	0,26
		„ Talg . .	0,11	0,08
Bronze:				
auf Bronze . . .	. . . .	trocken . .	. . .	0,20
„ Gußeisen . .	. . . .	desgl. . . .	. . .	0,21
„ Schmiedeeisen	. . . .	etwas fettig .	. . .	0,16
Messing auf Eiche .	parallel	trocken . .	0,62	. . .
	parallel	desgl. . . .	0,62	0,48

Gleitende Reibung. 71

Tabelle der Zapfenreibungskoeffizienten.

Art der Körper	Zustand der Oberflächen oder Schmiere	Reibungskoeff. μ, wenn die Schmiere erneuert wird:	
		auf gewöhnl. Art	ununterbrochen
Gußeisen auf Gußeisen	Olivenöl	0,07—0,08	0,054
	fettig	0,14	
Gußeisen auf Bronze	Olivenöl	0,07—0,08	0,054
	fettig	0,16	
Schmiedeeisen auf Guß	geschmiert	0,07—0,08	0,054
Schmiedeeisen auf Bronze	desgl.	0,07—0,08	0,054
	fettig und naß	0,19	
Schmiedeeisen auf Pockholz	geschmiert	0,11	
	fettig	0,19	
Eisenbahnwagenachsen auf Zinnleg. od. Hartblei	best. geschmiert	—	0,009—0,01
auf Bronze	desgl. . .	—	0,014

Bezeichnet
 R = Reibungswiderstand,
 N = Normaldruck auf die Unterlage,
 μ = Reibungskoeffizient,
 φ = Reibungswinkel, d. i. die Neigung oder der Winkel einer schiefen Ebene, auf welcher der Körper infolge seines Eigengewichtes gerade anfängt zu gleiten, so ist:
$$R = N \cdot \mu \quad \ldots \ldots \ldots \quad 35$$
$$\mu = \operatorname{tg} \varphi \quad \ldots \ldots \ldots \quad 36$$

Beispiel. Ein eiserner Körper von 500 kg Gewicht ruht auf eiserner Unterlage, welche Kraft ist nötig, ihn fortzubewegen; $\mu = 0,16$?
$$R = N \mu = 500 \cdot 0{,}16 = 80 \text{ kg}.$$
Wie groß ist der Reibungswinkel?
$$\operatorname{tg} \varphi = \mu = 0{,}16$$
$$\angle \varphi = 9^0 \, 10.$$

Beispiel. Der Tisch einer Hobelmaschine wiegt mit Arbeitsstück Q = 2000 kg. Die Prismaführung hat einen Winkel von 100⁰ welche Kraft ist zur Bewegung des Hobeltisches nötig; $\mu = 0,16$?
$$R = 2 N \mu.$$
$$\sin 50^0 = \frac{\dfrac{Q}{2}}{N} = \frac{Q}{2N},$$
woraus:
$$N = \frac{Q}{2 \sin 50^0} = \frac{2000}{2 \cdot 0{,}766} = 1305 \text{ kg}.$$
Somit:
$$R = 2 \cdot 1305 \cdot 0{,}16 = \infty \, 420.$$

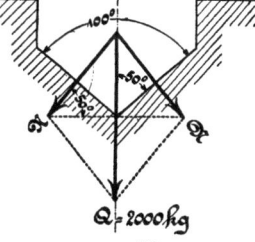

Fig. 53.

11. Zapfenreibung.

Die Zapfenreibung ist auch gleitende Reibung (s. μ unter gleitende Reibung).

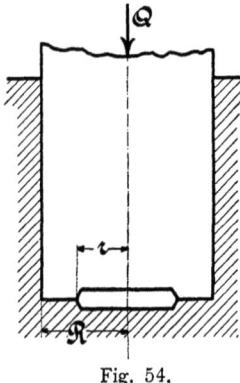

Fig. 54.

Bezeichnet
Q = Zapfendruck,
r = Zapfenhalbmesser,
μ = Reibungskoeffizient (für eingelaufene Zapfen etwas kleiner als für neue),
M = Reibungsmoment,
so ist für Tragzapfen:
$$M = Q \mu r \quad \ldots \quad 37$$
Für einen vollen Spurzapfen ist:
$$M = Q \mu \frac{2}{3} r \quad \ldots \quad 38$$
Für einen Spurzapfen, dessen Stützfläche eine Ringfläche ist (Fig. 54), folgt annähernd:
$$M = Q \mu \frac{R+r}{2} \quad \ldots \quad 39$$

Beispiel. Die beiden Zapfen einer Wasserradachse haben je 80 mm Durchmesser und sind zusammen mit 10 000 kg belastet, $\mu = 0,1$; wieviel Effekt geht durch die Zapfenreibung verloren, wenn das Rad pro Minute 5 Umdrehungen macht?

$M = Q \mu r = 10\,000 \cdot 0,1 \cdot 40 = 40\,000$ mmkg für beide Zapfen.

Nach Gl. 20 muss dann sein:

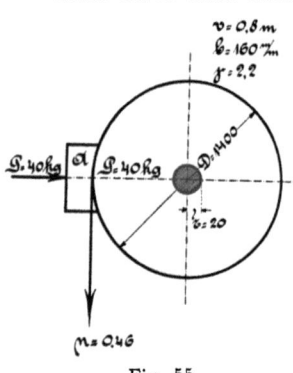

$$M = PR = 716\,200 \frac{N}{n},$$

$$40\,000 = 716\,200 \frac{N}{5},$$

$N = 0,279$ PS für beide Zapfen.

Beispiel. Ein Schleifstein (Fig. 55) wird durch das Werkstück A mit 40 kg angepreßt; ferner sei: $\mu = 0,46$; Zapfenhalbmesser r = 20 mm; Schleifsteinhalbmesser R = 700 mm; Schleifsteingeschwindigkeit v = 0,8 m pro Sek.; Schleifsteinbreite b = 160 mm; spez. Gewicht des Schleifsteins $\gamma = 2,2$ (kg pro cdm). Wieviel Pferdekräfte werden verbraucht?

Fig. 55.

Nach Gl. 3:
$$n = \frac{60\,v}{2\,R\,\pi} = \frac{30 \cdot 0,8}{0,7 \cdot 3,14} = 10,9 \text{ Umdrehungen.}$$

Die Reibung beim Schleifen ist:
$$P \mu = 40 \cdot 0,46 = 18,4 \text{ kg,}$$

demnach das Reibungsmoment:
$$M_1 = P \mu R = 18{,}4 \cdot 700 = 12\,880 \text{ mmkg}.$$
Das Gewicht des Schleifsteins wird:
$$G = \frac{D^2 \pi}{4} \cdot b \cdot \gamma = \frac{14^2 \pi}{4} \cdot 1{,}6 \cdot 2{,}2 = \infty\, 543 \text{ kg}.$$

Für die Zapfenreibung kann $Z = \infty\, G$ gesetzt werden (Fig. 56), weil P im Verhältnis zu G sehr klein ist. Ist für die Zapfenreibung $\mu = 0{,}1$, so ergibt sich das Reibungsmoment:
$$M_2 = Z \mu r = \infty\, G \mu r$$
$$= 543 \cdot 0{,}1 \cdot 20 = 1086 \text{ mmkg}.$$
Demnach das Gesamtmoment:
$$M = M_1 + M_2 = 12\,880 + 1086 = 13\,966 \text{ mmkg}.$$
Folglich nach Gl. 20:
$$13\,966 = 716\,200 \frac{N}{10{,}9},$$
$$N = \infty\, 0{,}21 \text{ PS}.$$

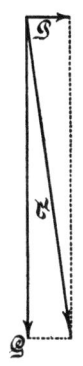

Fig. 56.

12. Rollende Reibung.

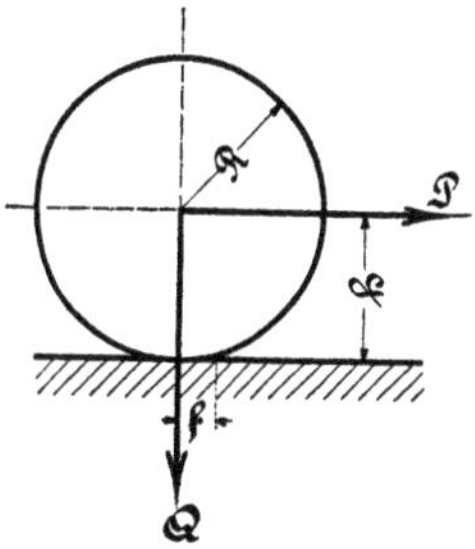

Bezeichnet
P = Kraft, welche zum Fortrollen des Körpers erforderlich ist,
R = Radius ($h = \infty\, R$),
Q = Last,
f = 0,5 mm und mehr für Eisen auf Eisen oder Hartholz auf Hartholz,
f = 1,5 mm für Stein auf Stein.
(f ist der Hebelarm der rollenden Reibung für den Bewegungszustand und gelten die Angaben für f für mittlere Verhältnisse.)
Es ist:

$$P R = Q f \quad \ldots \ldots \quad 40$$

Fig. 57.

Gleichung 40 gilt auch dann, wenn ein Körper vom Gewichte Q über Walzen fortzuschieben ist (Fig. 58).

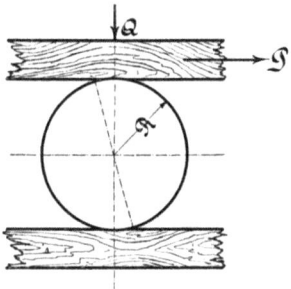

Fig. 58.

Fortbewegung von Fuhrwerken.

α) **auf der Ebene** (es tritt zum Moment der rollenden Reibung, Gl. 40, noch das Moment der Zapfenreibung Q μ r, Gl. 37:

$$P = \frac{Q}{R}(f + \mu r) \quad \ldots \ldots \ldots \quad 41$$

β) **auf geneigten Bahnen**:

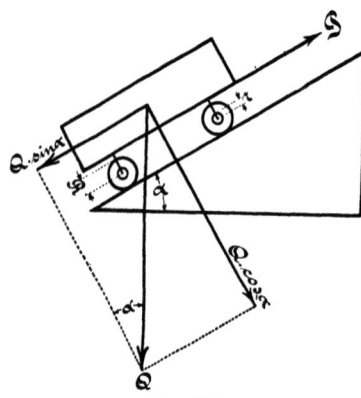

Fig. 59.

$$P = Q \sin \alpha + \frac{Q \cos \alpha}{R}(f + \mu r) \quad \ldots \ldots \quad 42$$

13. Seilreibung.

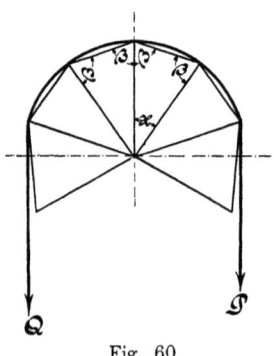

Fig. 60.

Läuft ein Seil über n Kanten eines regulären Prismas und bezeichnet
P = Kraft,
Q = Last,
μ = Reibungskoeffizient, so ist:

$$P = Q(1 + 2 \cos \beta \, \mu)^n \quad \ldots \quad 43$$

Ist das Seil um einen Zylinder (Rolle, Riemenscheibe) geschlungen, so ist:

$$P = Q \cdot e^{\mu \alpha}, \quad \ldots \ldots \quad 44$$

wobei $e = 2{,}71828$ und $\alpha = \dfrac{\alpha^0 \pi}{180}$ in Bogenmaß einzusetzen ist.

Beispiel. Ein Seil läuft über 5 Kanten eines regulären zehnseitigen Prismas; Q = 500 kg, μ = 0,3.

Seil- und Kettenbiegungswiderstand. 75

Im 10-Eck beträgt der ∡x (Fig. 60) 36°, mithin ∡β =
$\frac{180-36}{2} = 72°$.

Folglich nach Gl. 43:
P = 500 (1 + 2 . cos 72° . 0,3)⁵ = 1175 kg.

Beispiel. Ein Seil ist um einen Zylinder geschlungen und umspannt einen Winkel von 210°;
Q = 600 kg, μ = 0,3, P = ?
Nach Gl. 44:
P = Q . e^{$\mu\alpha$}
$\alpha = \frac{210\pi}{180} = \frac{7\pi}{6} = 3,67$.

e^{$\mu\alpha$} = 2,718 $^{\overbrace{0,3 . 3,67}^{1,101}}$ = 2,718 ^{1,101}
= 1,101 log 2,718;
e^{$\mu\alpha$} = 3,01.
Folglich:
P = 600 . 3,01 = 1806 kg.

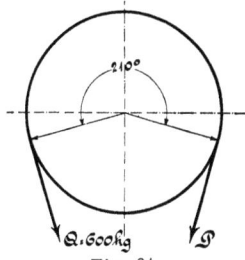

Fig. 61.

14. Seil- und Kettenbiegungswiderstand.

Wickelt sich ein Seil gleichzeitig auf und ab (Fig. 62), so ist:

$$P R = Q (R + 2\xi) \quad \ldots \ldots \ldots \quad 45$$

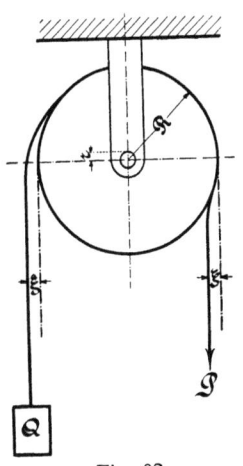 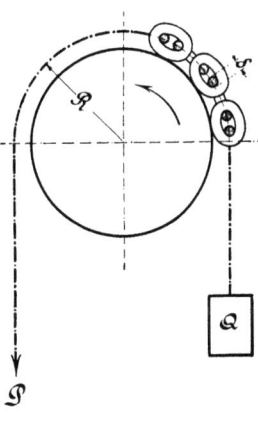

Fig. 62. Fig. 63.

Wickelt sich ein Seil nur auf oder nur ab, so ist:

$$P R = Q (R + \xi) \quad \ldots \ldots \ldots \quad 46$$

Die Größe ξ hängt von der Beschaffenheit und Dicke des Seiles, sowie von dem Rollenhalbmesser ab.

Bedeutet δ = Seilstärke in cm, so ist nach Redtenbacher:
$$\xi = 0{,}1\,\delta^2 \text{ bis } 0{,}13\,\delta^2 \quad \ldots \ldots \ldots \quad 47$$

Wickelt sich eine Kette auf und ab (Fig. 63), so ist:
$$P = Q\left(1 + \frac{\mu\,\delta}{R}\right) \quad \ldots \ldots \ldots \quad 48$$

Wickelt sich eine Kette nur auf oder nur ab, so ist:
$$P = Q\left(1 + \frac{\mu\,\delta}{2R}\right), \quad \ldots \ldots \ldots \quad 49$$

wobei δ = Kettenstärke und im Mittel $\mu = 0{,}15$ (Reibungskoeff.) ist.

Beispiel. Ein Seil von 30 mm Stärke wickelt sich auf eine Trommel von 150 mm Radius auf und ab, Last Q = 900 kg; P = ?

Nach Gl. 47:
$$\xi = 0{,}11\,.\,3^2 = \infty\,1 \text{ cm.}$$

Nach Gl. 45:
$$P\,.\,15 = 900\,(15 + 2\,.\,1)$$
$$P = 1020 \text{ kg.}$$

Beispiel. Eine Kette hat $\delta = 12$ mm und wickelt sich auf eine Trommel von R = 150 mm auf und ab; Q = 900 kg, $\mu = 0{,}15$, P = ?

Nach Gl. 48:
$$P = 900\left(1 + \frac{0{,}15\,.\,12}{150}\right) = 910{,}8 \text{ kg.}$$

15. Der Hebel.

Beispiel. Bedeutet Q = Last, G = Eigengewicht, P = Kraft, r = Zapfenradius, so ist bei dem Reibungskoeffizienten $\mu = 0{,}15$,

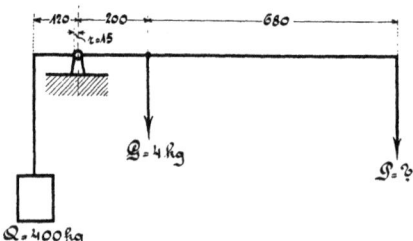

Fig. 64.

wenn Q gehoben wird (Reibung muß dann zu Q addiert werden):
$$Q\,.\,120 + (P + G + Q)\,\mu\,.\,r = P\,.\,680 + G\,.\,200$$
$$400\,.\,120 + (P + 4 + 400)\,0{,}15\,.\,15 = 680\,P + 4\,.\,200$$
$$P = 71{,}1 \text{ kg.}$$

Soll die Last Q nur am Sinken gehindert werden, so muß sein:
$$Q \cdot 120 = P \cdot 680 + G \cdot 200 + (P + G + Q)\mu\, r$$
$$400 \cdot 120 = 680\, P + 4 \cdot 200 + (P + 4 + 400)\, 0{,}15 \cdot 15$$
$$P = 67{,}8 \text{ kg}.$$
Beträgt also P zwischen 67,8 und 71,1 kg, so erfolgt während dessen keine Bewegung des Hebels.

Beispiel. Wie groß ist die Kraft P an dem rechtwinkeligen Winkelhebel, Fig. 65, wenn das Eigengewicht vernachlässigt wird und der Reibungskoeffizient $\mu = 0{,}15$ beträgt?

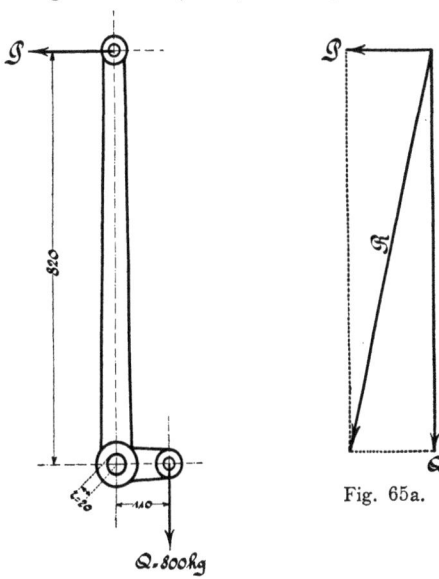

Fig. 65a.

Fig. 65.

Soll Q gehoben werden, so muß sein:
$$Q \cdot 110 + \text{Reibungsmoment} = P \cdot 820$$
$$Q \cdot 110 + R\,\mu\, r = P \cdot 820$$
$$Q \cdot 110 + \sqrt{P^2 + Q^2} \cdot \mu \cdot r = P \cdot 820$$
$$800 \cdot 110 + \sqrt{P^2 + 800^2} \cdot 0{,}15 \cdot 20 = 820\, P.$$
Aus dieser quadratischen Gleichung folgt:
$$P = 114{,}5 \text{ kg}.$$
Da P im Verhältnis zu Q klein, R also annähernd gleich Q ist (vergl. Fig. 65a), so kann man einfacher $R = Q$ setzen, womit folgt:
$$Q \cdot 110 + Q\,\mu\, r = P \cdot 820$$
$$800 \cdot 110 + 800 \cdot 0{,}15 \cdot 20 = 820\, P$$
$$P = 110 \text{ kg, also fast wie oben.}$$

16. Die Rolle.

Eine Rolle heißt fest, wenn ihr Drehpunkt unbeweglich ist; sie heißt lose, wenn er eine Verschiebung ausführt. In Rücksicht

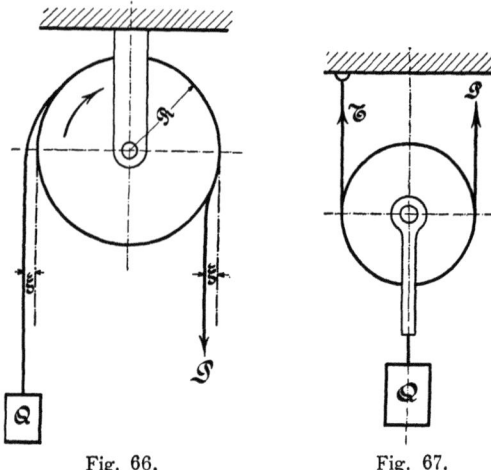

Fig. 66.   Fig. 67.

auf Zapfenreibung und Seilsteifigkeit ist, wenn ξ nach Gl. 47 bestimmt wird:

$$P = \frac{Q(R + 2\xi + 2\mu r)}{R} = Q \cdot m \quad \ldots \quad 50$$

Der Faktor m ist also diejenige Zahl, welche angibt, wieviel mal die Spannung im ablaufenden Seile größer ist, als im auflaufenden:

$$m = \frac{R + 2\xi + 2\mu r}{R} \quad \ldots \quad 51$$

Für Kettenrollen ist $m = 1{,}05$,
für Seilrollen ist $m = 1{,}04$ bis $1{,}25$; im letzteren Falle gilt die größere Zahl für Seile von 50 mm Durchmesser, die kleinere Zahl für Seile von 10 mm Durchmesser.

Wäre keine Zapfenreibung und keine Seilsteifigkeit vorhanden, so wäre die Kraft gleich der Last, $P_0 = Q$.

Demnach ist der Wirkungsgrad:

$$\eta = \frac{P_0}{P} \quad \ldots \quad 52$$

Lose Rolle, Fig. 67. Ohne Rücksicht auf Zapfenreibung und Seilsteifigkeit (Nebenhindernisse) ist die Kraft:

$$P_0 = \frac{Q}{2} \quad \ldots \quad 53$$

Mit Berücksichtigung der Nebenhindernisse ist ($P = m T$):

$$P = Q \frac{m}{m+1} \qquad \ldots \ldots \ldots \ldots \quad 54$$

17. Flaschenzüge.

a) In der beweglichen Flasche befinden sich ebensoviel Rollen (n), als in der festen, Fig. 68. Ohne Rücksicht auf Nebenhindernisse ist:

$$P_0 = \frac{Q}{2n} \qquad \ldots \ldots \ldots \ldots \quad 55$$

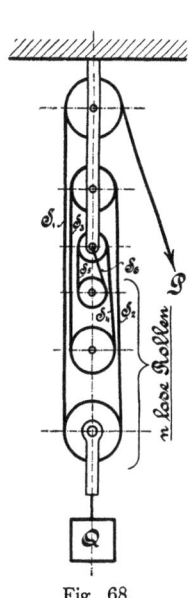
Fig. 68.

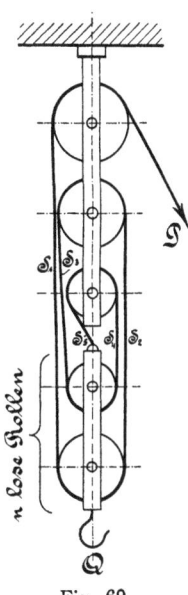
Fig. 69.

Mit Berücksichtigung der Nebenhindernisse ist ($P = m S_1$ usw.)

$$P = Q \frac{(m-1) \, m^{2n}}{m^{2n} - 1} \qquad \ldots \ldots \ldots \quad 56$$

Beispiel. $Q = 1200$ kg; $n = 4$; $m = 1,15$; $P = ?$
Nach Gl. 56:
$$P = 1200 \, \frac{(1,15 - 1) \, 1,15^8}{1,15^8 - 1} = 268 \text{ kg}.$$
Nach Gl. 55:
$$P_0 = \frac{1200}{8} = 150 \text{ kg}.$$

Nach Gl. 52:
$$\eta = \frac{P_0}{P} = \frac{150}{268} = 0{,}56.$$

b) Die lose Flasche enthält eine Rolle weniger als die feste, Fig. 69. Es ist ohne Nebenhindernisse:

$$P_0 = \frac{Q}{2n+1} \quad \ldots \ldots \quad 57$$

Mit Nebenhindernissen ($P = m\,S_1, S_1 = m\,S_2$ u. f.):

$$P = Q\,\frac{(m-1)\,m^{2n+1}}{m^{2n+1}-1} \quad \ldots \ldots \quad 58$$

c) **Potential-Flaschenzug,** Fig. 70.
Ohne Nebenhindernisse ist:

$$P_0 = \frac{Q}{2^n} \quad \ldots \ldots \quad 59$$

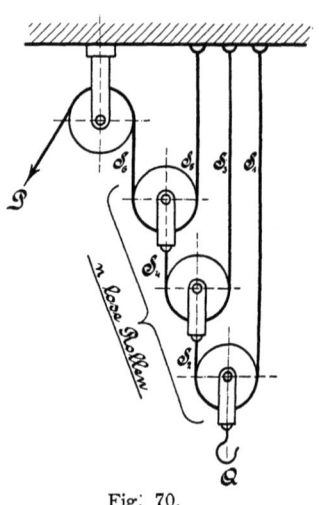
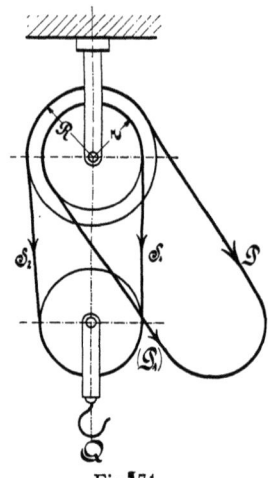

Fig. 70.   Fig. 71.

Mit Nebenhindernissen ist:

$$P = Q\,m\left(\frac{m}{m+1}\right)^n \quad \ldots \ldots \quad 60$$

Beispiel. $Q = 1200$ kg; $n = 4$; $m = 1{,}15$; $P = ?$
Nach Gl. 60:
$$P = 1200 \cdot 1{,}15 \left(\frac{1{,}15}{1{,}15+1}\right)^4 = 113 \text{ kg}.$$

Nach Gl. 59:
$$P_0 = \frac{1200}{2^4} = 75 \text{ kg}.$$

Nach Gl. 52:
$$\eta = \frac{75}{113} = 0{,}663.$$

d) Der Differential-Flaschenzug, Fig. 71.

Als Zugorgan wird gewöhnlich eine Kette genommen. Ohne Berücksichtigung der Nebenhindernisse ist:
$$P_0 = \frac{Q}{2}\left(1 - \frac{r}{R}\right) \quad \ldots \ldots \ldots \quad 61$$

Aus dieser Formel folgt, daß P_0 um so kleiner wird, je weniger r sich von R unterscheidet.

Ist $r = R$, so wird $P_0 = 0$; alsdann wird aber die Last nicht mehr gehoben, sondern bleibt ruhig stehen, weil sich ebensoviel Seil abwickelt als aufwickelt.

Mit Berücksichtigung der Nebenhindernisse ist:
$$P = \frac{Q}{1+m}\left(m^2 - \frac{r}{R}\right) \quad \ldots \ldots \quad 62$$

Hört die Kraft P zu wirken auf, so wird die Reibung, wenn sie groß genug ist, das Herabsinken von Q verhindern (also hemmend wirken). Dann wird sogar zur Abwärtsbewegung der Last Q ein Kraft P_1 (Fig. 71) nötig sein, welche links dreht:
$$P_1 = \frac{Q}{1+m}\left(m^2 - \frac{R}{r}\right) \quad \ldots \ldots \quad 63$$

Für Selbsthemmung muß P_1 positiv (+) sein, d. h. $\frac{R}{r} < m^2$. Über m siehe die Angaben nach Gl. 51.

Beispiel. $R = 300$ mm, $r = 260$ mm, $m = 1{,}05$, $P = 50$ kg, $Q = ?$

Nach Gl. 62:
$$50 = \frac{Q}{1+1{,}05}\left(1{,}05^2 - \frac{260}{300}\right)$$
$$Q = 438 \text{ kg}.$$

Ohne Reibung wäre nach Gl. 61:
$$P_0 = \frac{438}{2}\left(1 - \frac{260}{300}\right) = 29{,}4 \text{ kg}.$$

Daher nach Gl. 52:
$$\eta = \frac{29{,}4}{50} = 0{,}588.$$

Da hier $\frac{R}{r} = \frac{300}{260} = 1{,}15$ nicht kleiner als m^2 ist, so hat dieser Flaschenzug keine Selbsthemmung.

18. Die schiefe Ebene.

Geht die Kraft P zur schiefen Ebene parallel und ist keine Reibung vorhanden, so wäre:

$$P = \frac{Q h}{l} = Q \sin \alpha \qquad \qquad 64$$

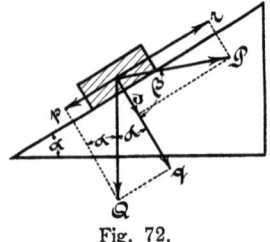

Fig. 72.

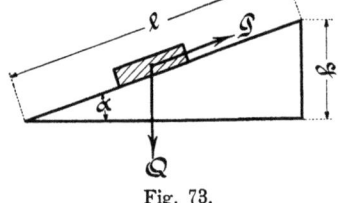

Fig. 73.

Soll ein Körper vom Gewicht Q durch eine beliebige Kraft P auf eine schiefe Ebene hinaufgeschafft werden (Fig. 73), so muß sowohl Q als auch P in Komponenten zerlegt werden, welche zur schiefen Ebene parallel gehen, bezw. senkrecht darauf stehen. Man erhält so die Komponenten p und q, sowie r und s. Soll der Körper wirklich aufwärts bewegt werden, so muß r um die Reibung größer sein als p, demnach [r = p + (q + s) μ]:

$$P = Q \frac{(\sin \alpha + \cos \alpha \, \mu)}{(\sin \beta - \cos \beta \, \mu)} \qquad \ldots \qquad 65$$

Wird in Gl. 65 der Reibungswinkel $\mu = \operatorname{tg} \varrho = \dfrac{\sin \varrho}{\cos \varrho}$ eingeführt, so folgt einfacher:

$$P = Q \, \frac{\sin (\alpha + \varrho)}{\sin (\beta - \varrho)} \qquad \ldots \qquad 65a$$

Ohne Reibung wäre ($\sphericalangle \varrho = 0$):

$$P_0 + \frac{Q \sin \alpha}{\sin \beta} \qquad \ldots \qquad 66$$

Ist die Kraft parallel zur Gleitbahn gerichtet, so folgt aus Gl. 65a:

$$P = Q \, \frac{\sin (\alpha + \varrho)}{\cos \varrho} \qquad \ldots \qquad 67$$

Ist die Kraft P aber horizontal, d. h. parallel zur Basis der schiefen Ebene gerichtet, so folgt aus Gl. 65a:

$$P = Q \cdot \operatorname{tg} (\alpha + \varrho) \qquad \ldots \qquad 68$$

Beispiel. Es sei, vergl. Fig. 73:

$\sphericalangle \alpha = 25°$; $\sphericalangle \beta = 135°$; Q = 500 kg; μ = 0,2; P = ?

Dann ist:

$0{,}2 = \operatorname{tg} \varrho$,
$\sphericalangle \varrho = 11° 20'$.

Nach Gl. 65a:
$$P = 500 \frac{\sin(25^0 + 11^0\,20')}{\sin(135^0 - 11^0\,20')} = 355 \text{ kg}.$$

Zusatz. Wieviel Kraft P_1 wäre nötig gewesen, wenn der Körper nur am Heruntergleiten gehindert werden sollte?

Es gelten auch hierfür die Gl. 65 und 65a, wenn man μ bezw. ϱ negativ setzt, also:
$$P_1 = Q \frac{\sin(\alpha - \varrho)}{\sin(\beta + \varrho)}$$
$$= 500 \frac{\sin(25 - 11^0\,20')}{\sin(135 + 11^0\,20')} = 213 \text{ kg}.$$

Liegt also P zwischen 213 und 355 kg, so wird weder eine Aufwärts- noch eine Abwärtsbewegung erfolgen.

Ist $\sphericalangle \beta$ kleiner als der Reibungswinkel, so wird eine Bewegung überhaupt nicht erfolgen, wenn man die Richtung von P umkehrt.

19. Die Schraube.

Bezeichnet (vergl. Fig. 74 u. 74a)

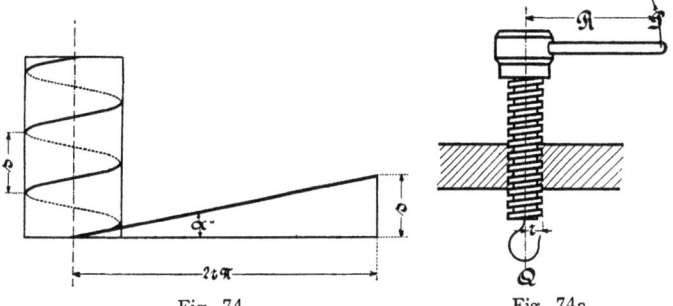

Fig. 74. Fig. 74a.

dann ist:
Q = Last,
P = Kraft am Hebe arm R,
α = mittlerer Steigungswinkel der Schraube,
ϱ = Reibungswinkel,
r = mittlerer Schraubenradius,
s = mittlere Steigung,

$$M = PR = Q\,r\,\text{tg}\,(\alpha + \varrho) \quad \ldots \ldots \quad 69$$

Das durch Gl. 69 angegebene Moment bezieht sich nur auf die Hebung der Last und die Reibung in der Mutter. Noch andere vorkommende Reibungsmomente sind besonders zu berechnen und dem obigen Werte zuzufügen.

Der Wirkungsgrad einer Schraube ist $\left(\eta = \dfrac{Q\,s}{P\,.\,2\,R\,\pi}\right)$:

$$\eta = \frac{\operatorname{tg} \alpha}{\operatorname{tg}(\alpha + \varrho)} \quad \ldots \ldots \ldots \quad 70$$

Beispiel. Es ist (vergl. Fig. 75):

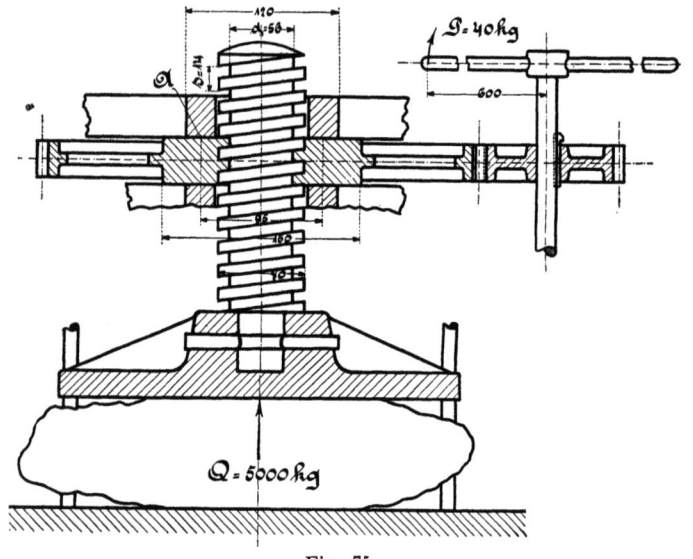

Fig. 75.

$$M_1 = 40 \,.\, 600 = 24\,000 \text{ mmkg.}$$
$$r = \frac{70 + 56}{2} = 31,5 \text{ mm.}$$
$$2\,r\,\pi = 2\,.\,31,5\,.\,3,14 = 198 \text{ mm.}$$
$$\operatorname{tg} \alpha = \frac{s}{2\,r\,\pi} = \frac{14}{198} = 0,0707$$
$$\sphericalangle \alpha = 4^0.$$

Ist der Reibungskoeffizient $\mu = 0,16$, so wird:
$$\operatorname{tg} \varrho = 0,16$$
$$\sphericalangle \varrho = 9^0\,10'.$$
$$\sphericalangle \alpha + \varrho = 4^0 + 9^0\,10' = 13^0\,10'.$$

Nach Gl. 69:
$$M_2 = Q\,.\,r\,.\,\operatorname{tg}(\alpha + \varrho)$$
$$= 5000\,.\,31,5\,.\,\operatorname{tg} 13^0\,10' = 36\,850 \text{ mmkg.}$$

Zu dem Moment M_2 kommt noch das Reibungsmoment bei A. Es ist der mittlere Durchmesser der Ringfläche (Fig. 75) gleich 95 mm, daher $r = \frac{95}{2} = 47{,}5$ mm.

Demnach:
$M_1 = Q\,\mu\,r = 5000 \cdot 0{,}16 \cdot 47{,}5 = 38\,000$ mmkg.

Folglich ist das Gesamtmoment $36\,850 + 38\,000 = 74\,850$ mmkg.
Die erforderliche Übersetzung ergibt sich also zu
$$i = \frac{74\,850}{24\,000} = 3{,}12.$$

Ohne Reibung wäre das Moment für die Schraube:
$M_0 = Q\,r\,\mathrm{tg}\,\alpha$
$= 5000 \cdot 31{,}5\,\mathrm{tg}\,4^0 = 11\,100$ mmkg.

20. Keil.

Halbiert P den Keilwinkel (Fig. 76), so sind die Widerstände auf beiden Keilseiten gleich groß. Auf jeder Seite entsteht die Reibung $Q\mu$. Diese zerlegt sich in die Komponenten r und s. Ferner ist Q zu zerlegen in p und q.

Es ist, wenn wieder $\mu = \mathrm{tg}\,\varrho = \dfrac{\sin \varrho}{\cos \varrho}$ gesetzt wird:

$$\mathbf{P = 2Q\,\frac{\sin(\alpha+\varrho)}{\cos \varrho}} \quad \ldots \ldots \quad 71$$

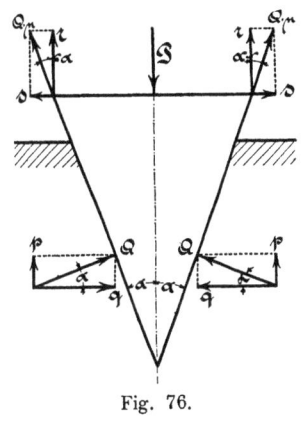
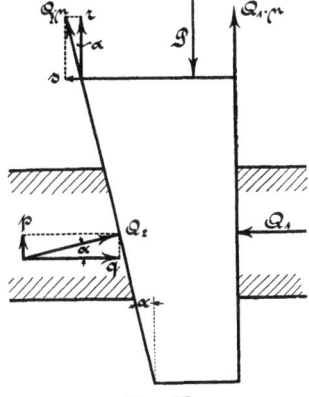

Fig. 76.   Fig. 77.

Für die Fig. 77 ist:
$$\left.\begin{aligned}Q_2 &= \frac{Q_1}{\cos \alpha - \mu \sin \alpha} \\ P &= Q_1\,[\mathbf{tg}(\alpha+\varrho) + \mathbf{tg}\,\varrho]\end{aligned}\right\} \quad \ldots \ldots \quad 72$$

Beispiel. Es sei (Fig. 77): $\alpha = 15°$; $\mu = 0{,}16$; $P = 800$ kg; $Q_1 = ?$ $Q_2 = ?$

Dann ist:
$$\operatorname{tg} \varrho = 0{,}16$$
$$\varrho = 9° 10'.$$

Nach Gl. 72:
$$800 = Q_1 [\operatorname{tg}(15° + 9° 10') + 0{,}16]$$
$$Q_1 = 1312 \text{ kg.}$$
$$Q_2 = \frac{1312}{\cos 15° - 0{,}16 \sin 15°} = 1418 \text{ kg.}$$

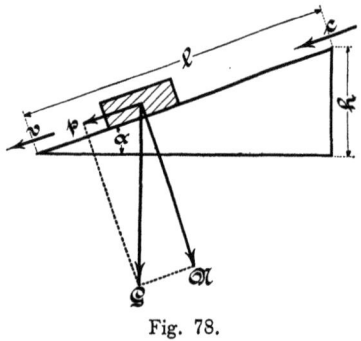

Fig. 78.

21. Bewegung auf der schiefen Ebene und freier Fall.

Bezeichnet

m = Masse des Körpers,
G = Gewicht (G = m g) des Körpers,
c = Anfangsgeschwindigkeit des Körpers,
v = Endgeschwindigkeit des Körpers,
p = Beschleunigung (ohne Reibung und Luftwiderstand) des Körpers,
A = die vom Körper auf dem Wege 1 verrichtete Arbeit, so ist (bei g = 9,81 m):

$$p = G \frac{h}{l} \quad \ldots \ldots \ldots \quad 73$$

$$A = m g h \quad \ldots \ldots \ldots \quad 74$$

$$v = \sqrt{c^2 + 2 g h} \quad \ldots \ldots \quad 75$$

Ist $c = 0$, so folgt:
$$v = \sqrt{2 g h} \quad \ldots \ldots \quad 76$$

Gl. 76 gilt auch für den **freien Fall**. Fällt nämlich der Körper von der Höhe h frei herab, so würde er unten mit der Geschwindigkeit $v = \sqrt{2 g h}$ ankommen.

22. Zusammensetzung von Bewegungen.

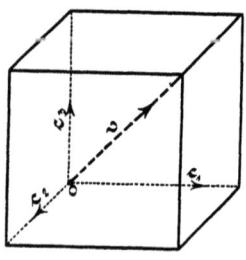

Fig. 79.

$$v = \sqrt{c_1^2 + c_2^2 + c_3^2} \quad \ldots \quad 77$$

23. Wurfbewegung.

Wird ein Körper unter dem Elevationswinkel α aufwärts

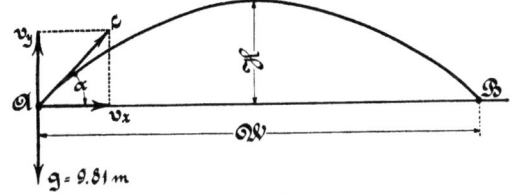

Fig. 80.

geworfen mit der Anfangsgeschwindigkeit c, so ist nach t Sekunden seine

Horizontalgeschwindigkeit:
$$v_x = c \cdot \cos \alpha \quad \ldots \ldots \ldots \quad 78$$

Vertikalgeschwindigkeit:
$$v_y = c \sin \alpha - g t \quad \ldots \ldots \quad 79$$

Horizontalentfernung:
$$s_x = c \cdot \cos \alpha \, t \quad \ldots \ldots \ldots \quad 80$$

Vertikalentfernung:
$$s_y = c \sin \alpha \, t - \frac{1}{2} g t^2 \quad \ldots \ldots \quad 81$$

Erreichte Wurfhöhe:
$$H = \frac{c^2 \sin^2 \alpha}{2 g} \quad \ldots \ldots \ldots \quad 82$$

Für $\alpha = 90^0$ folgt hieraus:
$$H_{max} = \frac{c^2}{2 g} \quad \ldots \ldots \ldots \quad 83$$

Wurfweite:
$$W = \frac{c^2 \sin 2 \alpha}{g} \quad \ldots \ldots \ldots \quad 84$$

Für $\alpha = 45^0$ folgt hieraus:
$$W_{max} = \frac{c^2}{g} \quad \ldots \ldots \ldots \quad 85$$

Beispiel. Ein Körper wird unter einem Winkel von $\alpha = 60^0$ mit der Anfangsgeschwindigkeit c = 80 m aufwärts geworfen (geschossen); es soll bestimmt werden:

Wurfhöhe H; Wurfweite W; Geschwindigkeit der Größe und Richtung nach 10 Sek.; Horizontalentfernung nach 10 Sek.; Vertikalerhebung nach 10 Sek.

Nach Gl. 82:
$$H = \frac{80^2 \cdot \sin^2 60^0}{2 \cdot 9{,}81} = \infty \, 244 \text{ m.}$$

Nach Gl. 84:
$$W = \frac{80^2 \cdot \sin 120°}{9{,}81} = \infty\, 565 \text{ m}.$$

Nach Gl. 78:
$$v_x = 80 \cdot \cos 60° = 40 \text{ m}.$$

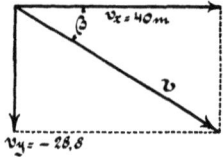

Fig. 81.

Nach Gl. 79:
$$v_y = 80 \cdot \sin 60° - 9{,}81 \cdot 10 = -28{,}8 \text{ m}$$
(Körper fällt, weil —, Fig. 81).

Nach Fig. 81 ist ferner:
$$v = \sqrt{40^2 + 28{,}8^2} = 49{,}3 \text{ m}.$$
$$\operatorname{tg} \beta = \frac{28{,}8}{40} = 0{,}72$$
$$\sphericalangle \beta = 35° 45'.$$

Nach Gl. 80:
$$s_x = 80 \cos 60° \cdot 10 = 400 \text{ m}.$$

Nach Gl. 81:
$$s_y = 80 \sin 60° \cdot 10 - \frac{1}{2} \cdot 9{,}81 \cdot 10^2 = 202{,}3 \text{ m}.$$

Als größte Wurfweite würde sich nach Gl. 85 ergeben:
$$W_{max} = \frac{80^2}{9{,}81} = 652 \text{ m}.$$

24. Gleichförmige Kreisbewegung (Zentripetalkraft). Zentrifugalspannungen im Innern sich drehender Körper.

Bezeichnet

$v =$ Geschwindigkeit, mit welcher sich ein Körper auf der Peripherie eines Kreises gleichförmig fortbewegt,

$K =$ die den Körper fortgesetzt nach dem Mittelpunkt ziehende Kraft (Zentripetalkraft),

$p =$ die nach dem Mittelpunkt des Kreises gerichtete Beschleunigung (Zentripetalbeschleunigung),

$r =$ Radius des Kreises,

$m =$ Masse des Körpers,

so ist:

$$p = \frac{v^2}{r} \quad \ldots \ldots \ldots \quad 86$$

$$K = m \frac{v^2}{r} \quad \ldots \ldots \ldots \quad 87$$

Die Gegenkraft der Zentripetalkraft ist die nach außen wirkende Zentrifugalkraft. Zentripetalkraft und Zentrifugalkraft sind also gleich groß.

Gleichförmige Kreisbewegung. Das Pendel. 89

Beispiel. Wie groß ist die Spannung im Faden, Fig. 82?
(v ergibt sich aus Gl. 3; m aus Gl. 11).

Nach Gl. 87:
$$K = \frac{0{,}2}{9{,}81} \cdot \frac{2 \cdot 0{,}6 \cdot 3{,}14 \cdot 100}{60 \cdot 0{,}6} = \infty\, 1{,}34 \text{ kg}.$$

Für die **Zentrifugalspannungen im Innern sich drehender Körper**
gilt die Bedingung:

$$F s = m p = m x_0 \omega^2 \quad . \quad 87a$$

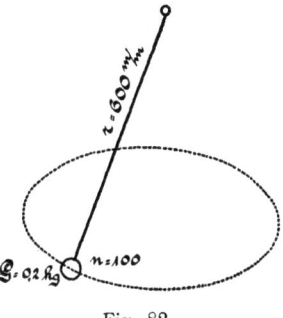

Fig. 82.

worin bedeutet

$F =$ Querschnitt des Stabes (Körpers) in qcm,

$s =$ Spannung des Materials in kg/qcm,

$m =$ Masse des Körpers, im Schwerpunkt konzentriert gedacht,

$x_0 =$ Schwerpunktsabstand von der Drehachse,

$\omega =$ Winkelgeschwindigkeit $\left(\omega = \dfrac{v}{r}\right)$.

Für einen sich drehenden Ring (Hohlzylinder) gilt ebenfalls Gl. 87a, nur muß die linke Seite der Gleichung $2Fs$ heißen, da der Ring in 2 Flächen zerreißt. r wäre der mittlere Radius des Ringes und $x_0 = \dfrac{2r}{\pi}$ nach Gl. 23.

Für eine volle zylindrische Scheibe (Schleifstein) gilt auch Gl. 87a und ist für F der größte mittlere Querschnitt der Scheibe einzusetzen. Für den Schwerpunktsabstand gilt hier $x_0 = \dfrac{4}{3}\dfrac{r}{\pi}$ nach Gl. 27, wenn r der Radius der Scheibe ist.

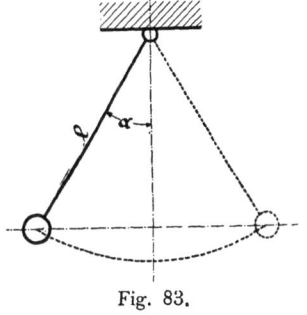

Fig. 83.

25. Das Pendel.

Bezeichnet

$t =$ Schwingungszeit (d. i. die Zeit, welche das Pendel gebraucht, um aus der linken Lage in die rechte zu kommen),

$l =$ Pendellänge,

so ist:

$$t = \pi \sqrt{\frac{l}{g}} \quad \ldots \quad 88$$

26. Gerader, zentraler Stoß vollkommen unelastischer Körper[1].

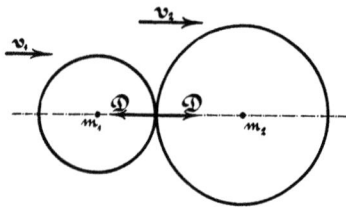

Fig. 84.

Es seien m_1 und m_2 die Massen zweier Körper, welche sich mit den Geschwindigkeiten v_1 und v_2 in derselben Richtung bewegen. Ist $v_2 < v_1$, so werden beim Zusammenstoß die entgegengesetzten Druckkräfte D entstehen.

Die gleiche Geschwindigkeit u beider Massen nach dem Stoß ist dann:

$$u = \frac{m_1 v_1 + m_2 v_2}{m_1 + m_2} \quad \ldots \ldots \quad 89$$

Bewegen sich die Körper nicht hintereinander her, sondern gegeneinander, so ist:

$$u = \frac{m_1 v_1 - m_2 v_2}{m_1 + m_2} \quad \ldots \ldots \quad 90$$

Die vor dem Stoße vorhandene lebendige Kraft (Arbeit) ist:

$$A = \frac{1}{2}(m_1 v_1^2 + m_2 v_2^2) \quad \ldots \ldots \quad 91$$

Die lebendige Kraft nach dem Stoße, wobei sich beide Massen mit der gemeinschaftlichen Geschwindigkeit u fortbewegen, ist:

$$A_1 = \frac{1}{2} \frac{(m_1 v_1 \pm m_2 v_2)^2}{m_1 + m_2} \quad \ldots \ldots \quad 92$$

Diejenige Arbeitsgröße, welche für die fortschreitende Bewegung verloren geht und zur Zusammendrückung (Deformation) der Körper aufgewendet wird, ist $A_2 = A - A_1$, oder:

$$A_2 = \frac{1}{2} \frac{m_1 \cdot m_2}{m_1 + m_2} (v_1 \mp v_2)^2 \quad \ldots \ldots \quad 93$$

In den Gl. 92 u. 93 gelten die oberen Zeichen für die gleiche, die unteren für die entgegengesetzte Bewegungsrichtung der Körper.

Ist die Masse m_2 vor dem Stoße in Ruhe, ist also $v_2 = 0$, und bedeutet dann v die Geschwindigkeit der stoßenden Masse, so folgt:

Geschwindigkeit nach dem Stoße: $u = \dfrac{m_1}{m_1 + m_2} v$ . . 94

Lebendige Kraft vor dem Stoße: $A = \dfrac{1}{2} m_1 v^2$ . . . 95

Bewegungsarbeit nach dem Stoße:

$$A_1 = \frac{m_1 v^2}{2}\left(\frac{1}{1 + \dfrac{m_2}{m_1}}\right) \quad \ldots \ldots \quad 96$$

---

[1] Vergl. Lauenstein, Leitfaden der Mechanik, Stuttgart, J. G. Cottasche Buchhandlung Nachfolger.

Gerader, zentraler Stoß vollkommen unelastischer Körper.

Deformationsarbeit:
$$A_2 = \frac{m_1 v^2}{2} \left(\frac{1}{1 + \frac{m_1}{m_2}} \right) \quad \ldots \ldots \quad 97$$

26a. Gerader, zentraler Stoß vollkommen elastischer Körper.

Bewegen sich die Massen m_1 und m_2 mit den Geschwindigkeiten v_1 und v_2 hintereinander her und bezeichnet man die Geschwindigkeiten am Ende des Stoßes mit c_1 und c_2, so ist:
$$\left. \begin{array}{l} c_1 = \dfrac{2 m_2 v_2 + v_1 (m_1 - m_2)}{m_1 + m_2} \\ c_2 = \dfrac{2 m_1 v_1 - v_2 (m_1 - m_2)}{m_1 + m_2} \end{array} \right\} \quad \ldots \ldots \quad 98$$

Bewegen sich die Körper vor dem Stoße nach entgegengesetzten Richtungen, so ist in Gl. 98 für v_2 der negative Wert $-v_2$ einzusetzen.

Ist die gestoßene Masse in Ruhe, so folgt aus Gl. 98, wenn darin $v_2 = 0$ und $v_1 = v$ gesetzt wird:
$$\left. \begin{array}{l} c_1 = \dfrac{v (m_1 - m_2)}{m_1 + m_2} \\ c_2 = \dfrac{2 m_1 v}{m_1 + m_2} \end{array} \right\} \quad \ldots \ldots \quad 99$$

Für $m_1 = m_2$ folgt hieraus:
$$\left. \begin{array}{l} c_1 = 0 \\ c_2 = v \end{array} \right\} \quad \ldots \ldots \quad 100$$

Beispiel. Ein Hammer von 1000 kg Gewicht soll ein glühendes Eisenstück auf einem Amboß ausschmieden. Hubhöhe des Hammers sei h = 1,5 m; das Gewicht vom Amboß nebst dem Eisenstück sei 9000 kg. Wie groß ist die Nutzarbeit und wie groß die auf Einrammen des Amboßes verwendete schädliche Arbeit?

Nach Gl. 76:
$$v = \sqrt{2 \cdot 9{,}81 \cdot 1{,}5} = 5{,}43 \text{ m.}$$

Nach Gl. 95:
$$A = \frac{1}{2} \cdot \frac{1000}{9{,}81} \cdot 5{,}43^2 = \infty \ 1500 \text{ mkg.}$$

Die Bewegungsarbeit (hier schädliche Arbeit) folgt aus Gl. 96:
$$A_1 = 1500 \left(\frac{1}{1 + \frac{9000}{1000}} \right) = 150 \text{ mkg.}$$

Die Deformationsarbeit (hier nützliche Arbeit) ergibt sich aus Gl. 97:
$$A_2 = 1500 \left(\frac{1}{1 + \frac{1000}{9000}} \right) = 1350 \text{ mkg.}$$

27. Hydrostatischer Druck.

Ist der Druck auf die Fläche $F = P$, der auf die Fläche $F_1 = P_1$ und bezeichnet man die Kolbenwege mit s und s_1 (Fig. 85), so folgt:

$$P : P_1 = F : F_1 \qquad \qquad 101$$

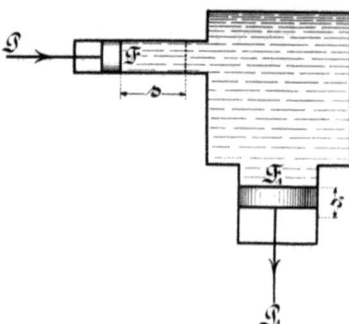
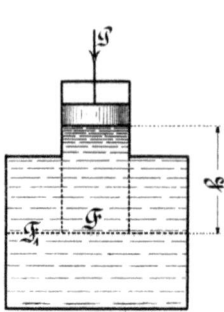

Fig. 85.　　　　　　　　　　Fig. 86.

$$\left. \begin{array}{l} F : F_1 = s_1 : s \\ P : P_1 = s_1 : s \end{array} \right\} \qquad \qquad 102$$

Für eine in der Horizontalebene von F liegende Fläche F_1 (Fig. 86) ergibt sich der Druck P_1, wenn $\gamma =$ spez. Gewicht der Flüssigkeit:

$$P_1 = \frac{P F_1}{F} + F_1 h \gamma \qquad \qquad 103$$

Bezeichnet
　$D_1 =$ Kolbendurchmesser,
　$p =$ Pressung in der Flüssigkeit,
so ist die Reibung W bei geölten Lederstulpen (nach Hick):

$$W = \frac{P_1}{D_1} = \frac{D_1 \pi^2}{4} p \qquad \qquad 104$$

Wird der Kolbendruck aufgehoben, so ergibt sich aus Gl. 103 der Bodendruck (Fig. 87 und 88):

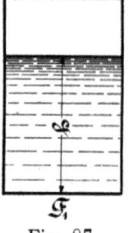
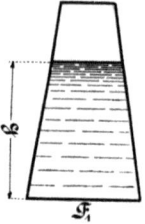

Fig. 87.　　Fig. 88.

$$P_1 = F_1 h \gamma \qquad \qquad 105$$

Hydrostatischer Druck. 93

Beispiel. Auf den Kolben von $F = 3$ cm (Fig. 85) wird eine Kraft von $P = 30$ kg ausgeübt; um welche Strecke s muß dieser Kolben bewegt werden, damit der Kolben F_1 vom Durchmesser 25 cm um $s_1 = 2$ cm fortbewegt wird?

Nach Gl. 101:
$$P_1 = \frac{30 \cdot \frac{25^2 \pi}{4}}{\frac{3^2 \pi}{4}} = 2083 \text{ kg.}$$

Nach Gl. 102:
$$s = \frac{2083 \cdot 2}{30} = 139 \text{ cm.}$$

Beispiel. Wie groß muß P_0 und wie groß der Kolbendruck P auf den Kolben vom Durchmesser $D = 2$ cm sein, wenn auf den

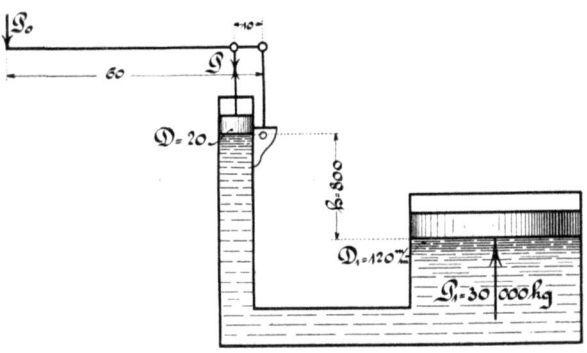

Fig. 89.

Kolben vom Durchmesser $D_1 = 12$ cm ein Druck $P_1 = 30\,000$ kg ausgeübt werden soll (Fig. 89)?

Nach Gl. 103 ist:
$$P = \frac{P_1 F}{F_1} - F_1 h \gamma$$
$$= \frac{30\,000 \cdot \frac{0{,}2^2 \pi}{4}}{\frac{1{,}2^2 \pi}{4}} - \frac{1{,}2^2 \pi}{4} \cdot 8 \cdot 1 = 829 \text{ kg.}$$

Nun muß sein:
$$P_0 \cdot 60 = P \cdot 10$$
$$P_0 \cdot 60 = 829 \cdot 10$$
$$P_0 = \sim 138 \text{ kg.}$$

27a. Seitendruck.

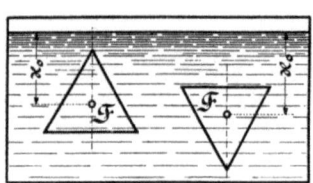

Fig. 90.

Ist P = Seitendruck,
F = gedrückte Fläche,
x_0 = Schwerpunktsabstand dieser Fläche vom Wasserspiegel (Fig. 90),
so ist:
$$P = F x_0 \gamma \quad \ldots \quad 106$$

Beispiel. Es soll der Wasserdruck gegen eine vertikale Wand von 1,5 m Breite und 4 m Tiefe bestimmt werden; $\gamma = 1$.
Nach Gl. 106 folgt, da $x_0 = 2$ m $= 20$ dm ist:
$$P = 15 . 40 . 20 . 1 = 12\,000 \text{ kg.}$$

Beispiel. Es soll der horizontale Druck gegen einen Damm (Fig. 91) bestimmt werden, wenn die Breite desselben 8 m, die

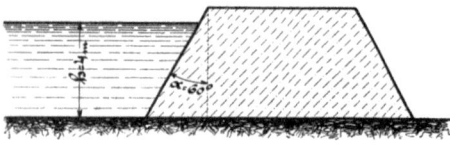
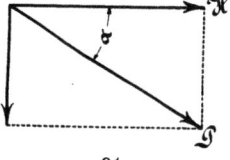

Fig. 91.   91a.

Höhe des Wassers 4 m und der Böschungswinkel des Dammes 60° beträgt?

Der Schwerpunktsabstand ist $x^0 = 20$ dm; $\gamma = 1$.

Es ist der Druck P normal zur Böschungsfläche nach Gl. 106:
$$P = 80 \cdot \frac{40}{\cos \alpha} \cdot 20 \cdot 1.$$

Für den horizontalen Druck H ergibt sich demnach (vergl. Fig. 91a):
$$H = P \cdot \cos \alpha = 80 . 40 . 20 . 1 = 64\,000 \text{ kg.}$$

27 b. Mittelpunkt des Druckes.

Soll der gesamte Wasserdruck gegen eine Seitenwand durch eine **Einzelkraft** ersetzt werden, so ergibt sich für dieselbe ein bestimmter Angriffspunkt, welchen man als Druckmittelpunkt bezeichnet. Derselbe liegt stets tiefer als der Schwerpunkt S der gedrückten Fläche.

Bezeichnet
    P = gesamter Wasserdruck,
    x = Abstand des Druckmittelpunktes von der Wasseroberfläche,

Auftrieb.

J = Trägheitsmoment der gedrückten Fläche F in bezug auf den Wasserspiegel,
x_0 = Schwerpunktsabstand dieser Fläche, vom Wasserspiegel,
$F \cdot x_0$ = statisches Moment der Fläche, bezw. $F \cdot x_0 \gamma$, wenn γ = spez. Gewicht der Flüssigkeit, so ist:

$$x = \frac{J}{F \cdot x_0} \quad \ldots \ldots \ldots \quad 107$$

Beispiel. Es soll der Druckmittelpunkt für eine rechteckige Seitenwand (Fig. 92) bestimmt werden, wenn b und h die Seiten des Wasserquerschnittes sind.

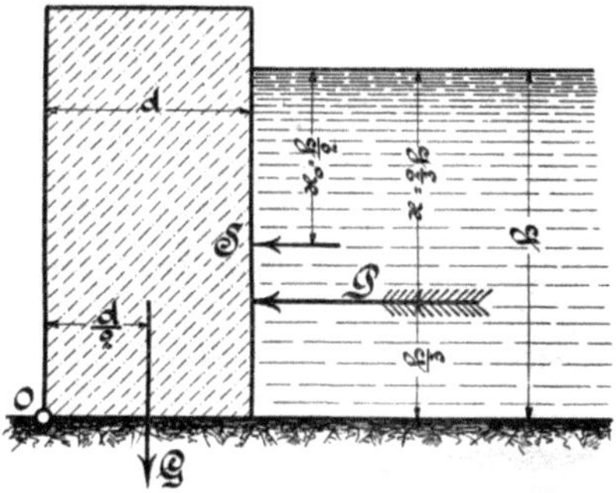

Nach Gl. 107:

$$x = \frac{J}{F x_0} = \frac{\frac{1}{3} b h^3}{b h \cdot \frac{h}{2}}$$

$$= \frac{2}{3} h,$$

d. h. der Druckmittelpunkt liegt $\frac{2}{3}$ der Höhe von dem Wasserspiegel entfernt.

Soll die Mauer in obiger Figur durch den Wasserdruck um die Außenkante O nicht umgekippt werden, so muß sein:

$$G \cdot \frac{d}{2} > P \cdot \frac{h}{3}.$$

Fig. 92.

28. Auftrieb.

Ein in eine Flüssigkeit eingetauchter fester Körper verliert an Gewicht genau so viel, als das Gewicht der Flüssigkeit beträgt, welche er verdrängt.

Bezeichnet
A = Auftrieb,
V = Volumen des eingetauchten Körpers,
γ = spez. Gewicht der Flüssigkeit,

so ist bei einem vollständig eingetauchten Körper:

$$A = V \gamma \quad \ldots \ldots \quad 108$$

Die erforderliche Kraft K (Fig. 93), welche zum Heben eines Körpers (wenn keine Flüssigkeit darunter kann) nötig ist, beträgt, wenn G = Gewicht des Körpers und F = Fläche desselben ist:

$$K = G + F h \gamma \quad \ldots \ldots \quad 109$$

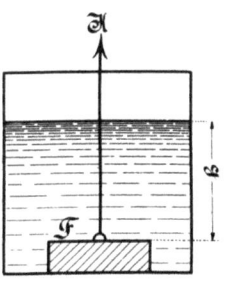

Fig. 93.

29. Spezifisches Gewicht.

Bezeichnet
  G = Gewicht eines Körpers,
  γ = spez. Gewicht desselben,
  G_1 = Gewicht der verdrängten Flüssigkeit,
  γ_1 = spez. Gewicht der letzteren,
so ist:

$$\gamma = \frac{G}{G_1} \cdot \gamma_1 \quad \ldots \ldots \ldots \quad 110$$

Beispiel. Ein Körper wiegt in der Luft 18 kg und im Wasser 14 kg. Es soll das spez. Gewicht bestimmt werden; $\gamma = 1$.
$G = 18$ kg; $G_1 = 18$ kg $- 14$ kg $= 4$ kg.
Nach Gl. 110:

$$\gamma = \frac{18}{4} \cdot 1 = 4{,}5.$$

30. Ausfluß des Wassers aus Gefäßen.

Für ausfließendes oder frei herabfallendes Wasser gelten dieselben Gesetze, wie für frei fallende feste Körper (vergl. Gl. 76).

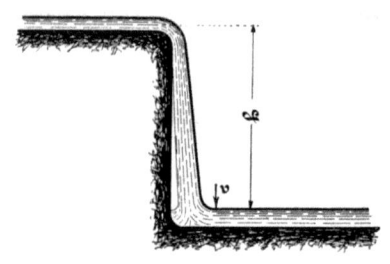

Fig. 94.   Fig. 95.

Demnach:

$$\left. \begin{array}{l} v = \sqrt{2gh} \\ h = \dfrac{v^2}{2g} \end{array} \right\} \quad \ldots \ldots \ldots \quad 111$$

Die durch den Querschnitt f (Fig. 95) pro Sek. ausfließende Wassermenge ist:

$$P = fv = f\sqrt{2gh} \quad \ldots \ldots \ldots \quad 112$$

Genau würde für den rechteckigen Querschnitt sein, wenn b = Breite der Ausflußöffnung (Fig. 95):

$$Q = \frac{2}{3} b \sqrt{2g} \left(H^{\frac{3}{2}} - H_1^{\frac{3}{2}} \right). \quad \ldots \ldots \quad 113$$

Für $H_1 = 0$ folgt aus Gl. 113:

$$Q = \frac{2}{3} b H \sqrt{2 g H} \quad \ldots \ldots \quad 114$$

Wegen der Kontraktion des austretenden Wassers ist die wirklich austretende Wassermenge kleiner, als die Gl. 112÷114 angeben, weshalb diese Gleichungen mit einem Ausflußkoeffizienten μ zu multiplizieren sind. Letzterer ist etwa zu setzen:

$$\mu = 0{,}62 \quad \ldots \ldots \ldots \quad 115$$

Für ein kurzes, konisches Abflußrohr kann man annehmen:

$$\mu = 0{,}96 \quad \ldots \ldots \ldots \quad 116$$

Beispiel. Es ist die Wassermenge Q zu bestimmen, welche in einer Minute aus einer am Boden eines Gefäßes angebrachten Öffnung von $f = 10$ qcm Querschnitt bei einer konstanten Druckhöhe $h = 3$ m ausfließt?

Nach Gl. 112:

$$Q = 0{,}0010 \sqrt{2 \cdot 9{,}81 \cdot 3} = 0{,}00766 \text{ cbm};$$

Daher in einer Minute $60 \cdot 0{,}00766 = 0{,}4596$ cbm.

Die wirklich ausfließende Wassermenge ist demnach:

$$\mu Q = 0{,}62 \cdot 0{,}4596 = \infty\, 0{,}285 \text{ cbm}.$$

31. Bewegung des Wassers in Röhren und Kanälen.

Fließt Wasser durch eine längere Rohrleitung, so wird durch Reibung an den Rohrwänden ein Verlust an Geschwindigkeit eintreten.

Bezeichnet nun
  $h =$ totale Druckhöhe,
  $h_1 =$ einen Teil dieser Druckhöhe, welcher für die Geschwindigkeit verloren geht,
  $h - h_1 =$ der zur Erzeugung der Geschwindigkeit v verbleibende Rest,

so ist:

$$h = \frac{v^2}{2g} + h_1 \quad \ldots \ldots \quad 117$$

Bezeichnet
  $l =$ Länge der Rohrleitung,
  $d =$ Durchmesser derselben,

so beträgt für gußeiserne Rohre bei mittleren Geschwindigkeiten etwa:

$$h_1 = 0{,}024 \frac{l}{d} \frac{v^2}{2g} \quad \ldots \ldots \quad 118$$

$$v = \sqrt{\frac{2 g h}{1 + 0{,}024 \frac{l}{d}}} \quad \ldots \ldots \quad 119$$

Ein Kanal muß stets Gefälle erhalten.
Ist F = Wasserquerschnitt im Kanale,
  v = mittlere Geschwindigkeit des Wassers,
  Q = die in 1 Sek. durchströmende Wassermenge,
so muß sein:
$$Q = F \cdot v \qquad \qquad \qquad 120$$
v wird gemessen mit dem **Voltmann**schen Flügel oder Schwimmer, oder kann nach der **Bazin**schen Formel bestimmt werden:
$$\frac{h}{l} = v^2 \left(\alpha + \beta \frac{U}{F}\right) \frac{U}{F} \qquad \qquad 121$$
Hierin bedeutet:
  l = Länge des Kanals,   }
  h = Gefällhöhe des Kanals, } $\frac{h}{l}$ Gefälle des Kanals,
  F = Wasserquerschnitt im Kanal,
  U = benetzten Umfang dieses Kanalquerschnittes,
  α und β = Werte, die je nach dem Kanalmateriale zu wählen sind wie folgt:

α = 0,00015; β = 0,0000045 für Holz und abgeriebenen Zement,
α = 0,00019; β = 0,0000133 „ Quader und Ziegel,
α = 0,00024; β = 0,00006 „ Bruchsteinmauerwerk,
α = 0,00028; β = 0,00035 „ Erde.

Damit der Gefällverlust möglichst gering wird, soll der Kanalquerschnitt (Fig 96) den Formeln entsprechen:

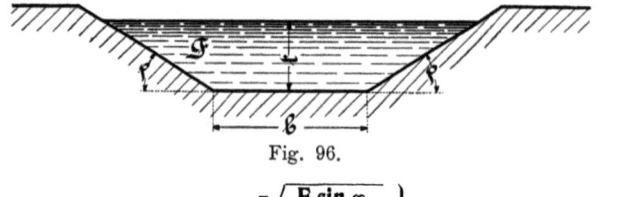

Fig. 96.

$$\left. \begin{array}{l} t = \sqrt{\dfrac{F \sin \varphi}{2 - \cos \varphi}} \\ b = t \cdot 2 \operatorname{tg} \dfrac{\varphi}{2} \end{array} \right\} \qquad \qquad 122$$

Beispiel. Von einem größeren Wasserbassin fließt durch eine Rohrleitung von 5000 m Länge Wasser nach einer Stelle, welche 15 m tiefer liegt als der Wasserspiegel des Bassins. Wie groß ist die Ausflußgeschwindigkeit v, wenn der Durchmesser des Rohres 18 cm beträgt, und welche Wassermenge Q fließt in einer Stunde aus?

Nach Gl. 119:
$$v = \sqrt{\frac{2 \cdot 9{,}81 \cdot 15}{1 + 0{,}024 \dfrac{5000}{0{,}18}}} = \infty\, 0{,}67 \text{ m.}$$

Nach Gl. 112:
$$Q = \frac{0{,}18^2 \pi}{4} \cdot 0{,}67 = 0{,}0167 \text{ cbm pro Sec.}$$

Folglich pro Stunde: $Q = 60 \cdot 60 \cdot 0{,}0167 = \infty\, 60$ cbm.

Ohne Reibungswiderstände würde nach Gl. 111:

$v = \sqrt{2 \cdot 9{,}81 \cdot 15} = 17{,}17$ m, mithin

$$Q = 60 \cdot 60 \cdot \frac{0{,}18^2 \pi}{4} \cdot 17{,}17 = \infty\, 1592 \text{ cbm.}$$

32. Druck der atmosphärischen Luft.

Der äußere Luftdruck hält einer Quecksilbersäule von ca. 76 cm Höhe oder einer Wassersäule von 10,33 m das Gleichgewicht.

Der Luftdruck pro qcm, oder der Druck einer Atmosphäre beträgt:

$$p = 1{,}033 \text{ kg} \infty\, 1 \text{ kg} \quad \ldots \ldots \quad 123$$

Beispiel. Wie groß ist in Atm. der Druck auf einen Pumpenkolben, wenn über demselben eine Wassersäule von 30 m steht?

$$p = \frac{30}{10{,}33} = 2{,}9 \text{ Atm.}$$

33. Höhenmessung durch das Barometer.

Bezeichnet

H = Höhenunterschied zweier Orte in m,
B = Barometerstand am unteren und
b = Barometerstand am oberen Orte, so ist annähernd für mittlere deutsche Verhältnisse:

$$H = 18400\, (\log B - \log b) \quad \ldots \ldots \quad 124$$

34. Auftrieb der Luft, Steigkraft und Steighöhe des Luftballons.

Ein jeder Körper verdrängt eine Luftmasse gleich seinem Volumen und erleidet dadurch einen Auftrieb, welcher gleich dem Gewichte der verdrängten Luft ist.

Ist das Gewicht G eines Körpers geringer als der Auftrieb A der atmosphärischen Luft, so wird der Körper durch eine Kraft P aufwärts getrieben:

$$P = A - G \quad \ldots \ldots \quad 125$$

Ist demnach

V = Volumen eines Ballons,
γ = Gewicht von 1 cbm Luft am Boden,
γ' = Gewicht von 1 cbm Gas, mit dem der Ballon gefüllt ist, so folgt:

$$P = V(\gamma - \gamma') - G \quad \ldots \ldots \quad 126$$

Die **Steighöhe** des Ballons ergibt sich zu:

$$H = 18\,400\,(\log \gamma - \log \gamma_1), \quad \ldots \ldots \quad 127$$

worin zu setzen ist:

$$\gamma_1 = \gamma' + \frac{G}{V} \quad \ldots \ldots \ldots \quad 128$$

Beispiel. Ein Luftballon, welcher mit Wasserstoffgas gefüllt ist, hat ein Volumen $V = 1500$ cbm; sein Gewicht mit Zubehör betrage $G = 1000$ kg. Wie groß ist die Steigkraft P des Ballons am Boden und wie groß ist die Steighöhe H? ($\gamma = 1{,}3$ für Luft; $\gamma' = 0{,}09$ für Wasserstoffgas).

Nach Gl. 126:

$$P = 1500\,(1{,}3 - 0{,}09) - 1000 = 815 \text{ kg.}$$

Nach Gl. 128 wiegt 1 cbm Luft am oberen Ende der Steighöhe:

$$\gamma_1 = 0{,}09 + \frac{1000}{1500} = 0{,}756 \text{ kg,}$$

somit ergibt sich nach Gl. 127 die Steighöhe:

$$H = 18\,400\,(\log 1{,}3 - \log 0{,}756) = \infty\,4290 \text{ m.}$$

35. Ausfluß der Luft.

Bezeichnet

h = Höhe einer Wassersäule, durch welche die Spannungsdifferenz der Luft gemessen wird,

v = Geschwindigkeit, mit welcher die Luft von höherer Spannung aus der Öffnung eines Gefäßes in die freie Atmosphäre ausströmt, so ist:

$$v = \sqrt{2\,g\,\frac{1000}{1{,}293}\,h} \quad \ldots \ldots \quad 129$$

Hierbei müssen aber Druck- und Temperaturdifferenz gering sein.

Bezeichnet ferner

Q = wirkliche Ausflußmenge der Luft,
f = Querschnitt der Öffnung,
μ = Ausflußkoeffizienten,

so ist:

$$Q = \mu\,f\,v, \quad \ldots \ldots \ldots \quad 130$$

worin zu setzen ist bei Öffnungen in dünner Wand:

$$\mu = 0{,}62;$$

bei einem kurzen, konischen Ansatzrohr mit gut abgerundeten Kanten:

$$\mu = 0{,}9.$$

Beispiel. In einem Gefäße habe die eingeschlossene Luft 1,25 Atm. Spannung und fließe durch eine Öffnung von 0,003 qm Querschnitt in die freie Atmosphäre; v und Q?

Widerstand der Flüssigkeiten gegen bewegte feste Körper etc. 101

Die Spannungsdifferenz beträgt $1{,}25 - 1 = 0{,}25$ Atm.; dieser entspricht eine Wassersäule von der Höhe:
$$h = 0{,}25 \cdot 10{,}33 = 2{,}58 \text{ m}.$$
Folglich nach Gl. 129:
$$v = \sqrt{2 \cdot 9{,}81 \, \frac{1000}{1{,}293} \, 2{,}58} = 198 \text{ m}.$$
Bei $\mu = 0{,}9$ ist dann nach Gl. 130:
$$Q = 0{,}9 \cdot 0{,}003 \cdot 198 = 0{,}535 \text{ cbm pro Sek}.$$

36. Widerstand der Flüssigkeiten gegen bewegte feste Körper und Luftwiderstand.

Bewegt sich ein fester Körper in einer ruhenden Flüssigkeit, so tritt der Bewegung ein Widerstand entgegen.

Bezeichnet
  W = Größe des Widerstandes,
  γ = Gewicht der Flüssigkeit pro Kubikeinheit,
  F = Flächeninhalt der Projektion des Körpers auf eine senkrecht zur Bewegungsrichtung stehende Ebene,
  v = Geschwindigkeit des Körpers,
  k = Erfahrungskoeffizienten,
  g = 9,81 m,
so ist:
$$W = k \, \gamma \, F \, \frac{v^2}{2g}, \qquad \ldots \ldots \ldots \text{131}$$
worin

$k = \dfrac{4}{3}$ für ein in der Achsenrichtung sich bewegendes Prisma oder einen Zylinder von nicht zu großer Länge,

$k = \dfrac{2}{3}$ für einen in der Querrichtung sich bewegenden Zylinder,

$k = 0{,}5$ für eine Kugel bei geringen Geschwindigkeiten,
$k = 0{,}6$ für eine Kugel bei größeren Geschwindigkeiten.

Gleichung 131 gilt auch für **Luftwiderstand**, wenn die Fläche F senkrecht zur Windrichtung ist.

Bezeichnet hierfür
  F = Inhalt einer ruhenden, ebenen Fläche in qm,
  P = senkrechten Winddruck auf F in kg,
  v = Windgeschwindigkeit in m pro Sek.,
  k = Erfahrungszahl, zwischen 1 und 3,
  γ = Gewicht von 1 cbm Luft in kg ($\gamma = 1{,}293$ kg/cbm für Luft von 0^0),
so ist:
$$P = k \, \gamma \, F \, \frac{v^2}{2g}, \qquad \ldots \ldots \ldots \text{131 a}$$

also der **Winddruck** p in kg pro qm:

$$p = \frac{P}{F} = k\gamma\frac{v^2}{2g} \quad \ldots \ldots \quad 131\,b$$

Für den **Winddruck auf bewegte Flächen** (Windräder) gilt annähernd, wenn

L = Arbeitsstärke des Windes in Sek./mkg,
F_n = bewegte Fläche bezw. Summe der Windmühlenflügeloberflächen in qm,
v = Geschwindigkeit des Windes in der Achsenrichtung eines Windrades in m pro Sek.:

$$\left.\begin{array}{l} L = 0{,}0302\,F\ v^3 \text{ in Sek./mkg} \\ \text{und } N = \dfrac{F_n \cdot v^3}{2500} \text{ in PS.} \end{array}\right\} \ldots \quad 131\,c$$

Für den **Luftwiderstand bei Eisenbahnzügen**[1]) gibt Redtenbacher an, sofern bezeichnet

F = Vorderfläche der Lokomotive,
f = Vorderfläche jedes angehängten Wagens,
n = Anzahl der Wagen,
v = Fahrgeschwindigkeit,

$$W = 0{,}0704\,(F + 0{,}25\,f\,n)\,v^2 \quad \ldots \ldots \quad 132$$

Beispiel. Ein Eisenbahnzug mit 8 Waggons hat eine Geschwindigkeit von 16 m pro Sek., W = ?
Beträgt F = 6 qm; f = 5 qm, so ist nach Gl. 132:
$$W = 0{,}0704\,(6 + 0{,}25 \cdot 5 \cdot 8)\,16^2 = \infty\ 288 \text{ kg.}$$

---

[1]) Vergl. den Abschnitt „Eisenbahnwesen".

Vierter Abschnitt.
Von der Wärme.

1. Temperaturbestimmung.

$1\ t^0$ Celsius $= \frac{4}{5} t^0$ Réaumur $= 32 + \frac{9}{5} t^0$ Fahrenheit.

$\frac{5}{4} t^0$ „ $= 1\ t^0$ „ $= 32 + \frac{9}{4} t^0$ „

$\frac{5}{9}(t-32)^0$ „ $= \frac{4}{9}(t-32)^0$ „ $= 1\ t^0$

2. Schmelzpunkte.

Stoff	Grad C	Stoff	Grad C
Antimon, Sb	440°	Zink, Zn	412°
Blei, Pb	335	Zinn, Sn	230
Gold, Au	1075	Nickel, Ni	1450
Kupfer, Cu	1050	Bronze,	900
Phosphor, P	43	Gußeisen, grau	1275
Aluminium, Al	600	„ weiß } Fe	1075
Platin, Pt	1775	Schmiedeeisen	1500
Quecksilber, Hg	−39,4	Stahl	1375
Schwefel, S	109	Glas ∽	1200

3. Glühpunkte in C.

Anfangendes Rotglühen	500°	Hellorange	1200°
Dunkelrot	700	Weißglut	1300
Kirschrot	900	Schweißhitze	1400
Hellrot	1000	Blendendes Weißglühen	1500
Dunkelorange	1100		

4. Siedepunkte in C.

	0 Atm.	1 Atm.		0 Atm.	1 Atm.
Alkohol . .	78°	97°	Quecksilber	357°	397°
Äther . . .	35	56	Wasser, dest.	100	120

5. Spezifische Wärme (bei konstantem Volumen c_v) fester und flüssiger Körper.

Blei	0,0315 W.E.		Quecksilber	0,0333	W.E.
Schmiedeeisen	0,1138	„	Silber	0,0559	„
Gußeisen	0,1298	„	Stahl	0,118	„
Wismut	0,0298	„	Zink	0,0935	„
Gold	0,0316	„	Zinn	0,0559	„
Kohle	0,241	„	Ziegel	0,2150	„
Kupfer	0,0952	„	Alkohol	0,700	„
Messing	0,0862	„	Schwefelsäure	0,3363	„
Platin	0,0323	„	Wasser	1,0000	„

6. Spezifische Wärme der Gase und Dämpfe.

	bei konstantem Volumen c_v	bei konstantem Druck c_p
Atmosphärische Luft	0,1684	0,2375
Sauerstoff	0,1551	0,2175
Stickstoff	0,1727	0,2438
Wasserstoff	2,411	3,4090
Ätherdampf	0,3411	0,4810
Kohlenoxyd	0,1736	0,2426
Kohlensäure	0,1535	0,2164
Wasserdampf	0,370	0,4805

$$\varkappa = \frac{c_p}{c_v} = 1{,}4053 \text{ für Luft.}$$

7. Tabelle für gesättigte Wasserdämpfe nach Fliegner.

Druck des Dampfes		Temperatur	Flüssigkeitswärme in W.E.	Innere	Äußere	Diff. d. spez. Volumina v. Dampf- und Wasser auf 1 kg in cbm	Wert von	Gew. von 1 cbm Dampf in kg
				Verdampfungswärme in W. E.				
kg auf d. qcm	mm Quecksilbersäule							
p	p_1	t oder T	q	ϱ	Ap u	u = s − ϱ	$\frac{\varrho}{u}$	$\gamma = \frac{1}{s}$
0,1	73,6	45,58	45,649	539,634	35,119	15,0309	35,90	0,0665
0,2	147,1	59,76	59,890	528,347	36,488	7,8084	67,66	0,1281
0,4	294,2	75,47	75,710	515,808	37,999	4,0659	126,86	0,2459
0,6	441,3	85,48	85,818	507,326	38,929	2,7769	182,88	0,3600
0,8	588,4	93,00	93,427	501,847	39,592	2,1182	236,93	0,4719
1,0	735,5	99,09	99,576	497,048	40,098	1,7162	289,62	0,5823
1,2	882,6	104,24	104,792	492,934	40,566	1,4469	340,69	0,6907
1,4	1029,7	108,72	109,339	489,378	40,942	1,2517	390,98	0,7983
1,6	1176,8	112,70	113,382	486,221	41,270	1,1040	440,43	0,9050
1,8	1323,9	116,29	117,032	483,375	41,561	0,9882	489,12	1,0109

Tabelle für gesättigte Wasserdämpfe.

Druck des Dampfes		Temperatur	Flüssigkeitswärme in W. E.	Innere	Äußere	Diff. d. spez. Volumina v. Dampf und Wasser auf 1 kg in cbm	Wert von	Gew. von 1 cbm Dampf in kg
				Verdampfungswärme in W. E.				
kg auf d. qcm	mm Quecksilbersäule							
p	p₁	t oder T	q	ϱ	Ap u	u = s − ϱ	$\frac{\varrho}{u}$	$\gamma = \frac{1}{s}$
2,0	1471,0	119,57	120,369	480,776	41,824	0,8950	537,16	1,1161
2,1	1544,6	121,11	121,935	479,557	41,946	0,8549	560,95	1,1684
2,2	1618,1	122,59	123,443	478,385	42,062	0,8183	584,61	1,2206
2,3	1691,7	124,02	124,897	477,254	42,174	0,7848	608,12	1,2726
2,4	1765,2	125,39	126,301	476,163	42,281	0,7540	631,51	1,3245
2,5	1838,8	126,73	127,658	475,109	42,384	0,7256	654,76	1,3763
2,6	1912,3	128,02	128,972	474,090	42,483	0,6993	677,90	1,4280
2,7	1985,9	129,26	130,246	473,101	42,579	0,6750	700,94	1,4793
2,8	2059,4	130,48	131,483	472,141	42,671	0,6523	723,86	1,5307
2,9	2133,0	131,65	132,684	471,210	42,760	0,6311	746,68	1,5820
3,0	2206,5	132,80	133,853	470,304	42,846	0,6113	769,40	1,6332
3,1	2280,1	133,91	134,992	469,422	42,929	0,5927	792,00	1,6843
3,2	2353,6	135,00	136,102	468,563	43,010	0,5753	814,53	1,7352
3,3	2427,2	136,06	137,183	467,726	43,088	0,5588	836,96	1,7864
3,4	2500,7	137,09	138,239	466,908	43,165	0,5434	859,30	1,8369
3,5	2574,3	138,10	139,271	466,111	43,238	0,5287	881,53	1,8879
3,6	2647,8	139,08	140,279	465,331	43,311	0,5149	903,70	1,9384
3,7	2721,4	140,05	141,265	464,569	43,381	0,5018	925,79	1,9889
3,8	2794,9	140,99	142,230	463,824	43,449	0,4894	947,79	2,0392
3,9	2868,5	141,92	143,175	463,093	43,516	0,4776	969,02	2,0894
4,0	2942,0	142,82	144,102	462,377	43,581	0,4663	991,55	2,1400
4,1	3015,6	143,71	145,010	461,677	43,644	0,4556	1013,3	2,1901
4,2	3089,1	144,58	145,901	460,989	43,706	0,4454	1035,0	2,2401
4,3	3162,7	145,43	146,775	460,315	43,766	0,4356	1056,7	2,2904
4,4	3236,2	146,27	147,633	459,653	43,825	0,4263	1078,2	2,3403
4,5	3309,8	147,09	148,475	459,004	43,883	0,4174	1099,8	2,3901
4,6	3383,3	147,90	149,303	458,365	43,940	0,4088	1121,2	2,4402
4,7	3456,9	148,69	150,117	457,738	43,995	0,4006	1142,6	2,4900
4,8	3530,4	149,47	150,918	457,121	44,049	0,3928	1163,9	2,5394
4,9	3604,0	150,24	151,705	456,514	44,103	0,3852	1185,0	2,5893
5,0	3677,6	150,99	152,480	455,917	44,155	0,3780	1206,2	2,6412
5,1	3751,1	151,73	153,242	455,331	44,206	0,3710	1227,3	2,6882
5,2	3824,7	152,47	153,993	454,753	44,256	0,3643	1248,4	2,7375
5,3	3898,2	153,19	154,733	454,183	44,305	0,3578	1269,4	2,7871
5,4	3971,8	153,90	155,462	453,623	44,353	0,3515	1290,4	2,8369

Vierter Abschnitt. Von der Wärme.

Druck des Dampfes		Temperatur	Flüssigkeitswärme in W. E.	Innere	Äußere	Diff. d. spez. Volumina v. Dampf und Wasser auf 1 kg in cbm	Wert von	Gew. von 1 cbm Dampf in kg
kg auf d. qcm	mm Quecksilbersäule			Verdampfungswärme in W. E.				
p	p₁	t oder T	q	ϱ	Ap u	u = s − ϱ	$\frac{\varrho}{u}$	$\gamma = \frac{1}{s}$
5,5	4045,3	154,59	156,180	453,071	44,400	0,3455	1311,3	2,8860
5,6	4118,9	155,28	156,888	452,526	44,447	0,3397	1332,1	2,9351
5,7	4192,4	155,96	157,586	451,989	44,493	0,3341	1352,9	2,9842
5,8	4266,0	156,63	158,274	451,460	44,538	0,3287	1373,6	3,0331
5,9	4339,5	157,29	158,954	450,938	44,582	0,3234	1394,4	3,0826
6,0	4413,1	157,94	159,625	450,423	44,625	0,3183	1415,0	3,1319
6,1	4486,6	158,59	160,287	449,914	44,668	0,3134	1435,5	3,1807
6,2	4560,2	159,22	160,940	449,413	44,710	0,3086	1456,1	3,2300
6,3	4633,7	159,85	161,585	448,918	44,751	0,3040	1476,6	3,2787
6,4	4707,3	160,47	162,222	448,428	44,792	0,2995	1497,1	3,3278
6,5	4780,8	161,08	162,852	447,945	44,832	0,2952	1517,4	3,3761
6,6	4854,4	161,68	163,474	447,468	44,871	0,2910	1537,8	3,4247
6,7	4927,9	162,28	164,088	446,997	44,910	0,2869	1558,1	3,4734
6,8	5001,5	162,87	164,696	446,530	44,949	0,2829	1578,4	3,5224
6,9	5075,0	163,45	165,296	446,070	44,987	0,2790	1598,5	3,5714
7,0	5148,6	164,03	165,890	445,615	45,024	0,2753	1618,7	3,6193
7,25	5332,4	165,44	167,347	444,498	45,115	0,2663	1668,9	3,7411
7,50	5516,3	166,82	168,764	443,413	45,202	0,2580	1718,9	3,8610
7,75	5700,2	168,15	170,146	442,354	45,287	0,2501	1768,6	3,9825
8,0	5884,1	169,46	171,493	441,323	45,369	0,2427	1818,3	4,1034
8,25	6068,0	170,73	172,808	440,316	45,449	0,2358	1867,5	4,2230
8,50	6251,8	171,98	174,093	439,334	45,526	0,2292	1916,6	4,3440
8,75	6435,7	173,19	175,349	438,373	45,601	0,2231	1965,4	4,4623
9,0	6619,6	174,38	176,578	437,434	45,674	0,2172	2013,9	4,5830
9,25	6803,5	175,54	177,780	436,515	45,745	0,2117	2062,3	4,7015
9,50	6987,4	176,68	178,958	435,616	45,813	0,2064	2110,5	4,8216
9,75	7171,2	177,79	180,111	434,735	45,881	0,2014	2158,5	4,9407
10,0	7355,1	178,89	181,243	433,871	45,946	0,1966	2206,4	5,0607
10,25	7539,0	179,96	182,353	433,024	46,010	0,1921	2254,0	5,1787
10,50	7722,9	181,01	183,442	432,193	46,072	0,1878	2301,3	5,2966
11,0	8090,6	183,05	185,563	430,576	46,192	0,1797	2395,7	5,5340
12,0	8826,1	186,94	189,594	427,506	46,415	0,1655	2582,4	6,0060
13,0	9561,6	190,57	193,376	424,629	46,620	0,1535	2766,5	6,4725
14,0	10297,1	194,00	196,944	421,916	46,810	0,1431	2948,3	6,9996
15,0	11032,7	197,24	200,324	419,349	46,986	0,1341	3128,0	7,4019

8. Lineare Messung.

Die Zahl a (s. folgende Tabelle) heißt linearer Ausdehnungskoeffizient und gibt die Verlängerung der Längeneinheit eines Körpers bei der Temperaturerhöhung um 1^0 C an.

Z. B. ist für Schmiedeeisen (Stabeisen) $a = 0,00001182$, d. h. ein dünner schmiedeeiserner Stab von 1 m Länge dehnt sich um 0,00001182 m aus, wenn seine Temperatur um 1^0 C gesteigert wird.

Körper	a	Körper	a
Platin . . .	0,00000884	Stahl, gehärtet .	0,00001240
Glas	0,00000861	„ ungehärtet	0,00001079
Blei	0,00002799	Zink	0,00002976
Schmiedeeisen	0,00001182	Zinn	0,00002296
Gußeisen . .	0,00001119	Quecksilber . .	0,0001815
Kupfer . . .	0,00001718	Luft	$0,003670 \backsim \frac{1}{273}$
Messing . .	0,00001868		

Bezeichnet
l_0 = Länge eines Stabes bei 0^0 C,
a = Ausdehnungskoeffizient,
t = Temperaturerhöhung,
l_t = Länge des Stabes bei t^0 C,
so ist:
$$l_t = l_0 (1 + a t) \quad \ldots \ldots \ldots \quad 133$$

Hat bei einer Temperatur T^0 der Stab die Länge l_T, so ist:
$$l_T = \frac{1 + a T}{1 + a t} l_t \quad \ldots \ldots \ldots \quad 134$$

Beispiel. Wie hoch war die Temperatur in einem Schmelzofen, wenn die Länge bei 0^0 eines in denselben eingesetzten Platinstabes $l_0 = 1,25$ m und die Länge bei der zu bestimmenden Temperatur t, $l_t = 1,2683$ m war? a für Platin $= 0,00000884$.

Nach Gl. 133:
$l_t = l_0 (1 + a t)$
$1,2683 = 1,25 (1 + 0,00000884 . t)$
$t = 1655,7^0$.

Beispiel. Ein rotglühender $(T = \backsim 800^0$ C) eiserner Reif von 15 mm Stärke wird um ein Rad, dessen Halbmesser $r = 0,6$ m beträgt, gelegt; wie groß ist der mittlere Halbmesser R' des Reifes, wenn sich derselbe auf $t = 14^0$ C abkühlt?

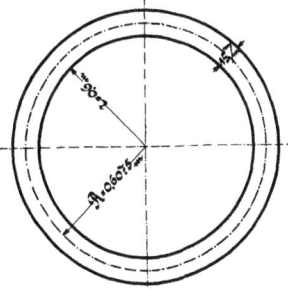

Fig. 97.

Es ist:
$$l_{800} = 2\,R\,\pi = 2 \cdot 0{,}6075 \cdot 3{,}14.$$
Nach Gl. 134:
$$l_t = \frac{1+\alpha t}{1+\alpha T} l_T$$
$$l_{14} = \frac{1+0{,}00001182 \cdot 14}{1+0{,}00001182 \cdot 800} l_{800} = 2\,R'_{14}\,\pi$$
oder:
$$\frac{1+0{,}00001182 \cdot 14}{1+0{,}00001182 \cdot 800} \cdot 2\,R\,\pi = 2\,R'_{14}\,\pi$$
$$R'_{14} = \frac{1+0{,}00001182 \cdot 14}{1+0{,}00001182 \cdot 800} \cdot 0{,}6075 = 0{,}6014 \text{ m} = 601{,}4 \text{ mm}.$$

9. Flächenausdehnung.

Bezeichnet
F_t = Fläche bei t^0,
F_0 = Fläche bei 0^0,
α = wie oben,

so ist:
$$F_t = F_0 (1 + 2\,\alpha\,t) \quad \ldots \ldots \quad 135$$
Für eine andere Temperatur T ist:
$$F_T = \frac{1+2\,\alpha\,T}{1+2\,\alpha\,t} F_t \quad \ldots \ldots \quad 136$$

Beispiel. Eine viereckige Messingplatte von 10 cm Länge und 5 cm Breite bei 0^0 C wird um 100^0 erwärmt, wie groß ist die Platte? $\alpha = 0{,}0000\,1868$.

Nach Gl. 135:
$$F_{100} = 5 \cdot 10\,(1 + 2 \cdot 0{,}0000\,1868 \cdot 100) = 50{,}1868 \text{ qcm}.$$

10. Ausdehnung der Körper.

Bezeichnet
V_t = Volumen eines Körpers bei t^0,
V_0 = Volumen eines Körpers bei 0^0,
α = wie oben,

so ist:
$$V_t = V_0 (1 + 3\,\alpha\,t) \quad \ldots \ldots \quad 137$$
Für eine weitere Temperatur T folgt:
$$V_T = \frac{1+3\,\alpha\,T}{1+3\,\alpha\,t} V_t \quad \ldots \ldots \quad 138$$

Die Gl. 137 und 138 gelten sowohl für feste als auch für hohle Körper.

Beispiel. Ein zylindrischer Dampfkessel hat bei 16^0 C das Volumen $V_{16} = 13$ cbm, wie groß ist das Volumen des Kessels bei 215^0 C? (Die Spannung des Dampfes ist bei dieser Temperatur etwa 20 Atm.; $\alpha = 0{,}0000\,112$.)

Nach Gl. 138:
$$V_{215} = \frac{1 + 3 \cdot 0{,}0000\,112 \cdot 215}{1 + 3 \cdot 0{,}0000\,112 \cdot 16} \cdot 13 = 13{,}0858 \text{ cbm.}$$

11. Allgemeines über Wärme und Wasserdampf.

Eine Kalorie — Einheit der Wärmemenge — bringt ein kg Wasser von 0^0 auf 1^0 C (annähernd auch von t^0 auf $t + 1^0$).

Eine Kalorie ist = einem Arbeitswerte von 428 mkg.

Spezifische Wärme w eines Stoffes ist die Wärmemenge, welche pro kg nötig ist, um eine Temperaturzunahme von 1^0 C zu bewirken. (Siehe Tabellen 5 und 6, S. 104.)

Für Gase mit konstantem Druck ist die spezifische Wärme etwa 1,41 mal so groß, als für Gase von konstantem Volumen.

Um G kg Wasser von t^0 auf t_1^0 zu erwärmen, sind W Kalorien nötig:
$$W = G\,(t_1 - t) \quad \ldots \ldots \ldots \quad 139$$

Für einen beliebigen Stoff von der spezifischen Wärme w ist:
$$W = G\,w\,(t_1 - t) \quad \ldots \ldots \ldots \quad 140$$

Latente oder gebundene Wärme bewirkt keine Temperatursteigerung, sondern Änderung des Aggregatszustandes.

Für Wasser ist die latente Wärme:
am Eispunkte 79 Kalorien,
am Siedepunkt 540 Kalorien pro kg.

Um G kg Wasser von t^0 zu verdampfen sind nach Watt nötig:
$$W = G\,(640 - t)\,\text{Kalorien} \quad \ldots \ldots \quad 141$$

Oder genauer nach Regnault, wenn T = Temperatur des Dampfes bedeutet:
$$W = G\,(606{,}5 + 0{,}305\,T - t) \quad \ldots \ldots \quad 142$$

Mischt man G kg Wasser von t^0 mit G_1 kg Wasser von t_1^0, so hat diese Mischung eine Temperatur:
$$t_0 = \frac{G\,t + G_1\,t_1}{G + G_1} \quad \ldots \ldots \ldots \quad 142$$

Hat ein beliebiger wärmerer Körper das Gewicht G, die spez. Wärme w und die Temperatur t, während ein kälterer Körper G_1, w_1, t_1 hat, so ist nach geschehenem Ausgleich die Durchschnittstemperatur t_0 zu bestimmen aus:
$$G\,w\,(t - t_0) = G_1\,w_1\,(t_0 - t_1) \quad \ldots \ldots \quad 143$$

Mischt man G kg Dampf von T^0 mit G_1 kg Wasser von t_1^0, so hat die Mischung — das Kondensationswasser — eine Temperatur:
$$t_0 = \frac{G\,(606{,}5 + 0{,}305\,T) + G_1\,t_1}{G + G_1} \quad \ldots \ldots \quad 144$$

110   Vierter Abschnitt. Von der Wärme.

Die **Spannung des Wasserdampfes** wird gemessen in Atmosphären: 1 Atm. = 1 kg pro qcm.

Der **Luftdruck** — alte Atmosphäre — beträgt 1,033 kg pro qcm und entspricht einer Quecksilbersäule von 760 mm (vergl. Gl. 123).

Alle Temperaturen werden **nach Celsius** angegeben.

Die **Dichtigkeit oder das spezifische Gewicht** γ ist das Gewicht der Kubikeinheit (in kg).

Das **spezifische Volumen** μ ist der Raum eines kg, und es ist:

$$\mu = \frac{1}{\gamma} \quad \ldots \ldots \ldots \quad 145$$

Beispiel. Wieviel Wärme ist nötig, um 6,5 kg Kupfer von 10° auf 150° zu erwärmen? w = 0,0952 lt. Tabelle S. 104.

Nach Gl. 140:
$$W = 6,5 \cdot 0,0952 \,((150 - 10) = 86,5 \text{ Kalorien}.$$

Beispiel. Ein Stück Gußeisen von 8,4 kg wird in 25 kg Wasser abgekühlt. Dadurch steigt die Temperatur des Wassers von 8° auf 50°, welche Temperatur hatte das Eisen? Gußeisen hat w = 0,1298 und Wasser w = 1 lt. Tabelle S. 104.

Es ist also:

Eisen G = 8,4 kg | Wasser G_1 = 25 kg
t_0 = 50° | w_1 = 1
w = 0,1298 | t_1 = 8
t = ? |

Nach Gl. 143:
$$8,4 \cdot 0,1298 \,(t - 50) = 25 \cdot 1 \,(50 - 8)$$
$$t = 1014°.$$

Beispiel. Ein Hammer von G = 100 kg fällt aus einer Höhe von 1,8 m 20 mal auf ein Stück Schmiedeeisen von 16 kg, wieviel müßte die Temperatur des Eisenstückes steigen, wenn alle Arbeit in Wärme verwandelt würde? Schmiedeeisen hat w = 0,1138 lt. Tabelle S. 104.

Die Arbeit ist nach Gl. 13:
$$A = 100 \cdot 1,8 \cdot 20 = 3600 \text{ mkg}.$$
$$1 \text{ Kal.} = 428 \text{ mkg},$$
$$1 \text{ mkg} = \frac{1}{428} \text{ Kal.}$$

Also Wärme $W = \dfrac{3600}{428} = 8{,}41$ Kal.

Nach Gl. 140:
$$W = G\,w\,(t_1 - t)$$
$$8{,}41 = 16 \cdot 0{,}1138 \,(t_1 - t)$$
$$(t_1 - t) = 4{,}62°.$$

Beispiel. Eine Kondensationsdampfmaschine stößt pro Minute 9,2 kg Dampf von 120° aus. Dieser Dampf soll durch Einspritz-

wasser von 10° kondensiert werden. Die Temperatur des Kondensationswassers soll 45° betragen, wieviel Einspritzwasser ist nötig?
Es ist also:
$G = 9{,}2$ kg; $T = 120°$; $t_0 = 45°$; $t_1 = 10°$; $G_1 = ?$
Nach Gl. 144:
$$G(606{,}5 + 0{,}305\,T) + G_1\,t_1 = (G + G_1)\,t_0$$
$$9{,}2\,(606{,}5 + 0{,}305 \cdot 120) + G_1 \cdot 10 = (9{,}2 + G_1)\,45$$
$$G_1 = \infty\ 157\ \text{kg}.$$

11a. Das Mariotte-, Gay-Lussacsche und kombinierte Gesetz. Adiabatischer Prozess.

Bei **konstanter Temperatur** folgen die Gase dem **Mariotte**schen (isothermischen) Gesetze:

„Die Spannungen ein und desselben Gasquantums verhalten sich wie die Dichtigkeiten oder umgekehrt wie die Volumina."

Bezeichnet
V_1 das Volumen, p_1 die Spannung und γ_1 das spez. Gewicht für den ersten Zustand, während V_2, p_2 und γ_2 für einen zweiten Zustand gelten,

so ist:
$$\frac{p_1}{p_2} = \frac{\gamma_1}{\gamma_2} = \frac{V_2}{V_1} \quad \ldots \ldots \quad 146$$

oder:
$$p_1\,V_1 = p_2\,V_2 = \text{konstant},$$
$$V_1\,\gamma_1 = V_2\,\gamma_2 = \text{konstant}.$$

Bei **konstanter Spannung** folgen die Gase dem **Gay-Lussac**schen Gesetze:

„Bei gleichen Temperaturzunahmen erfährt ein und dasselbe Gasquantum gleiche Raumzunahme, d. h. die Gase dehnen sich gleichförmig mit der Erwärmung aus".

Der Ausdehnungskoeffizient α ist die Raumzunahme, welche die Raumeinheit erfährt bei Erwärmung von 0° auf 1°. Es ist für alle Gase:

$$\alpha = \frac{1}{273} = 0{,}003665 \quad \ldots \ldots \quad 147$$

Wird ein Gasquantum V_1 von der Temperatur t_1 auf das Volumen V_2 und die Temperatur t_2 gebracht, so ist nach dem Gay-Lussacschen Gesetze:

$$\frac{V_1}{V_2} = \frac{1 + \alpha\,t_1}{1 + \alpha\,t_2} = \frac{T_1}{T_2} \quad \ldots \ldots \quad 148$$

T_1 und T_2 sind die absoluten Temperaturen und es ist:
$$T_1 = 273 + t_1; \quad T_2 = 273 + t_2.$$

Findet **außer der Volumen- und Temperaturänderung auch eine Spannungsänderung** von p_1 **auf** p_2 statt, so gilt das **kombinierte Gesetz**:

$$\frac{V_1}{V_2} = \frac{T_1}{T_2} \cdot \frac{p_2}{p_1} = \frac{\gamma_2}{\gamma_1} = \frac{\mu_1}{\mu_2} \quad \ldots \ldots \quad 149$$

oder: $$\frac{V_1 p_1}{T_1} = \frac{V_2 p_2}{T_2} = \text{konstant}.$$
(μ vergl. Gleich. 145).

Die vorstehenden Gleichungen gelten nur für permanente Gase, d. h. solche, welche ihren Aggregatzustand nicht ändern, wenn eine Änderung ihrer Temperatur oder Dichtigkeit vorgenommen wird.

Die Gaskonstante ist:
$$R = \frac{\mu_1 p_1}{T_1} = \frac{\mu_2 p_2}{T_2} = \text{konstant} \quad \ldots \ldots \quad 150$$

Die konstante R hat für jede Gasart einen besonderen Wert. Für atmosphärische Luft berechnet man dieselbe wie folgt:

Bei einer Temperatur von 0^0 und einer Atmosphäre Spannung wiegt der cbm Luft 1,294 kg $= \gamma$; folglich ist das spez. Volumen $\mu = \frac{1}{\gamma} = \frac{1}{1,294} = 0,773$. Der Luftdruck beträgt 10336 kg pro qm, demnach wird (T = 273 bei 0^0):
$$R = \frac{\mu p}{T} = \frac{0,773 \cdot 10336}{273} = 29,3 \quad \ldots \quad 150a$$

Adiabatischer Prozess. Wird mit einem Gasquantum irgend eine Änderung vorgenommen, ohne daß von **außen** Wärme zu- oder abgeführt wird (bei Kompression wird daher die Temperatur steigen, bei Expansion wird sie fallen), so gilt neben Gl. 149 noch die Gleichung von Poisson:
$$\frac{p_2}{p_1} = \left(\frac{V_1}{V_2}\right)^{\varkappa} = \left(\frac{\gamma_2}{\gamma_1}\right)^{\varkappa} = \left(\frac{\mu_1}{\mu_2}\right)^{\varkappa} \quad \ldots \ldots \quad 151$$

Der Exponent $\varkappa$ hat einen konstanten Wert, nämlich
$$\varkappa = \frac{c_p}{c_v} = 1{,}41 \text{ (vergl. die Tabellen 5 und 6, S. 104).}$$

11b. Arbeitsleistung.

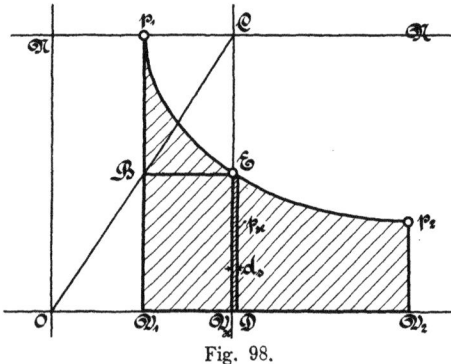

Fig. 98.

Für das **Mariotte**sche Gesetz gilt folgende Konstruktion:

Man trage die Volumina als Abszissen auf, die zugehörigen Spannungen aber als Ordinaten. Verbindet man die Endpunkte der letzteren miteinander, so erhält man die Mariottesche oder die isotherme Linie.

Arbeitsleistung.   113

Ist V_1 und p_1 gegeben, so ziehe man die Hilfslinie NN; aus dem Nullpunkt 0 zieht man Strahlen OC, zieht durch B horizontal herüber, durch C senkrecht herab, alsdann ist E ein Punkt der Kurve.

Wird in einem Zylinder durch die Expansion des Gases (Dampfes) ein Kolben bewegt und bedeutet $0 = $ Kolbenfläche, $s = $ Kolbenverschiebung $p_x = $ Spannung, so würde die geleistete Arbeit sich ergeben:

$$A = 0\int_{V_2}^{V_1} p_x\, ds, \text{ oder}$$

$$A = p_1 V_1 \log_n \frac{V_2}{V_1} \text{ in mkg} \qquad \Bigg\} \quad \ldots \ldots 152$$

Alle Masse in m einsetzen.

Bei einem **Gay-Lussac schen** Vorgange bleibt die Spannung konstant.

Die Arbeit ist:
$$A = p(V_2 - V_1) \text{ in mkg} \ldots \ldots 153$$

Alle Maße in m einsetzen.

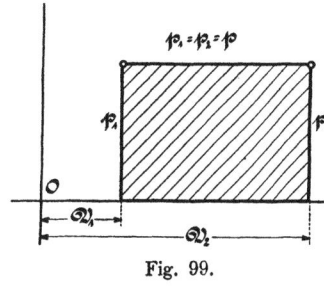

Fig. 99.

Für einen **Adiabati** schen Vorgang kann die Arbeit berechnet werden aus der Formel:

$$A = \frac{p_1 V_1}{\varkappa - 1}\left[1 - \left(\frac{V_1}{V_2}\right)^{\varkappa - 1}\right] = \frac{p_1 V_1}{\varkappa - 1}\left[1 - \left(\frac{p_2}{p_1}\right)^{\frac{\varkappa - 1}{\varkappa}}\right] \text{ in mkg} \ldots 154$$

$\varkappa$ vergl. Gl. 151. V_2 ist wieder als das größere Volumen zu betrachten. Alle Maße in m einsetzen.

Beispiel. Eine Luftmenge von $V_1 = 40$ l und 6 Atm. Spannung expandiert auf einem Raum von $V_2 = 200$ l, wie groß ist am Ende die Spannung, wenn **keine Temperaturänderung** stattfindet?

Nach (Mariotte) Gl. 146:
$$\frac{p_1}{p_2} = \frac{V_2}{V_1},$$
$$p_2 = \frac{p_1 V_1}{V_2} = \frac{6 \cdot 40}{200} = 1{,}2 \text{ Atm.}$$

Wieviel Arbeit wurde bei dieser Expansion geleistet?
Es ist:
$V_1 = 40$ l $= 0{,}04$ cbm,
$p_1 = 6$ Atm. $= 60\,000$ kg pro qm, demnach nach Gl. 152:
$$A = 60\,000 \cdot 0{,}04 \log_n\left(\frac{200}{40}\right)$$
$$A = 60\,000 \cdot 0{,}04 \cdot 1{,}6094 = 3860 \text{ mkg.}$$

Welche Wärmemenge mußte zugeführt werden?

$$W = \frac{3860}{428} = 9{,}02 \text{ Kalorien.}$$

$\left(1 \text{ mkg} = \frac{1}{428} \text{ Kal.}\right)$.

Beispiel. Eine Luftmenge von 60 l wird von 20° auf 150° erwärmt, auf welchen Raum dehnt sie sich aus und wieviel Arbeit wird hierbei geleistet, wenn die Anfangsspannung p = 4,5 Atm. erhalten bleibt?

Nach (Gay-Lussac) Gl. 148:

Es ist: $p = 4{,}5$ Atm.
$V_1 = 60$ l
$T_1 = 278 + 20 = 293$
$T_2 = 273 + 150 = 423$

$\dfrac{V_1}{V_2} = \dfrac{T_1}{T_2}$
$\dfrac{60}{V_2} = \dfrac{293}{423}$
$V_2 = 86{,}6$ l.

Für die Arbeit folgt, da $p = 45\,000$ kg/qm; $V_2 = 0{,}0866$ cbm; $V_1 = 0{,}06$ cbm; nach Gl. 153:

$$A = p(V_2 - V_1) = 45\,000 \cdot 0{,}0266 = 1197 \text{ mkg.}$$

Zusatz. Welche Wärmemenge mußte zugeführt werden?

Die Wärmemenge ist größer als $\dfrac{1197}{428}$, weil außer der Arbeitsleistung noch die Erwärmung von 20° auf 150° stattfand. Man rechnet das Gewicht der Luft aus und betrachtet das Ganze als eine einfache Erwärmung bei **konstantem Druck**.

Nach Gl. 150a:

$$R = \frac{\mu P}{T} = 29{,}3 = \frac{p}{T\gamma}$$

p war 45 000 kg/qm,
T war 293.

$29{,}3 = \dfrac{45000}{293\,\gamma}$
$\gamma = 5{,}25$ pro cbm.

Da $V_1 = 0{,}06$ cbm war, so ergibt sich für das Gewicht der Luft:

$$G = 0{,}06 \cdot 5{,}25 = 0{,}315 \text{ kg.}$$

Nach Gl. 140:

$W = G w (t_2 - t_1)$ | $w = 0{,}2375$ lt. Tab. S. 104.
$W = 0{,}315 \cdot 0{,}2375 \,(150 - 20) = 9{,}7$ Kalorien,

oder

$W = 9{,}7 \cdot 428 = 4160$ mkg.

Wäre die Luft bei **konstantem Volumen** erwärmt worden, so wäre die äußere Arbeit weggefallen und zur Erwärmung wären weniger Kalorien nötig. Für diesen Fall ist die spez. Wärme $w = 0{,}1684$ lt. Tab. S. 104.

Demnach:
$$W = G \, w \, (t_2 - t_1)$$
$$W = 0{,}315 \cdot 0{,}1684 \, (150 - 20 = 6{,}91 \text{ Kal.,}$$
oder
$$W = 6{,}91 \cdot 428 = 2960 \text{ mkg.}$$
Also muß sein:
$$4160 - 2960 = 1200, \text{ also} \infty 1197 \text{ mkg wie oben.}$$

Beispiel. Eine Luftmenge von 120 l hat bei 4 Atm. Spannung eine Temperatur von 300° C. Die Luft dehnt sich aus auf 400 l, wodurch die Spannung auf 1 Atm. herabsinkt; welches ist die Endtemperatur?

Nach (kombiniertem Gesetz) Gl. 149:

$$\frac{V_1}{V_2} = \frac{T_1}{T_2} \cdot \frac{p_2}{p_1}$$
$$\frac{120}{400} = \frac{273 + 300}{273 + t_2} \cdot \frac{1}{4}$$
$$t_2 = 205^0.$$

$V_1 = 120$ l
$p_1 = 4$ Atm.
$t_1 = 300^0$
$V_2 = 400$ l
$p_2 = 1$ Atm.
$t_2 = ?$

Die Temperaturabnahme von 300° auf 205° erscheint ziemlich gering, so daß man vermuten kann, es sei von außen Wärme zugeführt worden. Hat weder Zufuhr noch Abfuhr von Wärme stattgefunden, so wäre der Prozeß adiabatisch und es müßte die Gl. 151 zur Anwendung kommen:

$$\frac{p_2}{p_1} = \left(\frac{V_1}{V_2}\right)^{\varkappa}$$
$$p_2 = p_1 \left(\frac{V_1}{V_2}\right)^{\varkappa} = 4 \left(\frac{120}{400}\right)^{1{,}41} = 0{,}734 \text{ Atm.}$$

Da 0,734 Atm. kleiner als $p_2 = 1$ Atm. ist, so muß Wärme zugeführt worden sein, also war obige Vermutung richtig.

Beispiel[1]). Bei einer Luftkompressionsmaschine beträgt der innere Zylinderdurchmesser $D = 45$ cm, der Kolben hat $l = 70$ cm Hub und macht in der Minute 56 Doppelhübe. Der schädliche Raum, das ist der Raum zwischen dem Kolben bei dessen Endstellung und den Ventilen, beträgt $\frac{1}{20}$ des Zylinderinhaltes. Die von der Maschine gelieferte Luft soll 6 Atm. Spannung haben. Wieviel Luft liefert die Maschine und wie groß ist die Betriebsarbeit?

Das Diagramm Fig. 100 erläutert die verschiedenen Vorgänge; es ist V das vom Kolben bestrichene Volumen, V_0 das gelieferte Luftquantum, σ ist der schädliche Raum, $V_2 = V + \sigma$, $V_1 = V_0 + \sigma$.

Zuerst komprimiert der Kolben die Luft von A bis B, d. h. von p_2 auf p_1 (Arbeit I); von B bis C schiebt der Kolben die

---

[1]) Vergl. Jos. Keßler, Die Dampfmaschinen, Verlag von J. M. Gebhardt, Leipzig.

Luft aus dem Zylinder (Arbeit II) und kehrt dann um. Die im schädlichen Raum befindliche Luft dehnt sich jetzt aus und ver-

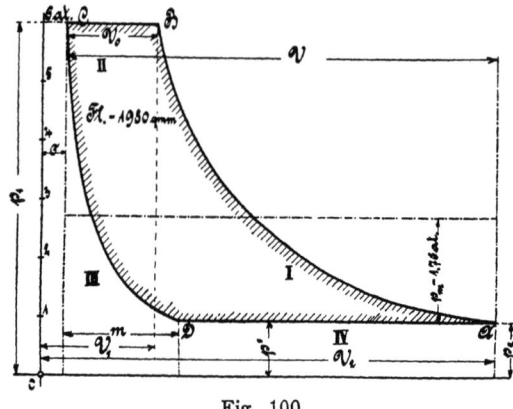

Fig. 100.

richtet die Arbeit III. Hinter dem Kolben bleibt die Spannung der von jetzt ab eingesaugten Luft p′ und verrichtet die Arbeit IV.

Es ist:
$$V = \frac{D^2 \pi}{4} \cdot l = \frac{0{,}45^2 \pi}{4} \cdot 0{,}7 = 0{,}111 \text{ cbm.}$$

$$\sigma = \frac{V}{20} = \frac{0{,}111}{20} = 0{,}0055 \text{ cbm;}$$

demnach:
$$V_2 = 0{,}111 + 0{,}0055 = 0{,}1165 \text{ cbm.}$$

Die Saugespannung ist etwa $p' = 0{,}98$ Atm., ebenso groß ist p_2 zu nehmen. Für wirksame Zylinderkühlung ist $\varkappa = 1{,}3$ (statt 1,41, vergl. Gl. 151) zu nehmen.

Also nach Gl. 151:
$$\frac{p_1}{p_2} = \left(\frac{V_2}{V_1}\right)^\varkappa$$

$$\sqrt[\varkappa]{\frac{p_1}{p_2}} = \frac{V_2}{V_1}$$

$$\frac{0{,}1165}{V_1} = \sqrt[1{,}3]{\frac{6}{0{,}98}} = \sqrt[1{,}3]{6{,}125} = 4{,}04$$

$$V_1 = \frac{0{,}1165}{4{,}04} = 0{,}0289 \text{ cbm.}$$

Nun ist:
$$V_0 = V_1 - \sigma = 0{,}0289 - 0{,}0055 = 0{,}0234 \text{ cbm.}$$

Somit beträgt das in der Minute gelieferte Luftquantum:
$$Q = 2 \cdot 56 \cdot 0{,}0234 = 2{,}62 \text{ cbm.}$$

Die Arbeiten berechnen sich folgendermaßen:

I. Kompressionsarbeit (bis auf die Abszissenachse herab gemessen; Gl. 154:

$$A = \frac{p_1 V_1}{\varkappa - 1}\left[1 - \left(\frac{V_1}{V_2}\right)^{\varkappa - 1}\right]$$

$$= \frac{60\,000 \cdot 0{,}0289}{1{,}3 - 1}\left[1 - \left(\frac{0{,}0289}{0{,}1165}\right)^{1{,}3 - 1}\right]$$

$$= 5780\,[1 - 0{,}659] = 1970 \text{ mkg}.$$

II. Fortschiebungsarbeit:
$$A_2 = p_1\,V_0 = 60\,000 \cdot 0{,}0234 = 1400 \text{ mkg}.$$

III. Expansionsarbeit: Es sei der Einfachheit wegen die Expansionskurve CD als Mariottesche Linie (anstatt der Adiabate) angenommen.

Wird $m_1 = m + \sigma$ gesetzt, so ist:
$$m_1 \cdot p' = \sigma \cdot p_1$$
$$m_1 = \sigma \cdot \frac{p_1}{p'} = 0{,}0055\,\frac{6}{0{,}98} = 0{,}0337 \text{ cbm}.$$

Nach Gl. 152:
$$A_3 = p_1 \cdot \sigma \cdot \log_n \frac{p_1}{p'} = 60\,000 \cdot 0{,}0055\,\log_n \frac{6}{0{,}98}$$
$$= 330 \cdot 1{,}81 = 597 \text{ mkg}.$$

IV. Arbeit der eingesaugten Luft: Die Arbeit III ist bereits negativ zu nehmen und ist bis auf die Abszissenachse gemessen. Für die ebenfalls negative Arbeit IV ist also bloß das Volumen $V_2 - m_1$ zu rechnen.
$$A_4 = p'\,(V_2 - m_1) = 9800\,(0{,}1165 - 0{,}0337)$$
$$= 812 \text{ mkg}.$$

Der wirkliche Arbeitsbedarf pro Hub ist mithin:
$$A = A_1 + A_2 - A_3 - A_4 = 1961 \text{ mkg},$$
und der Arbeitsbedarf der Maschine in Pferdestärken:
$$N = \frac{1961 \cdot 2 \cdot 56}{60 \cdot 75} = 49 \text{ PS}.$$

Hierzu käme dann noch die Arbeit zur Überwindung der schädlichen Widerstände.

11 c. Gesetze für den Wasserdampf.

Unter gesättigtem Wasserdampf versteht man solchen, welcher sich mit dem erzeugenden Wasser noch in Berührung befindet, wie dieses bei allen Dampfkesseln vorkommt. Der gesättigte Wasserdampf befindet sich im Maximum von Spannkraft und Dichtigkeit. Er befindet sich auch in der Nähe des Kondensationspunktes.

Der überhitzte Wasserdampf ist nicht mehr mit Wasser in Berührung, sondern ist für sich abgesperrt und noch weiter erwärmt. Der in einem Dampfzylinder befindliche Dampf kann ungefähr als überhitzter Dampf betrachtet werden.

Die über Wasserdampf aufgestellten Formeln sind mehr oder weniger empirisch.

Für **überhitzten** Dampf (vergl. Gl. 145) ist:

$$\mu = \frac{1}{\gamma} = 4{,}694 \, \frac{T}{p}, \qquad \ldots \ldots 155$$

worin $T = 273 + t$ und p in Atm.

Für **gesättigten** Dampf ist (vergl. Gl. 145):

1. Nach **Navier**: $\mu = \dfrac{1}{\gamma} = \dfrac{2000}{p + 0{,}25}$ in l (cbdm) auf 1 kg

2. Nach **Zeuner**: $\gamma = \dfrac{1}{\mu} = 0{,}6061 \, p^{0{,}9393}$ in kg pro cbm

$\qquad\qquad\qquad\qquad\qquad\qquad\qquad\qquad$ 156

p in Atm. einsetzen.

Die Zahl μ gibt nach **Navier** den Raum eines kg in l an. Bezeichnet

V_0 eine Wassermenge und V die daraus entstandene Dampfmenge, so ist:

$$V = \mu V_0 \qquad \ldots \ldots \ldots 157$$

Wird für μ der Wert aus der **Navier**schen Gleichung eingesetzt, so wird die **Dampfmenge**:

$$V_1 = \frac{2000}{p_1 + 0{,}25} V_0 \qquad \ldots \ldots 157\,a$$

Für einen zweiten Zustand würde sein:

$$V_2 = \frac{2000}{p_2 + 0{,}25} V_0 \qquad \ldots \ldots 157\,b$$

Beide Gleichungen durcheinander dividiert, gibt:

$$\frac{V_1}{V_2} = \frac{p_2 + 0{,}25}{p_1 + 0{,}25} \qquad \ldots \ldots 158$$

Dehnt sich ein Dampfquantum V_1 von der Spannung p_1 auf das Volumen V_2 aus, so ist die neue Spannung:

$$p_2 = \frac{V_1}{V_2} (p + 0{,}25) - 0{,}25 \qquad \ldots \ldots 159$$

Beispiel. Welches ist das spez. Gewicht und Volumen des gesättigten Dampfes bei 6 Atm. Spannung?

Nach **Navier**, Gl. 156:

$$\mu = \frac{2000}{6 + 0{,}25} = 320 \text{ l auf 1 kg}$$

$$\gamma = \frac{1}{\mu} = \frac{1}{0{,}320 \text{ cbm}} = 3{,}12 \text{ kg pro cbm.}$$

Nach **Zeuner**, Gl. 156:

$$\gamma = 0{,}6061 \cdot 6^{0{,}9393} = 3{,}26 \text{ kg pro cbm.}$$

Beispiel. Es werden 8 l Wasser in Dampf von 4 Atm. verwandelt, welchen Raum nimmt der Dampf ein?
Nach Gl. 157 bezw. 157a:

$$V = \frac{2000}{4 + 0{,}25} \cdot 8 = 3760 \text{ l.}$$

Zusatz. Diese 3760 l expandieren auf einen Raum von 7000 l, wie groß ist die Spannung?
Nach Gl. 158:

$$\frac{V_1}{V_2} = \frac{p_2 + 0{,}25}{p_1 + 0{,}25}$$

$$\frac{3760}{7000} = \frac{p_2 + 0{,}25}{4 + 0{,}25}$$

$$p_2 = 2{,}03 \text{ Atm.}$$

$V_1 = 3760$ l
$V_2 = 7000$ l
$p_1 = 4$ Atm.
$p_2 = ?$

Beispiel. Ein auf einer Seite offener Zylinder hat 0,5 qm (0,5 qm = 5000 qcm) Grundfläche. Auf dem Boden befinden sich 2 l Wasser. Der Kolben ist mit 25 000 kg belastet. Das Wasser wird verdampft und der Dampf treibt den Kolben in die Höhe, welche Wärme ist aufzuwenden und welche Arbeit wird durch den Kolben geleistet?
Es ist:

$$p = \frac{25000}{5000} = 5 \text{ Atm.}$$

Nach Gl. 156:

$$\mu = \frac{2000}{5 + 0{,}25} = 382.$$

Nach Gl. 157 die Dampfmenge:
$$V = \mu V_0 = 382 \cdot 2 = 764 \text{ l.}$$

Da $V = F \cdot h$, so ist der Kolbenhub:

$$h = \frac{V}{F} = \frac{764}{50 \text{ qdm}} = 15{,}25 \text{ dm} = 1{,}525 \text{ m.}$$

Arbeit $A = 25000 \cdot 1{,}525 = 38100$ mkg.
Wärme (Gl. 142):

$W = G(606{,}5 + 0{,}305 \, T - t)$
$W = 2(606{,}5 + 0{,}305 \cdot 151 - 15) =$
$= 1275{,}2$ Kalorien.

$t = $ Temperatr des Wassers, angenommen $t = 15^0$.
Dampf von 5 Atm. hat nach Tab. 7, S. 104 eine Temp.
$T = \infty \, 151^0.$

Arbeit $= 1275{,}2 \cdot 428 = 547\,000$ mkg.

Wirkungsgrad $\eta = \dfrac{38100}{547000} = \infty \, 0{,}07.$

Fünfter Abschnitt.

Festigkeitslehre[1]).

1. Elastizitäts- und Festigkeitszahlen.

Bezeichnet

ε = Dehnung, d. h. das Verhältnis der Verlängerung λ eines Stabes zur ursprünglichen Länge l desselben;

$$\varepsilon = \frac{\lambda}{l},$$

σ = die auf den ursprünglichen Querschnitt F eines Stabes bezogene Spannung,

$$\frac{\varepsilon}{\sigma} = \frac{\text{Dehnung}}{\text{Spannung}} = \alpha = \frac{1}{E} = \text{Dehnungskoeffizienten},$$

$$E = \frac{1}{\alpha} = \text{Elastizitätsmodul},$$

σ_p = Proportionalitätsgrenze,

σ_f = Streck- oder Fließgrenze, bezw. die Quetschgrenze,

K_z = Zugfestigkeit des Materiales,

K = Druckfestigkeit des Materiales,

G = Gleitmodul oder Schubelastizitätsmodul,

$$\beta = \frac{1}{G} = \text{Schubkoeffizient},$$

so können nach C. v. Bach hierfür die Werte der folgenden Tabellen gesetzt werden.

---

[1]) Elastizität und Festigkeit der Materialien nach C. v. Bach, Die Maschinenelemente, 9. Aufl., Stuttgart, Verlag von A. Bergwässer.

Elastizitäts- und Festigkeitszahlen.

a) Eisen und Stahl.

Eisensorte	$E = \dfrac{1}{\alpha}$ kg/qcm	$G = \dfrac{1}{\beta}$ kg/qcm	σ_p kg/qcm	σ_f kg/qcm	K_z kg qcm	K kg qcm
Schweißeisen, ‖ zur Sehnenrichtung	2 000 000	770 000	1300 bis 1700	2200 bis 2800	3300 bis 4000[1])	σ_f maßgebend
Flußeisen	2 150 000	830 000	2000 bis 2400	2500 bis 3000	3400 bis 4400	σ_f maßgebend
Flußstahl	2 200 000	850 000	2500 bis 5000[2])	2800 und mehr. Härteres Material ohne Streckgrenze.	4500 bis 10000[2])	wenn weich, so ist σ_f maßgebd.; wenn hart, so $K \geqq K_z$.
Federstahl, ungehärtet	2 200 000	850 000	4000 und mehr	—	7500 bis 9000	—
gehärtet	2 200 000	850 000	7500 und mehr	—	8000 und mehr	—
Stahlguß	2 150 000	830 000	2000 und mehr	wie bei Flußstahl	3500 bis 7000[3]) u. mehr	wie bei Flußstahl.
Gußeisen	750 000 bis 1 050 000	290 000 bis 400 000	σ_p und σ_f nicht vorhanden. Für Zug: $\varepsilon = \dfrac{1}{1140000}\sigma^{1,4}$; für Druck: $\varepsilon = \dfrac{1}{1140000}\sigma^{1,037}$.		1200 bis 1800	7000 bis 8000

Sind die Materialien außergewöhnlich hohen Temperaturen ausgesetzt, so ist deren Einfluß auf die Festigkeit, Dehnung und Querzusammenziehung (Kontraktion) zu berücksichtigen.

[1]) Gilt für Schweißeisen ‖ zur Sehnenrichtung; für Schweißeisen ⊥ zur Sehnenrichtung ist $K_z = 2800$ bis 3500.
[2]) Nickelstahl mit 5%/o Nickel: $\sigma_p = 4000$ bis 5000, $K_z = 8500$. Nickelstahl mit 25%/o Nickel: $\sigma_p = 3500$ bis 6000, $K_z = 7000$ bis 8000.
[3]) Geglühter Stahlguß von Friedrich Krupp, als Martinstahlguß $K_z = 4000$ bis 4800, als Tiegelstahlguß $K_z = 4500$ bis 7000.

Es läßt sich die **Dehnung** φ bezw. die **Kontraktion** ψ eines zerrissenen Stabes ausdrücken in Prozenten der ursprünglichen Länge l bezw. des ursprünglichen Querschnittes F desselben durch

$$\varphi = 100 \frac{l_b - l}{l} \text{ bezw.}$$

$$\psi = 100 \frac{F - F_b}{F},$$

wenn l_b die Länge nach erfolgtem Bruch und F_b den Querschnitt an der Bruchstelle bedeutet.

b) Kupfer und Kupferlegierungen.

Metallsorte	$E = \dfrac{1}{\alpha}$ kg/qcm	σ_P kg/qcm	K_z kg/qcm	φ %	ψ %
Kupferblech, gewalzt	1 150 000	—	2000—2300	38	45—50
Messing, gegossen .	800 000	650	1650	13	17,4
Rotguß	900 000	900	2000	6	10,5
Geschützbronze . .	1 100 000	300	3000	—	—
„ verdichtet	1 100 000	900	3200	—	—
Phosphorbronze . .	—	—	4000	—	—
Deltametall, Rohguß	—	—	3400—3700	—	—
„ hart gewalzt	997 700	2200	5880	12,3	17,4
„ überschmiedet	—	1800	3600	—	—
Örlikoner Bronze . ⎫ Nr.A, überschmiedet ⎭	—	2800	4400—5600	15—25	—

c) Andere Metalle und Materialien für Zugorgane.

Material	$E = \dfrac{1}{\alpha}$ kg/qcm	σ_P kg/qcm	K_z kg/qcm	Bemerkungen
Aluminium (gegossen)	675 000	—	1000	$\varphi = 3\%$.
Aluminiumbronze mit 10% Aluminium .	—	—	bis 1200 6400	$\varphi = 11\%$.
Zink, gewalzt . . .	150 000	—	1900	$K = 1000$ kg/qcm
Blei, weich	50 000	—	125	Hartblei $K_z =$ 300 kg/qcm.
Eisendraht, blank gezogen	—	4200	5600 bis 7000	Für neue Drahtseile ist E etwa 0,35mal so groß als für den Draht aus demselben Stoff.
Eisendraht, geglüht .	2 000 000	2000	4000	
Bessemer-Stahldraht, blank	—	5200	6500	
—, geglüht	2 150 000	2250	4000 bis 6000	

Material	$E = \dfrac{1}{\alpha}$ kg/qcm	σ_p kg/qcm	K_z kg/qcm	Bemerkungen
Lederriemen, neu	1250	160	⎫ 250	Leder (für Zug):
—, gebraucht	2250	—	⎬ bis 450	$\varepsilon = \dfrac{1}{415}\,\sigma^{0.7}$,
Manilahanfseil, neu	8000	—	1200	
	bis 9500	—	⎫ neu	falls $\sigma = 8{,}9$ bis
Schleißhanfseil, neu ⎫⎬	10500	—	⎬ 500	27,2 kg/qcm.
	bis 12500	—	⎭ alt	

2. Zulässige Spannungen.

Man versteht unter der **zulässigen Spannung** eines Körpers (k_z für Zug, k für Druck, k_b für Biegung, k_s für Schub, k_d für Drehung) diejenige Spannung in kg/qcm (oder in kg/qmm), bis zu welcher er mit Sicherheit durch äußere Kräfte auf eine der verschiedenen Arten der Festigkeit beansprucht werden darf.

In der nachstehenden Tabelle gelten die zulässigen Spannungen unter I, wenn die Belastung eine **ruhende** ist.

Die zulässigen Spannungen unter II gelten, wenn die Belastung beliebig oft wechselt, derart, daß die durch sie hervorgerufenen Spannungen abwechselnd **von Null bis zu einem größten Werte** stetig wachsen und dann wieder auf Null zurücksinken.

Die zulässigen Spannungen unter III gelten, wenn die Belastung beliebig oft **wechselt**, derart, daß die durch sie hervorgerufenen Spannungen abwechselnd **von einem größten negativen Werte** stetig wachsen bis zu einem **größten positiven**, gleich großen Werte und dann wieder abnehmen.

Für die **zwischenliegenden** Arten der Belastung können dazwischenliegende, den Spannungsgrenzen entsprechende Werte genommen werden.

Zulässige Spannungen in kg/qcm, nach C. v. Bach:

Art der Festigkeit und Belastung		Schweißeisen[1]	Flußeisen[2]		Flußstahl[2]		Stahlguß		Gußeisen	Kupferblech gewalzt
			von	bis	von	bis	von	bis		
Zug. k_z	I.	900	900	1200	1200	1500	600	900	300	600[5]
	II.	600	600	800	800	1000	400	600	200	300
	III.	300	300	400	400	500	200	300	100	—
Druck. k	I.	900	900	1200	1200	1500	900	1200	900	—
	II.	600	600	800	800	1000	600	900	600	—

[1]) Für **vorzügliches Schweißeisen** können die angegebenen zulässigen Spannungen um Beträge bis zu einem Drittel höher genommen (Note 2 s. S. 124, Note 5 s. S. 125.)

Art der Festigkeit und Belastung		Schweißeisen[1]	Flußeisen[2] von	bis	Flußstahl[3] von	bis	Stahlguß von	bis	Gußeisen	Kupferblech gewalzt
Biegung. k_b	I.	900	900	1200	1200	1500	750	1050	—	—
	II.	600	600	800	800	1000	500	700	—[3]	—
	III.	300	300	400	400	500	250	350	—	—
Schub. k_s	I.	720	720	960	960	1200	480	840	300	—
	II.	480	480	640	640	800	320	560	200	—
	III.	240	240	320	320	400	160	280	100	—
Drehung. k_d	I.	360	600	840	900	1200	480	840	—	—
	II.	240	400	560	600	800	320	560	—[4]	—
	III.	120	200	280	300	400	160	280	—	—

Für Federstahl ist nach C. v. Bach im Falle II für den ungehärteten Zustand $k_b = 3600$ kg/qcm, für den gehärteten Zustand $k_b = 4300$ kg/qcm.

werden, sofern die hierdurch zugelassenen größeren Formänderungen in ihrer Gesamtheit mit dem Zwecke des Bauteiles vereinbar sind. Wo zu befürchten steht, daß die Gesamtformänderung die mit Rücksicht auf den Zweck des Bauteiles als zulässig erachtete Grenze überschreitet, ist von dieser auszugehen.

[2]) Die höheren Werte sind nur bei durchaus zuverlässigem, nicht zu weichem Stoff anzuwenden (bei dem also $K_z = 3400$ bis 4400 bezw. $= 4500$ bis 10 000). Für Draht gelten, entsprechend der größeren Zugfestigkeit, größere Werte für k_z, u. zw. $k_z = {}^1/_3 K_z$ bis ${}^1/_5 K_z$.

[3]) Für bearbeitetes Gußeisen setze man die zulässige Biegungsspannung

$$k_b = \mu\, k_z \sqrt{\frac{e}{z_0}}, \text{ worin}$$

$\mu = 1,20$ bis 1,33 und für den Balkenquerschnitt:

e = den Abstand der am stärksten gespannten Faser von der Nullachse,

z_0 = den Abstand des Schwerpunktes der auf der einen Seite der Nullachse gelegenen Querschnittfläche von der Nullachse bezeichnet.

Versuche ergaben für den rechteckigen Querschnitt: $k_b = 1,7\, k_z$, für den kreisförmigen Querschnitt: $k_b = 2,05\, k_z$, für den I-förmigen Querschnitt: $k_b = 1,45\, k_z$.

Für vorzügliches Gußeisen in Formen, die Gewähr für geringe Gußspannungen und vollkommene Dichtheit bieten, können die für k_b gegebenen Werte um Beträge bis zu einem Viertel höher genommen werden.

Für Rohguß ergab sich $k_b = 1,4\, k_z$ bezw. $k_b = 1,7\, k_z$ und $k_b = 1,2\, k_z$ bei den vorstehend bezeichneten Querschnitten.

(Note 4 und 5 s. nächste Seite.)

3. Zug- und Druckfestigkeit.

Bezeichnet
P = zulässige Belastung (ev. inkl. Eigengewicht des Stabes),
F = Querschnitt des Stabes in qcm,
k_z bezw. k = zulässige Inanspruchnahmen (Spannungen),
so ist für Zug und Druck:

$$P = F k_z, \text{ bezw. } P = F k \quad \ldots \ldots \quad 160$$

Die bei der Belastung P eintretende **elastische Verlängerung** bezw. **Verkürzung** λ eines prismatischen Stabes von der ursprünglichen Länge l beträgt

$$\lambda = \frac{P l}{F E}, \ldots \ldots \ldots \quad 161$$

worin E den Elastizitätsmodul des Stabmateriales bedeutet.

E und F, l und λ müssen in Maßeinheiten übereinstimmen.

Beispiel. Eine schmiedeiserne Stange habe eine ruhende Zugbelastung von 10 000 kg auszuhalten; Stangendurchmesser d = ?
Da die Stange roh (unbearbeitet) bleiben soll, sei nur k_z = 300 kg/qcm.
Nach Gl. 160:

$$F = \frac{P}{k_z} = \frac{10000}{300} = 33{,}3 \text{ qcm},$$

$$\frac{d^2 \pi}{4} = 33{,}3$$

$$d = \infty\, 6{,}5 \text{ cm}.$$

Beispiel. Eine Stahlstange von 180 cm Länge und 3 qcm Querschnitt soll durch ein Gewicht um 0,1 cm ausgedehnt werden. Wie groß muß dieses Gewicht sein?
Nach Gl. 161:

$$P = \frac{\lambda E F}{l}$$

$$P = \frac{0{,}1 \cdot 2\,000\,000 \cdot 3}{180} = 3333{,}3 \text{ kg}.$$

---

[4]) Die zulässige **Drehungsspannung** k_d **des bearbeiteten Gußeisens** setze man:

für den kreisförmigen Querschnitt . . .	k_d = (reichlich) k_z,
" " kreisringförmigen und hohlelliptischen Querschnitt	k_d = 0,8 k_z bis k_z,
" " elliptischen Querschnitt	k_d = k_z bis 1,25 k_z,
" " quadratischen Querschnitt . . .	k_d = 1,4 k_z,
" " rechteckigen Querschnitt . . .	k_d = 1,4 k_z bis 1,6 k_z
" " hohlrechteckigen Querschnitt . .	k_d = k_z bis 1,25 k_z,
" " I-, C-, +-, L-förmigen Querschnitt	k_d = 1,4 k_z bis 1,6 k_z,

Der Einfluß der Gußhaut ist hier geringer als bei der Biegungsspannung.

[5]) Bei Windkesseln großer Feuerspritzen sei $k_z \geqq 800$, bei Zentrifugen k_z = 500.

4. Schubfestigkeit.

Bezeichnet
P = auf Abscherung wirkende Kraft,
F = abscherender Querschnitt,
k_s = Schub-(Scher-)spannung,

so ist:
$$P = F k_s \quad \ldots \ldots \ldots \quad 162$$

Die **zulässige Schubspannung** kann im allgemeinen gesetzt werden:

$$k_s = \frac{k_z}{1{,}3} = \infty\, 0{,}8\, k_z \quad \ldots \ldots \quad 163$$

Die Größe der durch eine Schubkraft P hervorgerufenen Schubspannung τ eines Stabes hängt von der Querschnittsform desselben ab.

Es ist für einen **rechteckigen Quersschnitt** bh:

$$\tau_{max} = \frac{3}{2}\frac{P}{bh}, \quad \ldots \ldots \quad 164$$

und für **kreisförmigen Querschnitt** vom Durchmesser d:

$$\tau_{max} = \frac{16}{3}\frac{P}{\pi d^2}. \quad \ldots \ldots \quad 165$$

Beispiel. Eine Blechplatte von $\delta = 1$ cm Stärke soll mit Nietlöchern von $d = 2$ cm Durchmesser versehen werden. Wie groß ist die zum Durchstoßen der Löcher erforderliche Kraft P, wenn die Bruchspannung des Bleches $K = 4000$ kg/qcm (vergl. Tab. a, S. 121) beträgt?

Die abzuscherende Fläche ist:
$$F = d \pi \delta = 2 \cdot 3{,}14 \cdot 1 = 6{,}28 \text{ qcm},$$
folglich:
$$P = F K = 6{,}28 \cdot 4000 = 25120 \text{ kg}.$$

5. Biegungsfestigkeit.

Bei der Biegung eines prismatischen Stabes behalten nur die Fasern einer einzigen, durch die Stabachse gehenden Schicht, der **Nullschicht** (neutralen Faserschicht), ihre ursprüngliche Länge; diese Schicht schneidet jeden zur Schwerachse senkrechten Querschnitt in der **Nulllinie** (neutralen Achse).

Bezeichnet
M = Biegungsmoment (Kraft × Hebelarm) eines Stabquerschnittes in cmkg,
J = Trägheitsmoment[1]) des Querschnittes bezogen auf die Nulllinie, in cm^4,

---

[1]) $J = \Sigma\,(f\,y^2)$ [entsprechend $\Sigma\,(m\,r^2)$, Gl. 168] bedeutet die Summe aller Flächenteilchen, multipliziert mit dem Quadrate ihrer Abstände von der Drehachse. Da f und y jedes für sich zweiten Grades ist, so ist J vierten Grades. Somit $\frac{J}{e}$ dritten Grades.

Biegungsfestigkeit. 127

e = Abstand der von der Nulllinie entferntesten Faser in cm,

$W = \dfrac{J}{e}$ das Widerstandsmoment des Querschnittes, bezogen auf die Nulllinie, in cm³,

k_b = zulässige Biegungsspannung in kg/qcm,

dann gilt:
$$M = W k_b = \dfrac{J}{e} k_b \quad \ldots \ldots \quad 166$$

Da die Größe des Trägheitsmomentes abhängig ist von der Lage der Achse, so ist das Trägheitsmoment J_0 in bezug auf eine **nicht** durch den Schwerpunkt des Querschnittes gehende Achse:
$$J_0 = J + F a^2 \quad \ldots \ldots \quad 167$$

Hierin bedeutet F die ganze Querschnittsfläche und a den Abstand der beiden Achsen; also den Abstand zwischen der Schwerachse und derjenigen Achse, in Bezug auf welche das Trägheitsmoment (J_0) zu bestimmen ist.

Für die lebendige Kraft A eines rotierenden Körpers (vergl. Gl. 13, S. 56 gilt, wenn $\omega = \dfrac{v}{r} = \dfrac{2\pi n}{60}$ die Winkelgeschwindigkeit des drehenden Körpers bedeutet:

$$A = \dfrac{1}{2} \omega^2 \, \Sigma \, (m r^2) = \dfrac{1}{2} J \omega^2 \quad . \quad 168$$

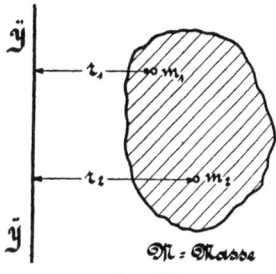
Fig. 101.

Schwankt die Winkelgeschwindigkeit zwischen den beiden Werten ε und ω, so ist die Zu- resp. Abnahme der lebendigen Kraft:

$$A = \dfrac{1}{2} J (\omega^2 - \varepsilon^2) \quad \ldots \quad 169$$

a) Trägheits- und Widerstandsmomente.

Trägheits- und Widerstandsmomente der deutschen Normalprofile für Walzeisen s. am Schluß des Werkes.

	Trägheitsmoment	Widerstandsmoment
Fig. 102.	$J = \dfrac{bh^3}{36}$	$\dfrac{bh^2}{24}$

	Trägheitsmoment	Widerstandsmoment
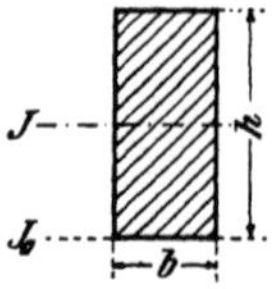 Fig. 103.	$J = \dfrac{bh^3}{12}$ $J_0 = \dfrac{bh^3}{3}$	$W = \dfrac{bh^2}{6}$
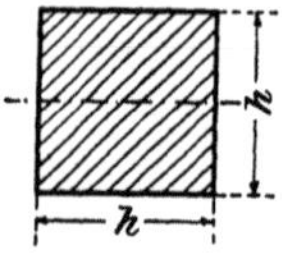 Fig. 104.	$J = \dfrac{h^4}{12}$	$W = \dfrac{h^3}{6}$
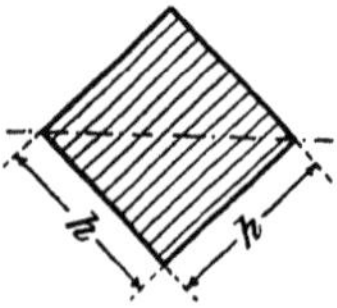 Fig. 105.	$J = \dfrac{h^4}{12}$	$W = 0{,}1179\, h^3$
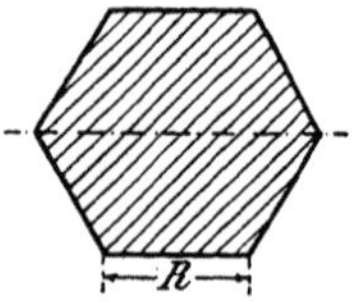 Fig. 106.	$J = 0{,}5413\, R^4$	$W = \dfrac{5}{8} R^3$
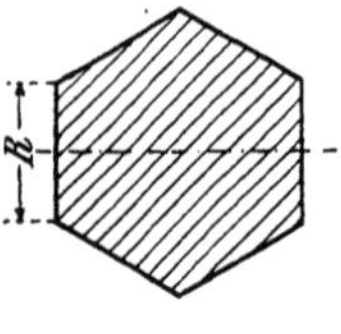 Fig. 107.	$J = 0{,}5413\, R^4$	$W = 0{,}5413\, R^3$
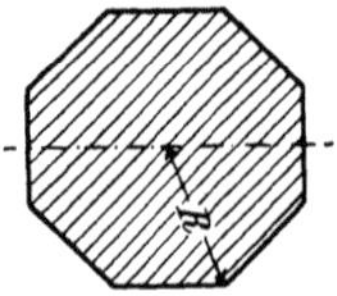 Fig. 108.	$J = 0{,}6381\, R^4$	$W = 0{,}6906\, R^3$

Biegungsfestigkeit.

	Trägheitsmoment	Widerstandsmoment
Fig. 109.	$J = \dfrac{6b^2 + 6bb_1 + b_1^2}{36(2b + b_1)} h^3$	$W = \dfrac{6b^2 + 6bb_1 + b_1^2}{12(3b + 2b_1)} h^2$
Fig. 110.	$J = \dfrac{b}{12}(H^3 - h^3)$	$W = \dfrac{b}{6} \dfrac{H^3 - h^3}{H}$
Fig. 111.	$J = \dfrac{H^4 - h^4}{12}$	$W = \dfrac{1}{6} \dfrac{H^4 - h^4}{H}$
Fig. 112.	$J = \dfrac{H^4 - h^4}{12}$	$W = 0{,}1179 \dfrac{H^4 - h^4}{H}$
Fig. 113.	[*1)] $J = \dfrac{\pi}{64}(D^4 - d^4)$	$W = \dfrac{\pi}{32} \cdot \dfrac{D^4 - d^4}{D}$

[*1)] für $d = 0$ Formeln für den vollen Kreis.

Schneider, Formel- und Beispielsammlung.

	Trägheitsmoment	Widerstandsmoment
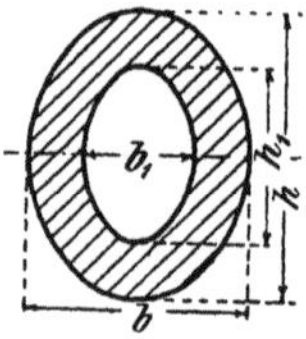 Fig. 114.	*1) $J=\dfrac{\pi}{64}(bh^3-b_1h_1^3)$	$W=\dfrac{\pi}{32}\dfrac{bh^3-b_1h_1^3}{h}$
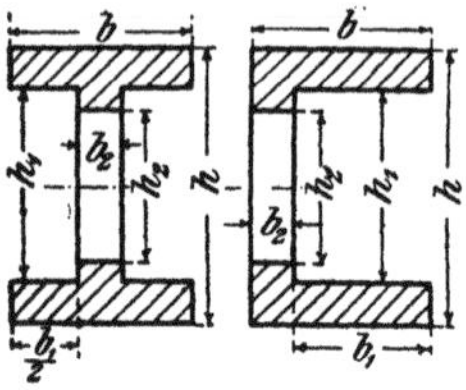 Fig. 115.	*2) $J=\dfrac{1}{12}(bh^3-b_1h_1^3-b_2h_2^3)$ $W=\dfrac{1}{6}\left(\dfrac{bh^3-b_1h_1^3-b_2h_2^3}{h}\right)$	
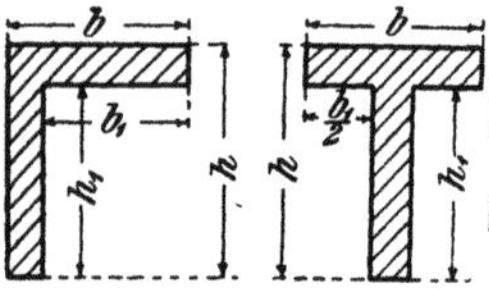 Fig. 116.	$W=\dfrac{1}{6}\left\{bh^2-b_1h_1^2-\dfrac{4bh\,b_1h_1(h-h_1)^2}{bh^2-b_1h_1^2}\right\}$	
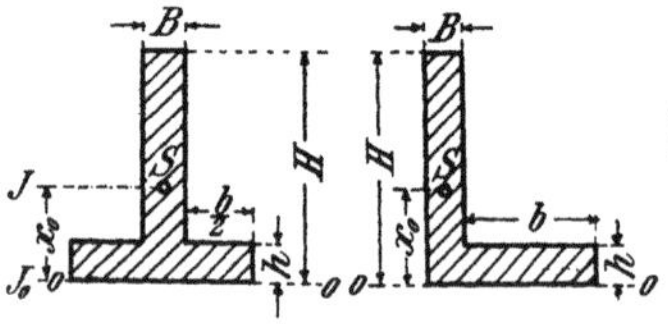 Fig. 116a.	$J_0=\dfrac{BH^3}{3}+\dfrac{bh^3}{3}$	
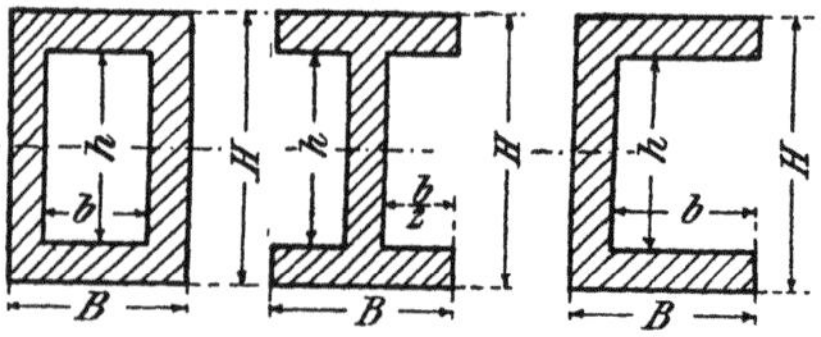 Fig. 117.	$J=\dfrac{BH^3-bh^3}{12}$	$W=\dfrac{BH^3-bh^3}{6H}$

*1) für $b_1h_1=0$ Formeln für die volle Ellipse.
*2) für $h_2=0$ Formeln der undurchbrochenen **U**- und **T**-Träger.

Biegungsfestigkeit. 131

b) Biegungsmomente für verschiedene Belastungsweisen prismatischer Stäbe.

Es bedeutet

P = eine Einzellast in kg,
Q = eine über die ganze Stablänge gleichmäßig verteilte Last in kg,
l = die freie Länge des Stabes in cm,
E = den Elastizitätsmodul des Stabmaterials in kg/qcm,
f und f_m = die Durchbiegung des Stabes im Angriffspunkte der Einzellast P bezw. in der Mitte der Stützweite in cm.

Belastungsfall		Biegungs- moment M	Durchbiegung
Fig. 118.		$M_{max} = Pl.$	$f = \dfrac{P}{EJ} \dfrac{l^3}{3}.$
Fig. 119.		$M_{max} = \dfrac{Pl}{4}.$	$f = \dfrac{P}{EJ} \dfrac{l^3}{48}.$
Fig. 120.		$M_{max} = \dfrac{Pl_1 l_2}{l}.$	$f = \dfrac{P}{EJ} \dfrac{1 l_1^2 l_2^2}{3}.$
Fig. 121.		$M_{max} = \dfrac{Pl}{8}.$	$f = \dfrac{P}{EJ} \dfrac{l^3}{192}.$

9*

Belastungsfall	Biegungs-moment M	Durchbiegung
Fig. 122.	$M = P l_1$ $=$ konst.	$f_m = \dfrac{P}{EJ} \dfrac{l^3}{8} \dfrac{l_1}{1}$ in der Mitte der Stützweite; $f = \dfrac{P}{EJ}\left(\dfrac{l_1}{3} + \dfrac{l_1^2 l}{2}\right)$ im Angriffspunkte der Last.
Fig. 123.	$M_{max} = \dfrac{Q l}{2}.$	$f = \dfrac{Q}{EJ} \dfrac{l^3}{8}.$
Fig. 124.	$M_{max} = \dfrac{Q l}{8}.$	$f = \dfrac{Q}{EJ} \dfrac{5 l^3}{384}.$
Fig. 125.	$M_{max} = {}^1/_{12}\, Q l$ im Einspannungsquerschnitt; $M = {}^1/_{24}\, Q l$ in der Stabmitte.	$f = \dfrac{Q}{EJ} \dfrac{l^3}{384}.$

Beispiel. Ein Freiträger (Fig. 118) ist $b = 30$ cm breit und $h = 4$ cm hoch, $l = 80$ cm; $P = 85$ kg. Wie groß ist k_b?

Nach Gl. 166:

$$k_b = \frac{M}{W} = \frac{P \cdot l}{\dfrac{b h^2}{6}} = \frac{85 \cdot 80}{\dfrac{30 \cdot 4^2}{6}} = 85 \text{ kg/qcm}.$$

Beispiel. Wie lang kann ein an einem Ende befestigter I-Träger Profil Nr. 20 sein, damit er sich noch selbst mit Sicherheit tragen kann und wie groß ist die Durchbiegung des freien Endes?

Biegungsfestigkeit. 133

Nach der Tabelle h über die Trägheits- und Widerstandsmomente der deutschen Normalprofile für Walzeisen (s. am Schluß des Werkes) ist das Widerstandsmoment dieses Trägers:
$W = 214$ (und $J = 2139$).
Das Gewicht pro cm Länge ist nach Tabelle:
$$g = 0,262 \text{ kg};$$
folglich das Gesamtgewicht: $Q = 0,262 \; l$.

Nach Fig. 123 ist nun $M_{max} = \dfrac{Ql}{2}$, somit nach Gl. 166 bei $k_b = 750$ kg/qcm: $\dfrac{Ql}{2} = W \cdot k_b$

$$\frac{0,262 \; l^2}{2} = 214 \cdot 750$$

$l = \infty \; 1105$ cm $= 11,05$ m.

Die Durchbiegung beträgt nach Fig. 123:
$$f = \frac{Q}{EJ} \frac{l^3}{8} = \frac{0,262 \cdot 1105}{2\,000\,000 \cdot 2139} \cdot \frac{1105^3}{8} = 11,5 \text{ cm.}$$

Beispiel. Der Querschnitt Fig. 126 gehört einem gußeisernen Träger an; dieser Träger ist $l = 1,2$ m lang und am freien Ende mit $P = 1500$ kg belastet. Wie groß sind die Spannungen k_{b_1} und k_{b_2}.
Nach Gl. 21:
$$x_0 = \frac{\Sigma(ix)}{\Sigma(i)}$$
$$x_0 = e_1 = \frac{15 \cdot 8 \cdot 4 + 5 \cdot 26 \cdot 13}{15 \cdot 8 + 5 \cdot 26} = 8,66 \text{ cm.}$$

Somit $e_2 = 26 - 8,66 = 17,34$ cm.
Nach Fig. 116a ist:
$$J_0 = \frac{5 \cdot 26^3}{3} + \frac{15 \cdot 8^3}{3}$$
$= 31\,853$ cm^4.
Nach Gl. 167:
$$J_0 = J + F a^2$$
$$J = J_0 - F a^2$$
$J = 31\,853 - (15 \cdot 8 + 5 \cdot 26) \, 8,66^2 = 13\,103$ cm^4.
Nach Gl. 166:
$$M = \frac{J}{e} k_b;$$
$$1500 \cdot 120 = \frac{13\,103}{8,66} k_{b_1}$$
$k_{b_1} = \infty \; 119$ kg/qcm.
Ebenso:
$$1500 \cdot 120 = \frac{13\,103}{17,34} k_{b_2}$$
$k_{b_2} = \infty \; 238$ kg/qcm.

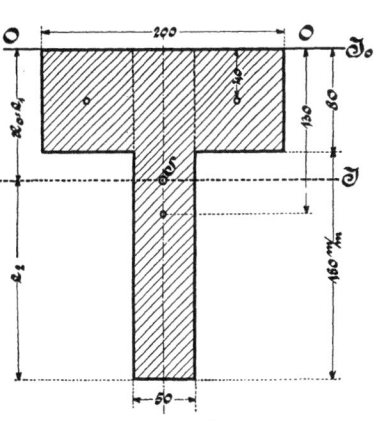

Fig. 126.

Beispiel. Bei dem Träger auf 2 Stützen (Fig. 127) wirkt die Gesamtbelastung $Q = 3000$ kg nur auf einem Teil des Trägers.

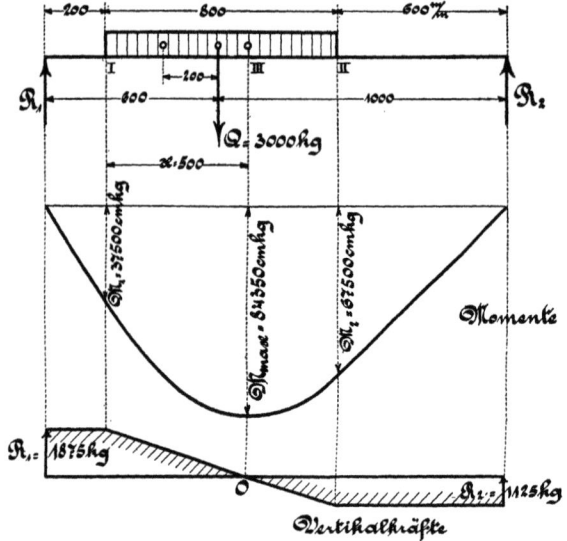

Fig. 127.

Man kann sich diese 3000 kg in ihrem Schwerpunkt konzentriert denken, also (in cm hier gerechnet):

$$R_1 \cdot 160 = 3000 \cdot 100$$
$$R_1 = 1875 \text{ kg.}$$
$$R_2 = 3000 - 1875 = 1125 \text{ kg.}$$

Moment bei I: $M_I = R_1 \cdot 20 = 1875 \cdot 20 = 37\,500$ cmkg.
„ „ II: $M_{II} = R_2 \cdot 60 = 1125 \cdot 60 = 67\,500$ cmkg.
„ „ III: $M_{III} = R_1 \cdot 60 - \dfrac{3000}{2} \cdot 20 = 82\,500$ cmkg.

Wo ist das größte Moment dieses Trägers?

Angenommen, es befinde sich im Abstand x von der Stelle I, so wird $\left[\text{auf 1 cm kommen } \dfrac{3000}{80};\right.$ auf 80 cm kommen $\dfrac{3000}{80} \cdot 80 = 3000$ kg. $\dfrac{Q}{80}$ x ist kein Moment, sondern nur die Kraft im Abstande x $\Big]$:

$$R_1 - \frac{Q}{80} x = 0$$
$$1875 - \frac{3000 \, x}{80} = 0$$
$$x = 50 \text{ cm.}$$

Somit: $M_{max} = 1875 \cdot 70 - \dfrac{8000}{80} \cdot 50 \cdot \dfrac{50}{2} = 84350$ cmkg.

Beispiel. Ein gußeisernes Schwungrad besitzt 8 Arme, von denen jeder 90 kg wiegt und L = 3 m Länge hat. Wie groß ist das Trägheitsvermögen der Arme und welches Arbeitsvermögen wohnt in denselben, wenn die Umgangszahl des Rades n = 60 pro Min. ist.

Das Trägheitsmoment eines Armes ist nach der höheren Mechanik:

$$J = \dfrac{m}{3} L^2 = \dfrac{\frac{90}{9,81}}{3} \cdot 3^2 = \infty\, 27{,}6.$$

Somit das Arbeitsvermögen nach Gl. 168:

$$A_1 = \dfrac{1}{2} J \omega^2 = \dfrac{1}{2} \cdot 27{,}6 \left(\dfrac{2 \cdot 3{,}14 \cdot 60}{60}\right)^2 = \infty\, 544 \text{ mkg.}$$

Für alle 8 Arme demnach:
$$A_1 = 8 \cdot 544 = 4352 \text{ mkg.}$$

Beträgt das Schwungringgewicht nun 3600 kg und wird - als Halbmesser annähernd L = 3 m genommen, so wird das Arbeitsvermögen für den sich drehenden Schwungring:

$$A_2 = \dfrac{1}{2} J \omega^2 = \dfrac{1}{2} m L^2 \omega^2$$
$$= \dfrac{1}{2} \dfrac{3600}{9{,}81} \cdot 3^2 \left(\dfrac{2 \cdot 3{,}14 \cdot 60}{60}\right)^2 = \infty\, 65\,000 \text{ mkg.}$$

Das Arbeitsvermögen des Schwungringes und der 8 Arme ist also bei n = 60 Umdrehungen in 1 Minute:
$$A = A_1 + A_2 = 69352 \text{ mkg.}$$

Wollte man die Schwungmasse in 1 Sekunde zur Ruhe bringen, so würde dieselbe eine Wirkung äußern von:

$$N = \dfrac{69352}{75} = \infty\, 923 \text{ PS.}$$

6. Drehungsfestigkeit.

Bezeichnet

M_d = äußeres Drehmoment in cmkg (M_d = PR, wenn P die Kraft und R der Hebelarm der Kraft ist),

$G = \dfrac{1}{\beta} = \dfrac{5}{13} E = 0{,}385\, E$ den Gleitmodul in kg/qcm (vergl. S. 121).

k_d = zulässige Drehungsspannung des Stabmaterials in kg/qcm,

ϑ = den verhältnismäßigen Verdrehungswinkel zweier um 1 cm voneinander abstehenden Stabquerschnitte unter der Einwirkung von M_d, gemessen in cm als Bogen vom Halbmesser 1 cm.

Dann gelten für M_d und ϑ die in der nachstehenden Tabelle für die wichtigsten Querschnitte angegebenen Werte.

Querschnitt.	Zulässiges Drehmoment	Verdrehungswinkel
Fig. 128.	$M_d = \dfrac{\pi}{16} d^3 k_d$ $= \infty\, 0{,}2\, d^3 k_d.$	$\vartheta = \dfrac{32}{\pi\, d^4}\, \dfrac{M_d}{G}.$
Fig. 129.	$M_d = \dfrac{\pi}{16}\, \dfrac{D^4 - d^4}{D}\, k_d.$	$\vartheta = \dfrac{32}{\pi\,(D^4 - d^4)}\, \dfrac{M_d}{G}$
Fig. 130.	$M_d = \dfrac{\pi}{16} b^2 h\, k_d.$ $(h > b).$	$\vartheta = \dfrac{16}{\pi} \cdot \dfrac{b^2 + h^2}{b^3\, h^3}\, \dfrac{M_d}{G}.$
Fig. 131.	$M_d = \dfrac{\pi}{16}\, \dfrac{b^3 h - b_0^3\, h_0}{b}\, k_d.$ $(h_0 : h = b_0 : b;\ h > b).$	

Drehungsfestigkeit.

Querschnitt	Zulässiges Drehmoment	Verdrehungswinkel
Fig. 132.	$M_d = \dfrac{2}{9} b^2 h k_d.$ ($h > b$).	$\vartheta = 3,6 \cdot \dfrac{b^2 + h^2}{b^3 h^3} \dfrac{M_d}{G}.$
Fig. 133.	$M_d = \dfrac{2}{9} h^3 k_d.$	$\vartheta = 7,2 \dfrac{1}{h^4} \dfrac{M_d}{G}.$
Fig. 134.	$M_d = \dfrac{2}{9} \dfrac{b^3 h - b_0^3 h_0}{b} k_d.$	
Fig. 135.	$M_d = \dfrac{2}{9} s^2 (h + 2 b_0) k_d.$	

Bezeichnet noch
    $l =$ Länge des auf Verdrehung beanspruchten Stabes in cm,
    $\psi =$ Verdrehungswinkel für die ganze Stablänge,

so ist
$$\psi = 1\,\vartheta \quad \ldots \ldots \ldots \quad 170$$

Beispiele über die Drehungfestigkeit s. unter Wellen S. 176.

7. Zusammengesetzte Festigkeit.

a) Zug (Druck) und Biegung.

Bezeichnet

$\sigma_1 = $ größte Zugspannung
$\sigma_2 = $ größte Druckspannung
} eines durch ein Biegungsmoment M_b beanspruchten Stabquerschnittes F in kg/qcm,

$\sigma = $ größte Zugspannung (Druckspannung) des zugleich noch durch eine Kraft P auf Zug (Druck) beanspruchten Querschnittes in kg/qcm,

so ist für Zug und Biegung:

$$k_z \geqq \sigma + \sigma_1 = \frac{P}{F} + \frac{M_b}{J}\,e_1, \quad \ldots \ldots \quad 171$$

für Druck und Biegung:

$$k_d \geqq \sigma + \sigma_2 = \frac{P}{F} + \frac{M_b}{J}\,e_2, \quad \ldots \ldots \quad 172$$

wenn e_1 bezw. e_2 den Abstand der von der Nulllinie entferntesten Zugfaser (Druckfaser) und J das Trägheitsmoment des betreffenden Querschnittes bedeuten. (Aus Gl. 166 folgt, daß $\frac{e}{J} = \frac{1}{W}$ ist).

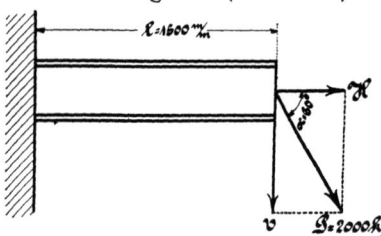

Fig. 136.

Beispiel[1]. Ein I Träger (Fig. 136) ist durch eine Kraft P = 2000 kg, welche unter einem Winkel von $\alpha = 60^0$ gegen die Horizontale wirkt, belastet; $k_z = 700$ kg/qcm.

Nach Gl. 171, nur ist hier die Zugkraft mit H bezeichnet:

$$k_z \geqq \frac{H}{F} + \frac{M_b}{W} \geqq \frac{H}{F} + \frac{V\,l}{W}$$

$$k_z \geqq \frac{P \cdot \cos\alpha}{F} + \frac{P \cdot \sin\alpha \cdot l}{W}$$

$$700 \geqq \frac{2000 \cdot 0{,}5}{F} + \frac{2000 \cdot 0{,}866 \cdot 150}{W}$$

---

[1] Vergl. das Beispiel in des Verfassers „Maschinenelementen", S. 45 u. f., Braunschweig, Friedr. Vieweg & Sohn.

Vernachlässigt man vorläufig zur Bestimmung des Widerstandsmomentes W das erste Glied mit F, so folgt:
$$700 = \frac{2000 \cdot 0{,}866 \cdot 150}{W}$$
$W = 371{,}1$ cm³ (371 100 mm³),
somit nach Tabelle h (s. am Schluß des Werkes), Profil 26 mit $W = 441$.

Dieses Profil hat $F = 53{,}7$ qcm,
demnach also:
$$700 \geqq \frac{2000 \cdot 0{,}5}{53{,}7} + \frac{2000 \cdot 0{,}866 \cdot 150}{441},$$
oder durch 700 dividiert:
$$1 \geqq 0{,}026 + 0{,}843$$
$$1 \geqq 0{,}869, \text{ also unterhalb } 1.$$

Es genügt im allgemeinen die Beanspruchung auf Zug zu vernachlässigen, wenn dieselbe Kraft auf Zug (Druck) und Biegung wirkt und wenn der $\sphericalangle \alpha$ nicht kleiner als 30° wird.

b) Zug (Druck) und Drehung.

Bezeichnet
$\tau = $ größte Schubspannung eines durch ein Drehmoment M_d beanspruchten Querschnittes F in kg/qcm $\left(\tau = \dfrac{M_d}{W_p}, \text{ wenn } W_p \text{ das polare Widerstandsmoment ist}\right)$,

$\sigma = $ größte Zugspannung (Druckspannung) des zugleich noch durch eine Kraft P auf Zug (Druck) beanspruchten Querschnittes in kg/qcm $\left(\sigma = \dfrac{P}{F}\right)$,

so ist für Zug und Drehung:

$$\mathbf{k_z} \geqq 0{,}35\,\sigma + 0{,}65\,\sqrt{\sigma^2 + 4\,(\alpha_0\,\tau)^2}, \quad \left(\alpha_0 = \frac{k_z}{1{,}3\,k_d}\right) \quad . \quad 173$$

für Druck und Drehung:

$$\mathbf{k} \geqq 0{,}35\,\sigma + 0{,}65\,\sqrt{\sigma^2 + 4\,(\alpha_0\,\tau)^2}, \quad \left(\alpha_0 = \frac{k}{1{,}3\,k_d}\right) \quad . \quad 174$$

und ferner:

$$\mathbf{k_z} \geqq -0{,}35\,\sigma + 0{,}65\,\sqrt{\sigma^2 + 4\,(\alpha_0\,\tau)^2}, \quad \left(\alpha_0 = \frac{k_z}{1{,}3\,k_d}\right) \quad . \quad 175$$

Beispiel. Die Spindel (aus Flußeisen) eines Mahlganges, welche einen Mühlstein im Gewichte von 1200 kg trägt, habe $d = 60$ mm Durchmesser. Der Mahlgang braucht zu seinem Betriebe 4 PS bei 100 Umgängen pro Minute. Wie groß ist die größte in einer Faser auftretende Spannung?

Es ist $F = \dfrac{60^2 \pi}{4} = 2827$ qmm $= 28{,}27$ qcm,

$$\sigma = \frac{P}{F} = \frac{1200}{28{,}27} = 42{,}4 \text{ kg/qcm.}$$

Nach Gl. 174 (vergl. auch die Tab. S. 123 u. 124 über k und k_d):
$$\alpha_0 = \frac{k}{1,3\,k_d} = \frac{600}{1,3 \cdot 400} = 1,15.$$

Nach Gl. 20:
$$M_d = 716\,200\,\frac{N}{n} = 716\,200\,\frac{4}{100} = 28\,648 \text{ mmkg} = 2864,8 \text{ cmkg}.$$

Für die meisten Querschnitte, welche zu Wellen u. dergl. benützt werden, ist
$$W_p = 2\,W,$$
daher folgt (vergl. W Fig. 113):
$$W_p = 2 \cdot \frac{\pi}{32}\,d^3 = \frac{\pi}{16}\,d^3 = \infty\,0,2\,d^3.$$

Also
$$W_p = \frac{3,14}{16} \cdot 6^3 = 42,4,$$
und
$$\tau = \frac{M_d}{W_p} = \frac{2864,8}{42,4} = 67,7 \text{ kg/qcm}.$$

Somit nach Gl. 174:
$$k \geqq 0,35 \cdot 42,4 + 0,65\,\sqrt{42,4^2 + 4\,(1,15 \cdot 67,7)^2} = \infty\,1,2 \text{ kg/qcm}.$$

Obgleich diese Spannung sehr gering ist, würde man doch aus praktischen Gründen $d = 60$ mm beibehalten.

Schließlich müßte hier auch der Gl. 175 genügt werden.

c) Biegung und Drehung.

Das Biegungsmoment M_b erzeugt in jedem Querschnittteilchen eine Normalspannung σ und das Drehmoment M_d eine Schubspannung τ.

Es gilt dann:
$$k_b \geqq 0{,}35\,\sigma + 0{,}65\,\sqrt{\sigma^2 + 4\,(\alpha_0\,\tau)^2}, \quad \left(\alpha_0 = \frac{k_b}{1{,}3\,k_d}\right) \quad . \quad 176$$

Setzt man hierin für kreisförmigen Querschnitt vom Durchmesser d
$$\sigma = \frac{M_b}{0,1\,d^3} \text{ und } \tau = \frac{M_d}{0,2\,d^3},$$
so ergibt sich:
$$0{,}35\,M_b + 0{,}65\,\sqrt{M_b^2 + (\alpha_0\,M_d)^2} \leqq 0{,}1\,d^3\,k_b \quad . \quad . \quad . \quad . \quad 177$$

Statt dieser genauen Formel wird häufig folgende benutzt:
$$M_{b\,(l)} = \frac{3}{8}\,M_b + \frac{5}{8}\,\sqrt{M_b^2 + M_d^2} = W \cdot k_b, \quad . \quad . \quad 177\,a$$

worin W das Widerstandsmoment des betreffenden Kreisquerschnittes ist. Einfacher und annähernd genau genug kann man für $M_{b\,(l)}$ (Gleich. 177 a), setzen, wenn $M_b > M_d$:

wenn $M_b < M_d$:
$$\left. \begin{array}{l} M_{b\,(l)} = 0,975\,M_b + 0,25\,M_d, \\ M_{b\,(l)} = 0,625\,M_b + 0,6\,M_d \end{array} \right\} \quad . \quad . \quad . \quad . \quad 177\,b$$

Für rechteckigen Querschnitt bh gilt:

$$\left. \begin{array}{l} 0{,}35\,M_1 + 0{,}65\,\sqrt{M_1{}^2 + \left(\dfrac{3}{2}\alpha_0 M_d\right)^2} \leq \dfrac{b\,h^2}{6}\,k_b, \\[2mm] 0{,}35\,M_2 + 0{,}65\,\sqrt{M_2{}^2 + \left(\dfrac{3}{2}\alpha_0 M_d\right)^2} \leq \dfrac{b^2\,h}{6}\,k_b, \end{array} \right\} \quad \ldots\ 178$$

je nachdem das Biegungsmoment M_1 bezw. M_2 auf die zu b oder h parallele Schwerachse des Querschnittes bh bezogen wird ($h > b$). Nachzurechnen ist noch, ob

$$\frac{M_1}{\dfrac{b\,h^2}{6}} + \frac{M_2}{\dfrac{b^2\,h}{6}} \leq k_b \quad \ldots\ldots\ldots\ 178\,\text{a}$$

Beispiel[1]). Es ist die Welle, Fig. 137, zu berechnen, wenn die Kräfte auf die Riemenscheiben in gezeichnetem Sinne wirken. (In mm gerechnet.)

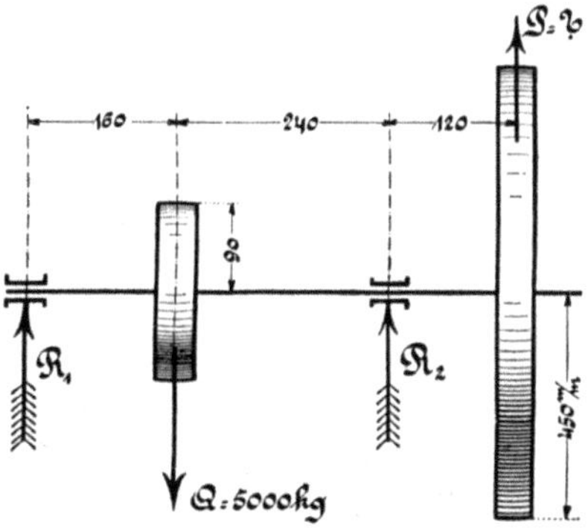

Es ist:
$P \cdot 450 = 5000 \cdot 90$
$P = 1000$ kg.

Ferner, wenn R_2 der Drehpunkt:
$R_1 \cdot 400 = 5000 \cdot 240 + 1000 \cdot 120$
$R_1 = 3300$ kg,

also
$3300 + R_2 + 1000 = 5000$
$R_2 = 700$ kg.

Fig. 137.

Die Momente für das linke Wellenende werden:
$M_b = 3300 \cdot 160 = 528\,000$ mmkg.
$M_d = 5000 \cdot 90 = 450\,000$ mmkg.

Somit näherungsweise nach Gl. 177b, da $M_b > M_d$:
$M_{b\,(i)} = 0{,}975 \cdot 528\,000 + 0{,}25 \cdot 450\,000 = 627\,500$ mmkg.

Folglich nach Gl. 177a:
$$627\,500 = 0{,}1\,d^3\,k_b$$
und für $k_b = 5$ kg qmm
$$627\,500 = 0{,}1\,d^3 \cdot 5$$
$$d = \infty\,110 \text{ mm}.$$

Für das rechte Wellenende ergibt sich:
$M_b = P \cdot 120 = 1000 \cdot 120 = 120\,000$ mmkg.
$M_d = P \cdot 450 = 1000 \cdot 450 = 450\,000$ mmkg.

---

[1]) Weitere Beispiele über Biegung und Drehung s. des Verfassers „Maschinenelemente", Braunschweig, Friedr. Vieweg & Sohn.

Also nach Gl. 177b, da hier $M_b < M_d$:
$M_{b\,(i)} = 0{,}625 \cdot 120\,000 + 0{,}6 \cdot 450\,000 = 345\,000$ mmkg.

Somit ergibt sich der Durchmesser des Halszapfens an der Stelle R_2 aus:
$$345\,000 = 0{,}1\, d^3 \cdot 5$$
$$d = \infty\, 90\,\text{mm}.$$

8. Knickfestigkeit.

Ist ein Stab in der in Fig. 138 bis 141 dargestellten Weise belastet, so gilt nach Euler für die Knickbelastung P_k:

$$P_k = w \frac{E\,J}{l^2} \quad \ldots \ldots \ldots \quad 179$$

Hierin bedeutet
  w = Koeffizient, welcher von der Befestigungsweise der Stabenden abhängt,
  J = kleinstes äquatoriales Trägheitsmoment des gefährlichen Stabquerschnittes in cm⁴,
  E = Elastizitätsmodul des Stabmaterials in kg/qcm,
  l = Stablänge in cm.

Bezeichnet nun
  P = zulässige Belastung (Tragfähigkeit) des Stabes,
  S = Sicherheitsgrad gegen Knicken,
so darf nur sein

$$P = \frac{P_k}{S} \quad \ldots \ldots \ldots \quad 180$$

und mit $w = \dfrac{\pi^2}{4}$, π^2, $2\,\pi^2$, $4\,\pi^2$, wenn

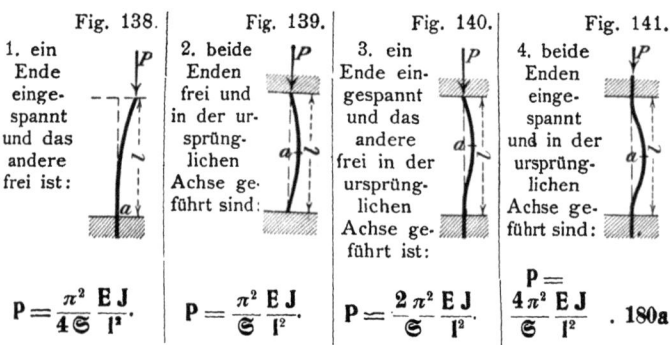

Fig. 138. 1. ein Ende eingespannt und das andere frei ist:
$$P = \frac{\pi^2}{4\,S} \frac{E\,J}{l^2}.$$

Fig. 139. 2. beide Enden frei und in der ursprünglichen Achse geführt sind:
$$P = \frac{\pi^2}{S} \frac{E\,J}{l^2}.$$

Fig. 140. 3. ein Ende eingespannt und das andere frei in der ursprünglichen Achse geführt ist:
$$P = \frac{2\,\pi^2}{S} \frac{E\,J}{l^2}.$$

Fig. 141. 4. beide Enden eingespannt und in der ursprünglichen Achse geführt sind:
$$P = \frac{4\,\pi^2}{S} \frac{E\,J}{l^2}. \quad 180a$$

Man kann nehmen bei ruhender Belastung
  für Schmiedeisen und Stahl $S = 5$,
  „ Gußeisen $S = 6$,
  „ Holz und Stein $S = 10$.

Bei veränderlicher Belastung kann S das Doppelte und mehr betragen.

Der auf Knicken berechnete Querschnitt braucht nur bei a (Fig. 138—141) vorhanden zu sein; an den Enden genügt der Querschnitt, welcher der Druckspannung k entspricht. Natürlich muß auch der Querschnitt bei a der Bedingung $k \geqq \dfrac{P}{F}$ genügen.

Beispiel. Welche Belastung kann eine hohle, gußeiserne Säule von kreisförmigem Querschnitt bei gewöhnlich wechselnder Belastung tragen, wenn der äußere Durchmesser derselben D = 200 mm, der innere d = 170 mm und die Länge l = 3500 mm ist. Die Säule kann nach Fig. 138 eingespannt betrachtet werden.

Nach Fig. 113 ist:

$$J = \frac{\pi}{64}(D^4 - d^4) = \frac{\pi}{64}(20^4 - 17^4) = \infty\, 3750 \text{ cm}^4.$$

Nach Gl. 180a, Fig. 138 folgt bei S = 2.6 = 12:

$$P = \frac{\pi^2}{4S}\frac{EJ}{l^2} = \frac{3{,}14^2}{4.12} \cdot \frac{1\,000\,000 \cdot 3750}{350^2} = \infty\, 6300 \text{ kg}.$$

Die zulässige Druckbelastung für die Säule wäre (k = 600 kg/qcm, vergl. Tabelle 123)·

$$P = Fk = (20^2 - 17^2)\frac{\pi}{4} \cdot 600 = 52320 \text{ kg}.$$

Die Säule wird also viel leichter geknick als gedrückt.

9. Festigkeit der Federn.

Es bedeutet

P = zulässige Belastung (Tragfähigkeit) der Feder in kg,
f = Durchbiegung, entsprechend der Belastung P oder der zulässigen Biegungs- oder Drehungsspannung k_b bezw. k_d in cm,
l = Länge der Feder in cm.

a) Biegungsfedern.

1. Gerade Biegungsfedern.

Benennung	Tragfähigkeit	Durchbiegung
Rechteckfeder. Fig. 142.	$P = \dfrac{b\,h^2}{6}\dfrac{k_b}{l}$	$f = \dfrac{P}{EJ}\dfrac{l^3}{3} = 4\dfrac{l^3}{b\,h^3}\dfrac{P}{E}$ $= {}^2\!/_3\dfrac{l^2}{h}\dfrac{k_b}{E}.$

Benennung	Tragfähigkeit	Durchbiegung
Dreieckfeder. Fig. 143.	$P = \dfrac{b h^2}{6} \dfrac{k_b}{l}$	$f = \dfrac{P}{EJ} \dfrac{l^3}{2} = 6 \dfrac{l^3}{b h^3} \dfrac{P}{E}$ $= \dfrac{l^2}{h} \dfrac{k_b}{E}.$
Rechteckfeder nach der kubischen Parabel zugeschärft. Fig. 144.	$P = \dfrac{b h^2}{6} \dfrac{k_b}{l}$	$f = \dfrac{P}{EJ} \dfrac{l^3}{2} = 6 \dfrac{l^3}{b h^3} \dfrac{P}{E}$ $= \dfrac{l^2}{h} \dfrac{k_b}{E}.$

2. Gewundene Biegungsfedern.

l ist die Länge der gestreckt gedachten Feder.

Benennung	Tragfähigkeit	Durchbiegung
Gewundene Feder mit rechteckigem Querschnitte. Fig. 145.	$P = \dfrac{b h^2}{6} \dfrac{k_b}{r}$	$f = r \omega = \dfrac{P}{EJ} l r^2$ $= 12 \dfrac{P l r^2}{E b h^3} = 2 \dfrac{r l}{h} \dfrac{k_b}{E}.$

Festigkeit der Federn. 145

Benennung	Tragfähigkeit	Durchbiegung
Gewundene Feder mit rundem Querschnitte. Fig. 146.	$P = \dfrac{\pi\,d^3}{32}\dfrac{k_b}{r}$	$f = r\,\omega = \dfrac{P}{EJ}\,l\,r^2$ $= \dfrac{64}{\pi}\dfrac{P\,l\,r^2}{E\,d^4} = 2\,\dfrac{r\,l}{d}\dfrac{k_b}{E}.$
Spiralfeder mit rechteckigem Querschnitte. Fig. 147.	$P = \dfrac{b\,h^2}{6}\dfrac{k_b}{r}$	$f = r\,\omega = \dfrac{P}{EJ}\,l\,r^2$ $= 12\,\dfrac{P\,l\,r^2}{E\,b\,h^3} = 2\,\dfrac{r\,l}{h}\dfrac{k_b}{E}.$

b) Drehungsfedern.
1. Gerade Drehungsfedern.

Benennung	Tragfähigkeit	Durchbiegung
Einfache Drehungsfeder mit rundem Querschnitte. Fig. 148.	$P = \dfrac{\pi}{16}\dfrac{d^3}{r}\,k_d$	$f = r\,\omega = \dfrac{32\,r^2\,l}{\pi\,d^4}\dfrac{P}{G}$ $= 2\,\dfrac{r\,l}{d}\dfrac{k_d}{G}.$
Einfache Drehungsfeder mit rechteckigem Querschnitte. Fig. 149.	$P = \dfrac{2}{9}\dfrac{b^2\,h}{r}\,k_d$	$f = r\,\omega = 3{,}6\,r^2\,l\,\dfrac{b^2+h^2}{b^3\,h^3}\dfrac{P}{G}$ $= 0{,}8\,r\,l\,\dfrac{b^2+h^2}{b\,h^2}\dfrac{k_d}{G}.$

Schneider, Formel- und Beispielsammlung.

2. Gewundene Drehungsfedern.

n bedeutet die Anzahl der Windungen, r den mittleren Halbmesser der Feder.

Benennung	Tragfähigkeit	Durchbiegung
Fig. 150. Zylindrische Schraubenfeder mit rundem Querschnitte.	$P = \dfrac{\pi}{16} \dfrac{d^3}{r} k_d$	$f = \dfrac{64\,n\,r^3}{d^4} \cdot \dfrac{P}{G}$ $= \dfrac{4\,\pi\,n\,r^2}{d} \dfrac{k_d}{G}.$
Fig. 151. Zylindrische Schraubenfeder mit rechteckigem Querschnitte.	$P = \dfrac{2}{9} \dfrac{b^2 h}{r} k_d$	$f = 7{,}2\,\pi\,n\,r^3 \dfrac{b^2+h^2}{b^3 h^3} \dfrac{P}{G}$ $= 1{,}6\,\pi\,n\,r^2 \dfrac{b^2+h^2}{b^2 h^2} \dfrac{k_d}{G}.$
Fig. 152. Kegelfeder mit rundem Querschnitte.	$P = \dfrac{\pi}{16} \dfrac{d^3}{r} k_d$	$f = \dfrac{16\,r^2 l}{\pi\,d^4} \dfrac{P}{G} = \dfrac{r\,l}{d} \dfrac{k_d}{G}$ $= 16\,n \dfrac{r^3}{d^4} \dfrac{P}{G} = \pi\,n \dfrac{r^2}{d} \dfrac{k_d}{G}.$
Fig. 153. Kegelfeder mit rechteckigem Querschnitte.	$P = \dfrac{2}{9} \dfrac{b^2 h}{r} k_d$	$f = 1{,}8\,r^2 l \dfrac{b^2+h^2}{b^3 h^3} \dfrac{P}{G}$ $= 0{,}4\,r\,l \dfrac{b^2+h^2}{b^2 h^2} \dfrac{k_d}{G}$ $= 1{,}8\,\pi\,n\,r^3 \dfrac{b^2+h^2}{b^3 h^3} \dfrac{P}{G}$ $= 0{,}4\,\pi\,n\,r^2 \dfrac{b^2+h^2}{b^2 h^2} \dfrac{k_d}{G}.$

Die Arbeit in cmkg, die von einer Feder bei ihrer Durchbiegung von Null bis f aufgenommen wird (die sogen. „Federungsarbeit"), ist:

$$A = \frac{Pf}{2}.$$

10. Festigkeit von Gefäßen und plattenförmigen Körpern.

Für die Benützung der Gleichungen 181 bis 201 ist zu beachten, daß die berechnete Wandstärke um einen entsprechenden Betrag zu vergrößern ist, falls ein Gefäß oder eine Platte Abnützung durch Rosten oder dergl. erfährt.

A. Hohlkugel.

Bezeichnet
r_i = inneren Halbmesser,
r_a = äußeren Halbmesser,
k_z = zulässige Zuganstrengung,
k = zulässige Druckanstrengung.

a) **Innerer Überdruck p_i in kg/qcm.**

$$r_a = r_i \sqrt[3]{\frac{k_z + 0{,}4\,p_i}{k_z - 0{,}65\,p_i}} = r_i \sqrt[3]{\frac{1 + 0{,}4\,\frac{p_i}{k_z}}{1 - 0{,}65\,\frac{p_i}{k_z}}} \quad \text{. . 181}$$

Die größte Anstrengung tritt an der Innenfläche in Richtung des Umfanges ein. Nach Gl. 181 sind nur solche Verhältnisse möglich, für welche sich endliche Werte von r_a ergeben.

Für geringe Wandstärken s gilt hinreichend genau:

$$s = \frac{1}{2} r_i \frac{p_i}{k_z} \quad \text{. . . . . 182}$$

b) **Äußerer Überdruck p_a.**

Ist ein Einknicken der Wandung nicht zu befürchten, so gilt allgemein:

$$r_a = r_i \sqrt[3]{\frac{k}{k - 1{,}05\,p_a}} = \frac{r_i}{\sqrt[3]{1 - 1{,}05\,\frac{p_a}{k}}}, \quad \text{. . 183}$$

und für geringe Wandstärken:

$$s = \frac{1}{2} r_a \frac{p_a}{k} \quad \text{. . . . . . . 184}$$

Das Gesagte unter a) gilt auch hier.

B. Flache Böden,

welche Hohlzylinder, in denen der Überdruck p_i herrscht, abschließen; Fig. 154 (Gußeisen) oder Fig. 155 (Flußeisen).

Festigkeit von Gefäßen und plattenförmigen Körpern. 149

C. Hohlzylinder.

Die Bezeichnungen gelten wie bei A (Hohlkugel).

a) Innerer Überdruck p_i.

$$r_a = r_i \sqrt{\frac{k_z + 0.4\, p_i}{k_z - 1.3\, p_i}} = r_i \sqrt{\frac{1 + 0.4\, \frac{p_i}{k_z}}{1 - 1.3\, \frac{p_i}{k_z}}} \quad \ldots \quad 189$$

Die größte Anstrengung findet an der Innenfläche in Richtung des Umfanges statt.

Es sind nur solche Verhältnisse möglich, für welche sich endliche Werte von r_a ergeben, also bei $k_z > 1.3\, p_i$.

Für geringe Wandstärken gilt hinreichend genau:

$$s = r_i \frac{p_i}{k_z} \quad \ldots \ldots \ldots \quad 190$$

b) Äußerer Überdruck p_a.

Wenn ein Eindrücken der Wandung nicht in Betracht kommt:

$$r_a = r_i \sqrt{\frac{k}{k - 1.7\, p_a}} = \frac{r_i}{\sqrt{1 - 1.7\, \frac{p_a}{k}}} \quad \ldots \quad 191$$

und für geringe Wandstärken:

$$s = r_a \frac{p_a}{k} \quad \ldots \ldots \ldots \quad 192$$

Auch hier sind die Bemerkungen unter a) zu beachten.

D. Ebene Scheibe, im Umfange vom Halbmesser r aufliegend und durch den Flüssigkeitsdruck p über die Fläche $r^2 \pi$ belastet.

Bezeichnet
  h = Stärke der Scheibe,
  y' = Durchbiegung in der Mitte,
  k_b = zulässige Biegungsanstrengung,
  α = Dehnungskoeffizient des Scheibenmaterials,
so gilt:

$$h \geqq r \sqrt{\mu \frac{p}{k_b}} \quad \ldots \ldots \quad 193$$

$$y' = \psi\, \alpha \frac{r^4}{h^3} p \quad \ldots \ldots \quad 194$$

Die Koeffizienten μ und ψ hängen von der Befestigungsweise der Scheibe, von der Größe der Kraft, von der Abdichtung usw. ab.

Festigkeit von Gefäßen und plattenförmigen Körpern. 149

C. Hohlzylinder.

Die Bezeichnungen gelten wie bei A (Hohlkugel).

a) **Innerer Überdruck** p_i.

$$r_a = r_i \sqrt{\frac{k_z + 0{,}4\,p_i}{k_z - 1{,}3\,p_i}} = r_i \sqrt{\frac{1 + 0{,}4\,\dfrac{p_i}{k_z}}{1 - 1{,}3\,\dfrac{p_i}{k_z}}} \quad \ldots \quad 189$$

Die größte Anstrengung findet an der Innenfläche in Richtung des Umfanges statt.

Es sind nur solche Verhältnisse möglich, für welche sich endliche Werte von r_a ergeben, also bei $k_z > 1{,}3\,p_i$.

Für geringe Wandstärken gilt hinreichend genau:

$$s = r_i \frac{p_i}{k_z} \quad \ldots \ldots \ldots \quad 190$$

b) **Äußerer Überdruck** p_a.

Wenn ein Eindrücken der Wandung nicht in Betracht kommt:

$$r_a = r_i \sqrt{\frac{k}{k - 1{,}7\,p_a}} = \frac{r_i}{\sqrt{1 - 1{,}7\,\dfrac{p_a}{k}}} \quad \ldots \quad 191$$

und für geringe Wandstärken:

$$s = r_a \frac{p_a}{k} \quad \ldots \ldots \ldots \quad 192$$

Auch hier sind die Bemerkungen unter a) zu beachten.

D. Ebene Scheibe, im Umfange vom Halbmesser r aufliegend und durch den Flüssigkeitsdruck p über die Fläche $r^2 \pi$ belastet.

Bezeichnet
  $h =$ Stärke der Scheibe,
  $y' =$ Durchbiegung in der Mitte,
  $k_b =$ zulässige Biegungsanstrengung,
  $\alpha =$ Dehnungskoeffizient des Scheibenmaterials,
so gilt:

$$h \geq r \sqrt{\mu \frac{p}{k_b}} \quad \ldots \ldots \quad 193$$

$$y' = \psi\,\alpha\,\frac{r^4}{h^3}\,p \quad \ldots \ldots \quad 194$$

Die Koeffizienten μ und ψ hängen von der Befestigungsweise der Scheibe, von der Größe der Kraft, von der Abdichtung usw. ab.

Fünfter Abschnitt. Festigkeitslehre.

Für **gußeiserne** Scheiben darf etwa gesetzt werden:

$$\mu = \frac{4}{5} \text{ bis } \frac{6}{5} \text{ und } \psi = \frac{1}{6} \text{ bis } \frac{3}{5}.$$

Für **zähes Flußeisen** kann μ betragen:

$\frac{3}{4}$, mindestens aber $\frac{2}{3}$, falls die Scheibe vollständig frei aufliegt, wobei die größte Anstrengung in der Mitte der Scheibe auftritt,

$\frac{1}{2}$, „ „ $\frac{4}{9}$, wenn die Scheibe am Umfange als vollkommen aufgefaßt werden darf, wobei die größte Beanspruchung am Umfange auftritt,

$\frac{3}{8}$, „ „ $\frac{1}{3}$, falls die Einspannung am Umfange soweit nachgiebig ist, daß die Beanspruchungen am Umfange und in der Mitte ungefähr gleich ausfallen.

E. Ebene Scheibe, im Umfange vom Halbmesser r frei aufliegend und in der Mitte durch eine Kraft P belastet, welche sich gleichförmig über die Kreisfläche $r_0^2 \pi$ verteilt.

$$h \geqq \sqrt{\frac{3}{\pi} \mu \left(1 - \frac{2}{3} \frac{r_0}{r}\right) \frac{P}{k_b}} \quad \ldots \ldots 195$$

$$y' = \psi \alpha \frac{r^2}{h^3} P \ldots \ldots \ldots 196$$

$$\mu = \frac{3}{2} \text{ (Gußeisen) und } \psi = \frac{2}{5} \text{ bis } \frac{1}{2}.$$

F. Elliptische Platte, im Umfange, bestimmt durch die große Achse a und die kleine Achse b, aufliegend, sowie durch den Flüssigkeitsdruck p über die Fläche $\frac{\pi}{4}$ ab belastet.

Bezeichnungen wie unter D.

$$h \geqq \frac{1}{2} b \sqrt{\mu \frac{2}{1 + \left(\frac{b}{a}\right)^2} \frac{p}{k_b}} \quad \ldots \ldots 197$$

$$\mu = \frac{2}{3} \text{ bis } \frac{9}{8} \text{ (Gußeisen, vergl. unter D).}$$

Festigkeit von Gefäßen und plattenförmigen Körpern. 151

G. Elliptische Platte, wie unter F, jedoch frei aufliegend und nur in der Mitte mit P belastet.

$$h \geqq \sqrt{\frac{8}{5\pi} \mu \frac{8 + 4\left(\frac{b}{a}\right)^2 + 3\left(\frac{b}{a}\right)^4}{3 + 2\left(\frac{b}{a}\right)^2 + 3\left(\frac{b}{a}\right)^4} \frac{b}{a} \frac{P}{k_b}} \quad \ldots \quad 198$$

$$\mu = \frac{3}{2} \text{ bis } \frac{5}{3} \text{ (Gußeisen)}.$$

H. Rechteckige Platte, im Umfange 2(a + b), bestimmt durch die lange Seite a und die kurze Seite b, aufliegend, sowie durch den Flüssigkeitsdruck p über die Fläche a b belastet.

Bezeichnungen wie unter D.

$$h \geqq \frac{1}{2} b \sqrt{\mu \frac{2}{1 + \left(\frac{b}{a}\right)^2} \frac{p}{k_b}} \quad \ldots \ldots \quad 199$$

Für eine quadratische Platte mit b = a ist:

$$h \geqq \frac{1}{2} a \sqrt{\mu \frac{p}{k_b}} \quad \ldots \ldots \ldots \quad 200$$

$$\mu = \frac{3}{4} \text{ bis } \frac{9}{8} \text{ (Gußeisen, vergl. unter D.)}$$

I. Rechteckige Platte, wie unter H, jedoch frei aufliegend, und nur in der Mitte mit P belastet.

$$h \geqq \sqrt{1{,}5 \mu \frac{1}{\frac{a}{b} + \frac{b}{a}} \frac{P}{k_b}} \quad \ldots \ldots \quad 201$$

$$\mu = \frac{7}{4} \text{ bis } 2 \text{ (Gußeisen)}.$$

Bei Benützung der Gl. 181 bis 201 ist noch das unter 10 (S. 147) Bemerkte zu beachten.

Sechster Abschnitt.

Maschinenelemente[1]).

1. Schrauben.

Man unterscheidet „Befestigungs- und Bewegungsschrauben". Erstere erhalten fast nur scharfes Gewinde, letztere meist flaches oder Trapezgewinde.

Am gebräuchlichsten ist das Whitworthsche System (s. nebenstehende Tabelle).

Bezeichnet

$P =$ die in der Achsrichtung der Schraube wirkende Zugkraft; bei Spannungsverbindungen (z. B. bei Kolbenstangengewinden oder Kreuzkopfkeilen u. dergl.) ist für P die größere Kraft $\frac{5}{4}P$ zu setzen,

$d_1 =$ Kerndurchmesser der Schraube,

$k_z =$ zulässige Beanspruchung,

so gilt:

$$P = \frac{d_1{}^2 \pi}{4} k_z \quad . \quad \cdot \quad . \quad . \quad . \quad . \quad . \quad 202$$

k_z soll in Rücksicht auf Verdrehungsbeanspruchung und Erschütterungen nur 300 kg/qcm betragen. Für dauernd ruhige Zugkraft kann k_z bis 600 kg qcm zugelassen werden.

Vergl. auch das Bemerkte über Schrauben S. 83.

---

[1]) Siehe des Verfassers „Maschinenelemente", Verlag von Friedr. Vieweg & Sohn, Braunschweig.

Schrauben.   153

Schraubentabelle nach Whitworth.

Äusserer Durchmesser der Schraube		Anzahl der Gewindegänge auf 1 Zoll engl.	Kerndurchmesser in mm	Höhe der Mutter	Höhe des Kopfes	Schlüsselweite, oder des der Mutter ein-beschriebenen Kreises	Durchmesser des der Mutter um-schriebenen Kreises	Durchmesser der Unterlegscheibe	Dicke der Unterlegscheibe	Zulässige Belastung in kg bei einer Zug-beanspruchung $k_z = 3$ kg pro qmm (300 kg/qcm)
in engl. Zoll	in mm	n	d_1	$h = d$	$h_1 = \tfrac{3}{4} d$	$D = 5 + 1{,}4\,d$ mm	$D_1 = 1{,}555\,D$	$U = \tfrac{3}{4} D$	$U = 0{,}11 D$	P
$^1/_4$	6,35	20	4,72	7	5	15	17,5	20	1,5	52
$^5/_{16}$ *	7,94	18	6,09	8	6	16	18,5	21	2	87
$^3/_8$	9,52	16	7,36	10	7	19	22	25	2	128
$^7/_{16}$ *	11,11	14	8,64	12	8	22	25,5	30	3	176
$^1/_2$	12,70	12	9,91	13	10	23	27	31	3	232
$^5/_8$	15,87	11	12,92	16	12	27	31	36	3	395
$^3/_4$	19,05	10	15,74	20	14	33	38	44	4	585
$^7/_8$	22,22	9	18,54	23	17	37	43	50	4	814
1	25,40	8	21,38	26	19	41	47,5	55	5	1074
$1^1/_8$	28,57	7	23,87	29	21	45	52	60	5	1340
$1^1/_4$	31,75	7	26,92	32	23	50	58	62	6	1700
$1^3/_8$	34,92	6	29,46	35	26	54	62,5	72	6	2050
$1^1/_2$	38,10	6	32,68	39	29	59	68,5	79	6	2520
$1^5/_8$	41,27	5	35,28	42	31	63	73	84	7	2940
$1^3/_4$	44,45	5	37,84	45	33	68	78,5	91	7	3360
$1^7/_8$	47,62	$4^1/_2$	40,38	48	36	72	83,5	96	8	3840
2	50,82	$4^1/_2$	43,43	51	38	77	89	102	8	4450
$2^1/_4$	57,15	4	49,02	58	43	85	98,5	113	9	5700
$2^1/_2$	63,50	4	55,37	64	47	94	109	125	10	7220
$2^3/_4$	69,85	$3^1/_2$	60,45	70	52	103	119	137	11	8600
3	76,20	$3^1/_2$	66,80	77	57	112	129,5	149	13	10500

Die mit * bezeichneten Durchmesser werden selten verwendet.

Beispiel. Wie groß ist die Zugbeanspruchung im Kolbenstangengewinde, Fig. 156, wenn die Zug- und Druckkraft in der Kolbenstange $P = 4000$ kg beträgt?

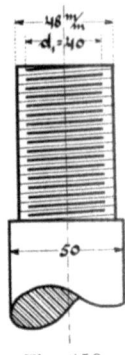

Fig. 156.

Da Spannungsverbindung, so gilt für

$$P = \frac{5}{4}.4000 = 5000 \text{ kg}.$$

Somit nach Gl. 202:

$$5000 = \frac{4^2\pi}{4}.k_z$$

$k_z = 400$ kg/qcm, also zulässig.

Höhe der Kolbenmutter:

Nimmt man die Höhe der Mutter $h = 4$ cm an und ist die Ganghöhe 5,2 mm, so beträgt die Anzahl der Gänge in der Mutter $\frac{4}{0{,}52} = 7{,}7$.

Pro 1 Gewindegang ist eine Druckfläche $\frac{4{,}8^2\pi}{4} - \frac{4^2\pi}{4}$, also

$$\left(\frac{4{,}8^2\pi}{4} - \frac{4^2\pi}{4}\right) 7{,}7\, k = 5000$$

$$k = 121 \text{ kg/qcm},$$

also zulässig, da die Druckspannung $k < 150$ kg/qcm sein soll.

2. Nieten.

A. Allgemeines und allgemeine Berechnung [1].

Die Nietungen zerfallen

α) in nur feste (Eisenkonstruktionen),

β) in feste und dichte (Dampfkesseln),

γ) in nur dichte (Wasserbehältern).

Zur Bildung des Schließkopfes muß eine Schaftlänge von 1,3 d bis 1,7 d (d = Nietdurchmesser) aus dem Loche hervorsehen. Nieten von mehr als 12 mm Durchmesser werden warm vernietet. Die Stärke der zu vernietenden Teile soll etwa 4 d nicht überschreiten. Über 5 mm starke Bleche sind zwecks Dichthaltens zu verstemmen.

Bezeichnet

d = Nietdurchmesser in cm,

δ = Blechstärke in cm,

e = Entfernung von Mitte zu Mitte Nietbolzen parallel zur Blechwand gemessen in cm (s. Fig. 157),

---

[1] Die Berechnung der Nietteilung e (Gl. 204) ist unter der Voraussetzung erfolgt, daß Blech und Niete gleiche Festigkeit haben. *Bei Eisenkonstruktionen findet sich auch* $e = \infty\, 10\,\delta$.

n = Anzahl der hintereinander stehenden Nietreihen (z. B. bei zweireihiger Naht n = 2),
z = Anzahl der Querschnitte, in welchen ein Niet zerstört werden müßte (z. B. bei zweischnittiger Naht z = 2),
a = Randbreite in cm,
c = senkrechter Abstand der versetzten (Zickzack-) Nieten in cm,
so gilt im allgemeinen für die feste, sowie feste und dichte Nietverbindung:

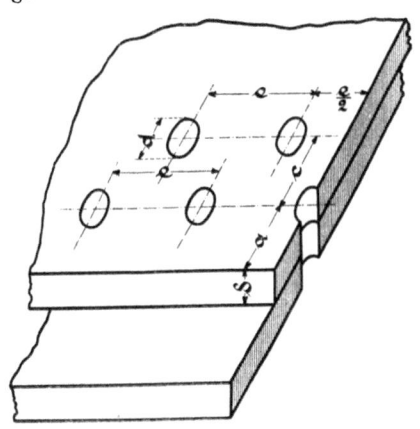

Fig. 157.

$$d = 0{,}3 + \frac{5}{3}\delta, \text{ wenn } \delta \leqq 1{,}0 \text{ cm}$$
$$d = 1{,}6 + 0{,}4\,\delta, \text{ wenn } \delta > 1{,}0 \text{ cm}$$
in cm . . . 203

$$e = n\,z\,\frac{d^2\pi}{4\,\delta} + d \text{ in cm} \ldots \ldots 204$$

$$c \geqq 2\,d + 0{,}5 \text{ in cm} \ldots \ldots 205$$

$$a \geqq 1{,}5\,d \ldots \ldots \ldots 206$$

Das Festigkeitsverhältnis, d. i. der Quotient aus dem Querschnitt der Nietnaht und dem des vollen Bleches, ist:

$$\frac{e - d}{e} \ldots \ldots \ldots 207$$

Bei einseitiger Laschennietung wird die Laschenstärke:

$$s_1 = \frac{9}{8}\,\delta \ldots \ldots \ldots 208$$

Bei zweiseitiger Laschennietung die Stärke jeder Lasche:

$$s_2 = 0{,}1 + 0{,}55\,\delta \text{ in cm} \ldots \ldots 209$$

B. Dampfkesselnietungen [1] [2].

Für Dampfkesselnietungen (fest und dicht) sind besondere Formeln aufgestellt, wie folgt.

Da die Blechstärken hier mindestens 7 mm betragen sollen, so ist verstemmen nötig.

Bei gewöhnlichen **Überlappungsnietungen** sei

$$d = \sqrt{5\,\delta} - 0{,}4, \quad \ldots \ldots \ldots \quad 210$$

worin $d =$ Nietdurchmesser in cm und $\delta =$ Blechstärke in cm.

a) **Einschnittige einreihige Vernietung** (Fig. 158).

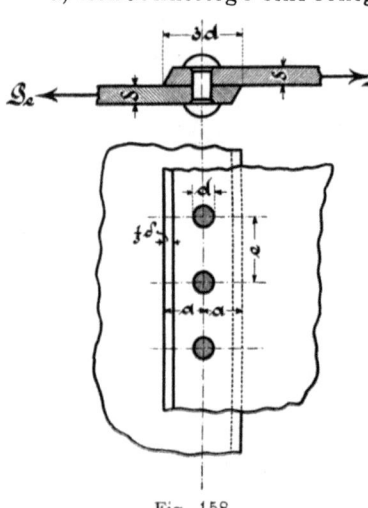

Fig. 158.

Man wähle

$$e = 2d + 0{,}8 \text{ cm} \quad . \quad 211$$
$$a = 1{,}5\,d \quad \ldots \ldots \quad 212$$

Gl. 211 und 212 gelten auch für einseitig gelaschte Nietverbindungen.

Die zulässige Belastung der Niete im Betriebe kann bei guter Ausführung 600 bis 700 kg/qcm Nietquerschnitt betragen, so daß die eintretende Spannung im **vollen** Blech höchstens beträgt

$$\sigma_b = \frac{\dfrac{d^2\,\pi}{4}\,700}{e\,\delta} \text{ in cm} \; . \; 213$$

Dabei darf aber die Beanspruchung des Bleches an keiner Stelle die für dasselbe zulässige Grenze überschreiten. Die zulässige Beanspruchung des Bleches tritt bei dem größten Betriebsdruck ein und kann nach den „Hamburger Normen 1898" zu $\frac{1}{5}$ bis $\frac{1}{4{,}5}$ der Zugfestigkeit K_z des Materials angenommen werden. Bezeichnet P_e die auf die Blechbreite e zu übertragende Kraft, so muß also sein:

$$(e-d)\,\delta\,\frac{K_z}{5} \geqq P_e \text{ bis } (e-d)\,\delta\,\frac{K_z}{4{,}5} \geqq P_e \; . \; . \; . \; 213\text{a}$$

---

[1] Vergl. Fr. Freytag, Hilfsbuch für den Maschinenbau, Berlin, Verlag von Julius Springer.
[2] Die Berechnung der Blechstärken der Dampfkessel s. unter Dampfkessel.

b) Einschnittige zweireihige Vernietung (Fig. 159 u. 160).

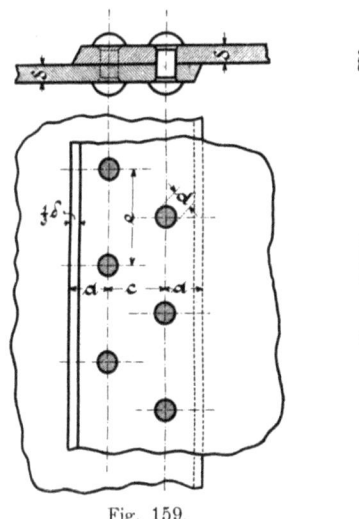
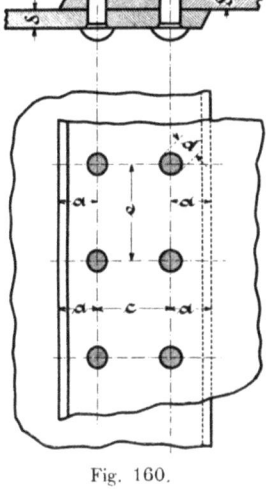

Fig. 159. Fig. 160.

Man wähle d nach Gl. 210,
a nach Gl. 212.

Für die versetzte (Zickzack-) Nietung, Fig. 159, ist:

$$e = 2{,}6\,d + 1{,}5 \text{ cm} \quad \ldots \ldots \quad 214$$

$$c = 0{,}6\,e \quad \ldots \ldots \ldots \quad 215$$

Für die parallele (Ketten-) Nietung, Fig. 160, ist:

$$e = 2{,}6\,d + 1 \text{ cm} \quad \ldots \ldots \quad 216$$

$$c = 0{,}8\,e \quad \ldots \ldots \ldots \quad 217$$

Es soll hier in beiden Fällen die zulässige Belastung der Niete im Betriebe 550 bis 650 kg/qcm Nietquerschnitt nicht überschreiten, so daß

$$\sigma_b \leq \frac{\dfrac{d^2 \pi}{4} \cdot 650}{\dfrac{1}{2} e \, \delta} \quad \ldots \ldots \quad 218$$

c) **Einschnittige dreireihige Vernietung** (Fig. 161).

Man wähle wieder d und a nach Gl. 210 und 212.
Ferner sei:

$$e = 3d + 2{,}2 \text{ cm} \quad \ldots \ldots \quad 219$$

$$c = 0{,}5\,e \quad \ldots \ldots \ldots \ldots \quad 220$$

Die zulässige Belastung der Niete kann 500 bis 600 kg/qcm Nietquerschnitt betragen, so daß

$$\sigma_b \leq \frac{\dfrac{d^2\pi}{4}\,600}{\dfrac{1}{3}\,e\,\delta} \quad \ldots \ldots \quad 221$$

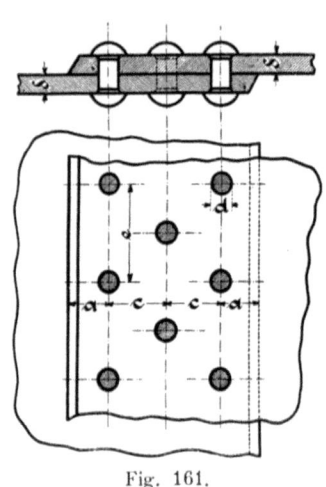
Fig. 161.

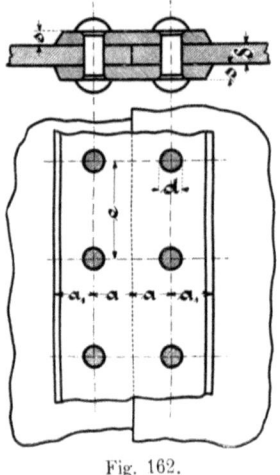
Fig. 162.

d) **Zweischnittige einreihige Vernietung** (Fig. 162).

Man nehme hier:

$$s = \frac{5}{8}\,\delta \text{ bis } \frac{2}{3}\,\delta \quad \ldots \ldots \quad 222$$

Häufig wird auch in Rücksicht auf die ungleiche Abnutzung die Lasche im Innern des Kessels etwas stärker als die Außenlasche gehalten.

Ferner:

$$d = \sqrt{5\,\delta} - 0{,}5 \text{ cm} \quad \ldots \ldots \quad 223$$

$$e = 2{,}6\,d + 1 \text{ cm} \quad \ldots \ldots \quad 224$$

$$a = 1{,}5\,d \quad \ldots \ldots \ldots \quad 225$$

$$a_1 = 0{,}9\,a \quad \ldots \ldots \ldots \quad 226$$

Hier kann die zulässige Belastung der Niete im Betriebe zu 1000 bis 1200 kg/qcm Nietquerschnitt genommen werden (da der Gleitungswiderstand doppelt vorhanden), so daß

$$\sigma_b \leqq \frac{\frac{d^2 \pi}{4} 1200}{e \delta} \quad \ldots \ldots \ldots 227$$

Die Vorzüge der zweiseitigen Laschennietung gegenüber der Überlappungsnietung liegen im Wegfall der Biegungsbeanspruchung des Bleches und im Schutz des Bleches vor Rosten in der Nahtreihe.

e) **Zweischnittige zweireihige Vernietung** (Fig. 163).

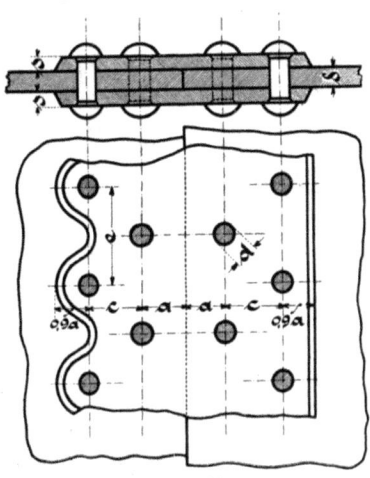

Fig. 163.

Man wähle

$$d = \sqrt{5\,\delta} - 0{,}6 \text{ cm} \quad \ldots \ldots 228$$
$$e = 3{,}5\,d + 1{,}5 \text{ cm} \quad \ldots \ldots 229$$
$$c = 0{,}5\,e \quad \ldots \ldots \ldots 230$$

Für s und a gilt das unter d) Bemerkte.

Für die zulässige Belastung der Niete im Betriebe gilt 950 bis 1150 kg/qcm Nietquerschnitt, so daß

$$\sigma_b \leqq \frac{\frac{d^2 \pi}{4} 1150}{\frac{1}{2} e \delta} \quad \ldots \ldots \ldots 231$$

Bei geringer Laschenstärke ist geboten, die Begrenzung der Laschen wellenförmig auszuführen (wie Fig. 163 links zeigt), wodurch die Überlappung überall so vermindert ist, daß ein Dichthalten durch Verstemmen möglich wird.

f) **Zweischnittige dreireihige Vernietung** (Fig. 164).

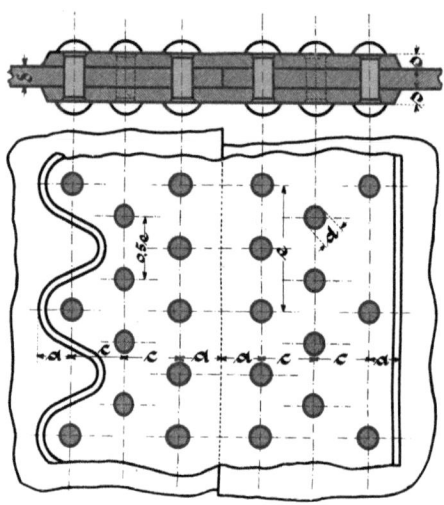

Fig. 164.

Es sei:

$$d = \sqrt{5\,\delta} - 0{,}7 \text{ cm} \quad \ldots \ldots \ldots \quad 232$$

$$e = 6\,d + 2 \text{ cm} \quad \ldots \ldots \ldots \quad 233$$

$$a = 1{,}5\,d\,; \quad c = \frac{3}{8}\,e \quad \ldots \ldots \ldots \quad 234$$

$$s = 0{,}8\,\delta \quad \ldots \ldots \ldots \quad 235$$

Die zulässige Belastung der Niete im Betriebe nimmt man 900 bis 1100 kg/qcm Nietquerschnitt, so daß

$$\sigma_b \leq \frac{\dfrac{d^2\,\pi}{4}\,1100}{\varkappa\,e\,\delta}, \quad \ldots \ldots \ldots \quad 236$$

worin für wellenförmige Begrenzung (linke Seite, Fig. 164) $\varkappa = \dfrac{1}{5}$ und für gerade Begrenzung (rechte Seite, Fig. 164) $\varkappa = \dfrac{1}{6}$ ist.

Über die wellenförmige Begrenzung gilt das unter e) Bemerkte.

g) Wahl der Vernietung.

Bezeichnet
  $D = $ inneren Kesseldurchmesser in cm,
  $l = $ Länge desselben in cm,
  $p = $ größten Betriebsüberdruck in kg/qcm,
  $\sigma_b' = $ Spannung in kg/qcm, welche im vollen Blech in der Achsrichtung des Kessels auftritt,
  $\delta = $ Blechstärke in cm,
so ist annähernd:

$$\sigma_b' = \frac{1}{4} \frac{D}{\delta} p, \quad \ldots \ldots \ldots \quad 237$$

während die Spannung σ_b in der Richtung des Kesselumfanges **doppelt** so groß ist.

Solange σ_b' seine Grenze nicht überschreitet, erhalten daher Kessel bei zweireihigen Längsnähten nur einreihige Quernähte; andernfalls sind auch zweireihige Quernähte anzuordnen. Die einschnittige einreihige Vernietung unter a) ist im allgemeinen bei Blechstärken über 12 mm nur noch für die Quernähte des Dampfkessels auszuführen.

Beispiel. Ein Zweiflammrohrkessel hat eine Blechstärke $\delta = 18$ mm. Die Längsnaht desselben ist dreireihig und die Quernaht (Rundnaht) zweireihig. Die Vernietung ist einschnittig. Wie groß ist der Nietdurchmesser d und die Teilung e?

Für die Quernaht folgt nach Gl. 210, vergl. unter b):

$$d = \sqrt{5 \cdot 1{,}8} - 0{,}4 = 2{,}6 \text{ cm} = 26 \text{ mm.}$$

Für die Längsnaht ergibt sich nach dem unter c) Bemerkten ebenfalls $d = 26$ mm.

Es wäre also wegen der Erwärmung ein Nieteisen von $26 - 1 = 25$ mm zu nehmen.

Die ganze Schaftlänge muß vor der Vernietung betragen (vergl. das unter A Bemerkte):
  $2\delta + 1{,}3\,d$ bis $1{,}7\,d$, im Mittel also:
  $2\delta + 1{,}5\,d = 2 \cdot 18 + 1{,}5 \cdot 26 = 75$ mm.

Die Nietteilung wird für die Quernähte, wenn versetzt genietet, nach Gl. 214:

$$e = 2{,}6 \cdot 2{,}6 + 1{,}5 = 8{,}26 \text{ cm} = \infty\, 83 \text{ mm.}$$

Für die Längsnaht folgt nach Gl. 219:

$$e = 3 \cdot 2{,}6 + 2{,}2 = 10 \text{ cm} = 100 \text{ mm.}$$

Die übrigen Dimensionen sind nach den unter b) und c) angegebenen Gleichungen zu berechnen. Auch die Gleichungen für σ_b sind zu kontrollieren.

Das Festigkeitsverhältnis der Längsnaht wäre z. B. nach Gl. 207:

$$\frac{e - d}{e} = \frac{100 - 26}{100} = 0{,}74;$$

Schneider Formel- und Beispielsammlung.

es beträgt also die Festigkeit in der Mitte der Längsnietreihe $\frac{74}{100}$ oder 74 % der Festigkeit des vollen Bleches.

C. Stabnietung.

Eine Stabnietung ist meist Festnietung (Eisenkonstruktion). Zur Konstruktion derselben dient die Schwedlersche Methode, bei der man sich den Stab in lauter einzelne Streifen von der Breite k zerlegt denkt, welche die Nietbolzen umschlingen.

Es muß bei gleicher Festigkeit für die **einschnittige** Nietnaht sein (d = Nietdurchmesser, δ = Blechstärke in mm oder cm):

$$k = \frac{d^2 \pi}{8 \delta} \quad \ldots \ldots \ldots \quad 238$$

Für die **zweischnittige** Niehtnaht ist:

$$k = \frac{d^2 \pi}{4 \delta} \quad \ldots \ldots \ldots \quad 239$$

Ferner sei (Fig. 165) die Randbreite:

$$a \geq \frac{d}{2} + 2k \quad \ldots \ldots \ldots \quad 240$$

Die Entfernung c (Fig. 165) nehme man so groß, daß die Streifen nicht zu sehr gedrückt werden.

Beispiel. Ein zusammengenieteter Stab habe eine Last Q = 3000 kg zu tragen bei einer gegebenen Blechstärke δ = 6 mm;

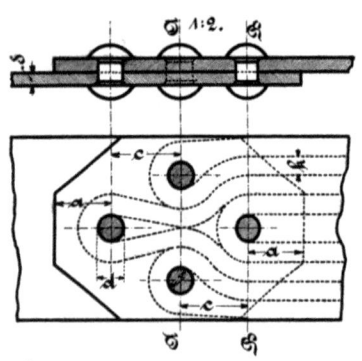

Fig. 165.

Nach Gl. 203:

$$d = 0{,}3 + \frac{5}{8} \cdot 0{,}6$$
$$= 1{,}3 \text{ cm} = 13 \text{ mm}.$$

Wählt man die zulässige Scherspannung des Nietes k_s = 600 kg/qcm und bedeutet n die Anzahl der Niete, so muß sein:

$$Q = n \frac{d^2 \pi}{4} k_s$$
$$3000 = n \frac{1{,}3^2 \pi}{4} \cdot 600$$
$$n = 3{,}76 \infty 4 \text{ Niete.}$$

Diese 4 Nieten sind nun, wie Fig. 165 zeigt, anzuordnen.

Aus Gl. 238 folgt:

$$k = \frac{1{,}3^2 \cdot 3{,}14}{8 \cdot 0{,}6} = 1{,}10 \text{ cm} = 11 \text{ mm}.$$

Nieten.   163

Die Breite des Bleches müßte nun bei A sein:
$$6k + 2d = 6.11 + 2.13 = 92 \text{ mm},$$
und bei B:
$$8k + d = 8.11 + 13 = 101 \text{ mm}.$$
Man würde also die ganze Blechbreite etwa 102 mm nehmen.
Nach Gl. 240 ist noch:
$$a \geq \frac{13}{2} + 2.11 = \infty\ 30 \text{ mm}.$$

Die Entfernung c wäre entsprechend zu wählen, wie oben bemerkt.

D. Nur dichte Nietverbindungen, für Blechgefässe unter geringem Druck, wie Wasserbehälter, Gasometer usw.

Diese erhalten meist einreihige, einschnittige Nietnähte. In Rücksicht auf Abrosten und dergl. ist die Blechstärke am besten nach Gefühl zu wählen.

Der Nietdurchmesser d folgt aus Gl. 203:

Die Nietteilung ermittelt sich aus:
$$e + 3d + 0{,}5 \text{ cm} \quad \ldots \ldots \quad 241$$

Der Randabstand wird:
$$a = 0{,}5\,e \quad \ldots \ldots \ldots \quad 242$$

Die Stärke der zur Verwendung kommenden Winkeleisen sei mindestens gleich der Blechdicke.

3. Keile.

Man unterscheidet „Längskeile und Querkeile". Keile sollen am besten nur aus Stahl gefertigt werden.

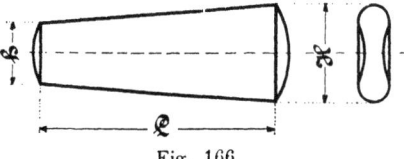

Fig. 166.

Keile, welche dauernd fest bleiben sollen, erhalten einen Gesamtanzug für Längskeile:
$$\frac{H-h}{L} = \frac{1}{100}, \quad \ldots \ldots \quad 243$$
für Querkeile:
$$\frac{H-h}{L} = \frac{1}{25} \div \frac{1}{50}, \quad \ldots \ldots \quad 244$$

11*

für gesicherte Keile (Stellkeile) ist:
$$\frac{H-h}{L} < \frac{1}{6} \quad \ldots \ldots \ldots \quad 245$$

a) Längskeile.

Längskeile haben nur einseitigen Anzug. Die Nuten werden hierbei auf je 100 mm Länge 1 mm konisch hergestellt. Bei $d \geq 180$ mm werden Doppelkeile verwendet.

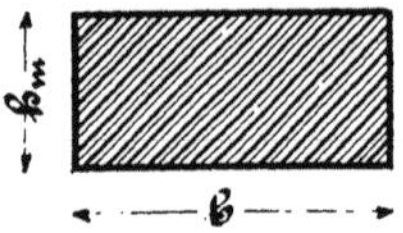

Bezeichnet (Fig. 167)
h_m = mittlere Höhe des Keiles in cm,
b = Breite desselben in cm, so kann betragen:

$$b = 0{,}25\,d + 0{,}4 \text{ in cm} \quad \ldots \quad 246$$
$$h_m = 0{,}6\,b \quad \ldots \ldots \ldots \quad 247$$

Fig. 167.

b) Querkeile.

Solche Keile sind auf Biegung zu berechnen. Bei Spannungsverbindungen (z. B. bei Kreuzkopfkeilen) ist statt der zu übertragenden Kraft P die größere Kraft $\frac{5}{4}P$ zu setzen. Der Keil ist als Träger auf 2 Stützen anzusehen, der auf seiner ganzen Länge gleichmäßig belastet ist; Fig. 168.

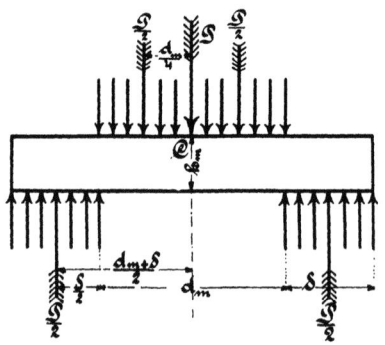

Fig. 168.

Ist C die Einspannstelle, so folgt aus der Biegungsgleichung
$$\frac{P}{2}\left(\frac{d_m + \delta}{2} - \frac{d_m}{4}\right) = \frac{b\,h_m{}^2}{6} \cdot k_b \quad \ldots \quad 248$$

die mittlere Keilhöhe:
$$h_m = \sqrt{\frac{P}{2}\left(\frac{d_m + \delta}{2} - \frac{d_m}{4}\right)\frac{6}{b} \cdot \frac{1}{k_b}} \quad \ldots \quad 248a$$

Die Keilstärke nehme man:
$$b = 0{,}25\, d_m \div 0{,}33\, d_m, \quad \ldots \ldots \quad 249$$
wenn $d_m = $ Durchmesser der runden Stange ist, oder wenn statt $d_m = $ die Breite bei rechteckigem Querschnitt gesetzt wird.

Für Schmiedeisen ist zu nehmen $k_b = 400 \div 500$ kg/qcm und für Stahl $k_b = 800 \div 1000$ kg/qcm, wenn der Druck P zwischen 0 und einem Maximum wechselt und $k_b = 1300$ kg/qcm, wenn P konstant ist.

Den Anzug des Keiles wähle man zu $\frac{1}{20}$ bis $\frac{1}{15}$.

Beispiel. Die Keilverbindung der stählernen Kolbenstange mit dem Kreuzkopf habe eine Kraft $P = 4000$ kg aufzunehmen. Der mittlere Durchmesser der Kolbenstange im Kreuzkopf sei $d_m = 44$ mm, die Wandstärke des Kreuzkopfes $\delta = 23$ mm.

Die Keilstärke des Stahlkeils ist nach Gl. 249:
$$b = 0{,}27 \cdot d_m = 0{,}27 \cdot 4{,}4 = \infty\, 1{,}2 \text{ cm.}$$

Da hier Spannungsverbindung, so gilt für die Kraft $P = \frac{5}{4} \cdot 4000 = 5000$ kg. Mit $k_b = 1000$ kg/qcm folgt somit nach Gl. 248:
$$\frac{5000}{2}\left(\frac{4{,}4 + 2{,}3}{2} - \frac{4{,}4}{4}\right) = \frac{1{,}2\, h_m^2}{6} \cdot 1000$$
$$h_m = \infty\, 5{,}3 \text{ cm.}$$

4. Zapfen.

Man unterscheidet „Tragzapfen", wenn die Last senkrecht zur Achse des Zapfens gerichtet ist und „Stützzapfen", wenn die Last in der Achsrichtung wirkt.

A. Tragzapfen.

a) Stirnzapfen.

Bezeichnet (Maße in cm)

P = den auf den Zapfen lastenden Druck in kg,
l = Länge des Zapfens,
d = Durchmesser des Zapfens,
e = Höhe des Anlaufes,
e_1 = Breite desselben,
M = Moment, welches den Zapfen abzubrechen versucht,
W = Widerstandsmoment (hier des Kreisquerschnittes),
k_b = zulässige Biegungsanstrengung,
p = zulässigen Flächendruck,
n = Tourenzahl des Zapfens,

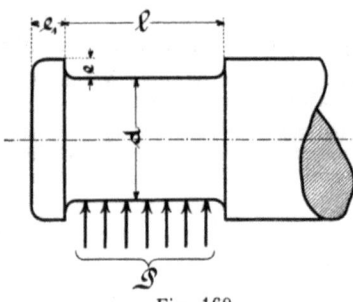

Fig. 169.

so ist auf Biegungsfestigkeit:

$$P\frac{l}{2} = W \cdot k_b \quad . \quad 250$$

Für den vollen Stirnzapfen ergibt sich hieraus:

$$d = \sqrt[3]{\frac{P\,l}{0{,}2\,k_b}} \quad . \quad 251$$

In Rücksicht auf Flächenpressung muß außerdem sein $(P = l\,d\,p)$:

$$d = \frac{P}{l\,p} \quad . \quad . \quad 252$$

In Rücksicht auf Festigkeit und Flächenpressung ist:

$$\frac{l}{d} = \sqrt{\frac{0{,}2\,k_b}{p}} \quad . \quad . \quad . \quad . \quad . \quad . \quad . \quad . \quad 253$$

Es ist nun bei einer solchen Zapfenberechnung aus Gl. 253 zunächst $\frac{l}{d}$ zu bestimmen und dieser oder ein kleinerer Wert in Rechnung zu setzen, indem man l durch d ausdrückt. Wird dann dieser Wert von l in die Gl. 252 eingesetzt, so ergibt sich d, folglich auch l.

Schließlich muß (besonders bei schnell laufenden Zapfen) l noch der abzuleitenden Wärmemenge wegen groß genug sein, wofür gilt:

$$l \geqq \frac{P\,n}{30\,500\,A_x} \text{ in cm} \quad . \quad . \quad . \quad . \quad . \quad 254$$

Ergibt sich hieraus jetzt l größer, als vorher gefunden, so ist der größere Wert beizubehalten; es muß aber dann der Zapfendurchmesser d nochmals aus Gl. 250 bezw. 251 bestimmt werden.

Es kann hierbei genommen werden:

für Schmiedeeisen . . . . $k_b = 300 \div 400$ kg/qcm,
„ Gußeisen . . . . . . $k_b = 150 \div 250$ „
„ Stahlguß . . . . . . $k_b = 250 \div 350$ „
„ Flußstahl . . . . . . $k_b = 400 \div 500$ „

Für nicht wechselnde Belastung können diese Werte noch erhöht werden. Der Flächendruck p ist für sich fortwährend drehende Zapfen bei guter Arbeit und Ölung:

für gehärteten Tiegelgußstahl auf gehärteten
Gußstahl . . . . $p \leqq 150$ kg/qcm,
„ gehärteten Tiegelgußstahl auf Bronze . . $p \leqq 90$ „
„ ungehärteten Tiegelgußstahl auf Bronze . $p \leqq 60$ „
„ Fluß- und Schweißeisen mit glatter Oberfläche auf Bronze . . . . $p \leqq 40$ „

für Schweißeisen mit nicht so glatter Oberfläche
oder Gußeisen auf Bronze . . . . $p \leqq$ 30 kg/qcm,
„ Schweißeisen mit nicht ganz reiner Oberfläche auf Gußeisen . . . . $p \leqq$ 25 „
„ mit Wasser geschmiertes Fluß- und Schweißeisen auf Pockholz . . . . $p \leqq$ 25 „

Für Zapfen, welche sich nur zeitweilig drehen (wie die der Seil- und Kettenrollen) können obige Werte doppelt bis dreifach genommen werden.

Im besonderen gilt noch nach v. Bach:
für gußstählerne Kurbelzapten in Weißmetalllagern bei Lokomotiven . . . . $p =$ 100 kg/qcm,
„ gußstählerne Kreuzkopfzapfen desgleichen . . . . $p =$ 150 „
„ gußstählerne Kurbelzapfen auf Bronze laufend (bei Dampfmaschinen) . . . . $p = 60 \div 70$ „
„ desgleichen Kreuzkopfzapfen . . . . $p = 80 \div 90$ „
„ die Zapfen der Schwungradwelle von Dampfmaschinen . . . . $p = 15 \div 16$ „

Ist die Belastung dieser Zapfen nur zeitweilig und die Geschwindigkeit gering, so kann p bedeutend höher genommen werden, bis 200 kg/qcm und darüber.

Für A_x nehme man nach v. Bach:

α) Wenn ein kühlender Luftzug vorhanden (wie bei Kurbelzapfen) und die Wärme durch beide Lagerschalen möglichst gleich abgeführt wird:
$$A_x = 1{,}25 \div 3$$
für Gußstahl auf Bronze oder Weißmetall bei Dampfmaschinen.

β) Wenn der kühlende Luftzug nicht vorhanden (wie bei dem Lager der Kurbel und des Schwungrades) und die Wärme nur durch eine (untere) Lagerschale abgeleitet wird:
$$A_x = 0{,}5$$
für Dampfmaschinen (normal),
$$A_x = 1{,}33$$
für desgleichen mit Lagerschalen aus Weißmetall.

A_x kann um so höher gewählt werden, je kleiner die Flächenpressung ist.

Für die Zapfen der Lokomotiv- und Eisenbahnachsen sind obige Werte bedeutend höher, da hier der scharfe Luftstrom abkühlt.

Nach v. Bach laufen die Achsen der Personenwagen noch zufriedenstellend für $A_x = 2{,}66$. Bei Schnellzugsgeschwindigkeiten und dreiachsigen Lokomotiven für $A_x = 5$. Ferner für die äußeren Kurbelzapfen von Lokomotiven $A_x = 8{,}33$.

Die Höhe des Anlaufes sei, Fig. 169:

$e = 0{,}3 + 0{,}1 d$ in cm **255**

$e_1 = 1{,}5 e$ **256**

Beispiel. Es ist der gufsstählerne Kurbelzapfen einer Kurbelwelle zu berechnen. Es sei für denselben: Gröfster Druck $P = 7530$ kg, $p = 60$ kg/qcm, $k_b = 500$ kg/qcm. Die Kurbelwelle mache 90 Umdrehungen pro Minute
Nach Gl. 253:
$$\frac{l}{d} = \sqrt{\frac{0,2 \cdot 500}{60}} = 1,3, \text{ also } l = 1,3\,d.$$
Hiermit folgt aus Gl. 252:
$$P = l\,d\,p$$
$$7530 = 1,3\,d^2 \cdot 60$$
$$d = 9,8 \text{ cm} \infty 10 \text{ cm};$$
$$l = 1,3 \cdot 10 = 13 \text{ cm}.$$
Beträgt der mittlere für die Reibungsarbeit mafsgebende Druck nur $P = 5950$ kg, so ist mit $A_x = 2$ nach Gl. 254:
$$l \geq \frac{5950 \cdot 90}{30500 \cdot 2} = 8,8 \text{ cm},$$
also ist $l = 13$ cm als der gröfsere Wert beizubehalten.

Beispiel. Der Kreuzkopfzapfen (Tiegelgufsstahl), Fig. 170, ist zu berechnen, wenn der gröfste Druck auf denselben $P = 5000$ kg beträgt.

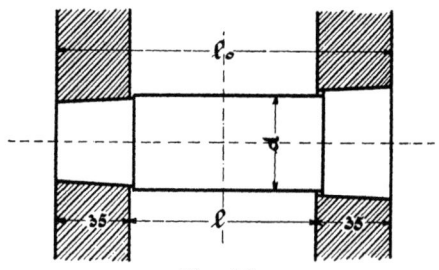

Fig. 170.

Ist, wie üblich, $l = 1,5\,d$ und $p = 80$ kg/qcm, so ergibt sich nach Gl. 252:
$$P = l\,d\,p$$
$$5000 = 1,5\,d^2 \cdot 80$$
$$d = \infty 6,5 \text{ cm};$$
$$l = 1,5 \cdot 6,5 = 9,5 \text{ cm}.$$
Zur Kontrolle der Biegungsbeanspruchung des zylindrischen Kreuzkopfzapfens folgt, vergl. Gl. 248:
$$\frac{5000}{2}\left(\frac{9,5+3,5}{2} - \frac{9,5}{4}\right) = 0,1 \cdot 6,5^3 \cdot k_b$$
$$k_b = 374 \text{ kg/qcm},$$
was noch unter der zulässigen Anstrengung von 500 kg/qcm liegt.

Annähernd, aber einfacher ermittelte sich k_b aus ($l_0 = 9{,}5 + 2 \cdot 3{,}5 = 16{,}5$ cm):
$$\frac{P\, l_0}{8} = 0{,}1\, d^3\, k_b.$$
Demnach:
$$\frac{5000 \cdot 16{,}5}{8} = 0{,}1 \cdot 6{,}5^3\, k_b$$
$$k_b = \infty\, 374 \text{ kg/qcm},$$
also (zufällig) genau wie oben.

a_1) **Hohle Zapfen.**

Bezeichnet
d_a = äußerer Durchmesser,
d_i = innerer Durchmesser, so ist:
$$P\,\frac{l}{2} = 0{,}1\, \frac{d_a^4 - d_i^4}{d_a} \cdot k_b \quad \ldots \ldots \quad 257$$

Das Höhlungsverhältnis betrage $\dfrac{d_i}{d_a} = 0{,}4 \div 0{,}8$; im Mittel daher $d_i = 0{,}8\, d_a$.

Für den Flächendruck wäre wieder $P = l \cdot d_1 \cdot p$.

Alles übrige ist wie vorher beim vollen Zapfen unter a) zu berechnen.

b) **Halszapfen.**

Man bestimme sich bei der Berechnung zunächst die Zapfenlänge l aus Gl. 254; der Zapfendurchmesser d ergibt sich dann aus Gl. 177a oder aus Gl. 177b.

Schließlich wäre in bezug auf Flächendruck auch hier Gl. 252 zu berücksichtigen.

Vergl. das Beispiel S. 141.

c) **Kugelzapfen.**

Der Kugelzapfen gestattet der Schubstange ein geringes seitliches Ausweichen, ist aber schwer ganz sachgemäß herzustellen.

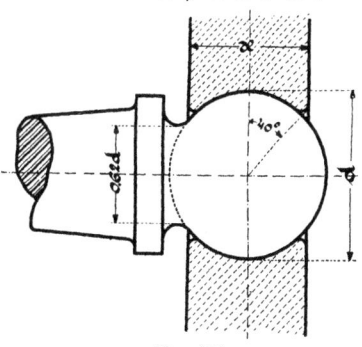

Fig. 171.

Es ist für den gußstählernen gehärteten Kugelzapfen:
$$P = 40\, d^2, \quad \ldots \quad 258$$
worin d = Kugeldurchmesser in cm bedeutet.

Mit Rücksicht auf das Heißlaufen muß sein:
$$d \geq \frac{P\, n}{24000\, A_x} \text{ in cm} \quad . \quad 259$$

Der größere Wert von d aus den beiden Gleichungen ist beizubehalten. Für A_x gelten die früheren Angaben.

B. Stützzapfen.

a) Der ebene Spurzapfen.

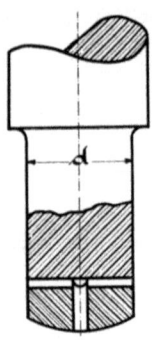

Fig. 172.

Bezeichnet

P = den in der Achsrichtung wirkenden Druck in kg,
p = Flächendruck in kg/qcm,
d = Durchmesser des Spurzapfens in cm,

so ist ohne Berücksichtigung der Schmiernuten:

$$P = \frac{d^2 \pi}{4} p \quad \ldots \ldots \quad 260$$

Die Rücksicht auf das Heißlaufen verlangt:

$$d \geq \frac{P n}{60000 \, A_x} \quad \ldots \ldots \quad 261$$

Für p gelten wieder die früheren Angaben.

A_x soll nach v. Bach nicht über 0,7 genommen werden.

Für Spurzapfen, welche sich nur zum Teil drehen, kann p das Doppelte und mehr von den früher angegebenen Werten betragen.

Beispiel. Der gehärtete stählerne Zapfen einer stehenden Triebwerkswelle soll auf eben solchem Spurzapfen laufen. Welchen Durchmesser erhält letzterer, wenn der gesamte Druck auf denselben P = 4000 kg beträgt?

Mit p = 150 kg/qcm ergibt sich nach Gl. 260:

$$d = \sqrt{\frac{4P}{\pi p}} = \sqrt{\frac{4 \cdot 4000}{3{,}14 \cdot 150}} = 5{,}8 \text{ cm} \infty 60 \text{ mm.}$$

Beträgt die Umgangszahl der Welle n = 100 pro Min., so folgt mit A_x = 0,6 nach Gl. 261:

$$d \geq \frac{4000 \cdot 100}{60000 \cdot 0{,}6} = 11{,}1 \text{ cm} \infty 110 \text{ mm,}$$

welcher Wert als der größere beizubehalten ist.

b) Der ringförmige Spurzapfen.

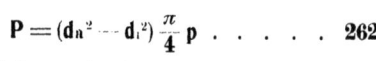

Fig. 173.

Es ist, Fig. 173:

$$P = (d_a{}^2 - d_i{}^2) \frac{\pi}{4} p \quad \ldots \ldots \quad 262$$

Mit Berücksichtigung der Reibungsarbeit muß sein:

$$d_a \geq d_i + \frac{P n}{60000 \, A_x} \text{ in cm} \ldots 263$$

Im übrigen gilt das beim ebenen Spurzapfen Bemerkte.

Der größere Wert von d_a aus den beiden Gleichungen ist beizubehalten.

c) Der Kammzapfen.

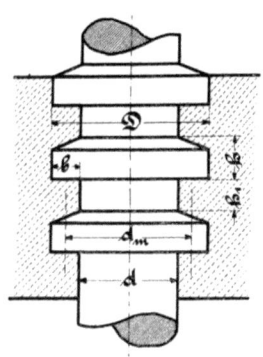

Fig. 174.

Solche Zapfen finden bei starkem Druck und hohen Umgangszahlen Anwendung. Die Ringe erhalten entweder ebene oder leicht kegelförmige Begrenzungsflächen.

Ist außer den Bezeichnungen in der Fig. 174

P = achsialer Druck,
i = Anzahl der Ringe,

so muß sein:

$$P = d_m . \pi . b . p . i \quad \ldots \quad 264$$

Da die Ringe jedoch nicht alle gleichmäßig anliegen werden, ist p nur etwa $\frac{1}{10}$ von den früher angegebenen Werten zu wählen

Die Ringbreite sei:

$$b = 0{,}1\,d \div 0{,}15\,d \quad \ldots \ldots \quad 265$$

Ferner mache man $h \leq b$; h_1 meistens etwas größer oder gleich h.

Mit Berücksichtigung der Reibungsarbeit ist:

$$i\,b \geq \frac{P\,n}{120000\,A_x} \quad \ldots \ldots \quad 266$$

Auch für A_x sind hier bedeutend kleinere Werte, als früher angegeben, einzusetzen, weil ein Kammzapfenlager die Wärme weit schlechter ableitet. Bei der Berechnung nehme man A_x an und bestimme sich zunächst i aus Gl. 266. Aus Gl. 264 findet man alsdann den Flächendruck p. Letzterer darf den zulässigen Wert nicht überschreiten.

Beispiel. Der Kammzapfen an der Schraubenwelle eines Dampfers hat einen achsialen Druck P = 4500 kg zu widerstehen. Der Durchmesser der Schraubenwelle betrage d = 170 mm. Die Tourenzahl derselben n = 150 pro Minute. Der Zapfen laufe in einem Bronzelager.

Nach Gl. 265 folgt für die Ringbreite im Mittel:

$$b = 0{,}125 . 17{,}0 = 2{,}12 \text{ cm} \infty 2{,}2 \text{ cm.}$$

Der äußere Durchmesser wird:

$$D = d + 2\,b = 17 + 2 . 2{,}2 = 21{,}4 \text{ cm.}$$

Ferner der mittlere Durchmesser:

$$d_m = \frac{D + d}{2} = \frac{21{,}4 + 17}{2} = 19{,}2 \text{ cm.}$$

Nimmt man nur $A_x = 0,3$, so wird nach Gl. 266:

$$i \cdot 2,2 \geq \frac{4500 \cdot 150}{120000 \cdot 0,3} = 18,7$$

$$i \geq \frac{18,7}{2,2} = 8,5 \backsim 9 \text{ Ringe.}$$

Der Flächendruck beträgt demnach nach Gl. 264:

$$p = \frac{4500}{19,2 \cdot 3,14 \cdot 2,2 \cdot 9} = 3,78 \text{ kg/qcm.}$$

Dieser Wert ist zulässig, da er noch geringer ist als etwa $\frac{1}{10}$ des früher angegebenen Wertes für p auf S. 166.

5. Achsen.

Achsen sind Träger, welche nur auf Biegung beansprucht werden (abgesehen von dem Drehmoment, welches durch Zapfenreibung entsteht).

Für die Berechnung gilt Gl. 166, nämlich:

$$M_b = W \cdot k_b;$$

also für den vollen Kreis:

$$M_b = \backsim 0,1 \, d^3 \, k_b \quad \ldots \ldots \ldots \quad 267$$

und für den Kreisring:

$$M_b = \backsim 0,1 \, \frac{D^4 - d^4}{D} \, k_b, \quad \ldots \ldots \quad 268$$

worin M_b = biegendes Moment,

d = Durchmesser der vollen Achse und für den Kreisring ist:

D = äußerer Durchmesser des Hohlkreises,
d = innerer Durchmesser des Hohlkreises.

Die Biegungsspannung k_b kann gesetzt werden, wenn die Kraft in ihrer Richtung zwischen einem größten positiven und negativen Werte wechselt:

$k_b = 300 \div 400$ kg/qcm für Fluß- oder Schweißeisen,
$k_b = 400 \div 600$ „ „ Flußstahl,
$k_b = 250 \div 350$ „ „ Stahlguß,
$k_b = 150 \div 250$ „ „ Gußeisen,
$k_b = 60$ „ „ Eichenholz.

Wechselt die Kraftrichtung nicht vollständig, so kann k_b bis zum Doppelten der obigen Angaben erhöht werden.

Der Vorgang einer Achsenberechnung ist bei gegebenen Lasten folgender:

α) Bestimmung der Reaktionen,
β) Bestimmung der einzelnen Biegungsmomente,

Achsen.

γ) Bestimmung der Durchmesser an den betreffenden (belasteten) Stellen der Achse,
δ) Skizze des Normalprofils,
ε) Berechnung der Zapfen.

Beispiele. Bestimmung der Reaktionen R_1 und R_2.

$R_1 = \dfrac{P b}{L}$,
$R_2 = P - R_1$.

$R_1 = \dfrac{P b}{L}$,
$R_2 = P + R_1$.

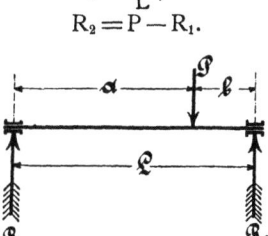

Fig. 175.

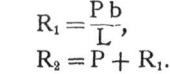
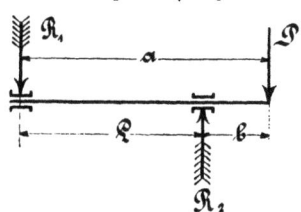

Fig. 176.

$R_1 = \dfrac{P_1 (b+c) + P_2 b}{L}$,
$R_2 = P_1 + P_2 - R_1$.

$R_1 = \dfrac{P_1 (c-b) - P_2 b}{L}$,
$R_2 = P_1 + P_2 - R_1$.

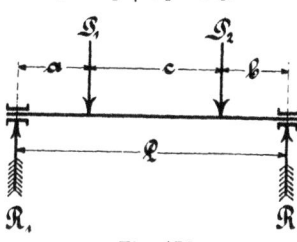

Fig. 177.

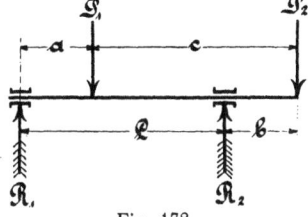

Fig. 178.

Beispiel. Gegeben ist eine freitragende Achse mit den in Fig. 179 eingeschriebenen Bezeichnungen. Die Achse sei aus Schmiedeeisen und mache pro Minute 120 Umdrehungen:

Momente um B:
$900 \cdot 110 - R_1 \cdot 85 + 1500 \cdot 30 = 0$
$R_1 = 1694{,}11$ kg.

Momente um A:
$R_2 \cdot 85 - 1500 \cdot 55 + 900 \cdot 25 = 0$
$R_2 = 705{,}88$ kg.

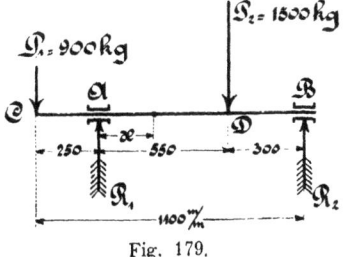

Fig. 179.

Kontrolle:
$$R_1 + R_2 = P_1 + P_2$$
$$1694{,}11 + 705{,}88 = 900 + 1500$$
$$\infty \; 2399{,}99 = 2400,$$

also richtig, wenn man von der Abrundung der Dezimalen absieht.

Wir nehmen rund $R_1 = 1694$ kg und $R_2 = 706$ kg.
$$M_A = 900 \cdot 25 = 22\,500 \text{ cmkg},$$
$$M_D = 706 \cdot 30 = 21\,180 \text{ cmkg};$$
$$M_b = W \cdot k_b.$$

Mit $k_b = 400$ kg/qcm (gutes Material vorausgesetzt) folgt daher:
$$22\,500 = 0{,}1 \, d_A{}^3 \cdot 400$$
$$d_A = \infty \, 8{,}3 \infty \, 8{,}5 \text{ cm}.$$

Die Länge dieses nur auf Biegung beanspruchten Halszapfens ergibt sich mit $p = 40$ kg/qcm nach Gl. 252:
$$P = l_A \cdot d_A \cdot p, (P = R_1)$$
$$1694 = l_A \cdot 8{,}5 \cdot 40$$
$$l_A = \infty \, 5 \text{ cm}.$$

und mit $A_x = 0{,}5$ nach Gl. 254:
$$l_A \geq \frac{1694 \cdot 120}{30500 \cdot 0{,}5} = 13{,}3 \infty \, 13{,}5 \text{ cm},$$

welcher Wert als der größere beizubehalten ist.

Ebenso ferner:
$$21\,180 = 0{,}1 \, d_D{}^3 \cdot 400$$
$$d_D = \infty \, 8 \text{ cm}.$$

Dieser Wert ist wegen der Keilnute noch auf etwa 9,5 cm zu erhöhen.

Die Länge des Achskopfes bei D kann $1{,}5 \cdot 8 = \infty \, 12$ cm genommen werden.

Für den rechten Stirnzapfen bei B ergibt sich mit $p = 40$ nach Gl. 253:
$$\frac{l}{d} = \sqrt{\frac{0{,}2 \cdot 400}{40}} = \infty \, 1{,}42,$$

also
$$l = 1{,}42 \, d$$

und somit nach Gl. 252:
$$706 = 1{,}42 \, d^2 \cdot 40$$
$$d = \infty \, 3{,}5 \text{ cm},$$

folglich:
$$l = 1{,}42 \cdot 3{,}5 = \infty \, 5 \text{ cm}.$$

In Rücksicht auf die Reibungsarbeit muß schließlich mit $A_x = 0{,}5$ die Zapfenlänge nach Gl. 254 sein:
$$l \geq \frac{706 \cdot 120}{30500 \cdot 0{,}5} = \infty \, 5{,}5 \text{ cm},$$

welcher Wert als der größere beizubehalten ist.

Für den linken Tragzapfen bei C erhält man, wenn die Last am Hebelarm 4,5 cm angreift

$$900 \cdot 4,5 = 0,1\, d_c^3 \cdot 400$$
$$d_c = \infty\, 4,7 \text{ cm}.$$

Zwischen den Punkten A und D findet hier bei einem Querschnitt ein Übergang der Biegungsanstrengungen statt, d. h. das Biegungsmoment ändert sein Vorzeichen, es wird für diese Stelle gleich Null.

Wird die Entfernung dieses Querschnittes vom Punkte A mit x bezeichnet, so muß sein (Fig. 179):

$$900\,(25 + x) = 1694\,x$$
$$x = 28,4 \text{ cm}.$$

Theoretisch könnte hier also der Querschnitt gleich Null sein, wenn nicht vorhandene Schubkräfte einen gewissen Querschnitt verlangten. Man kann jedoch die Achse an der betr. Stelle schwächer ausführen.

6. Wellen.

Wellen sind auf Drehung und Biegung beansprucht. Ist das Biegungsmoment M_b gegenüber dem Drehmoment M_d sehr klein, so kann die Welle allein auf Verdrehung bestimmt werden.

Schwankt das drehende Moment M_d ohne direkte Stöße zwischen einem größten positiven und negativen Werte, so kann die Drehungsbeanspruchung k_d genommen werden:

$k_d = 300 \div 400$ kg/qcm für Flußstahl,
$k_d = 200 \div 280$ „ „ Flußeisen,
$k_d = 120 \div 160$ „ „ Schweißeisen,
$k_d = 80 \div 100$ „ „ Gußeisen,
$k_d = 160 \div 280$ „ „ Stahlguß.

Schwankt dagegen M_d ohne Stoß nur zwischen Null und seinem größten Werte, so ist das Zweifache, und ist M_d unveränderlich und stoßfrei, so ist das Dreifache der angegebenen Werte statthaft. Für Wasserradwellen aus Eichenholz ist $k_d = 50 \div 60$ kg/qcm zu setzen.

Für k_b sind die Angaben bei Achsen maßgebend.

Ist eine Welle nur auf Drehungsfestigkeit zu berechnen und ist P die Kraft am Hebelarm R, so gilt:

$$P\,R = \frac{\pi}{16}\,d^3\,k_d = \infty\, 0,2\,d^3\,k_d \quad \ldots \ldots \quad \mathbf{269}$$

a) Für gewöhnliche Wellen (Windenwellen) ist der Durchmesser (wobei im allgemeinen die Biegung mit berücksichtigt ist; k_d nur 120 kg gesetzt):

$$d = 0{,}342\,\sqrt[3]{P\,R} \text{ in cm} \quad \ldots \ldots \quad \mathbf{270}$$

Ist das zu übertragende Drehmoment $PR = M_d$ nicht direkt gegeben, sondern die zu übertragende Pferdezahl N und die Umgangszahl n der Welle pro Minute, so ist:

$$M_d = PR = 71620 \frac{N}{n} \text{ in cmkg} \quad \ldots \quad 271$$

Die Umfangskraft P kann auch nach Gl. 15 S. 56 ermittelt werden.

Demnach bei Einsetzung der Gl. 271 in Gl. 270 auch:

$$d = 14{,}3 \sqrt[3]{\frac{N}{n}} \text{ in cm} \quad \ldots \quad 272$$

b) **Für Transmissionswellen** (lange schmiedeeiserne Wellen) ist der Wellendurchmesser:

$$d = 12 \sqrt[4]{\frac{N}{n}} \text{ in cm} \quad \ldots \quad 273$$

Bei schwer belasteten Transmissionswellen, z. B. bei Antriebswellen, ist der Durchmesser dann um 1 bis 2 cm zu verstärken, wenn die Lagerentfernung klein ist, oder es sind solche Wellen überhaupt auf zusammengesetzte Festigkeit (vergl. weiter unten das Bemerkte unter c) zu berechnen.

Die Lagerentfernung l kann für Transmissionswellen betragen:

$$l \geq 100 \sqrt{d} \text{ in cm} \quad \ldots \quad 274$$

c) **Für Wellen mit zusammengesetzter Festigkeit** gilt die Gl. 177a oder 177b, S. 140. Vergl. das Beispiel S. 141.

Beispiel. Eine kurze, schmiedeeiserne Welle hat bei $n = 50$ Umdrehungen pro Minute 2 PS zu übertragen. Wellendurchmesser $d = ?$

Ist Biegungsbeanspruchung nicht oder doch nur ganz gering vorhanden, so ermittelt sich d nach Gl. 269:

Nach Gl. 271 folgt zunächst:

$$PR = 71620 \frac{2}{50} = 2860 \text{ cmkg.}$$

Somit mit $k_d = 280$ kg nach Gl. 269:

$$2860 = 0{,}2 \, d^3 \cdot 280$$
$$d = 3{,}7 \text{ cm} \infty 4 \text{ cm.}$$

Wäre die Welle beispielsweise durch Räder mit auf Biegung, wenn nicht gerade bedeutend, beansprucht worden, so ermittelte sich d aus Gl. 270 bezw. Gl. 272:

$$d = 0{,}342 \sqrt[3]{2860} = 4{,}9 \text{ cm} \infty 5 \text{ cm.}$$

Beispiel. Eine Dampfmaschine überträgt 100 PS bei 60 Umdrehungen pro Minute der Transmissionswelle; $d = ?$

Nach Gl. 273:
$$d = 12 \sqrt[4]{\frac{100}{60}} = 13{,}6 \backsim 14 \text{ cm}.$$

Welches ist das Moment der Welle und wie groß ist die Umfangskraft an der Riemenscheibe, wenn dieselbe einen Radius von 0,6 m hat?
Nach Gl. 271:
$$M_d = PR = 71620 \frac{100}{60} = 119319 \text{ cmkg}.$$
$$P = \frac{M_d}{R} = \frac{119319}{60} = \backsim 1990 \text{ kg}.$$

Beispiel. Die Hauptantriebscheibe links, Fig. 180, gibt an den Wellenstrang im ganzen $N = 16$ PS ab; wie stark sind die Wellendurchmesser bei $n = 100$ Umdrehungen pro Minute?

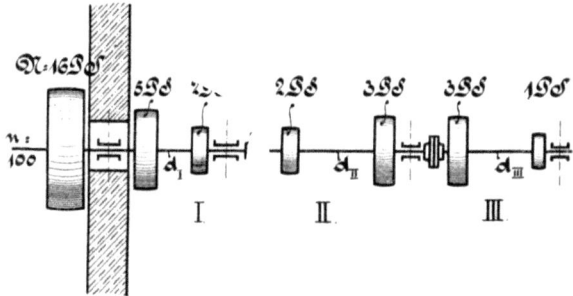

Fig. 180.

Nach Gl. 273:
$$d_I = 12 \sqrt[4]{\frac{16}{100}} = 7{,}6 \backsim 7{,}5 \text{ cm}.$$
$$d_{II} = 12 \sqrt[4]{\frac{9}{100}} = \backsim 6{,}5 \text{ cm}.$$
$$d_{III} = 12 \sqrt[4]{\frac{4}{100}} = 5{,}37 \backsim 5{,}5 \text{ cm}.$$

7. Zahnräder.

A. Stirnräder.

Bezeichnet (in mm oder cm)
 $r =$ Teilkreisradius eines Zahnrades,
 $z =$ Anzahl der Zähne desselben,
 $t =$ Teilung, so ist:
$$2\,r\,\pi = z\,t \quad \dots \dots \dots \quad 275$$

Folglich:

$$r = \frac{z}{2} \cdot \frac{t}{\pi}$$
$$z = \frac{2r}{\left(\dfrac{t}{\pi}\right)} \quad \Bigg\} \quad \ldots \ldots \quad 275\,\mathrm{a}$$

Tabelle über die Teilung t, wenn $\dfrac{t}{\pi}$ als ganze Zahl gegeben ist.

$\dfrac{t}{\pi}$	t	$\dfrac{t}{\pi}$	t
2	6,283	18	56,549
3	9,425	20	62,832
4	12,566	22	69,115
5	15,708	24	75,398
6	18,850	25	78,540
7	21,991	26	81,681
8	25,133	28	87,965
9	28,274	30	94,248
10	31,416	32	100,531
11	34,558	36	113,097
12	37,699	40	125,664
14	43,982	45	141,372
16	50,265		

Ferner ist im allgemeinen

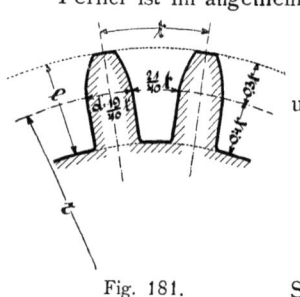

Fig. 181.

Zahnlänge:
$$l = 0,7\,t \quad \ldots \ldots \quad 276$$

Zahnstärke im Teilkreis für die unbearbeiteten Zähne:
$$d = \frac{19}{40}\,t \quad \ldots \ldots \quad 277$$

Für bearbeitete Zähne:
$$d = \frac{19}{40}\,t \text{ bis } \frac{39}{80}\,t \quad \ldots \quad 278$$

Für Holz-Eisenräder wird die Stärke des Eisenzahnes:
$$d_e = \frac{16}{40}\,t = 0,4\,t \quad \ldots \ldots \quad 279$$

und des Holzzahnes:
$$d_h = \frac{23}{40}\,t \quad \ldots \ldots \quad 280$$

Zahnräder. 179

Beispiel. Gegeben sei die Zähnezahl eines Rades $z = 10$ und die Teilung $t = 43{,}982$ mm, entsprechend $\frac{t}{\pi} = 14$ lt. Tabelle; wie groß r und d?
Nach Gl. 275a:
$$\text{Radius } r = \frac{z}{2} \cdot \frac{t}{\pi} = \frac{10}{2} \cdot 14 = 70 \text{ mm}.$$
Nach Gl 277:
$$\text{Zahnstärke } d = \frac{19}{40} \cdot 43{,}982 = 20{,}89 \text{ mm}.$$

Der **Arbeitsverlust** V durch die gleitende Reibung in Teilen der Nutzarbeit folgt aus:
$$V = \pi \mu \left(\frac{1}{z_1} \pm \frac{1}{z_2} \right) \varepsilon, \quad \ldots \ldots \quad 281$$

worin $\mu =$ Reibungskoeffizient, im Mittel 0,16,
z_1 und $z_2 =$ Zähnezahlen beider Räder,
$\varepsilon =$ Eingriffsdauer $= \dfrac{\text{Eingriffsbogen}}{\text{Teilung}}$.

Die **Übersetzungszahl** i der Räder ist:
$$i = \frac{r_1}{r_2} = \frac{z_1}{z_2} = \frac{M_1}{M_2} = \frac{n_2}{n_1}, \quad \ldots \ldots \quad 282$$
worin noch M_1 und M_2 die Drehmomente (Zahndruck × Radius) und n_1 und n_2 die Tourenzahlen bezeichnen. Bei Triebwerksrädern mit raschem Gange sei möglichst i nicht größer als 3 bis 4, bei langsamem Gange (Wasserrädern) nicht größer als 5 bis 6, höchstens 7. Für Windenräder gilt als Grenze $i = 10$ bis 12. Für mehrere Räderpaare ist die totale Übersetzung i gleich dem Produkte der Übersetzungszahlen der einzelnen Räder; also $i = i_1 \cdot i_2 \cdot i_3$ u. f.

a) Berechnung der Teilung t.

α) Krafträder ($n < 16$).

Ist P der Zahndruck und b die Zahnbreite, so ist in cm:
$$t = \infty\, 3{,}75 \sqrt{\left(\frac{t}{b}\right)\frac{P}{k_b}}; \quad \ldots \ldots \quad 283$$
oder auch, wenn M das Moment und z die Zähnezahl ist:
$$t = \infty\, 4{,}45 \sqrt[3]{\left(\frac{t}{b}\right)\frac{M}{z} \cdot \frac{1}{k_b}} \quad \ldots \ldots \quad 284$$
Es ist auch:
$$P = c\, b\, t, \quad \ldots \ldots \ldots \quad 285$$
wenn $c = 0{,}06\, k_b$ bis $0{,}07\, k_b$ (in cm) gesetzt wird.

Das Drehmoment M ermittelt sich auch nach Gl. 271, S. 176.

Es kann hierbei betragen:

$k_b = 250 \div 400$ kg/qcm für Gußeisen,
$k_b = 500 \div 700$ „ „ Stahlguß,
$k_b = 600 \div 800$ „ „ Schmiedeeisen,

ferner:
$$b = 2t, \text{ also } \left(\frac{t}{b}\right) = \frac{1}{2}.$$

Für $k_b < 300$ kg kann $b \geq 2t$ genommen werden.

β) Arbeitsräder (n > 16).

Zur Berechnung der Teilung t gelten wieder die Gleichungen 283 und 284, nur ist statt der Biegungsspannung k_b ein Erfahrungskoeffizient k_0 zu setzen, der von der Abnutzung und Erwärmung der Zähne abhängt.

Für Transmissionsräder bis $n = 250$ Umgangszahlen bei Gußeisen auf Gußeisen kann genommen werden:

$$k_0 = 13 (20 - \sqrt{n}) \text{ in kg/qcm} \quad \ldots \ldots \quad 286$$

Bei Holz auf Gußeisenzähnen ist für k_0 etwa das 0,4 bis 0,5 fache des aus Gl. 286 berechneten Wertes zu setzen und zwar das 0,4 fache bei kleineren Umgangszahlen.

Für n ist bei Eisen-Eisenrädern stets die Tourenzahl des kleineren Rades einzusetzen; bei Holz-Eisenrädern ist für n die Tourenzahl des Rades einzusetzen, welches die Kämme besitzt.

Die Zahnbreite ist hierbei:
$$b \geq 2{,}5 t \text{ bis } 5 t,$$
häufig ist:
$$b = 3 t, \text{ also } \left(\frac{t}{b}\right) = \frac{1}{3}.$$

Für Wasserradzahnkränze, die im Spritzwasser laufen, ist nach v. Bach $k_0 \leq 170$ kg/qcm; für Räder (Holz auf Eisen) bei Mahlgängen $k_0 \leq 42$ kg/qcm; für Rohhaut auf Gußeisen oder auf Bronzezähnen $k_0 = 55$ bis 120 kg/qcm.

k_0 ist im allgemeinen um so kleiner zu wählen, je mehr die Räder beansprucht sind.

b) Abmessungen des Radkörpers.

Die Stärke des Zahnkranzes kann im Mittel 0,5 t genommen werden.

Die durch das Keilloch ungeschwächte Wandstärke w der gußeisernen Nabe (Fig. 182) kann betragen:

$$w \geq 0{,}2 (d_0 + 0{,}5 d) + 1 \text{ cm}, \quad \ldots \ldots \quad 287$$

worin bedeutet:

d = Bohrung der Nabe in cm,
d_0 = der dem Drehmoment $M_d = PR = 0{,}2 d_0^3 k_d$ entsprechende Wellendurchmesser in cm.

Die Länge der Nabe kann sein:
$$n = 0{,}06\,R + b \qquad \ldots \ldots \ldots \quad 288$$
Lange Naben erhalten Aussparungen.

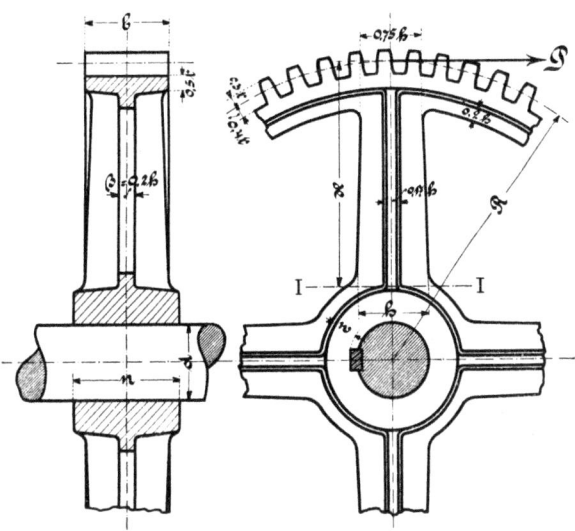

Fig. 182.

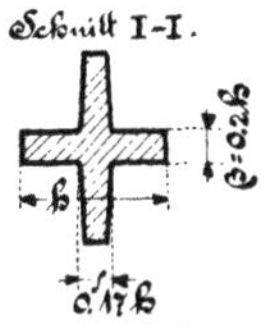

Fig. 183.

Die Armzahl A kann betragen:
$$A = \frac{1}{7}\sqrt{D}, \qquad \ldots \ldots \quad 289$$
worin D = Teilkreisdurchmesser in mm bedeutet.

Bei Rädern, welche aus Segmenten zusammengesetzt werden, kann sein:
$$A = \frac{1}{8}\sqrt{D} \text{ in mm} \quad \ldots \ldots \quad 290$$

Für die Arme gilt bei der Annahme, daß nur $\dfrac{A}{4}$ Arme an der Kraftübertragung teilnehmen (Fig. 182):
$$P \cdot x = \frac{J}{\frac{h}{2}} \cdot k_b \cdot \frac{A}{4}, \qquad \ldots \ldots \quad 291$$
worin J = Trägheitsmoment des Armquerschnittes für die Stelle I ÷ I bedeutet und bei +- und ⊤-förmigem Querschnitt für

$$\frac{J}{\frac{h}{2}} = W = \frac{\beta \cdot h^2}{6}$$

zu setzen ist; $\beta = 0{,}2\,h$.

k_b ist wie auf S. 180 angegeben, zu nehmen. Im Mittel für Gußeisen 300 kg qcm.

Bei ovalem Armquerschnitt (Fig. 184) nehme man $\beta = \frac{h}{2}$;

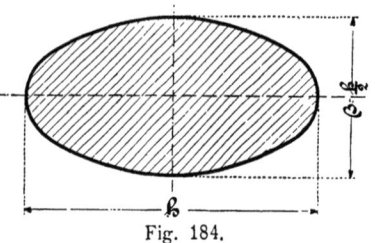

Fig. 184.

es ist:

$$P \cdot x = \frac{\pi}{32} \beta \cdot h^2 \cdot k_b \cdot \frac{A}{4} \ldots 292$$

Bei Rädern mit Holzzähnen muß die Armzahl in der Zähnezahl aufgehen, damit die Arme stets in eine Zahnlücke fallen.

Für ruhigen Betrieb können Räder unter 2000 mm Durchmesser aus einem Stück gegossen werden. Geteilte Räder erhalten stets eine gerade Armzahl.

Beispiel. Eine Last $Q = 2000$ kg soll durch 2 Arbeiter mit je 16 kg mittelst einer doppelt wirkenden Kettenwinde gehoben werden. Die Länge der Handkurbel sei 450 mm, der Trommeldurchmesser von Mitte Kette bis Mitte Kette 320 mm. Ohne Rücksicht auf Reibung beträgt das gesamte Übersetzungsverhältnis nach Gl. 282:

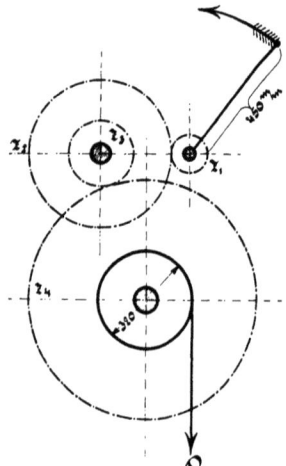

Fig. 185.

$$i = \frac{\text{Lastmoment}}{\text{Kraftmoment}} = \frac{2000 \cdot 16}{2 \cdot 16 \cdot 45} = 22{,}2.$$

Rechnet man für Zahn- und Lagerreibung 15 Proz., so ergibt sich für
$i = 22{,}2 \cdot 1{,}15 = 25{,}6 \backsim 26$.

Es ist nun:

$$i = i_1 \cdot i_2.$$

Wählen wir $i_1 = 4$, so wird $i_2 = 6{,}5$.

Nehmen wir ferner $z_1 = 13$ Zähne, so wird $z_2 = 4 \cdot 13 = 52$ Zähne.

Wird ebenso $z_3 = 13$ genommen, so folgt $z_4 = 6{,}5 \cdot 13 = \backsim 84$ Zähne.

Mit $b = 2t$, also $\frac{t}{b} = \frac{1}{2}$ und $k_b =$

250 kg/qcm folgt aus Gl. 284 die Teilung für die Räder der ersten Übersetzung i_1:

$$t_1 = 4{,}45 \sqrt[3]{\frac{1}{2} \cdot \frac{32 \cdot 45}{13} \cdot \frac{1}{250}} = \infty\ 2{,}8274 \text{ cm} = 9\,\pi \text{ mm}$$

(nach Tabelle S. 178).

Für die Teilung des Räderpaares mit der Übersetzung i_2 kann $k_b = 350$ kg zugelassen werden, da hier die Druckschwankung weniger geltend wird als bei der Kurbelwelle.

Mit $b = 2t$ folgt somit die Teilung nach Gl. 284:

$$t_2 = 4{,}45 \sqrt[3]{\frac{1}{2} \cdot \frac{2000 \cdot 16}{84} \cdot \frac{1}{350}} = \infty\ 3{,}4558 \text{ cm} = 11\,\pi \text{ mm}.$$

Somit die Zahnbreite für das erste Räderpaar:
$$b_1 = 2 \cdot 2{,}8274 = \infty\ 5{,}5 \text{ cm}$$
und für das zweite Räderpaar:
$$b_2 = 2 \cdot 3{,}4558 = \infty\ 7 \text{ cm}.$$

Die kleinen Räder mit 13 Zähnen erhalten seitliche Bordscheiben und werden für jede Bordscheibe 5 mm breiter gemacht.

Schließlich erhält man die Radien der Räder nach Gl. 275a:

$$r_1 = \frac{z_1}{2} \cdot \frac{t_1}{\pi} = \frac{13}{2} \cdot 9 = 58{,}5 \text{ mm},$$

$$r_2 = \frac{z_2}{2} \cdot \frac{t_1}{\pi} = \frac{52}{2} \cdot 9 = 234 \text{ mm},$$

$$r_3 = \frac{z_3}{2} \cdot \frac{t_2}{\pi} = \frac{13}{2} \cdot 11 = 71{,}5 \text{ mm},$$

$$r_4 = \frac{z_4}{2} \cdot \frac{t_2}{\pi} = \frac{84}{2} \cdot 11 = 462 \text{ mm}.$$

B. Kegelräder.

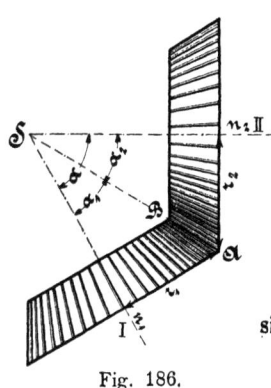

Fig. 186.

Die Übersetzungszahl ist (vergl. Fig. 186):

$$i = \frac{r_1}{r_2} = \frac{\sin \alpha_1}{\sin \alpha_2} = \frac{z_1}{z_2} = \frac{n_2}{n_1} \quad . \quad 293$$

Ferner ist:

$$\frac{n_1}{SA} = \frac{\sin \alpha_2}{\sin \alpha} \quad . \quad . \quad . \quad . \quad 294$$

$$SA = \sqrt{n_1^2 + n_2^2 + 2\,n_1 \cdot n_2 \cdot \cos \alpha} \quad . \quad 295$$

$$\sin \alpha_2 = \frac{n_1 \cdot \sin \alpha}{\sqrt{n_1^2 + n_2^2 + 2\,n_1 \cdot n_2 \cdot \cos \alpha}} \quad . \quad 296$$

$$\sin \alpha_1 = i \cdot \sin \alpha_2 \quad . \quad . \quad . \quad . \quad 297$$

Für $\alpha = 90°$ (es schneiden sich die Achsen rechtwinklig) ist $\sin \alpha = 1$ und $\cos \alpha = 0$. Im übrigen gilt das für Stirnräder Bemerkte.

Kegelräder erhalten meist Evolventenzähne, da sich die Modelle dann gut aus dem Sande heben lassen.

Der Wert von SA aus Gl. 295 dient aber nicht für die Zeichnung, sondern nur zur Einsetzung in Gl. 294, zwecks Bestimmung des $\sphericalangle \alpha_2$.

Beispiel. Ein rechtwinkliges Kegelräderpaar ($\alpha = 90°$) mit Holz-Eisenzähnen ist für eine Kraftübertragung $N = 60$ Pferde-

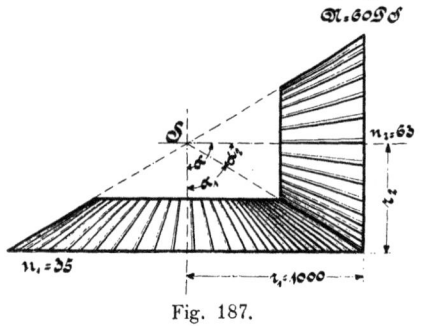

Fig. 187.

stärken zu berechnen. Die Umgangszahlen sind $n_1 = 35$ und $n_2 = 63$. Das größere Rad soll einen Radius $r_1 = 1000$ mm haben und die Kämme erhalten.

Nach Gl 282:
$$r_1 : r_2 = n_2 : n_1$$
$$1000 : r_2 = 63 : 35$$
$$r_2 = \frac{1000 \cdot 35}{63} = 555{,}55 \text{ mm.}$$

Der Zahndruck P folgt aus Gl. 271:
$$P = \frac{716\,20}{r_1} \cdot \frac{N}{n_1} = \frac{716\,20}{100} \cdot \frac{60}{35} = \infty\, 1228 \text{ kg.}$$

Nach Gl. 286:
$$k_0 = 13\,(20 - \sqrt{35}) = 183$$
und wegen Holz auf Eisen
$$k_0 = 0{,}4 \cdot 183 = 73.$$

Mit $b = 3\,t$, also $\dfrac{t}{b} = \dfrac{1}{3}$, erhält man nun nach Gl. 283 die Teilung:
$$t = 3{,}75 \sqrt{\frac{1}{3} \cdot \frac{1228}{73}} = 8{,}87 \infty\, 8{,}722 \text{ cm}$$
und
$$b = 3 \cdot 8{,}87 = \infty\, 27 \text{ cm.}$$

Demnach:
$$z_1 = \frac{2 r_1 \pi}{t} = \frac{2 \cdot 100 \cdot 3{,}14}{8{,}722} = 72 \text{ Zähne.}$$

Das Rad r_1 ist zweiteilig herzustellen. Die Armzahl desselben wäre nach Gl. 289:
$$A_1 = \frac{1}{7} \sqrt{2000} = 6{,}4;$$

wir nehmen die gerade Zahl 6 Arme, welche auch zugleich in der Zähnezahl 72 ohne Rest teilbar ist.

z_2 ergibt sich aus Gl. 293:
$$z_1 : z_2 = n_2 : n_1$$
$$72 : z_2 = 63 : 35$$
$$z_2 = \frac{72 \cdot 35}{63} = 40 \text{ Zähne.}$$

Somit nach Gl. 275a:
$$r_2 = \frac{z_2}{2} \cdot \frac{t}{\pi} = \frac{40}{2} \cdot \frac{87{,}22}{3{,}14} = 555{,}54 \text{ mm.}$$

Beispiel. Die Mühleneinrichtung mit bezeichneter Anordnung, Fig. 188, wird durch eine Turbine mit $N_1 = 26$ PS bei $n_1 =$

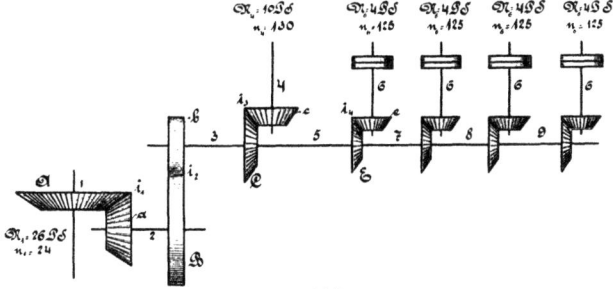

Fig. 188.

24 Touren getrieben. Die 4 Mahlgänge brauchen à 4 PS bei $n_6 = 125$ Umgängen.

Die totale Übersetzung ist (ohne Reibungen):
$$i_{1 \div 6} = \frac{125}{24} = 5{,}21.$$

Angenommen $i_1 = 1{,}6$ und $i_4 = 1{,}5$, so muß sein:
$$i_1 \cdot i_2 \cdot i_4 = 5{,}21,$$
daher:
$$i_2 = \frac{5{,}21}{i_1 \cdot i_4} = \frac{5{,}21}{1{,}6 \cdot 1{,}5} = 2{,}17.$$

Ferner ist:
$n_1 = 24$; $n_2 = 1{,}6 \cdot 24 = 38{,}4$; $n_3 = 2{,}17 \cdot 38{,}4 = 83{,}5$.

Nun wird:
$$i_3 = \frac{n_4}{n_3} = \frac{130}{83{,}5} = 1{,}56.$$

Für die Momente folgt (vergl. Gl. 271 und 282):

$$M_1 = 71620 \frac{26}{24} = \infty\, 77500 \text{ cmkg,}$$

$$M_2 = \frac{77500}{1{,}6} = \infty\, 48400 \text{ cmkg,}$$

$$M_3 = \frac{48400}{2{,}17} = \infty\, 22400 \text{ cmkg,}$$

$$M_4 = 71620 \frac{10}{130} = \infty\, 5510 \text{ cmkg,}$$

$$M_5 = 71620 \frac{16}{83{,}5} = \infty\, 13800 \text{ cmkg,}$$

$$M_6 = 71620 \frac{4}{125} = \infty\, 2290 \text{ cmkg.}$$

Erhalten nun sämtliche treibenden Räder die Holzzähne (Kämme), so müssen die Arme in den Zähnezahlen aufgehen.
Angenommen die Zähnezahl $z_a = 45$, so wird $z_A = 1{,}6 \cdot 45 = 72$.
  „   „   „ $z_b = 36$, „   „ $z_B = 2{,}17 \cdot 36 = \infty\, 78$.
  „   „   „ $z_c = 32$, „   „ $z_C = 1{,}56 \cdot 32 = \infty\, 50$.
  „   „   „ $z_e = 30$, „   „ $z_E = 1{,}5 \cdot 30 = 45$.

Die Teilungen ergeben sich dann nach Gl. 284, wenn statt k_b die Zahl k_0 (Gl. 286) gesetzt wird. Wegen Holz-Eisenräder ist k_0 noch mit 0,4 zu multiplizieren.

Endlich ermitteln sich die Radien nach Gl. 275a.

C. Schraube und Schraubenrad.

Bei eingängiger Schraube wird bei einer Umdrehung derselben der eingreifende Zahn um eine Ganghöhe $s =$ der Teilung t vorwärts geschoben, bei m-gängiger Schraube wird das eingreifende Rad um eine Ganghöhe $s = m\,t$ fortbewegt.

Die Übersetzungszahl ist bei eingängiger Schraube:

$$i = \frac{n}{n_1} = z, \quad \ldots \ldots \ldots \quad 298$$

wenn $n =$ Umgangszahl der Schraube,
$n_1 =$ „   des Rades und
$z =$ Zähnezahl desselben bedeutet.

Bei zweigängiger Schraube würde $i = \frac{z}{2}$ sein, allgemein bei m-gängiger Schraube:

$$i = \frac{z}{m} \quad \ldots \ldots \ldots \quad 299$$

Bei eingängiger Schraube ist s = t (gleich der Teilung des Rades), bei m-gängiger Schraube ist

$$s = m \cdot t \qquad \ldots \ldots \ldots 300$$

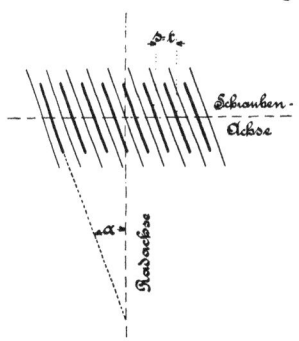

Vorausgesetzt ist hierbei, daß die Achsen der Schraube und des Rades sich rechtwinkelig kreuzen, Fig. 189. Am einfachsten werden die Zähne des Rades auf dem zylindrischen Radkranz um den Steigungswinkel α der Schraube schräg gestellt.

Werden dagegen die Radzähne parallel zur Radachse gestellt, so muß diese einen Winkel von 90° — α mit der Schraubenachse bilden und es ist allgemein bei m-gängiger Schraube:

Fig. 189.
$$s = \frac{m \cdot t}{\cos \alpha} \quad \ldots \; 301$$

Bezeichnet ferner:
Q = die am Hebelarm R des Rades wirkende Last,
P = die am Hebelarm r der Schraube wirkende Kraft,
η = Wirkungsgrad $\left(\eta = \dfrac{\text{theoretische Kraft}}{\text{wirklich nötige Kraft}}\right)$,

so ist für eine eingängige Schraube:

$$z = \frac{Q\,R}{\eta\,P\,r} = \frac{M_1}{\eta\,M} \ldots \ldots \ldots 302$$

Bei m-gängiger Schraube wäre die Zähnezahl des Rades:

$$z = \frac{m}{\eta} \cdot \frac{M_1}{M} \ldots \ldots \ldots 303$$

Ferner ist:

$$\eta = \frac{\operatorname{tg}\alpha}{\operatorname{tg}(\alpha + \varrho)}, \ldots \ldots \ldots 304$$

wobei α = mittlerer Steigungswinkel der Schraubengänge,
ϱ = Reibungswinkel,
μ = Reibungskoeffizient bedeutet.
tg ϱ = μ = 0,1.

Für Selbsthemmung muß bei Vernachlässigung der Lagerreibungen sein:

$$\left.\begin{array}{c}\operatorname{tg}\alpha = \dfrac{s}{2\,r\,\pi} \leqq 0{,}1 \\ r \geqq 1{,}6\,s\end{array}\right\} \ldots \ldots 305$$

oder:

Die Teilung t des Schraubenrades bezw. die Steigung s = m.t der Schraube wird aus den Gleichungen 283 und 284 berechnet. Hierbei ist für gußeiserne Zähne zu setzen k_b = 300 kg/qcm und für Zähne aus Phosphorbronze k_b = 480 kg qcm.

Für die einfache Zahnform nach Fig. 189 kann gewählt werden: $\dfrac{t}{b} = \dfrac{1}{1,5}$, also

$$b = 1,5\, t \qquad \qquad \qquad 306$$

Beispiel. Mittelst der in Fig. 190 angedeuteten Schneckenwinde soll durch einen Arbeiter mit 16 kg Druck eine Last von 600 kg gehoben werden. Das Lastmoment, bezw. das Moment für das Schraubenrad ist, wenn man 5 Proz. für Lagerreibung annimmt:

$$M_1 = 1,05 \cdot 600 \cdot 8,5 = 5355 \text{ cmkg}.$$

Das Kraftmoment, bezw. das Moment der Schraube ist ohne Nebenhindernisse:

$$M = 16 \cdot 35 = 560 \text{ cmkg}.$$

Wählt man für Selbsthemmung nach Gl. 305:

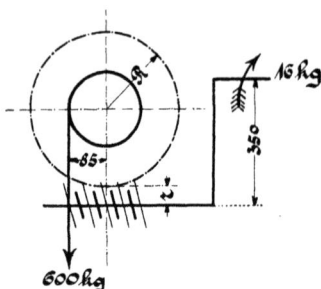

Fig. 190.

$$\operatorname{tg} \alpha = \frac{s}{2\, r\, \pi} = 0,1,$$

so wird bei $\mu = \operatorname{tg} \varrho = 0,1$ der Wirkungsgrad nach Gl. 304:

$$\eta = \frac{\operatorname{tg} \alpha}{\operatorname{tg}(\alpha + \varrho)} = \frac{0,1}{0,2} = 0,5.$$

Mit Rücksicht auf Lagerreibung ist etwa nur:

$$\eta = 0,9 \cdot 0,5 = 0,45.$$

Aus Gl. 302 folgt nun die Zähnezahl des Rades für die eingängige Schraube:

$$z = \frac{M_1}{\eta\, M} = \frac{5355}{0,45 \cdot 560} = \infty\, 22.$$

Wird für das Rad $\dfrac{t}{b} = \dfrac{1}{1,5}$ (also $b = 1,5\, t$) und $k_b = 300$ kg qcm genommen, so folgt nach Gl. 284:

$$t = 4,45 \sqrt[3]{\frac{1}{1,5} \cdot \frac{5355}{22} \cdot \frac{1}{300}} = 3,604 \text{ cm},$$

wir nehmen in Rücksicht auf die Herstellung der Schnecke in engl. Maß:

$$t = 1\tfrac{1}{2}'' \text{ engl.} = 38,10 \text{ mm}.$$

Der Radius des Rades wird dann:

$$R = \frac{z}{2} \cdot \frac{t}{\pi} = \frac{22}{2} \cdot \frac{38,10}{3,14} = 133,463 \text{ mm}.$$

$$b = 1,5 \cdot 38,10 = \infty\, 57 \text{ mm}.$$

Da die Schraube eingängig, so wird:
$$s = t = 38{,}10 \text{ mm},$$
und da $\operatorname{tg} \alpha = \dfrac{s}{2\,r\,\pi} = 0{,}1$ genommen war, so ergibt sich nach Gl. 305 der mittlere Radius der Schraube:
$$r = 1{,}6 \cdot 38{,}10 = 60{,}960 \backsim 61 \text{ mm}.$$

8. Reibungs- oder Friktionsräder.

Ist P = Umfangskraft (vergl. Gl. 271),
    Q = Kraft, mit welcher die Räder gegeneinander gedrückt werden,
    μ = Reibungskoeffizient,
so muß sein:
$$Q \geq \frac{P}{\mu} \qquad \qquad \qquad 307$$

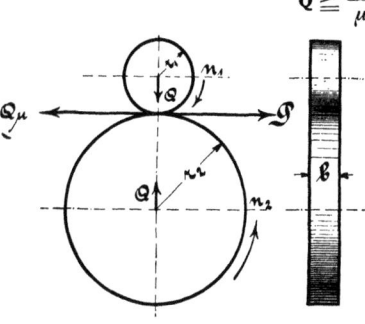

Fig. 191.

Für μ kann im Mittel genommen werden:
    0,1 bis 0,15 für Gußeisen auf Gußeisen,
    0,15 bis 0,2 für Gußeisen auf Papier,
    0,2 bis 0,3 für Gußeisen auf Leder,
    0,2 bis 0,5 für Gußeisen auf Holz.

Je größer μ, um so kleiner Q; daher ist vorteilhaft, gegen eine Gußscheibe ein mit Holz besetztes Rad laufen zu lassen.

Für Ahorn- und Eichenholz kann die Breite des Rades betragen:
$$b = 2\,P \qquad \qquad \qquad 308$$

Für weiche Hölzer entsprechend mehr; 1,5 bis 2 mal soviel.

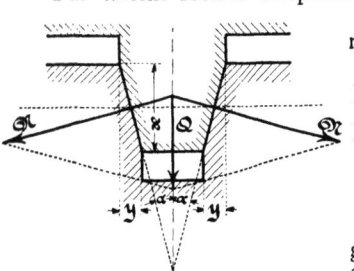

Fig. 192.

Um Q zu verkleinern, wendet man auch Keilräder an, Fig. 192.

Es muß sein:
$$P \leq 2\,N\,\mu,$$
$$N = \frac{Q}{2\,(\sin \alpha + \mu \cos \alpha)}.$$
$$P \leq \frac{Q\,\mu}{\sin \alpha + \mu \cos \alpha} = Q\,\mu_1 \quad 309$$

In der Regel wird $2\,\alpha = 30^{\circ}$ gemacht, bei $\mu = 0{,}1$ (Gußeisen auf Gußeisen) folgt dann:
$$\mu_1 = 0{,}28,$$

daher nach Gl. 309:

$$Q \geq \frac{P}{0{,}28} \geq \infty\, 3{,}5\, P \quad \ldots \quad 310$$

Die Eingriffstiefe der Keilnuten soll nur etwa $x = 1{,}0$ bis $1{,}2$ cm betragen.

Bezeichnet ferner
$k_0 =$ Flächendruck, im Mittel 135 kg/qcm,
$z =$ Anzahl der Keilrillen,
so muß in Rücksicht auf Abnutzung und Erwärmung sein:

$$Q \leq 2\, y \cdot k_0 \cdot z \quad \ldots \quad 311$$

$$P \leq 2\, y \cdot k_0 \cdot z \cdot \mu_1 \quad \ldots \quad 312$$

Für $a = 15^0$, $\mu = 0{,}1$, also $\mu_1 = 0{,}28$ und $x = 10$ mm ergibt sich demnach:

$$P \leq 20\, z \quad \ldots \quad 313$$

z soll in der Regel nicht größer als sechs sein.

Für **glatte Kegelräder** ist nach Fig. 193:

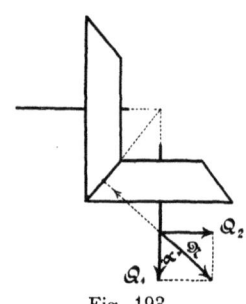

Fig. 193.

$$\left. \begin{array}{l} Q_1 \geq \dfrac{P}{\mu} \cdot \cos \alpha \\[4pt] Q_2 \geq \dfrac{P}{\mu} \cdot \sin \alpha \end{array} \right\} \quad \ldots \quad 314$$

9. Riemen- und Seilbetrieb.

A. Der Riemenbetrieb.

Es sei:

$R_1 =$ Radius der treibenden Scheibe und der untere Riemen der führende,
$T =$ Spannung im führenden Riemen oder Seil,
$t =$ Spannung im geführten Riemen (Seil),
$t_0 =$ Spannung, mit welcher der Riemen (Seil bezw. die Seile) aufgelegt werden muß,
$P =$ die durch den Riemen (Seil) zu übertragende Umfangskraft (vergl. Gl. 271),
$F =$ erforderlicher Querschnitt des Riemens (Seiles bezw. der Seile),
$v =$ Riemen- (Seil-) geschwindigkeit in m pro Sek.,
$q =$ Gewicht des Riemens (Seiles) pro lfd. m,
$k_z =$ zulässige Zugspannung des Riemens (Seiles),
$k =$ ein Koeffizient,
$\alpha =$ den vom Riemen (Seil) an der kleineren Scheibe umspannten Bogen als Bogenlänge für den Radius 1 auszudrücken.

Es ist dann (bei $e = 2{,}71828$; $g = 9{,}81$) allgemein:

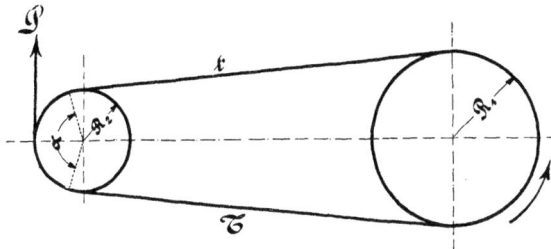

Fig. 194.

$$P = T - t \ldots \ldots \ldots \ldots 315$$

$$T = P \frac{e^{\mu\alpha}}{e^{\mu\alpha} - 1} + q \frac{v^2}{g} \ldots \ldots 316$$

$$t = P \frac{1}{e^{\mu\alpha} - 1} + q \frac{v^2}{g} \ldots \ldots 317$$

$$P = \left(T - q \frac{v^2}{g}\right) \frac{e^{\mu\alpha} - 1}{e^{\mu\alpha}} = F \cdot k \ldots 318$$

$$t_0 = \frac{T + t}{2} = \frac{P}{2} \cdot \frac{e^{\mu\alpha} + 1}{e^{\mu\alpha} - 1} + q \frac{v^2}{g} \ldots 319$$

Der Druck, mit welchem die Welle gegen die Lager gepreßt wird, ergibt sich aus:

$$K = P \frac{e^{\mu\alpha} + 1}{e^{\mu\alpha} - 1} \ldots \ldots \ldots 320$$

Für mittlere Verhältnisse $\alpha \backsim 160^0$ ($\alpha = 0{,}9\,\pi$; $\pi = 180^0$) und $\mu = 0{,}25$ ergibt sich $e^{\mu\alpha} = 2$, daher hierfür:

$$\left. \begin{array}{l} T = 2\,P + q\,\dfrac{v^2}{g} \\[4pt] t = P + q\,\dfrac{v^2}{g} \\[4pt] t_0 = 1{,}5\,P + q\,\dfrac{v^2}{g} \end{array} \right\} \ldots \ldots 321$$

Für Hanfseilbetriebe mit mehreren Seilen wäre q stets mit der Anzahl der Seile zu multiplizieren.

Für mittlere Verhältnisse wird der Achsdruck:

$$K = 3\,P \ldots \ldots \ldots \ldots 322$$

Soll für genaue Berechnungen der Ausdruck $e^{\mu\alpha}$ berechnet werden, so kann dies einfach durch umstehende Tabelle geschehen.

Ver-hältnis $\frac{a}{2\pi}$	Werte von $e^{\mu a}$			
	Neue Riemen auf hölzernen Scheiben $\mu = 0{,}5$	Gewöhnliche Riemen auf hölzernen Scheiben $\mu = 0{,}47$	Gewöhnliche Riemen auf eisernen Scheiben $\mu = 0{,}28$	Eiserne Bremsbänder auf eisernen Scheiben $\mu = 0{,}18$
0,2	1,88	1,81	1,42	1,25
0,3	2,56	2,43	1,69	1,40
0,4	3,51	3,26	2,02	1,57
0,5	4,81	4,38	2,41	1,76
0,6	6,59	5,88	2,81	1,97
0,7	9,02	7,90	3,43	2,21
0,8	12,34	10,62	4,09	2,47
0,9	16,90	14,27	4,87	2,77
1,0	23,14	19,16	5,81	3,10
1,5	111,20	—	—	—
2,0	535,50	—	—	—

a) **Berechnung der Riemen. Übersetzungsverhältnis.**

Die Riemenstärke beträgt gewöhnlich 4,5 und 5 mm, sie findet sich aber bis 9 mm. Die Riemenbreite soll für einfache Riemen 500 mm nicht überschreiten, Doppelriemen können bis 1200 mm Breite erhalten. Der Achsenabstand sei bei schmäleren Riemen nicht unter 3 m, bei breiteren nicht unter 6 m. Über 15 m Achsenabstand macht Hanfseilbetrieb zur Bedingung.

Bezeichnet
$\beta =$ Breite eines Riemens in cm,
$\delta =$ Stärke „ „ „ „

so ist:
$$P = \beta \delta k \qquad \qquad 323$$

Hierbei ist für mittlere Verhältnisse bei $v \leq 15$ m:
$$\begin{aligned} k &= 10 \div 12{,}5 \text{ für } \alpha \backsim 160^0 \\ k &= 6{,}5 \quad \text{ für } \alpha = 90^0 \end{aligned} \qquad 324$$

Demnach für den **normalen, offenen Lederriemen**:
$$P = 10 \beta \delta \div 12{,}5 \beta \delta, \qquad \qquad 325$$
wobei $\alpha = \backsim 160^0$ und $v \leq 15$ m vorausgesetzt ist.

Für große Geschwindigkeiten (bis zu 50 m und darüber) kann P über die Hälfte mehr betragen, da auch dann k entsprechend höher genommen werden kann.

Für **Gummi- und Baumwollriemen** kann sein:
$$P = 8 \beta \delta \div 10 \beta \delta \qquad \qquad 326$$

Der Riemenquerschnitt $\beta \delta$ kann auch bestimmt werden aus:
$$\beta \delta = \frac{2250}{R \pi k} \cdot \frac{N}{n}, \qquad \qquad 327$$

wobei R = Scheibenradius in Metern,
N = zu übertragende Pferdestärken,
n = Umgangszahl der Scheibe.

Der Radius der kleineren Scheibe ist etwa behufs Schonung des Riemens zu nehmen:
$$R \geq 50\,\delta \quad \ldots \ldots \ldots \ldots \quad 328$$

Der Verlust durch Riemengleiten beträgt je nach Übersetzung 2 bis 5 %.

Die größte zulässige Übersetzung soll etwa i = 5 betragen.

b) Gußeiserne Riemenscheiben.

Armzahl:
$$A = \frac{1}{7}\sqrt{D}, \quad \ldots \ldots \ldots \quad 329$$

worin D = Scheibendurchmesser in mm bedeutet.

Bezeichnet

h = große, b = kleine Achse des elliptischen Armquerschnittes, so ist bei der Annahme, daß nur $\frac{A}{3}$ Arme an der Kraftübertragung teilnehmen und bei b = 0,4 h:

$$h = \sqrt[3]{\frac{75 \cdot PR}{A \cdot k_b}}, \quad \ldots \ldots \ldots \quad 330$$

oder mit k = 10 und k_b = 300 kg/qcm:

$$h = \infty\, 1{,}4 \sqrt[3]{\frac{\beta\,\delta\,\cdot R}{A}} \quad \ldots \ldots \ldots \quad 331$$

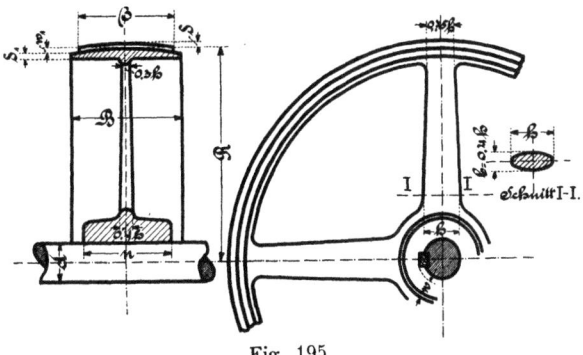

Fig. 195.

Bei 2 Armsystemen (wenn die Scheibenbreite größer als 30 cm) ist in Gl. 331 für A die Armzahl beider Armkreuze einzuführen.

Kranzbreite:
$$B = 1{,}1\,\beta + 1 \text{ cm} \quad \ldots \ldots \quad 332$$

Randstärke des Kranzes:
$$\delta_1 = 0{,}01\,R + 0{,}3 \text{ cm} \quad \ldots \ldots \quad 333$$

Die Wölbung wird:
$$w_1 = \frac{1}{4}\sqrt{B} \text{ bis } \frac{1}{3}\sqrt{B} \quad \ldots \ldots \quad 334$$

Die Nabenwandstärke w berechnet sich aus Gl. 287, S. 180.

Die Nabenlänge n kann gleich oder kleiner als B, jedenfalls nicht kleiner als 1,3 d gemacht werden.

Scheiben mit über 4 m Durchmesser sind geteilt herzustellen.

Beispiel. Von einer schmiedeeisernen Haupttransmissionswelle I, welche einen Effekt $N_1 = 30$ PS besitzt und $n_1 = 80$ Umdrehungen macht, sollen $N_2 = 10$ PS auf eine andere schmiedeeiserne Transmissionswelle mittelst Riemen übertragen werden, so daß dieselbe $n_2 = 140$ Umläufe vollführt.

Der Wellendurchmesser für Welle I ergibt sich aus Gl. 273:

$$d_1 = 12\sqrt[4]{\frac{N_1}{n_1}} = 12\sqrt[4]{\frac{30}{80}} = \infty\, 9{,}5 \text{ cm.}$$

Übersetzung:
$$i = \frac{n_2}{n_1} = \frac{140}{80} = 1{,}75.$$

Wird die Riemenstärke $\delta = 5$ mm genommen, so müßte der Scheibenradius R_2 nach Gl. 328 mindestens sein:
$$R_2 = 50 \cdot 0{,}5 = 25 \text{ cm.}$$

Wir wählen $R_2 = 30$ cm. Somit folgt:
$$R_1 : R_2 = n_2 : n_1$$
$$R_1 = \frac{R_2\, n_2}{n_1} = \frac{30 \cdot 140}{80} = 52{,}5 \text{ cm,}$$

wofür in Rücksicht auf das Gleiten des Riemens
$$R_1 = 52{,}5 \cdot 1{,}02 = \infty\, 53{,}5 \text{ cm}$$
genommen werde.

Die Riemengeschwindigkeit wird:
$$v = \frac{R_2\, \pi\, n_2}{30} = \frac{0{,}3 \cdot 3{,}14 \cdot 140}{30}$$
$$= 4{,}4 \text{ m pro Sek.}$$

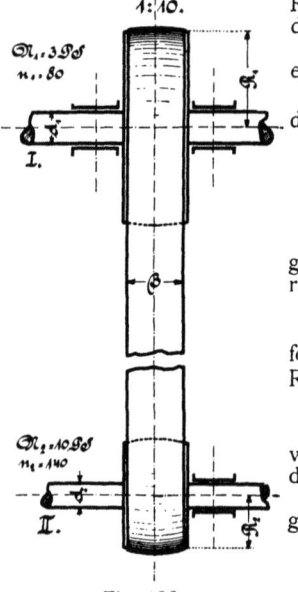

Fig. 196.

Die Umfangskraft ist nach Gl. 15, S. 56 (vergl. auch Gl. 271, S. 176).
$$P = \frac{75\, N_2}{v} = \frac{75 \cdot 10}{4{,}4} = \infty\, 170 \text{ kg.}$$

Für mittlere Verhältnisse wird nun nach Gl. 325:
$$170 = 10\,\beta\,\delta$$
$$\beta\,\delta = 17 \text{ qcm.}$$
Es war $\delta = 5$ mm $= 0{,}5$ cm genommen, folglich:
$$\beta = \frac{1{,}7}{0{,}5} = 34 \text{ cm.}$$
Die Wellenstärke d_2 ergibt sich wieder aus Gl. 273
$$d_2 = 12 \sqrt[4]{\frac{10}{140}} = 6{,}2 \infty 6{,}5 \text{ cm.}$$

B. Der Seilbetrieb.

a) Hanfseilbetrieb.

Anwendbar für Achsenabstände von etwa 15 bis 25 m. Bei über 25 m Achsenentfernung ist Drahtseilbetrieb anzuordnen.

Wie beim Riemenbetrieb, so wird auch beim Hanfseilbetrieb das führende Seil nach unten, das geführte nach oben gelegt.

Der Radius der Seilscheibe soll sein:
$$R \geqq 15\,d_s, \quad\ldots\ldots\ldots\ldots \mathbf{335}$$
wenn $d_s =$ Seildurchmesser bedeutet.

Bei Anwendung von Baumwollseilen genügt $R = 10\,d_s$.

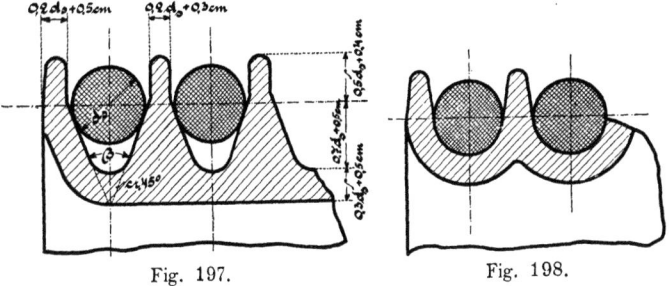

Fig. 197.   Fig. 198.

Den Querschnitt einer Hanfseilscheibe zeigt Fig. 197, den einer Tragrolle Fig. 198.

α) **Berechnung der Seile für den Betrieb mit Dehnungsspannung.**

Bezeichnet
  $P =$ Umfangskraft (vergl. Gl. 15, bezw. Gl. 271),
  $d_s =$ Seildurchmesser in cm,
  $z =$ Anzahl der Seile,
  $R =$ Scheibenhalbmesser in cm,
so kann für mittlere Geschwindigkeiten von etwa $v = 15$ bis 20 m nach v. Bach genommen werden:
$$\left.\begin{array}{l} P = 3\,d_s{}^2 \text{ bis } 4\,d_s{}^2,\text{ bei } R \geqq 15\,d_s \text{ und } \alpha \geqq 144^0 \\ P = 5\,d_s{}^2 \text{ bis } 6\,d_s{}^2,\text{ bei } R \geqq 25\,d_s \text{ und } \alpha \geqq 172^0 \end{array}\right\} \ldots \mathbf{336}$$

Für große Geschwindigkeiten, $v \geqq 30$ m, kann bei großen Scheiben P noch höher zugelassen werden; desgleichen kann für Baumwollseile an Laufkranen $P = 8\, d_s^2$ genommen werden.

Die Anzahl der Seile beträgt:

$$z = 12{,}5 \frac{N}{v\, d_s^2} \text{ bis } 25 \frac{N}{v\, d_s^2} \quad \ldots \ldots \quad 337$$

Der Seildurchmesser wird genommen
für Nebentransmissionen: $d_s = 3$ bis $4{,}5$ cm,
für Haupttransmissionen: $d_s = 5$ bis $5{,}5$ cm.

Als maximale Seilgeschwindigkeit gilt in der Regel $v = 25$ m.

Meist wird zu der berechneten Seilzahl z noch ein Reserveseil zugegeben.

β) **Berechnung der Seile für den Betrieb mit Belastungsspannung.**

Die Berechnung der Seile hierfür erfolgt wie unter α), im Mittel kann sein:

$$P = 5\, d_s^2, \text{ entsprechend } z = 15 \frac{N}{v\, d_s^2} \quad \ldots \quad 338$$

Beispiel. Das Seilschwungrad einer Dampfmaschine macht $n_1 = 60$ Umdrehungen pro Minute und soll durch Hanfseilbetrieb $N_1 = 500$ PS auf eine Transmissionswelle übertragen, welche $n_2 = 140$ Umgänge vollführt.

Der Radius der kleineren Scheibe soll nach Gl. 335 sein:
$R_2 \geqq 15\, d$, also bei $d_s = 5$ cm:
$R_2 \geqq 15 \cdot 5 = 75$ cm, wir nehmen $R_2 = 80$ cm.

Somit wird der Radius des Seilschwungrades:

$$R_1 = i \cdot R_2 = \frac{140}{60} \cdot 80 = 186{,}6 \backsim 186{,}5 \text{ cm}.$$

(Rücksicht auf das Gleiten der Seile braucht nicht genommen zu werden, da der Geschwindigkeitsverlust bedeutend kleiner ist als beim Riemenbetrieb).

Die Seilgeschwindigkeit folgt aus

$$v = \frac{R_2{}^{met}\, \pi\, n_2}{30} = \frac{0{,}8 \cdot 3{,}14 \cdot 140}{30} = \backsim 11{,}7 \text{ m pro Sek.}$$

Für die Seilzahl sei nach Gl. 337:

$$z = 16 \frac{N_1}{v\, d_s^2} = 16 \frac{500}{11{,}7 \cdot 5^2} = 27{,}4 \backsim 28,$$

also 0,6 als Reserveseil.

Soll die Seilzahl kleiner werden, so muß man die Scheibenradien, bezw. v vergrößern.

b) Drahtseilbetrieb.

Die zur Kraftübertragung nötige Reibung wird hier durch das Eigengewicht des Seiles hervorgerufen, da das Drahtseil schlaff aufgelegt wird.

Die Figuren 199 und 200 zeigen Querschnitte von Drahtseilscheiben.

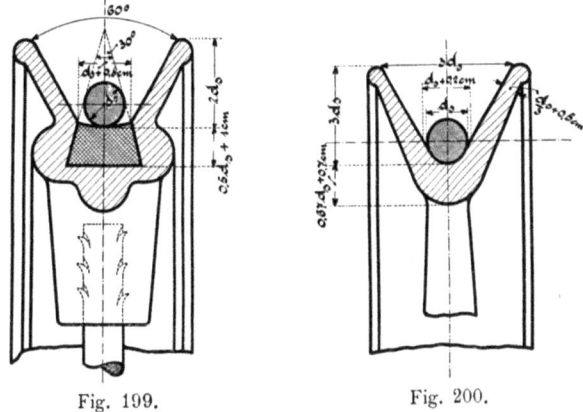

Fig. 199. Fig. 200.

Für den horizontalen Seilbetrieb (Fig. 201) werden die größten Durchsenkungen des Seiles, wenn L der wagerechte Abstand der Scheibenmitten ist:

$$\left.\begin{array}{l} \text{im ruhenden Seil } h_0 = \dfrac{qL^2}{8\,t_0} \\[4pt] \text{im führenden Seil } h = \dfrac{qL^2}{8\,T} \\[4pt] \text{im geführten Seil } H = \dfrac{qL^2}{8\,t} \end{array}\right\} \quad \ldots \ldots \ 339$$

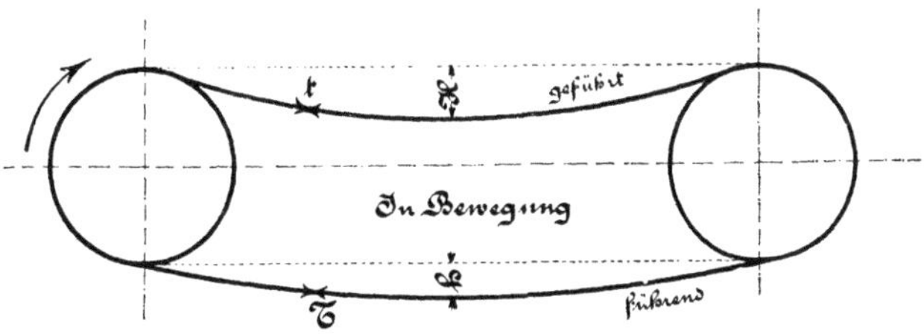

Fig. 201.

Für L und q in Metern ergibt sich auch die Durchsenkung in Metern.

Die Spannung t_0, mit welcher das Seil aufgelegt werden muß, folgt hierbei aus Gl. 319.

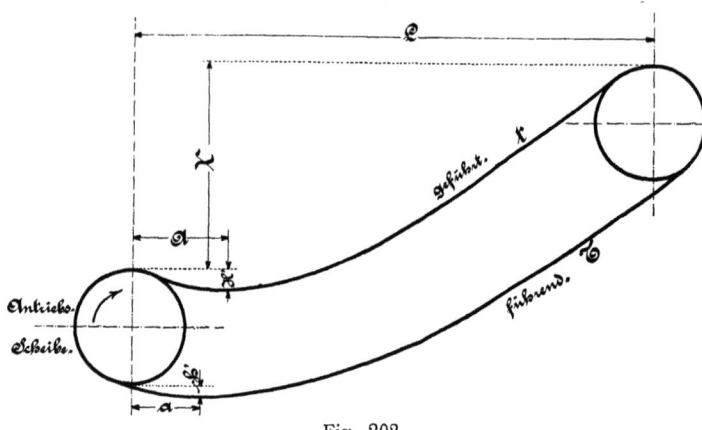

Fig. 202.

Für den schiefen Seilbetrieb (Fig. 202) kann gesetzt werden, sofern der Höhenunterschied X der Seilscheiben gering ist und etwa höchstens 4 m für 100 m Achsenabstand beträgt:

$$\left.\begin{array}{l}\text{im ruhenden Seil } h'_0 = h_0 \left(1 + \frac{1}{16}\frac{X^2}{h_0^2}\right) - \frac{X}{2} \\ \text{im führenden Seil } h' = h \left(1 + \frac{1}{16}\frac{X^2}{h^2}\right) - \frac{X}{2} \\ \text{im geführten Seil } H' = H \left(1 + \frac{1}{16}\frac{X^2}{H^2}\right) - \frac{X}{2}\end{array}\right\} \quad . \quad . \quad 340$$

Mit Bezug auf Fig. 202 ist ferner der Abstand der tiefsten Seildurchsenkung von der Mitte der unteren Scheibe:

$$\left.\begin{array}{l}\text{im ruhenden Seil } a_0 = 0{,}5\,L \left(1 - \frac{0{,}25\,X}{h_0}\right) \\ \text{im führenden Seil } a = 0{,}5\,L \left(1 - \frac{0{,}25\,X}{h}\right) \\ \text{im geführten Seil } A = 0{,}5\,L \left(1 - \frac{0{,}25\,X}{H}\right)\end{array}\right\}, \quad . \quad . \quad 341$$

wobei X = Höhenunterschied beider Scheiben und
h_0, H, h = Durchsenkungen bei einem für gleiche Verhältnisse berechneten horizontalen Seilbetrieb bedeuten.

Man berechnet den schiefen Seilbetrieb also zuerst wie einen horizontalen und wandelt ihn dann nach Gl. 340 und 341 in einen schiefen um.

Riemen- und Seilbetrieb.

Berechnung der Drahtseile.

Bezeichnet
d_s = Seildurchmesser in cm,
δ = Seildurchmesser des einzelnen Drahtes,
i = Anzahl der Drähte,
so soll zunächst der Scheibenradius mindestens sein:

$$R \geq 75\, d_s \quad \text{oder} \quad R \geq 750\, \delta \quad \ldots \ldots \quad 342$$

Kleinere Seilscheiben als 1 m sind nach Möglichkeit zu vermeiden.

Tragrollen können den 0,8 fachen Durchmesser der Seilscheiben erhalten.

Für Eisendrahtseile gilt:

$$i \frac{\delta^2 \pi}{4}\left(1050 - 375000\,\frac{\delta}{R}\right) = 2\,P + q\,\frac{v^2}{g} \quad \ldots \quad 343$$

Hierin ist

$$P = 75\,\frac{N}{v} \quad \text{und etwa} \quad q = 0{,}35\, d_s^2.$$

d_s muß zunächst schätzungsweise angenommen werden.

Die Seilgeschwindigkeit v ist in der Regel nicht größer als 25 m, für kleinere Kräfte etwa bis 10 m.

Die Drahtdicke δ beträgt gewöhnlich 0,1 bis 0,2 cm.

Als kleinste Entfernung der beiden Seilscheiben gilt etwa 16 m, als größte ungefähr 120 m.

Beispiel. Es sollen durch einen horizontalen Drahtseilbetrieb N = 40 PS auf L = 80 m Entfernung bei n = 100 Touren übertragen werden.

Wählt man eine Drahtdicke $\delta = 0{,}14$ cm und macht man den Radius der Seilscheiben $R = 1000\,\delta = 1000 \cdot 0{,}14 = 140$ cm, so wird die Seilgeschwindigkeit:

$$v = \frac{R^m \pi n}{30} = \frac{1{,}4 \cdot 3{,}14 \cdot 80}{30} = \infty\,11{,}7 \text{ m}.$$

Die zu übertragende Umfangskraft ist:

$$P = \frac{75 \cdot 40}{11{,}7} = \infty\,256 \text{ kg}.$$

Schätzt man vorläufig den Seildurchmesser $d_s = 1{,}5$ cm, so ergibt sich $q = 0{,}35 \cdot 1{,}5^2 = 0{,}78 \infty 0{,}75$. Damit folgt die Anzahl der Drähte nach Gl. 343:

$$i\,\frac{0{,}14^2 \pi}{4}\left(1050 - 375000\,\frac{0{,}14}{140}\right) = 2 \cdot 256 + 0{,}75\,\frac{11{,}7^2}{9{,}81}$$

$$i = \infty\,50.$$

Falls nun ein Drahtseil mit $d_s = 1{,}5$ cm und $i = 50$ nicht bezogen werden kann, so hat man das diesem am nächsten liegende Seil zu wählen und event. die Scheibenradien entsprechend zu ändern.

Nach Gl. 321 ist nun:

$$T = 2 \cdot 256 + 0{,}75 \cdot \frac{11{,}7^2}{9{,}81} = \infty\, 522 \text{ kg,}$$

$$t = 256 + 0{,}75\, \frac{11{,}7^2}{9{,}81} = \infty\, 266 \text{ kg,}$$

$$t_0 = 1{,}5 \cdot 256 + 0{,}75\frac{11{,}7^2}{9{,}81} = \infty\, 394 \text{ kg.}$$

Damit ermitteln sich die größten Durchsenkungen im geführten, führenden und ruhenden Seil nach Gl. 339:

$$H = \frac{0{,}75 \cdot 80^2}{8 \cdot 266} = \infty\, 2{,}26 \text{ m,}$$

$$h = \frac{0{,}75 \cdot 80^2}{8 \cdot 522} = \infty\, 1{,}15 \text{ m,}$$

$$h_0 = \frac{0{,}75 \cdot 80^2}{8 \cdot 394} = \infty\, 1{,}52 \text{ m.}$$

Beispiel. Der vorhin berechnete Seilbetrieb soll in einen schiefen umgewandelt werden, dessen eine Scheibe (bezw. Achse) um $X = 3$ m höher liegt als die andere, vergl. Fig. 202. Es sind die oben gefundenen Werte für H, h und h_0 in die Gleichungen 340 und 341 einzusetzen und diese Gleichungen aufzulösen.

C. Seile, welche zum Heben von Lasten dienen, sowie deren Rollen und Trommeln.

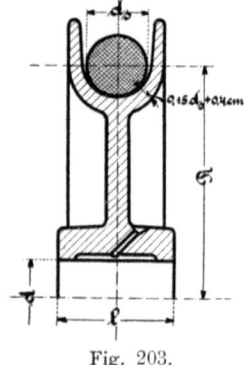

Fig. 203.

a) Lasthanfseile nebst Rollen und Trommeln.

Bezeichnet (vergl. Fig. 203):

P = zulässige Belastung in kg,
d_s = Durchmesser des Seiles in cm,
R = Rollen- oder Trommelhalbmesser in cm,

so ist $P = \frac{d_s^2 \pi}{4} k_z$ und für neue ungeteerte Seile:

$$\left. \begin{array}{l} P \leq 80\, d_s^2 \\ \text{oder} \quad d_s \geq \sqrt{\dfrac{P}{80}} \end{array} \right\} \text{ bei } R \geq 5\, d_s \quad . \quad 344$$

Ist $R < 5\, d_s$, so ist nur $P = 60\, d_s^2$.

Für $R > 15\, d_s$ ist $P \leq d_s^2$ zu nehmen.

Die Nabenlänge l der Rolle bestimmt sich aus der Gleichung $P = l\, d\, p$, wobei $p \leq 70$ kg/qcm gesetzt werden kann.

Der Kettenbetrieb.

β) **Lastdrahtseile nebst Rollen und Trommeln.**
Bezeichnet
  P = Belastung (Zugkraft) in kg,
  R = Rollen- oder Trommelhalbmesser in cm,
  d_s = Seildurchmesser in cm,
  δ = Seildurchmesser des einzelnen Drahtes in cm,
  i = Anzahl der Drähte,
  k_z = zulässige Beanspruchung in kg/qcm,
so ist:

$$i \frac{\delta^2 \pi}{4} \geq \frac{P}{k_z - 400\,000 \frac{\delta}{R}}, \quad \ldots \ldots 345$$

wobei zu setzen ist
  $k_z \leq 1500$ kg für Eisendrahtseile } bei Personen-
  $k_z \leq 2000$ kg für Gußstahldrahtseile } beförderung,
  $k_z \leq 3000$ kg für Gußstahldrahtseile bei Förderung von toten Lasten.
Hier soll ferner sein:

$$R \geq 500\,\delta \text{ für Förderseile}, \ldots \ldots 346$$

nur ausnahmsweise geht man mit R bis 250 δ herunter.

$$R \geq 200\,\delta \text{ für Kabelseile} \ldots \ldots 347$$

$$R \geq 250\,\delta \text{ für Aufzugseile} \ldots \ldots 348$$

10. Der Kettenbetrieb.

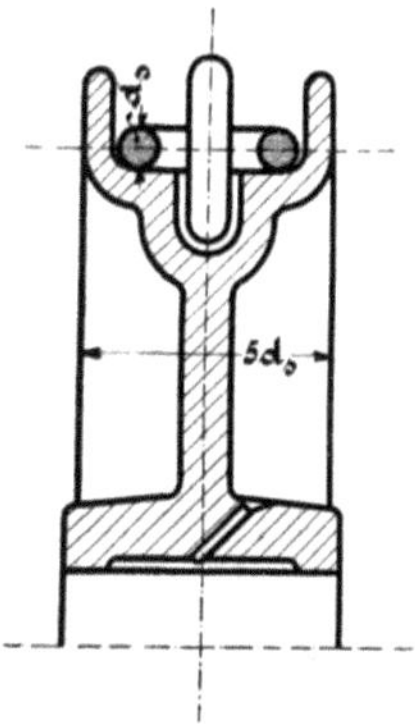

Bezeichnet (vergl. Fig. 204):
  P = zulässige Belastung in kg,
  d_s = Eisenstärke in cm,
so ist $P = 2 \cdot \dfrac{d_s^2 \pi}{4} k_z$ und

$$P = 1000\,d_s^2, \ldots \ldots 349$$

für Ketten, welche nur seltener durch die Maximallast beansprucht werden;

$$P = 800\,d_s^2, \ldots \ldots 350$$

für Ketten, welche mehr im Gebrauch sind;

$$P = 550\,d_s^2, \ldots \ldots 351$$

für Ketten, welche stark benutzt werden (Dampfwindenketten).
Der Rollen- bezw. Trommelradius soll sein:

$$R \geq 10\,d_s \ldots \ldots 352$$

Fig. 204.

11. Haken.

Der Kerndurchmesser ergibt sich aus der Gleichung
$$Q = \frac{d_1^2 \pi}{4} \cdot k_z,$$
worin für $k_z = 380$ bis 500 kg/qcm zugelassen werden kann.

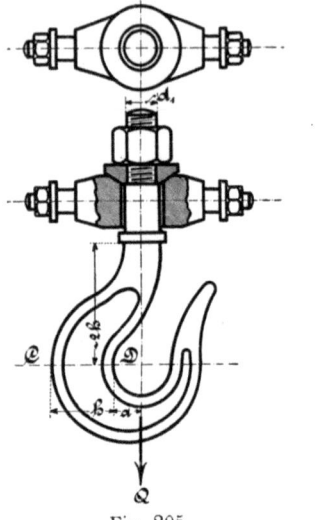

Fig. 205.

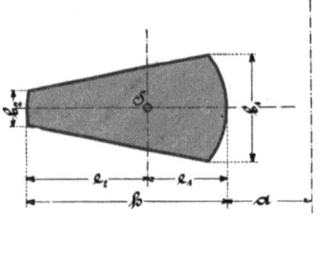

Diese Figur ist, verglichen mit dem Querschnitt C-D der Fig. 205, in vergrößertem Maßstabe gezeichnet.

Fig. 206.

Der Hakenmaulquerschnitt wird auf Biegung und Zug beansprucht. Die geeignetste Querschnittform ist ein Trapez, Fig. 206.
Es sei:

$$h = a \left(\frac{b_1}{b_2} - 1 \right) \quad \ldots \ldots \ldots \quad 353$$

$$\left. \begin{array}{l} \dfrac{b_1}{b_2} \leq 3 \text{ bis } 4, \\[4pt] \dfrac{h}{a} \leq 2 \text{ bis } 3 \end{array} \right\} \quad \ldots \ldots \quad 354$$

$$b_1 - b_2 = \frac{6\,Q}{h\,k_z} \quad \ldots \ldots \ldots \quad 355$$

Aus den 3 letzten Gleichungen lassen sich die Werte h, b_1 und b_2 berechnen, sofern noch gewählt wird:

für Seilhaken $a = 0{,}75\,d_s$ bis d,
„ Kettenhaken $a = d_s$ bis $1{,}5\,d$;
$d_s =$ den der Last Q entsprechenden Seildurchmesser oder die Ketteneisenstärke.

12. Das Kurbelgetriebe.

Bezeichnet
R = Kurbelradius,
L = Länge der Schubstange,
x = Weg des Kreuzkopfes während der Drehung der Kurbel um den Winkel α, Fig. 207,

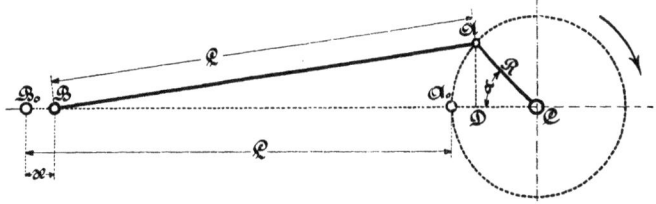

Fig. 207.

so gilt für den Hin- und Rückgang des Kreuzkopfes:

$$x = R\,(1 - \cos \alpha) \pm L \left[1 - \sqrt{1 - \left(\frac{R}{L} \sin \alpha\right)^2}\,\right] \quad . \quad . \quad 356$$

Hierin gilt das obere (+) Zeichen für den Hingang, das untere (—) Zeichen für den Rückgang.

Bei $L \geqq 5\,R$ genügt, nach folgender Gleichung zu rechnen:

$$x = R\,(1 - \cos \alpha) \pm \frac{1}{2} L \left(\frac{R}{L} \sin \alpha\right)^2 \quad . \quad . \quad . \quad 357$$

Ist L gegen R sehr groß ($L = \infty$), so ist:
$$x = R\,(1 - \cos \alpha) \quad . \quad . \quad . \quad . \quad . \quad 358$$

Bezeichnet
v = Geschwindigkeit des Kurbelzapfens,
c_m = mittlere Geschwindigkeit des Kreuzkopfes (Kolbens),

so ist:
$$v = c_m \frac{\pi}{2} \quad . \quad . \quad . \quad . \quad . \quad . \quad . \quad . \quad 359$$

Für die Kreuzkopfgeschwindigkeit c kann im allgemeinen annähernd gesetzt werden:

$$c = v \left(\sin \alpha \pm \frac{1}{2}\,\frac{R}{L} \sin 2\,\alpha\right) \quad . \quad . \quad . \quad . \quad 360$$

Für c in Metern sind auch R und L in Metern einzusetzen.
Als größte Kreuzkopfgeschwindigkeit gilt:

$$c_{max} = \infty\,v \left[1 + \frac{1}{2} \left(\frac{R}{L}\right)^2\right] \quad . \quad . \quad . \quad . \quad 361$$

Die Kolbenbeschleunigung p ist angenähert:

$$p = \frac{v^2}{R}\left(\cos\alpha \pm \frac{R}{L}\cos 2\alpha\right) \quad \ldots \ldots \quad 362$$

Der Beschleunigungsdruck ergibt sich aus:

$$K = \frac{G}{g}p = \frac{G}{g}\frac{v^2}{R}\left(\cos\alpha \pm \frac{R}{L}\cos 2\alpha\right), \ldots \quad 363$$

worin G = Gewicht der Kreuzkopfmasse,
g = 9,81 m ist.

Wie die Übertragung der Geschwindigkeit durch das Kurbelgetriebe eine ungleichförmige ist, so ist auch die Übertragung der Kraft keine gleichmäßige.

Ist P = Kraft in der Kolbenstange,
 P_1 = Kraft in der Schubstange,
 P_2 = Kreuzkopfdruck (senkrecht zu P),

so ist $P_1 = \dfrac{P}{\cos\beta}$ (Fig. 208) und

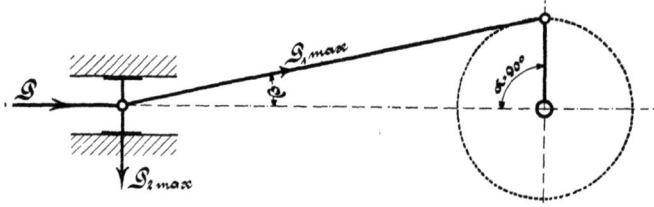

Fig. 208.

$$P_{1\,max} = \frac{P}{\sqrt{1 - \left(\dfrac{R}{L}\right)^2}} \quad \ldots \ldots \quad 364$$

$P_{1\,max}$ tritt ein, wenn $\alpha = 90^0$ ist.

Ferner ist $P_2 = P\,\mathrm{tg}\,\beta$ und angenähert

$$P_{2\,max} = P\,\frac{R}{L} \quad \ldots \ldots \ldots \quad 365$$

Die toten Punkte sind für die Bewegung die ungünstigsten, diejenigen Stellungen, in denen Kurbel und Schubstange einen rechten Winkel bilden, sind die günstigsten.

Ferner ist:

$$\left.\begin{array}{l} P = \dfrac{D^2\pi}{4}\,p,\ \text{bei nicht durchgehender Kolbenstange,} \\[6pt] P = \left(\dfrac{D^2\pi}{4} - \dfrac{d^2\pi}{4}\right)p,\ \text{bei durchgehender Kolbenstange,} \end{array}\right\} \quad 366$$

wenn D = Zylinderdurchmesser in cm,
 d = Kolbenstangendurchmesser in cm,
 p = größter treibender Dampfdruck in Atm.

Beispiel. Es sei der Zylinderdurchmesser $D = 32$ cm, der Kurbelradius $R = 26$ cm, die Schubstangenlänge $L = 120$ cm, $p = 6$ Atm., ohne Kondensation. Der Kreuzkopfschuh sei 18 cm lang und 12 cm breit. Wie groß ist der Flächendruck p_k auf den Kreuzkopf?

Nach Gl. 366 ist, da der Überdruck $p - 1 = 5$ Atm. beträgt;

$$P = \frac{32^2 \pi}{4} \cdot 5 = 4021{,}5 \backsim 4020 \text{ kg.}$$

Nach Fig. 208:

$$\sin \beta = \frac{R}{L} = \frac{26}{120} = 0{,}217,$$

$$\sphericalangle \beta = 12^0\, 30'.$$

Nun ist der größte Kreuzkopfdruck:

$$P_{2max} = P \, \text{tg} \, \beta = \, = 4020 \, \text{tg} \, 12^0\, 30' = \backsim 885 \text{ kg.}$$

(Dasselbe hätte sich angenähert auch aus Gl. 365 ergeben:

$$P_{2max} = P \frac{R}{L} = 4020 \cdot \frac{26}{120} = \backsim 870 \text{ kg.})$$

Die Fläche des Kreuzkopfschuhes ist:

$$F = 18 \cdot 12 = 216 \text{ qcm,}$$

demnach:

$$P_{2max} = F \cdot p_k$$

$$p_k = \frac{P_{2max}}{F} = \frac{885}{216} = 4{,}1 \text{ kg/qcm,}$$

was nach den nachstehenden Angaben über p_k etwas zu hoch ist und man daher besser den Kreuzkopfschuh vergrößern wird.

Für **Dampfmaschinen** soll die Kreuzkopfpressung sein:

$$p_k = 1{,}5 \div 3 \text{ kg/qcm,}$$

für **Lokomotiven**:

$$p_k = 6 \div 8 \text{ kg/qcm.}$$

13. Kurbeln.

a) Stirnkurbel.

Für die Berechnung des Kurbelarmes ist im allgemeinen die Totlage maßgebend, da in dieser der volle Zapfendruck auf Biegung wirken kann.

Bei der Kurbel (siehe umstehende Fig. 209) sei der größte Kurbelzapfendruck $P = 3600$ kg. Dieser Kurbelzapfendruck kann gleich dem sich aus Gl. 366 ergebenden Dampfdrucke gesetzt werden.

Werden b und h gewählt, so wäre für die Totlage die größte Anstrengung im kleinsten Armquerschnitt I—I:

$$S = \frac{P}{F} + \frac{M}{W}, \text{ (vergl. Gl. 171 und 172),}$$

worin M = Biegungsmoment,
W = Widerstandsmoment des Querschnittes,
F = Querschnittsfläche,
S = resultierende Spannung ist.

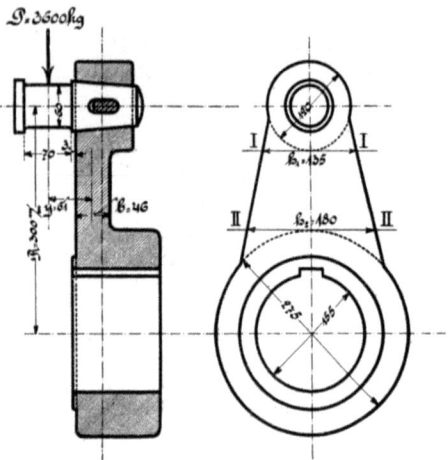

Fig. 209.

Also für obiges Beispiel:
$$S = \frac{3600}{13,5 \cdot 4,6} + \frac{3600 \cdot 6,1}{\frac{1}{6} \cdot 13,5 \cdot 4,6^2} = 518 \text{ kg/qcm},$$

was für Flußeisen zulässig ist, da für wechselnde Belastung etwa genommen werden kann:
S = 600 kg/qcm für Flußeisen oder Flußstahl,
S = 150 bis 200 kg/qcm für Gußeisen.

Genaueres über Kurbelberechnungen siehe des Verfassers Maschinenelemente.

b) Handkurbeln.

Über Handkurbeln sei nur gesagt, daß der Druck eines Arbeiters gegen die Kurbel bei länger andauernder Leistung 8 bis 10 kg, bei zwischenliegenden Ruhepausen 15 bis 16 kg und bei nur vorübergehender Arbeit bis 20 kg und mehr angenommen werden kann.

c) Kurbelwellen.

Die Berechnung erfolgt nach Gl. 177, bezw. 177a oder 177b.

Ausführlicheres über gekröpfte Kurbelwellen findet sich in des Verfassers Maschinenelementen und muß hier auf diese verwiesen werden.

14. Exzenter.

Bezeichnet
ϱ = Exzentrizität in cm,
d = Durchmesser der Welle in cm,
s = kleinste Nabenstärke des Exzenters in cm,
x = Stärke des äußeren Randes in cm,
so wird der Durchmesser D des Exzenters, Fig. 210:

$$D = 2\left(\varrho + \frac{d}{2} + s + x\right). \quad 367$$

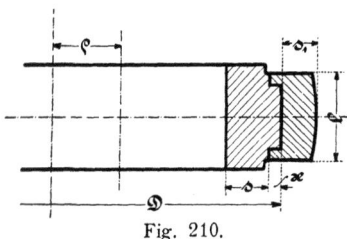

Fig. 210.

Über s und x siehe das Bemerkte in den Maschinenelementen.

Die Größe l der Lauffläche wird (vergl. Gl. 254, S. 166):

$$l \geq \frac{P\,n}{30\,500\,A_x} \text{ in cm}, \quad 368$$

worin gesetzt werden kann:
$A_x = 0{,}4$ bei flußeisernem oder stählernem Bügel auf gußeisernem Exzenter,
$A_x = 0{,}8$ bei Weißguß (Futter im Exzenterbügel) auf Gußeisen.

Die Bügelstärke s_1, Fig. 211, kann berechnet werden aus der Gleichung:

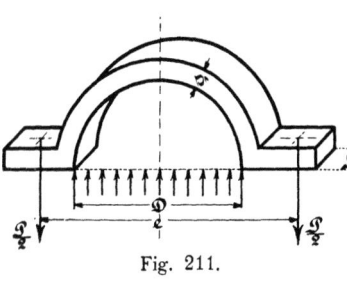

Fig. 211.

$$\frac{P}{2}\left(\frac{e}{2} - \frac{D}{4}\right) = \frac{b\,s_1^2}{6}\,k_b, \quad 369$$

wenn P die Stangenkraft bedeutet und genommen wird:
für Schmiedeeisen $k_b = 300 \div 400$ kg/qcm,
für Gußeisen oder Bronze $k_b = 150$ kg/qcm.
b ist übrigens hier gleich der Laufflächenlänge l zu setzen.
Ähnlich erfolgt die Berechnung über Schubstangenköpfe, siehe des Verfassers Maschinenelemente.

15. Schubstangen.

Bezeichnet
P = größte Stangenkraft in kg,
J = kleinstes Trägheitsmoment des Stangenquerschnittes in der Mitte in cm^4,
L = Länge der Stange von Mitte bis Mitte Zapfen in cm,
E = Elastizitätsmodul des Stangenmateriales in kg/qcm,
m = Sicherheitsgrad gegen Knicken; im allgemeinen ist m = 25, bei langsam gehenden Maschinen ist m = 33, bei stoßweiser Belastung sei m = 40 bis 60.
R = Kurbelradius in cm,
n = minutliche Umdrehungszahl.

Für die Knickung gilt allgemein (vergl. Gl. 180a, S. 142):

$$\mathfrak{m} P = \frac{\pi^2 J E}{L^2} \quad \ldots \ldots \quad 370$$

a) **Stangen für geringe und mittlere Kolbengeschwindigkeiten von etwa 1,5 bis 2 m pro Sek.**

Für kreisförmigen Querschnitt (d_m = Durchmesser in der Stangenmitte) ist bei $E = 2\,000\,000$ kg/qcm und $m = 25$:

$$d_m = \infty\, 0,07\, \sqrt[4]{P L^2} \text{ in cm} \quad \ldots \ldots \quad 371$$

Es ist gewöhnlich $L = 4 R$ bis $6 R$. An beiden Enden wird die Schubstange auf etwa $0,7\, d_m$ bis $0,8\, d_m$ verjüngt.

Beispiel. Es sei
$P = 4000$ kg, $L = 125$ cm, so wird nach Gl. 371:

$$d_m = \infty\, 0,07\, \sqrt[4]{4000 \cdot 125^2} = 6,25 = \infty\, 6,5 \text{ cm.}$$

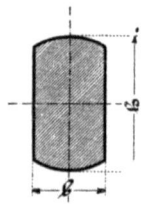

Fig. 212.

Für Stangen mit rechteckigem Querschnitt, Fig. 212 (Breite b in cm und Höhe $h = 1,75\, b$ bis $2\, b$ in cm in der Mitte) ist bei $E = 2\,000\,000$ kg/qcm, $m = 15$ und $h = 1,8\, b$:

$$b = \infty\, 0,0472\, \sqrt[4]{P L^2} \text{ für Schmiedeisen,} \quad \ldots \quad 372$$

und bei $E = 120\,000$ kg/qcm, $m = 15$ und
$h = 1,5\, b$:

$$b = \infty\, 0,1\, \sqrt[4]{P L^2} \text{ für Holz} \quad \ldots \quad 373$$

Die Breite b bleibt beim rechteckigen Schaft konstant, die Höhe an den Köpfen kann $1,2\, h$ bezw. $0,8\, h$ betragen.

Beispiel. $P = 4000$ kg, $L = 125$ cm, dann ergibt sich für eine rechteckige Schubstange aus Schmiedeeisen nach Gl. 372:

$$b = \infty\, 0,0472\, \sqrt[4]{4000 \cdot 125^2} = \infty\, 4,2 \text{ cm,}$$
$$h = 1,8 \cdot 4,2 = \infty\, 7,5 \text{ cm.}$$

b) **Stangen für größere Geschwindigkeiten.**

Für rechteckigen Querschnitt von der Breite b und der Höhe h in cm ist bei $E = 2\,000\,000$ kg/qcm und $m = 3,33$ bis $6,66$ und bei $h = 2 b$:

$$b = \infty\, 0,0313\, \sqrt[4]{P L^2} \text{ bis } 0,0375\, \sqrt[4]{P L^2} \quad \ldots \quad 374$$

Im übrigen vergleiche hierüber die Maschinenelemente.

16. Exzenterstangen.

Die Berechnung der Exzenterstangen erfolgt ebenfalls nach Gl. 370, wobei $m = 40$ und für Schmiedeeisen wieder $E =$

2000000 kg/qcm gesetzt werden kann. Meist sind diese Stangen rechteckig und ist dann $J = \dfrac{h\,b^3}{12}$; bei $h = 2b$ folgt demnach $J = \dfrac{2\,b^4}{12}$.

Im übrigen gilt hier das bei Schubstangen Bemerkte.

17. Kolbenstangen.

Auch für Kolbenstangen gilt die allgemeine Knickungsformel 370, nämlich

$$m\,P = \frac{\pi^2\,J\,E}{L^2}, \quad \ldots \ldots \ldots \quad 375$$

worin bezeichnet

P = Kolbenüberdruck in kg, bezw. Stangenkraft, vergl. Gl. 366,
J = Trägheitsmoment des Stangenquerschnittes in cm^4,
l = Länge der Stange von Mitte Kolbenkörper bis Mitte Kreuzkopf in cm,
E = Elastizitätsmodul des Materials in kg/qcm.
m = Sicherheitsgrad gegen Knicken.

Dabei kann gesetzt werden:
m = 8 bis 11, wenn die Belastung zwischen Null und P schwankt,
m = 15 bis 22, wenn die Belastung zwischen $+P$ und $-P$ schwankt.

Treten außerdem noch Stöße auf, so ist m noch höher zu wählen.

In der Regel ist $l = 1{,}3\,H$ bis $1{,}6\,H$; H = Hub der Maschine.

Für kreisförmigen Querschnitt ist: $J = \dfrac{\pi}{64}\,d^4$; d = Stangendurchmesser.

Nach einer praktischen Regel wird $d = \dfrac{1}{6}$ bis $\dfrac{1}{7}$ vom Zylinderdurchmesser.

Beispiel. Es sei $P = 4000$ kg, $H = 50$ cm, $m = 25$, $E = 2\,200\,000$ kg/qcm (Stahl) ferner

$$l = 1{,}5 \cdot 50 = 75 \text{ cm},$$

dann ist nach Gl. 375 bei $\pi^2 = \infty\, 10$:

$$25 \cdot 4000 = \frac{10 \cdot J \cdot 2\,200\,000}{75^2}$$

$$J = \infty\, 25{,}6.$$

Demnach:

$$25{,}6 = \frac{\pi}{64}\,d^4$$

$$d = 4{,}8 = \infty\, 5 \text{ cm}.$$

18. Kolbenkörper[1]).

Bezeichnet
D = Kolbendurchmesser in cm,
p = Atm.-Überdruck (kg/qcm),
q = Gegendruck (meist 1 Atm.),
so ist angenähert für Scheibenkolben:

$$M_b = \frac{D^3}{12}(p-q) = \frac{J}{x_0} \cdot k_b \quad \ldots \quad \ldots \quad 376$$

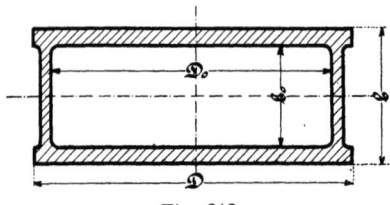

Fig. 213.

Dabei ist Fig. 213:

$$J = \frac{D\,b^3}{12} - \frac{D_0\,b_0^3}{12} \quad \ldots \ldots \quad 377$$

und

$$x_0 = \frac{b}{2} \quad \ldots \ldots \ldots \quad 378$$

Über k_b siehe die Spannungstabelle S. 124.

Die Wandstärke δ der Tauchkolben kann sein:

$$\delta = \frac{1}{2}D\left[1 - \sqrt{1 - 1{,}7\frac{p}{k_d}}\right], \quad \ldots \ldots \quad 379$$

sofern bedeutet
D = äußerer Kolbendurchmesser in cm,
p = größter im Zylinder herrschender Druck in Atm.,
k_d = 600 kg/qcm für Gußeisen, Bronze, Schmiedeeisen,
k_d = 900 kg/qcm für Stahlguß.

p beträgt z. B. bei 10 m Druckhöhe ∽ 1 Atm.

δ kann noch aus praktischen Gründen um 0,2 bis 0,5 cm vergrößert werden.

---

[1]) Kolbenringe siehe S. 259.

19. Zylinder.

a) Pumpen und Preßzylinder.

Die Wandstärke s (in cm) **nicht auszubohrender** Zylinder vom inneren Durchmesser D (in cm) kann, sofern nur Rücksicht auf Herstellung und Aufstellung maßgebend ist, nach v. Bach[1]) genommen werden:

$$\left. \begin{array}{l} s = \dfrac{D}{50} + 1\,\text{cm, wenn stehend gegossen,} \\ s = \dfrac{D}{40} + 1{,}2\,\text{cm, wenn liegend gegossen} \end{array} \right\} \quad \ldots \quad 380$$

Der innere Flüssigkeitsdruck p_i (in kg/qcm) erfordert einen äußeren Durchmesser:

$$D_a = D \sqrt{\dfrac{k_z + 0{,}4\, p_i}{k_z - 1{,}3\, p_i}} + a, \quad \ldots \quad 381$$

worin a zu etwa 0,3 bis 0,6 cm angenommen werden kann.

k_z kann im Mittel für Gußeisen 200 kg/qcm betragen.

Der größere Wert für die Wandstärke aus den Gl. 380 und 381 ist beizubehalten.

Auszubohrende Zylinder erhalten eine um etwa 0,5 bis 1 cm größere Wandstärke als nicht auszubohrende Zylinder.

Die Wandstärke der **Preßzylinder** ergibt sich aus Gl. 381 unter Vernachlässigung der Größe a.

k_z soll dabei sein:

für Gußeisen und Bronze k_z = 300 bis 600 kg/qcm,
„ Phosphorbronze k_z = 500 bis 1000 „
„ Stahlguß mindestens k_z = 1000 bis 1200 „
„ Schweißeisen k_z = 900 bis 1800 „

Als Kleinstwert für den äußeren Preßzylinderdurchmesser soll sein $D_{a\,min} = \infty\,1{,}5\,D$.

b) Dampfzylinder.

Die Wandstärke δ des Zylinders wird nach v. Bach:

$$\left. \begin{array}{l} \delta = \dfrac{D}{50} + 1{,}3\,\text{cm, wenn stehend gegossen,} \\ \delta = \dfrac{D}{40} + 1{,}5\,\text{cm, wenn liegend gegossen,} \end{array} \right\} \quad \ldots \quad 382$$

worin D = lichter Durchmesser in cm bedeutet.

Stehend angeordnete Zylinder können um 10 bis 20 % schwächer gehalten werden, weil die Biegungsanstrengung fortfällt.

Die Berechnung der Zylinder- und Schieberkastendeckel siehe des Verfassers Maschinenelemente.

---

[1]) Vergl. C. v. Bach, Die Maschinenelemente, 9. Aufl., Stuttgart, Verlag von A. Kröner.

20. Rohre.

Für die Wandstärke δ gußeiserner Rohre gilt nach v. Bach:

$$\delta = \frac{D}{60} + 0,7 \text{ cm, für stehend gegossene Rohre,}$$
$$\delta = \frac{D}{50} + 0,9 \text{ cm, für liegend gegossene Rohre,}$$
. 383

sofern D = lichter Durchmesser in cm bedeutet und der Betriebsdruck 10 kg/qcm, der Prüfungsdruck 20 kg/qcm nicht überschreitet und sofern erhebliche Temperaturunterschiede in der Leitung nicht vorhanden sind.

Rohre für hohen Druck werden nach Gl. 381 berechnet unter Hinzufügung von 0,7 cm Zuschlag, wenn stehend gegossen also:

$$r_a = r_i \sqrt{\frac{k_z + 0,4 \, p_i}{k_z - 1,3 \, p_i}} + 0,7, \quad \ldots \quad . \; 384$$

worin k_z in der Regel 200 kg/qcm nicht überschreiten soll. Liegend gegossene Rohre erhalten besser eine etwas stärkere Wandstärke.

Im übrigen muß auf die Maschinenelemente verwiesen werden.

21. Hubventile.

Der freie Ventilhub h ist so klein als möglich zu machen, jedoch groß genug, um für den Durchtritt der Flüssigkeit durch das geöffnete Ventil den erforderlichen Querschnitt zu bieten.

Bezeichnet

h = Hubhöhe des Ventiles,
f = freien Durchgangsquerschnitt,
u = freien Durchgangsumfang des Ventiles,
v und v' = zugehörige Durchflußgeschwindigkeiten der Flüssigkeit Q,
α und α' = Kontraktionskoeffizienten beim Durchfließen der Querschnitte f und u h,

so ist:

$$Q = \alpha \, f \, v = \alpha' \, u \, h \, v' \, . \, . \, . \, . \, . \, . \, . \; 385$$

$$h \geq \frac{d_u}{4} \, . \, . \, . \, . \, . \, . \, . \, . \, . \, . \; 386$$

Für ein Ventil mit unterer Führung durch i (meist 3 oder 4) Rippen, die außen die Breite s, innen eine solche s_1 haben (siehe Fig. 215) ist zur Bestimmung des Ventilhubes h bezw. des Ventildurchmessers d_u

$$u = d_u \pi - i s \text{ und } f = \infty \frac{d_u^2 \pi}{4} - i s_1 \frac{d_u}{2}$$

in Gl. 385 einzuführen.

Hubventile.

Die Höhe des Ventilsitzes kann betragen:
$$h_1 \geqq d_u \quad \ldots \ldots \ldots \quad 387$$
Die Sitzbreite $b = 0,5\ (d_o - d_u)$ ist zu wählen für aufgeschliffene Metallventile nach C. v. Bach:
$$b = \frac{4}{5}\sqrt{d_u}, \ d_u \text{ in mm}, \quad \ldots \ldots \quad 388$$
für mit Lederdichtungsflächen versehene Ventile:
$$b = \frac{5}{4}\sqrt{d_u} \quad \ldots \ldots \ldots \quad 389$$

In Rücksicht auf den zulässigen Flächendruck k bestimmt sich ferner die Sitzbreite aus:
$$f_0\, p_0 = (f_0 - f_u)\, k, \quad \ldots \ldots \quad 390$$
worin bei stoßfreiem Gange k betragen kann:

    für Rotguß   k bis 150 kg/qcm,
    „ Phosphorbronze k bis 200 „
    „ Gußeisen   k bis 80 „
    „ Hartgummi und Leder k bis 80 „

Die Weite d_1 des Ventilgehäuses (s. umstehende Fig. 214 bis 218) wird, wenn dieselbe Durchflußgeschwindigkeit wie im Sitze vorhanden sein soll:
$$d_1 = \sqrt{d_u^2 + d_o^2} \quad \ldots \ldots \ldots \quad 391$$
Bezeichnet
  v_u = Geschwindigkeit, mit welcher die Flüssigkeit den Querschnitt f_u der Ventilsitzöffnung (Durchmesser d_u) durchfließt,
  γ = spezifisches Gewicht der Flüssigkeit,
λ und μ = Erfahrungszahlen (s. weiter unten) abhängig von der Anordnung und Ausführung des Ventiles,

so ist die wirksame Ventilbelastung, welche das gehobene Ventil gegen die durchströmende Flüssigkeit im Gleichgewicht hält nach C. v. Bach:
$$P = f_u\,\frac{v_u^2}{2g}\,\gamma\left[\lambda + \left(\frac{d_u}{4\,\mu\,h}\right)^2\right]; \quad \ldots \ldots \quad 392$$
für einsitzige, einfache Hubventile mit unterer Führung durch i Rippen von der Breite s ist:
$$P = f_u\,\frac{v_u^2}{2g}\,\gamma\left[\lambda + \left(\frac{f_u}{\mu\,(\pi\,d_u - i\,s)\,h}\right)^2\right] \quad \ldots \quad 393$$

Der Ventilwiderstand wird:
$$h_v = \zeta\,\frac{v_u^2}{2g}, \quad \ldots \ldots \ldots \quad 394$$
wenn ζ eine Widerstandsvorzahl bedeutet, welche je nach der Ventilform (vergl. nachstehend) nach C. v. Bach ist:
$$\zeta = \alpha_1 + \beta_1\left(\frac{d_u}{h}\right)^2 \quad \ldots \ldots \ldots \quad 395$$

$$\zeta = \alpha_1 + \beta_1 \left[\frac{d_u{}^2}{(\pi\, d_u - i\, s)\, h}\right]^2 \quad \ldots \ldots \quad 396$$

$$\zeta = \alpha_1 + \beta_1 \left(\frac{d_u}{h}\right) + \gamma_1 \left(\frac{d_u}{h}\right)^2 \quad \ldots \ldots \quad 397$$

α_1, β_1 und γ_1 sind Erfahrungszahlen.

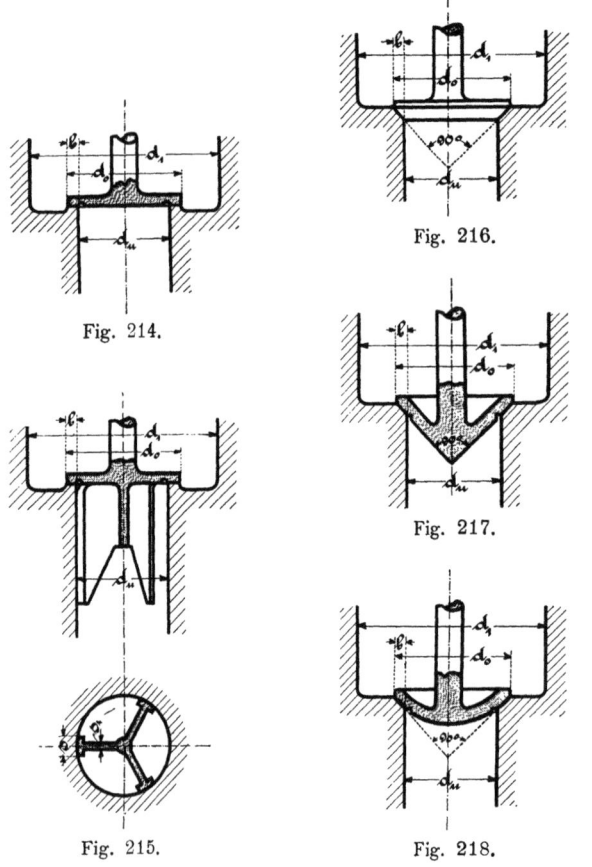

Fig. 214.

Fig. 216.

Fig. 215.

Fig. 217.

Fig. 218.

Für die Ventilformen Fig. 214 bis 218 gelten unter der Voraussetzung, daß $(d_1{}^2 - d_0{}^2)\frac{\pi}{4} = 1{,}8\, d_u{}^2\, \frac{\pi}{4} = 1{,}8\, f_u$ ist, die folgenden Werte für λ, μ, α_1, β_1 und γ_1.

Hubventile. 215

a) Für Tellerventile ohne untere Führung (Fig. 214) bei Hubhöhen $h = 0{,}1\, d_u$ bis $0{,}25\, d_u$ und $b = 0{,}1\, d_u$ bis $0{,}25\, d_u$:

Gleichung 392 mit
$$\lambda = 2{,}5 + 19\frac{b - 0{,}1\, d_u}{d_u}$$ und $\mu = 0{,}60$ bei breiter und bis $0{,}62$ bei schmaler Dichtungsfläche;

Gleichung 395 mit
$$\alpha_1 = 0{,}55 + 4\frac{b - 0{,}1\, d_u}{d_u}$$ und $\beta_1 = 0{,}16$ bei breiter und bis $0{,}15$ bei schmaler Dichtungsfläche.

b) Für Tellerventile mit unterer Führung (Fig. 215) bei $h = 0{,}125\, d_u$ bis $0{,}25\, d_u$ und $b = 0{,}10\, d_u$ bis $0{,}25\, d_u$:

Gleichung 393 mit
λ und μ um 10 % kleiner als bei a);

Gleichung 396 mit
α_1 um 0,8 bis 1,6 größer als bei a) und $\beta_1 = 1{,}75$ bis $1{,}70$.

c) Für Kegelventile mit ebener Unterfläche (Fig. 216) bei $h = 0{,}10\, d_u$ bis $0{,}15\, d_u$ und $b = 0{,}1\, d_u$:

Gleichung 392 mit
$$\lambda = -1{,}05 \text{ und } \mu = 0{,}89;$$

Gleichung 397 mit
$$\alpha_1 = 2{,}60,\ \beta_1 = -0{,}80 \text{ und } \gamma_1 = 0{,}14.$$

d) Für Kegelventile mit kegelförmiger Unterfläche (Fig. 217) bei $h = 0{,}125\, d_u$ bis $0{,}25\, d_u$:

Gleichung 392 mit
$$\lambda = 0{,}38 \text{ und } \mu = 0{,}68;$$

Gleichung 395 mit
$$\alpha_1 = 0{,}60 \text{ und } \beta_1 = 0{,}15.$$

e) Für Kegelventile mit kugelförmiger Unterfläche (Fig. 218) bei $h = 0{,}10\, d_u$ bis $0{,}25\, d_u$:

Gleichung 392 mit
$$\lambda = 0{,}96 \text{ und } \mu = 1{,}15;$$

Gleichung 397 mit
$$\alpha_1 = 2{,}70,\ \beta_1 = -0{,}80 \text{ und } \gamma_1 = 0{,}14.$$

Es ermittelt sich also hiernach das Ventilgewicht P (bei reinen Gewichtsventilen) aus Gl. 392 bezw. 393. Unter Einführung des Gewichtes P in diese Gleichungen ergibt sich aus denselben der Ventilhub h und damit aus Gl. 395 bezw. 396 oder 397 der Wert von ζ; somit wird die gesuchte Druckhöhe:
$$\zeta\,\frac{v_u^2}{2\,g}.$$

Siebenter Abschnitt.

Bandbremsen und Krane.

1. Bandbremsen.

Die Bandbremsen sollen dazu dienen, beim Herablassen der Last dieselbe an jeder Stelle halten und die Geschwindigkeit regulieren zu können.

Bezeichnet
  P = Umfangskraft an der Bremsscheibe,
  T = Spannung im auflaufenden Bandende,
  t = Spannung im ablaufenden Bandende,
a_1 bezw. a_2 = Hebelarme von t bezw. T in bezug auf den Drehpunkt des Bremshebels,
  K = Kraft am Bremshebel,
  L = Länge desselben, so gilt:

$$\left. \begin{array}{l} t = \dfrac{P}{e^{f\alpha} - 1} \\[2mm] T = P\,\dfrac{e^{f\alpha}}{e^{f\alpha} - 1} \end{array} \right\} \quad \ldots \ldots \ldots \quad 398$$

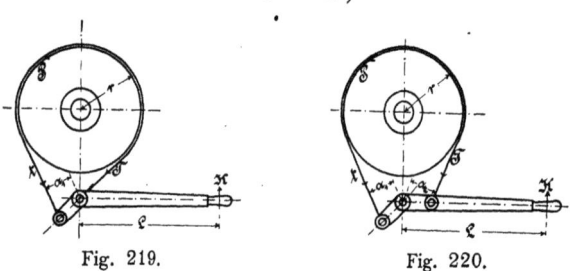

Fig. 219. Fig. 220.

Den Wert f kann man für eiserne Bremsbänder auf eiserne Scheiben 0,18 setzen. Die Werte für $e^{f\alpha}$ ergeben sich dann aus folgender Tabelle:

$\dfrac{a}{2\pi} =$	0,1	0,2	0,3	0,4	0,5	0,6	0,7	0,8	0,9
$e^{f\alpha} =$	1,12	1,25	1,40	1,57	1,76	1,97	2,21	2,47	2,77

Für die einfache Bandbremse, Fig. 219, ist:
$$K L = t\, a_1 \qquad\qquad\qquad 399$$

Bei einfach wirkenden Winden sitzt die Bremse gewöhnlich auf der Trommelwelle. Das Bremsband macht man meist aus Stahl bis 80 mm breit und bis 4 mm stark. Für den Durchmesser der Bremsscheibe genügt meist 200 bis 400 mm.

Bei der Differentialbremse (s. nebenstehende Fig. 220) ist die Anordnung derart getroffen, daß das Moment der einen Bremsspannung die bremsende Kraft unterstützt. In diesem Falle kann man die Bremse selbsttätig machen, wenn man $t\,a_1 = T\,a_2$ macht. Zu empfehlen ist eine derartige Anordnung nicht, nur sucht man die bremsende Kraft möglichst herabzuziehen.

Für die Anordnung Fig. 220 muß sein:
$$K L = t\,a_1 - T\,a_2 \qquad\qquad 400$$

Für $T\,a_2 > t\,a_1$ wird K negativ, d. h. es müßte entgegengesetzt wirken.

Das Bremsband ist auf Zug zu berechnen.

2. Krane.

Krane sind Maschinen, welche zum Heben größerer Lasten dienen; meist sind dieselben auch mit Vorrichtung zur wagerechten Fortbewegung der Last versehen. Man unterscheidet hauptsächlich das Gerüst oder Gestell und die Hebemaschinen.

Bezeichnet

Q = Nutzlast,
Q_1 = den von der Winde zu überwindenden Widerstand, also Nutzlast + Reibungswiderstand,
K = Spannung im auflaufenden Kettenteil (Nutzlast),
K_1 = Spannung im ablaufenden Kettenteil (Widerstand),

so ist für einfach wirkende Winden (bis etwa 1200 kg):
$$Q_1 = 1{,}1\,Q, \qquad\qquad 401$$

für doppelt wirkende Winden:
$$Q_1 = 1{,}2\,Q \qquad\qquad 402$$

Für jede Rolle ist:
$$K_1 = 1{,}04\,K \qquad\qquad 403$$

A. Der freistehende Kran mit drehbarer Säule.

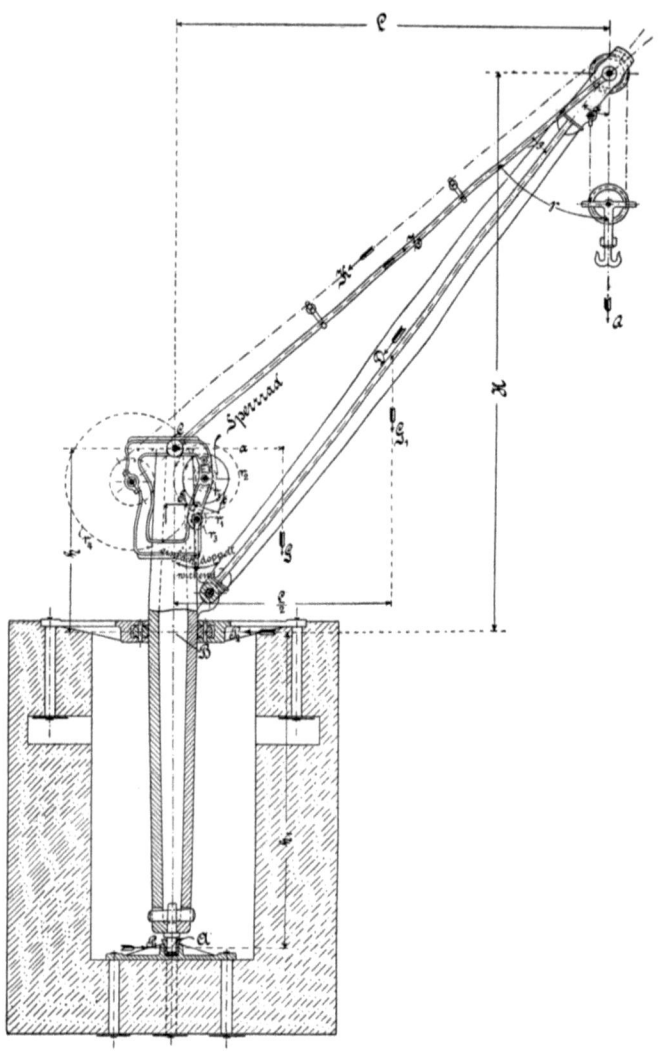

Fig. 221.

Mittelwerte:
$$\left.\begin{array}{l} H = 1{,}2\,L \\ h = 0{,}4\,L \\ h_1 = 0{,}6 \div 0{,}8\,L \end{array}\right\} \quad \ldots \ldots \quad 404$$

Das Eigengewicht G eines Kranes kann man annähernd setzen:
$$G = 0{,}5\,Q \quad \ldots \ldots \quad 405$$
und den Schwerpunktsabstand a:
$$a = \frac{L}{4} \quad \ldots \ldots \quad 406$$

Damit der Kran nicht um B oder A kippt, muß sein:
$$P_1 = P_2 = \frac{QL + Ga}{h_1} \quad \ldots \ldots \quad 407$$

Setzt man die Werte aus Gl. 405 und 406 ein, so erhält man:
$$P_1 = P_2 = \frac{9\,QL}{8\,h_1} \quad \ldots \ldots \quad 407\,a$$

Zur Bestimmung der Spannungen in Zugstange und Strebe berechnet man die Winkel γ und α aus:
$$\left.\begin{array}{l} \operatorname{tg}\gamma = \dfrac{L}{H-h} \\ \operatorname{tg}\alpha = \dfrac{L}{H} \end{array}\right\} \quad \ldots \ldots \quad 408$$

∢ β folgt aus:
$$\beta = \gamma - \alpha.$$

Bezeichnet noch

G_1 = Eigengewicht der Strebe, dasselbe greift in einem Abstande $\dfrac{L}{2}$ vom Säulenmittel aus an, so erhält man für B als Momentendrehpunkt (s. umstehende Fig. 222):

$$Z = \frac{\left(Q + \dfrac{G_1}{2}\right)L}{h \cdot \sin\gamma} - K \quad \ldots \ldots \quad 409$$

Diese Formel gilt, wenn die Kette ganz oder doch nahezu parallel zur Zugstange ist. Die Kettenspannung K ist aus Q ohne Berücksichtigung der Reibungswiderstände zu bestimmen.

Ist dagegen, wie in umstehender Fig. 223 die Kette parallel zur Strebe, so ist:

$$Z = \frac{\left(Q + \dfrac{G_1}{2}\right)L}{h \cdot \sin\gamma} \quad \ldots \ldots \quad 410$$

Die Beanspruchung D der Strebe ist, wenn die Kette parallel zur Zugstange liegt:

$$D = (Z + K) \cos \beta + \left(Q + \frac{G_1}{2}\right) \cos \alpha, \quad \ldots \quad 411$$

wenn die Kette parallel zur Strebe liegt:

$$D = Z \cdot \cos \beta + \left(Q + \frac{G_1}{2}\right) \cos \alpha + K \quad \ldots \quad 412$$

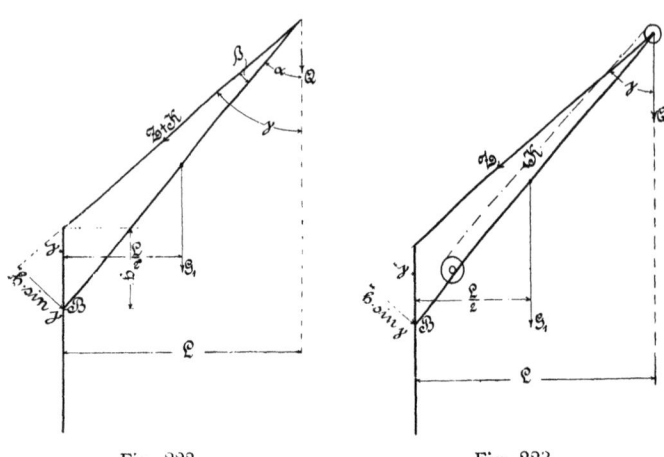

Fig. 222.   Fig. 223.

Für die Säule liegt der gefährliche Querschnitt bei B, folglich ist das beanspruchende Moment $M = Q L + G a = P_1 h_1$.

Beispiel. Für eine Last von $Q = 4000$ kg ist ein freistehender Kran mit drehbarer Säule und einer Ausladung von $L = 400$ cm zu berechnen. Die Kette liege parallel zur Zugstange. (Vergl. Fig. 221.)

Nach Gl. 404 wird:

$$H = 1{,}2 \cdot 400 = 480 \text{ cm,}$$
$$h = 0{,}4 \cdot 400 = 160 \text{ cm,}$$
$$h_1 = 0{,}7 \cdot 400 = 280 \text{ cm.}$$

Nach Gl. 405 ist das Eigengewicht des Kranes:

$$G = 0{,}5 \cdot Q = 0{,}5 \cdot 4000 = 2000 \text{ kg.}$$

Nach Gl. 406:

$$a = \frac{L}{4} = \frac{400}{4} = 100 \text{ cm.}$$

Nun wird nach Gl. 407a:
$$P_1 = P_2 = \frac{9}{8} \frac{QL}{h_1} = \frac{9}{8} \cdot \frac{4000 \cdot 400}{280} = \infty\, 6440 \text{ kg}.$$

Nehmen wir an, daß die Last an einer losen Rolle hängt, so ist ohne Reibung:
$$K = 2000 \text{ kg}.$$

Das Eigengewicht G_1 der Strebe kann man näherungsweise setzen:

$G_1 = \infty\, 200$ kg bei Holz,
$G_1 = \infty\, 600$ kg bei Eisen.

Nach Fig. 221 ist ferner:
$$\operatorname{tg} \gamma = \frac{L}{H-h} = \frac{400}{480-160} = 1{,}25,$$
daher
$$\sphericalangle \gamma = 51^\circ 20'.$$

Die Spannung der Zugstange ergibt sich nun nach Gl. 409:
$$Z = \frac{\left(Q + \dfrac{G_1}{2}\right)L}{h \cdot \sin \gamma} - K = \frac{\left(4000 + \dfrac{600}{2}\right) 400}{160 \cdot \sin 51^\circ 20'} - 2000 = \infty\, 12\,900 \text{ kg}.$$

Sind, wie gewöhnlich 2 Zugstangen aus Rundeisen vorhanden, so ist jede Stange mit $\dfrac{Z}{2} = 6450$ kg belastet. Also wird bei einer Beanspruchung von $k_z = 300$ kg pro qcm:
$$\frac{d^2 \pi}{4} \cdot 300 = 6450,$$
woraus der Zugstangendurchmesser d folgt:
$$d = 5{,}2 \text{ cm}.$$

Die Wandstärke w der Augen (Fig. 224) wird etwa gleich dem halben Bolzendurchmesser genommen.

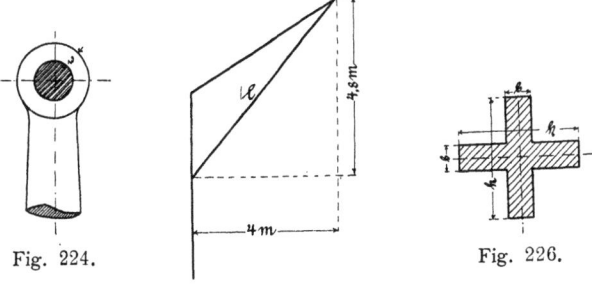

Fig. 224.

Fig. 225.

Fig. 226.

Für die Strebe gilt Gl. 180a bei Fig. 139.

Also $SP = \dfrac{\pi^2 J E}{l^2}$ (statt P wird hier der Strebendruck D eingesetzt.

Länge der Strebe (Fig. 225):
$$l = \sqrt{4^2 + 4{,}8^2} = 6{,}25 \text{ m} = 625 \text{ cm}.$$

Ferner wird das Trägheitsmoment (Fig. 226):
$$J = \dfrac{b h^3 + (h-b) b^3}{12}$$

und bei
$$h = 5b:$$
$$J = \dfrac{b (5b)^3 + (5b-b) b^3}{12} = 10{,}75 \, b^4.$$

Die Strebe sei aus Gußeisen und der Sicherheitskoeffizient $S = 15$, dann ergibt sich der Druck in der Strebe aus Gl. 411:
$$D = (Z + K) \cos \beta + \left(Q + \dfrac{G_1}{2}\right) \cos \alpha.$$

$\measuredangle \gamma$ war $51^0 \, 20'$ (Fig. 221).
$$\text{tg } \alpha = \dfrac{400}{480} = 0{,}833, \text{ daher}$$
$$\measuredangle \alpha = 39^0 \, 50'.$$
$$\measuredangle \beta = \gamma - \alpha = 11^0 \, 30'.$$

Folglich wird der Strebendruck:
$$D = (12\,900 + 2000) \, 0{,}980 + (4000 + 300) \, 0{,}768 = 17\,900 \text{ kg}.$$

Demnach also:
$$15 \cdot 17\,900 = \dfrac{\pi^2 \cdot 10{,}75 \, b^4 \cdot 1\,000\,000}{625^2}$$
$$b = 5{,}5 \text{ cm},$$
daher $\qquad h = 5 \cdot 5{,}5 = 27{,}5$ cm.

Die Strebe wird nach oben und unten auf 0,7 bis 0,8 ihrer mittleren berechneten Dimensionen verjüngt.

Die Säule wird auf Biegung berechnet. Der gefährliche Querschnitt liegt im Halslager. Für eine hohle gußeiserne Säule mit dem Höhlungsverhältnis 0,6, also $d = 0{,}6 \, D$, sowie mit $k_b = 200$ kg/qcm, folgt:
$$P_1 \cdot h_1 = \dfrac{\pi}{32} \cdot \dfrac{D^4 - d^4}{D} \cdot k_b$$
$$6440 \cdot 280 = 0{,}1 \, (D^3 - 0{,}1296 \, D^3) \, 200$$
$$D^3 = \infty \, 103\,600$$
$$D = \infty \, 47 \text{ cm},$$
und $\qquad d = 0{,}6 \cdot 47 = \infty \, 28$ cm.

Die Säule wird von oben nach unten um 0,7 bis 0,8 D verjüngt. Der Spurzapfen (auf welchen sich der Kran stützt) wird auf Biegung und Flächendruck berechnet.

Krane. 223

Nimmt man die Länge zum Durchmesser desselben $\frac{l}{d} = 1,5$
und $k_b = 1000$ kg/qcm (Stahl), so ist auf Biegung:

$$P_1 \cdot \frac{l}{2} = W \cdot k_b$$
$$P_1 \cdot 0{,}75\, d = 0{,}1\, d^3 \cdot 1000$$
$$6440 \cdot 0{,}75 = 0{,}1\, d^2 \cdot 1000$$
$$d = \infty\, 7 \text{ cm,}$$
$$l = 1{,}5 \cdot 7 = 10{,}5 \text{ cm.}$$

Auf Flächendruck wird (p = 100 kg/qcm):

$$Q + G = \frac{d^2 \pi}{4} \cdot p$$
$$4000 + 2000 = \frac{d^2 \pi}{4} \cdot 100$$
$$d = \infty\, 8{,}8 \text{ cm} \infty\, 9 \text{ cm,}$$

welcher Wert als der größere beizubehalten ist.

Der Halszapfen läuft entweder in Rollen oder man führt ihn einfach in der Fundamentplatte. In letzterem Falle würde man seinen Durchmesser vielleicht etwas größer setzen als den berechneten Durchmesser der Säule, etwa $D_h = 50$ cm und aus dem Flächendruck $p = 25$ kg/qcm die Länge berechnen.

Es ist dann:
$$50 \cdot 1 \cdot p = P_2$$
$$50 \cdot 1 \cdot 25 = 6440$$
$$l = 5{,}15 \text{ cm.}$$

Diese Länge würde man den Abmessungen der Fundamentplatte entsprechend noch vergrößern.

Der Widerstand gegen die Drehung des Kranes setzt sich zusammen aus dem Reibungsmoment M_1 des Halszapfens und aus dem Reibungsmoment M_2 des Spurzapfens.

Bei einem Reibungskoeffizienten $f = 0{,}16$ wird:

$$M_1 = P_2 \cdot f \cdot \frac{D_h}{2}$$
$$M_1 = 6440 \cdot 0{,}16 \cdot 25 = 25\,750 \text{ cmkg.}$$

Das Reibungsmoment des Spurzapfens ist bei $f = 0{,}1$ und einem Hebelarm der Reibung $= \frac{d}{3}$:

$$M_2 = (Q + G) f \cdot \frac{d}{3} = (4000 + 2000)\, 0{,}1 \cdot \frac{9}{3} = 1800 \text{ cmkg.}$$

Folglich ist das Gesamtmoment:
$$M = M_1 + M_2 = 25\,750 + 1800 = 27\,550 \text{ cmkg.}$$

Nehmen wir nun an, daß Arbeiter an der Last angreifen und den Kran mit einem Druck K drehen, so muß sein:
$$K \cdot L = M$$
$$K \cdot 400 = 27\,550$$
$$K = 68{,}8 \text{ kg.}$$

' Da K ziemlich groß ist, wäre zweckmäßig ein Rollenlager anzubringen.

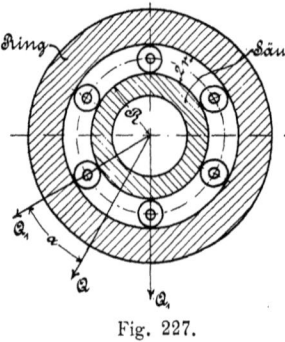

Fig. 227.

Für ein Rollenlager (meis 6 ÷ 8 Rollen) mit 6 Rollen, Fig. 227 rgäbe sich folgendes:

Der Zentriwinkel wäre $\frac{4\,R}{6} = \frac{360}{6} = 60^0$, also $\alpha = 30^0$.

Die Kraft Q (in unserem Beispiel der berechnete Halslagerdruck P_2) fällt im ungünstigsten Falle zwischen 2 Rollen, so daß auf jede Rolle eine Kraft kommt

$$Q_1 = \frac{Q}{2 \cos \alpha} = \frac{6440}{2\,.\,\cos 30^0} = \frac{6440}{1{,}732} = \infty\,3720 \text{ kg.}$$

Die Rollenzapfen nehme man (in cm):

$$\delta = 0{,}056 \sqrt{Q_1} = 0{,}056 \sqrt{3720} = \infty\,3{,}5 \text{ cm,}$$

und den Radius der Rollen:

$$r = 2\,\delta = 2\,.\,3{,}5 = 7 \text{ cm.}$$

Es ist nun das Moment des Reibungswiderstandes, wenn sich der Zapfen dreht:

$$M = \frac{Q\,.\,f}{r\,.\,\cos \alpha}\,.\,R,$$

wenn sich dagegen das Lager dreht:

$$M = \frac{Q\,f}{r\,.\,\cos \alpha}\,(R + 2\,r),$$

worin R = Radius der Säule (der Durchmesser war oben bereits mit D_h bezeichnet),

f = Bewegungswiderstand der rollenden Reibung bedeutet (vergl. S. 73).

Dreht sich also der Zapfen, so würde demnach das Moment bei $f = 0{,}07$ cm:

$$M = \frac{Q\,.\,f}{r\,.\,\cos \alpha}\,.\,R = \frac{Q_1\,.\,2 \cos \alpha\,.\,f}{r\,.\,\cos \alpha}\,.\,R = \frac{2\,Q_1\,.\,f}{r}\,.\,R =$$

$$= \frac{2\,.\,3720\,.\,0{,}07}{7}\,.\,25 = 1860 \text{ cmkg.}$$

Ein Arbeiter, der an der Last angreifend den Kran zu drehen sucht, hat demnach einen Druck aufzuwenden von

$$\frac{M}{L} = \frac{1860}{400} = 4{,}65 \text{ kg.}$$

Die Spurplatte muß durch die Anker so fest auf das Fundament gepreßt werden, daß die Reibung der Kraft P Widerstand leistet. Bedeutet P die Kraft, welche eine Schraube aus-

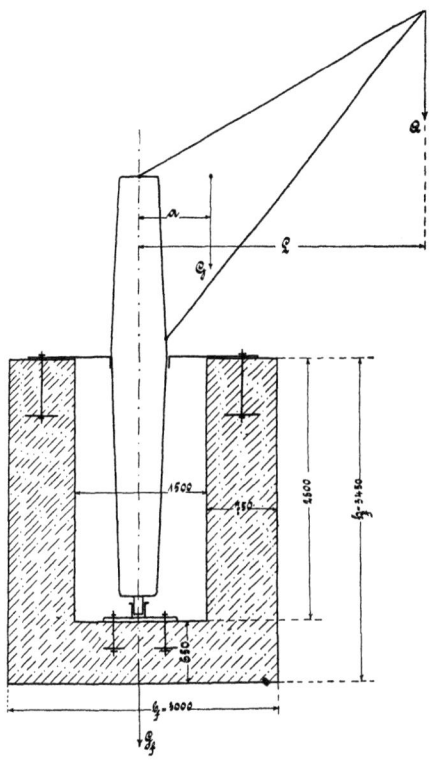

Fig. 228.

übt und nimmt man 8 Schrauben an, so ist der gesamte auf die Spurplatte wirkende Druck $Q + G + 8P$, mithin:

$$(Q + G + 8P)\, f = P_1$$

und bei $f = 0{,}3$:

$$(4000 + 2000 + 8P)\, 0{,}3 = 6440$$
$$P = \infty\, 1930 \text{ kg}.$$

Dies entspricht nach Tabelle S. 153 einer $1^{3}/_{8}$ Schraube.

Die Größe der Sohlplatte des Spurlagers ist so zu bestimmen, daß der Flächendruck zwischen derselben und dem Fundament nicht zu groß wird. Letzteren kann man setzen:
für Gußeisen auf Ziegelmauerwerk $p = 1 \div 2$ kg/qcm,
„ „ „ Quadermauerwerk $p = 5 \div 8$ „

Für unseren Fall wird demnach eine quadratische Platte eine Seitenlänge a erhalten, bei $p = 1{,}4$ kg/qcm:

$$a^2 = \frac{Q + G + 8P}{p}$$

$$a = \sqrt{\frac{4000 + 2000 + 8 \cdot 1930}{1{,}5}} = \infty\ 120 \text{ cm}.$$

Das Fundament muß so schwer sein, daß es dem Kippen der Kranes Widerstand leistet, also dem Moment $Q \cdot L + G \cdot a$ das Gleichgewicht hält. Die Momentengleichung ergibt sich hiernach wie folgt (vergl. Fig. 228, S. 225):

$$G_f \cdot \frac{b_f}{2} = Q\left(L - \frac{b_f}{2}\right) + G\left(a - \frac{b_f}{2}\right),$$

worin G_f das Gewicht des Fundamentes bedeutet.

Aus dem angenommenen Fundamente (Fig. 228) folgt:
$G_f \cdot 150 = 4000 (400 - 150) + 2000 (100 - 150)$
$G_f = 6000$ kg.

Dieser Wert ist der Sicherheit wegen mit 4 bis 6 zu multiplizieren, also muß das angenommene Fundament wenigstens $5 \cdot 6000 = 30000$ kg wiegen.

Das Fundament wiegt nun wirklich unter der Voraussetzung eines quadratischen Querschnittes, sowie eines spezifischen Gewichtes von 1,6 kg pro cdm (Maße in m eingesetzt):
$G_f = (3^2 \cdot 3{,}45 - 1{,}5^2 \cdot 2{,}8)\ 1600$
$G_f = 40000$ kg,
mithin genügt das gewählte Fundament.

B. Der freistehende Kran mit fester Säule.

Die Säule ist entweder in das Fundament eingemauert oder mit einem Ansatz in eine Fundamentplatte eingepaßt. Der Spurzapfen für die drehbaren Teile befindet sich oben auf der Säule. Die Berechnung erfolgt wie vorher (unter A), nur die Fundamentplatte und die Ankerschrauben müssen besonders berechnet werden. Soll der im vorigen Beispiel berechnete Kran als solcher mit fester Säule ausgeführt werden, so könnte man die Fundamentplatte als sechseckigen Stern ausführen und den Durchmesser derselben etwa $\frac{L}{2}$ setzen. Das Gewicht der Fundamentplatte mit Zubehör sei mit G_2 bezeichnet und ist bei der Berechnung anzunehmen. Der Kran hat das Bestreben, um die Kante AB zu kippen, Fig. 229. Dabei erhalten die Schrauben 1 und 2 eine Beanspruchung P, die bei 3 und 4 eine solche von $\frac{P}{2}$ und es ergibt sich die Momentengleichung:

$$Q(L - b_1) + G(a - b_1) = G_2 b_1 + 5P \cdot b_1 \quad \ldots \quad 413$$

Für den sechseckigen Stern wäre ferner:

$$b_1 = R \cdot \sin 60^0 \quad \ldots \quad 414$$

G, a kann wie früher angenommen werden, doch bezeichnet G jetzt das Gewicht der drehbaren Teile. Somit folgt aus Gl. 413 die Kraft P und damit der Schraubendurchmesser.

Jeder Arm der Fundamentplatte wird durch ein Moment

$$M = P \cdot R \quad \ldots \quad 415$$

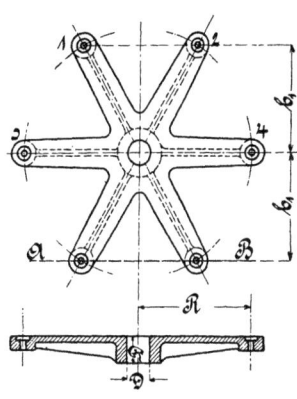

Fig. 229.

auf Biegung beansprucht. Man nimmt am besten alle Maße des Armquerschnittes an und berechnet sich aus $PR = W \cdot k_b$ die Spannung k. Letztere darf den zulässigen Wert nicht überschreiten. Der Armquerschnitt hat die Form der Fig. 126, S. 133, auch ist k_b wie dort zu bestimmen.

C. Der Fairbairn-Kran.

Das ganze Krangestell besteht aus einem einzigen, nach einer Parabel, einem Kreisbogen oder einer Ellipse gekrümmten Blechträger. Auch hier kennt man Schachtkrane und solche mit feststehender Säule. Der Querschnitt des Trägers ist kastenförmig. Die größte Höhe des Querschnittes macht man ungefähr $\frac{1}{5}$ bis $\frac{1}{6}$ L.

Das Eigengewicht eines Fairbairn-Kranes kann man setzen:

$$G = \frac{Q}{2} \text{ bis } \frac{Q}{3} \quad \ldots \ldots \quad 416$$

und den Schwerpunktsabstand:

$$a = \frac{L}{5} \quad \ldots \ldots \ldots \quad 417$$

Die Blechstärke sei höchstens $\delta = 12$ mm.

Der gefährlichste Querschnitt liegt im Halslager und für diese Stelle ist das beanspruchende Moment:

$$M = QL + Ga \quad \ldots \ldots \quad 418$$

Setzt man kastenförmigen Querschnitt nach Fig. 230 voraus, so ist

$$W = \frac{BH^3 - bh^3}{6h},$$

wobei die L-Eisen weggelassen sind, dafür aber der Verlust durch die Nietlöcher unberücksichtigt geblieben ist.

Folglich:
$$QL + Ga = \frac{BH^3 - bh^3}{6h} \cdot s \quad \ldots \quad 419$$

In derselben Weise kann man jeden anderen senkrecht zur Mittellinie genommenen Querschnitt berechnen, natürlich ändert sich dann die Ausladung, das Eigengewicht und der Schwerpunktsabstand. Außerdem wird jeder Querschnitt noch durch eine Druckspannung s_1 beansprucht, die von Q und G und von der Größe des Querschnittes abhängig ist.

Für das Halslager wird, wenn $f = BH - bh$ ist, die Druckspannung:

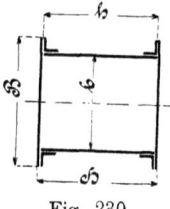

Fig. 230.
$$s_1 = \frac{Q+G}{f} = \frac{Q+G}{BH - bh} \quad \ldots \quad 420$$

Bezeichnet s = Biegungsbeanspruchung (Gl. 419), so soll möglichst sein:
$$s + s_1 < 600 \text{ kg/qcm} \quad \ldots \quad 421$$

Die Stärke des Kranhalses kann man ungefähr halb so groß machen, als die Abmessungen im Halslager, im übrigen ist der ganze Kran ein Träger von gleicher Festigkeit und bei überall gleichbleibender Blechstärke bestimmt man die Höhe des Querschnittes nach Gefühl und berechnet die Breite.

D. Der Magazin-Kran.

Der Magazin-Kran ist ein Drehkran mit fester Säule, aber die Säule ist oben im Halslager uud unten im Spurlager gehalten. Bei der in Fig. 231 angedeuteten Anordnung ist die Kette weder zur Zugstange noch zur Strebe parallel und hat daher sowohl in bezug auf A als auch in bezug auf B als Drehpunkt einen besonderen Hebelarm. Um die Spannung Z zu ermitteln, denke man sich A als Drehpunkt und sowohl Zugstange als Kette zerschnitten, dann tritt eine Drehung nach rechts ein, welcher K und Z entgegenwirkt.

Z folgt dann aus der Momentengleichung:
$$QL + G_1 b = Z \cdot h \cdot \sin \gamma + Kd \quad \ldots \quad 422$$

Nimmt man B als Drehpunkt an, so ergibt sich D aus der Gleichung:
$$QL + Kc + G_1 b = Df \quad \ldots \quad 423$$

Das Gewicht G aller drehbaren Teile kann man bei einem Magazin-Kran setzen:
$$G = 0{,}7 Q \text{ bis } 0{,}8 Q \quad \ldots \quad 424$$

Die Säule ist auf Biegung beansprucht. Die gefährlichen Querschnitte liegen bei A und B. Die Reaktionsdrücke P_1 und P_2 ergeben sich aus der Momentengleichung:

$$P_1 H = P_2 H = QL + G \cdot a \quad \ldots \ldots \quad 425$$

Für die Abmessungen der Säule sind die Momente $P_1 h_1$ bezw. $P_2 h_2$ maßgebend.

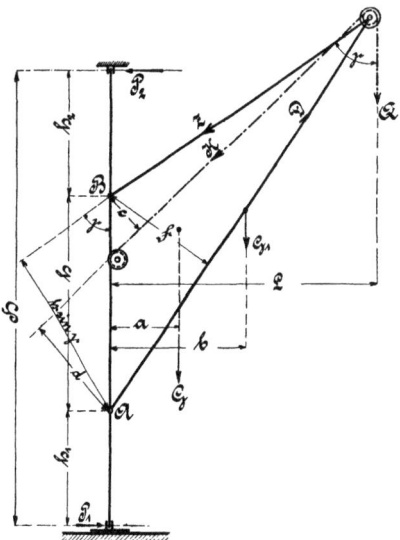

Fig. 231.

Die Zapfen berechnet man zunächst als Stirnzapfen, der untere muß jedoch auch als Spurzapfen auf den Druck $Q + G$ berechnet werden. Der größere Wert ist dann beizubehalten.

Das Fundament, die Fundamentanker und die Befestigungsschrauben des Spurlagers werden genau in derselben Weise berechnet, wie bei dem freistehenden Kran.

Die Schrauben des oberen Halslagers denkt man sich so beansprucht, daß P_2 parallel zur Befestigungsfläche des Lagers wirkt, wie es nach einer Drehung des Kranes um 90^0 der Fall ist. Die durch das Anziehen der Schrauben hervorgerufene Reibung muß P_2 Widerstand leisten.

E. Der Gießereikran.

Die Berechnung eines solchen Kranes zeigt nachfolgendes Beispiel.

230 Siebenter Abschnitt. Bandbremsen und Krane.

Beispiel. Die Säule sei aus Rundeisen, Ausleger und Strebe aus ⊐⊏ Eisen hergestellt. Die Ausladung sei L = 420 cm, die Last Q = 2000 kg. Alle übrigen Maße sind aus Fig. 232 ersichtlich.

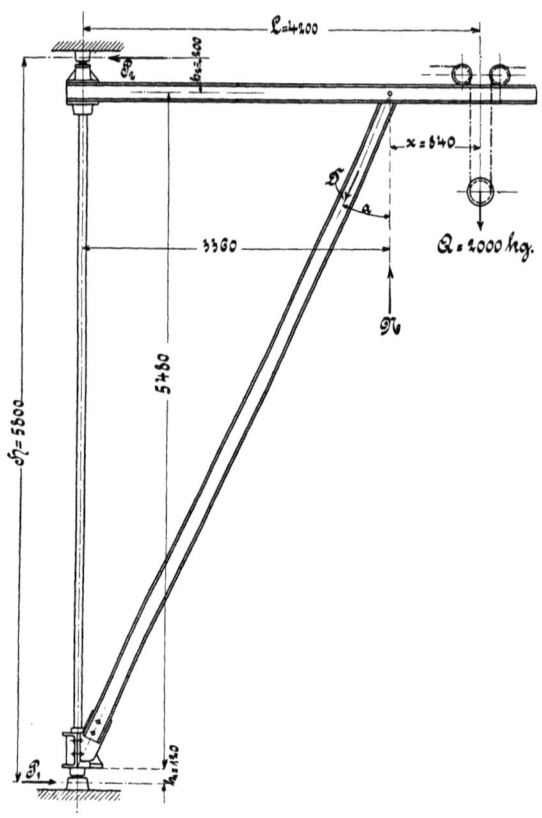

Fig. 232.

Der günstigste Angriffspunkt der Strebe ist bestimmt durch die Gleichung:

$$x = \frac{L}{5} \quad \ldots \ldots \ldots \quad 426$$

Also: $x = \dfrac{L}{5} = \dfrac{420}{5} = 84$ cm.

Die Strebe wird durch einen Druck D auf Zerknicken beansprucht:

$$D = \frac{N}{\cos \alpha}, \quad \ldots \ldots \ldots 427$$

worin ist

$$N = \frac{Q L}{L - x} \quad \ldots \ldots \ldots 428$$

Sind 2 Streben vorhanden, so kommt auf jede derselben ein Druck $\frac{D}{2}$.

Also:

$$N = \frac{2000 \cdot 420}{336} = 2500 \text{ kg}.$$

$$\text{tg } \alpha = \frac{336}{548} = 0{,}613,$$

$$\sphericalangle \alpha = 31^\circ\ 30'.$$

$$D = \frac{N}{\cos \alpha} = \frac{2500}{0{,}853} = 2930 \text{ kg}.$$

Ausleger:

$$M = W \cdot k_b,$$

$k_b = 700$ kg/qcm gesetzt und M durch 2 dividirt, weil 2 Ausleger vorhanden sind:

$$\frac{2000 \cdot 84}{2} = W \cdot 700$$

$$W = 120 \text{ cm}^3, \text{ mithin}$$

[-Eisen Profil Nr. 16. (Bei Annahme von $x = \frac{L}{5}$ ergibt sich immer dasselbe Profil, ob auch die Last in der Mitte oder am Ende steht).

Nach Gl. 425 ist:

$$P_2 = \frac{Q L + G a}{H},$$

G = Eigengewicht des Kranes,
a = Schwerpunktsabstand von der Säule.

G = 1,1 Q gesetzt, also G = 1,1 . 2000 = 2200 kg.

$$a = \frac{L}{4} = \frac{420}{4} = 105 \text{ cm}.$$

Somit:

$$P_2 = \frac{2000 \cdot 420 + 2200 \cdot 105}{580} = \infty\ 1850 \text{ kg}.$$

Der obere Zapfendurchmesser folgt aus Gl. 250:

$$P_2 \frac{l}{2} = 0{,}1\ d^3 \cdot k_b;$$

bei $l = 1{,}5\,d$ und $k_b = 400$ kg/qcm wird also:

$$1850 \cdot \frac{1{,}5\,d}{2} = 0{,}1\,d^3 \cdot 400$$

$$d = \infty\, 6 \text{ cm,}$$
$$l = 1{,}5 \cdot 6 = 9 \text{ cm.}$$

Die Strebe wird auf Zerknicken durch den Druck D beansprucht.

Ist $m = 20$ der Sicherheitskoeffizient,
und die Länge $L = \sqrt{548^2 + 336^2} = 642{,}77$ cm, so folgt:

$$m \cdot D = \frac{\pi^2 J E}{L^2}; \quad \pi = \infty\, 10 \text{ gesetzt,}$$

$$20 \cdot 2930 = \frac{10 \cdot J \cdot 2\,000\,000}{642{,}77^2}$$

$$J = 1043{,}43 \text{ cm}^4.$$

In der äußersten Stellung der Katze wird der Vertikaldruck auf die Strebe um den Gegendruck in der Kransäule $Q_1 = Q\,\frac{84}{336} = 0{,}25\,Q$ vermehrt und so kann man annähernd auch J in demselben Verhältnis vergrößern, also

$$J = 1{,}25 \cdot 1043{,}43 \infty\, 1320 \text{ cm}^4;$$

da aber wieder 2 [-Eisen zur Strebe vorhanden sind, so wird:

$$J_1 = \frac{J}{2} = \frac{1320}{2} = 660 \text{ cm}^4.$$

Demnach Profil Nr. 14. Mit Rücksicht darauf, daß die Strebe durch das hier angebrachte Windwerk eine Durchbiegung erfährt, wählen wir besser Profil Nr. 16, also wie für den Ausleger.

Säule: Es war $P_1 = P_2 = 1850$ kg. Die Säule sollte aus Rundeisen hergestellt werden. Für die Säule am oberen Spurlager wird (der Hebelarm für das Biegungsmoment ist nicht wie in Skizze 200 mm, sondern nach Ausführung nur 70 mm = 7 cm, sogar noch kleiner):

$$M = W \cdot k_b; \quad k_b = 600 \text{ kg/qcm,}$$
$$1850 \cdot 7 = 0{,}1\,d^3 \cdot 600$$
$$d = 6 \text{ cm.}$$

Da unten der Hebelarm noch kleiner als oben ist, so kann also die ganze Säule einen Durchmesser $d = 6$ cm erhalten.

Dieser Durchmesser der Säule ist ausserdem noch auf Zerknickung zu kontrollieren, ergibt aber ein kleineres d.

Spurzapfen: Für den Spurzapfen unten ist:

1. auf Biegung, wie der Zapfen oben schon, nämlich $d = \infty\, 6$ cm.

2. auf Flächendruck:

$$Q + G = \frac{d^2 \pi}{4} \cdot p; \quad p = 100 \text{ kg/qcm},$$

$$2000 + 2200 = \frac{d^2 \pi}{4} \cdot 100$$

$$d = 7,5 \backsim 8 \text{ cm},$$
$$l = \backsim 1,5 \cdot 8 = 12 \text{ cm}.$$

Das Fundament sei quadratisch; bei Annahme der in Fig. 233 eingeschriebenen Maße wird ($N_1 = P_1$):

$N_1 \cdot H_1 = (N_3 + G_f) b$
$N_1 \cdot H_1 = (Q + G + G_f) b.$

Hieraus:

$$G_f \geqq \frac{N_1 \cdot H_1}{b} - (Q + G).$$

Wird nun $H_1 = 750 + 60 = 810$ mm $= 81$ cm bis Mitte Spurlager gemacht, so folgt:

$$G_f \geqq \frac{1850 \cdot 81}{41,25} - 4200 = -600 \text{ kg}.$$

Nun wiegt das Fundament wirklich, wenn das spez. Gewicht $\gamma = 1,5$ kg pro cdm ist:

$$8{,}25^2 \cdot 7{,}5 \cdot 1{,}5 = 765 \text{ kg},$$

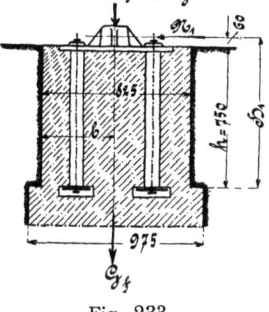

Fig. 233.

also genügt das angenommene Fundament; außerdem kommt auch noch das Gewicht des unteren Mauerabsatzes hinzu.

Die Spurplatte wird durch die Anker so fest auf das Fundament gepreßt, daß die Reibung der Kraft P_1 Widerstand leistet.

Ist P die Kraft, welche eine Schraube ausübt und nehmen wir 4 Schrauben an, so ist der gesamte auf die Spurplatte wirkende Druck $Q + G + 4P$, mithin bei dem Reibungskoeffizient 0,3:

$$(Q + G + 4P) \, 0{,}3 = 1850$$

$$4P = \frac{1850}{0{,}3} - (Q + G) = 1960 \text{ kg},$$

also

$$P = \frac{1960}{4} = 490 \text{ kg}.$$

Dies entspricht einer Schraube von $^3/_4"$ engl.

Für die Spurlagerplatte ergibt sich bei einem zulässigen Flächendruck von $p = 1{,}5$ kg/qcm:

$$F = \frac{Q + G + 4P}{p}$$

$$F = \frac{2000 + 2200 + 1960}{1{,}5} = 4100 \text{ qcm}.$$

Bezeichnet nun a die Seite der quadratischen Fläche F, so folgt:

$$a = \sqrt{4100} = \infty\, 64 \text{ cm}.$$

Der Widerstand gegen die Drehung des Kranes ist aus dem Reibungsmoment M_1 des oberen Spurzapfens und dem Reibungsmoment M_2 des unteren Spurzapfens zu bestimmen (f = Reibungskoeffizient).

Es ist:

$$M_1 = P_2\, f \cdot \frac{d}{2} = 1850 \cdot 0{,}16 \cdot 3 = \infty\, 888 \text{ cmkg},$$

und

$$M_2 = (Q + G)\, f \cdot \frac{d}{3} = 4200 \cdot 0{,}1 \cdot 2{,}66 = \infty\, 1118 \text{ cmkg}.$$

Folglich ist das gesamte Reibungsmoment:

$$M = M_1 + M_2 = 888 + 1118 = 2006 \text{ cmkg}.$$

Drehen nun Arbeiter den Kran mit einem Druck K, so muß sein:

$$K \cdot L = M$$
$$K \cdot 420 = 2006$$
$$K = \infty\, 4{,}8 \text{ kg},$$

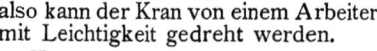

also kann der Kran von einem Arbeiter mit Leichtigkeit gedreht werden.

Katze:

Bezeichnet Q_1 = Gewicht von Nutzlast + Kette, Rolle, Haken und Katze, so ergibt sich der Zapfendurchmesser d der Achse aus der Gleichung:

$$\frac{Q_1 \cdot l}{8} = 0{,}1\, d^3\, k_b;\ l \geqq 1{,}5\, d \quad . \quad 429$$

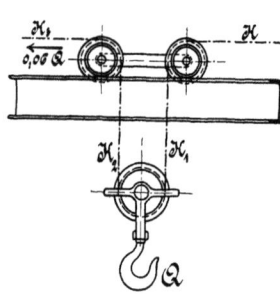

Fig. 234.

(Bei 4 Zapfen ist Q_1 natürlich noch durch 4 zu dividieren.) Der Durchmesser der Laufrollen (Räder) sei etwa 5 bis 7 mal so groß als der Durchmesser der Zapfen.

Für die Kettenspannungen gilt:

$$Q = K_1 + K_2$$
$$\underline{K_2 = 1{,}04\, K_1}$$
$$Q = K_1 + 1{,}04\, K_1 = 2{,}04\, K_1$$
$$K_1 = \frac{Q}{2{,}04} = 0{,}49\, Q$$
$$K_1 = K \cdot 1{,}04$$
$$\mathbf{K = \frac{K_1}{1{,}04} = \frac{0{,}49\, Q}{1{,}04} = 0{,}47\, Q} \quad \ldots \ldots \quad \mathbf{430}$$
$$\mathbf{K_3 = K_2 \cdot 1{,}04 = 0{,}51 \cdot 1{,}04\, Q = 0{,}53\, Q} \quad \ldots \quad \mathbf{431}$$

Krane. 235

Der Bewegung der Katze nach rechts widersteht die Spannung K_3, der nach links die Spannung K. Die Resultierende ist gleich ihrer Differenz, also gleich 0,06 Q und diese Kraft wirkt einer Kraft, welche die Katze nach rechts fortbewegen will, entgegen. Die gesamte zur Fortbewegung der Katze erforderliche Kraft ist demnach:

$$\mathbf{P + 0{,}06\,Q}, \quad \ldots \ldots \ldots \quad \mathbf{432}$$

worin Q sich zusammensetzt aus Nutzlast + Gewicht des Hakens, Rolle, Kette und Katze und ferner nach Gl. 41 ist:

$$P = \frac{Q}{R}\,(f + \mu\,\varrho),$$

R = Radius der Laufrollen,
ϱ = Radius ihrer Zapfen.

Der Radius der Kettenrollen betrage $10\,\delta \div 12\,\delta$; δ = Kettenstärke. Die Kettenstärke ist aus der größten Kettenspannung (K_3) zu bestimmen. Für unser Beispiel wäre also zur Fortbewegung der Katze eine Kraft erforderlich, wenn insgesamt Q = 2135 kg geschätzt und f = 0,05 cm, sowie μ = 0,18 gesetzt wird R sei = 10 cm und ϱ = 1,5 cm):

$$P = \frac{2135}{10}\,(0{,}05 + 0{,}18 \cdot 1{,}5) = \infty\ 68\ \text{kg}.$$

Somit ist die gesamte erforderliche Zugkraft nach Gl. 432:

$$68 + 0{,}06 \cdot 2135 = \infty\ 196\ \text{kg}.$$

Achter Abschnitt.

Dampfkessel.

Die Konstruktion eines Dampfkessels ist abhängig:
1. Von der Menge des zu erzeugenden Dampfes,
2. Von der Dampfspannung,
3. Von der Art des Betriebes,
4. Von dem zur Verwendung kommenden Brennmaterial.

Man kann am Dampfkessel unterscheiden:
1. den Kessel selbst,
2. die grobe Garnitur, d. h. Rost, Feuergeschränk mit Feuertüre, Rauchschieber, Anker usw.
3. die feine Garnitur oder einfach Garnitur, d. h. alle erforderlichen Ventile, Hähne, Wasserstandsanzeiger, Manometer usw.

A. Dampfbildung und Brennstoffverbrauch.

Wird ein Quantum Wasser in Dampf verwandelt, so beträgt das Gewicht des letzteren ebensoviel, wie das des ersteren war. Aber der vom Dampf eingenommene Raum wird um so größer sein, je geringer seine Spannung ist. Man nennt den Raum in cbm, den 1 kg Dampf einnimmt, das spezifische Volumen desselben. Dasselbe sei mit s bezeichnet und ist zugleich der reziproke Wert der Dichtigkeit oder des Gewichtes. Letzteres mit γ bezeichnet ergibt die Beziehung:

$$s = \frac{1}{\gamma}; \; \gamma = \frac{1}{s} \quad \ldots \ldots \quad 433$$

Aus der Tabelle 7, Seite 104 kann man für jede Dampfspannung das Gewicht γ eines cbm entnehmen und hieraus $s = \dfrac{1}{\gamma}$ berechnen.

Um V kg Wasser von t^0 in Dampf von T^0 zu verwandeln, sind nach Watt an Wärmeeinheiten nötig (vergl. Gl. 141):

$$W = V(640 - t) \text{ Calorien} \quad \ldots \ldots \quad 434$$

Nach Regnault ist genauer (vergl. Gl. 142):

$$W = V(606{,}5 + 0{,}305\,T - t) \quad \ldots \ldots \quad 435$$

Man hat durch Versuche den absoluten oder kalorischen Heizeffekt, d. h. die Anzahl der Wärmeeinheiten, die ein kg eines Brennstoffes bei der Verbrennung entwickelt, ermittelt. Ebenso auch den sogenannten pyrometrischen Heizeffekt, d. h. die Temperatur, welche ein Brennstoff bei der Verbrennung erzeugt.

Die Wärmemenge des absoluten Heizeffektes wird aber nicht vollständig dem Kesselwasser zugeführt, 1 Teil der Wärme wird von den abziehenden Feuergasen mitgenommen, 1 Teil von dem Kesselmauerwerk ausgestrahlt.

Das Verhältnis zwischen der Wärme (A), welche nützlich wird und der gesamten entwickelten Wärme (B) nennt man den Wirkungsgrad η der Feuerungsanlage und es ist:

$$\eta = \frac{A}{B} = 0{,}5 \div 0{,}77 \quad \ldots \ldots \quad 436$$

Siehe umstehende Tabellen.

Ist für eine Kesselheizung eine Brennstoffmenge von Q kg nötig, so ist dieselbe ausgedrückt durch die Gleichung:

$$Q = \frac{W}{A} = \frac{W}{\eta\,B} \quad \ldots \ldots \quad 437$$

Beispiel. 1 Dampfkessel soll pro Stunde 800 kg Dampf von 5 Atm. Spannung liefern. Die Temperatur des Speisewassers ist 35° C. Brennmaterial: Steinkohle mittlerer Güte. Nutzeffekt $\eta = 0{,}6$. Wieviel kg Steinkohle sind pro Stunde erforderlich?

Nach der Tabelle 7, S. 104 ist bei 5 Atm. Spannung $T = 150{,}99 \sim 151°$, daher nach Gl. 435:

$W = 800\,(606{,}5 + 0{,}305 \cdot 151° - 35°) = 494\,000$ Wärmeeinheiten.

Nach der Tabelle S. 238 liefert 1 kg Steinkohle 7000 W. E. Wird nur $B = 6600$ kg angenommen, so folgt nach Gl. 437:

$$Q = \frac{W}{\eta\,B} = \frac{494\,000}{0{,}6 \cdot 6600} = 125 \text{ kg Steinkohle}$$

pro Stunde. Folglich erzeugt 1 kg Steinkohle $\frac{800}{125} = 6{,}4$ kg Dampf.

B. Feuerungsanlage und Rost.

Man unterscheidet:

Innenfeuerung und Außenfeuerung.

Der Rost besteht aus losen nebeneinander gelegten gußeisernen, seltener schmiedeisernen Stäben, die zwischen einander Luftspalten lassen.

Achter Abschnitt. Dampfkessel.

Verhältnisse zwischen Brennmaterial, Heizfläche, Rostfläche, Verdampfung[1]).
(Durchschnittswerte).

Brennstoffe	Gewicht von 1 cbm Brennstoff	erzeugt Dampf in kg	1 kg Brennstoff hat Heizkraft in Kalorien		braucht zu seiner Verbrennung kalte Luft von 0° in cbm		pro Stunde verbrannt, braucht Rostfläche in qm		Aus 1 kg Brennstoff entwickelte Gasmenge, bei 760 mm Druck, Raumtemperatur 300°, in cbm		Praktisch erreichbare Temperatur über dem Roste Grad Celsius	Erforderliche Rostfläche pro qm Heizfläche
			theor.	effekt.	theor.	effekt.	freie	totale	theor.	effekt.		totale
Trockenes Holz Torf mit 20% Wasser	250—450	2,0—2,5	2850	1600	3,5	6,75		0,006—0,006	9	16	1200	0,045—0,06
Steinkohle mittl. Qualität	500—600	1,5—2	2500	1500	4,0	8	¼÷½ der totalen	0,006—0,008	10	20	1100	0,06 —0,08
Koks mit 15% Asche	760—850	6—7	7000	5500	8	16		0,015—0,04	16	32	1280	0,03 —0,05
Braunkohle	400—600	6—7	7000	5000	7,5	15		0,016—0,04	17	34	1270	0,036—0,04
	600—750	1,8—2,5	3500	2000	4,0	8		0,009—0,012	10	22	1200	0,045—0,06

Rost- und Heizfläche.

Dampflieferung in kg pro	Bouilleurkessel	Flammrohrkessel	Flammrohrkessel mit Vorwärmer	Gegenstromkessel	Heiz- oder Wasserröhrenkessel	Lokomotivkessel
1 qm Heizfläche (pro Std.)	12—18—25	15—20—30	12—28—24	12—15—20	9—15—22	35—55
1 kg verbrauchte Steinkohle	8,7—6,5—5,3	9 —7 —5	9,3—7,5—6	9,3—7,3—5,5	8,5—7—5	5,5—6,5
1 kg verbrauchte Braunkohle	5,3—4 —3,1	5,4—4 —2,8	5,6—4 —2,8	5,6—4 —3,3	5,1—4—3	4

[1]) Vergl. Uhland, Kalender für Maschinen-Ingenieure, 1892.

Feuerungsanlage und Rost. 239

Zwecks leichter Beschickung gilt der Satz:

„Die Länge des Rostes darf 2 m nicht übersteigen". Die Breite des Rostes ist dagegen von der Konstruktion des Kessels abhängig.

Bezeichnet

R_t = totale Rostfläche, d. h. die gesamte von den Roststäben eingenommene Fläche,

R_f = freie Rostfläche, d. h. die Summe der Spaltöffnungen,

s = Spaltenbreite,

d = Roststabdicke,

z = Anzahl der Stäbe,

b = Rostbreite (ergibt sich durch Konstruktion oder Rechnung),

l = Rostlänge,

so erhält man passende Abmessungen der Roststäbe aus nachstehender Tabelle:

Brennmaterial	s in mm	d in mm	$\frac{R_f}{R_t}$
Steinkohle, fett	6	15	$2/7$
„ mager	4	10	$2/7$
Kohlenklein	3	7,5	$2/7$
Koks	8	20	$2/7$
Holz, Torf	7	21	$1/4$

Die Rostfläche ist fast immer rechteckig, daher ist:

$$l \cdot b = R_t \quad \ldots \ldots \ldots \ldots \quad 438$$

Das Verhältnis der freien Rostfläche zur totalen läßt sich ausdrücken:

$$\frac{R_f}{R_t} = \frac{s}{s+d} \quad \ldots \ldots \ldots \quad 439$$

Die größte Länge eines Roststabes sei 1 m.

Die Anzahl der Roststäbe ergibt sich aus der Breite des Rostes, es ist:

$$\left.\begin{array}{l} z = \dfrac{b}{s+d} \text{ bei einer Stablage,} \\ z = \dfrac{2b}{s+d} \text{ bei zwei Stablagen} \end{array}\right\} \ldots \ldots 440$$

Zur Verbrennung von 1 kg Brennstoff sind L cbm Luft erforderlich. Streicht nun die Luft mit einer Geschwindigkeit von v Metern in der Sekunde durch den Rost, so müßte sein (in qm):

$$R_f = \frac{L \cdot Q}{3600 \cdot v} \quad \ldots \ldots \ldots \quad 441$$

Für verschiedene Brennmaterialien ist in der Tabelle S. 238 die für 1 kg Brennstoff erforderliche effektive Luftmenge L in cbm angegeben. Die theoretische Luftmenge weicht von dieser ab, weil viel Luft durch den Rost geht, ohne ihren Sauerstoff abzugeben. Die Geschwindigkeit v beträgt 0,75 bis 1,6 m.

Für stationäre Kessel mit Steinkohlenfeuerung kann man $v = 1,2$ m setzen.

Bei Holz, Torf und Braunkohle geringer. Bei Koks größer. Bei Lokomotiven steigt v bis zu 4 m.

Bei mittlerer Geschwindigkeit verbrennen auf 1 qm Rostfläche etwa 60 ÷ 70 kg Steinkohle oder 100 ÷ 170 kg Braunkohle und mehr.

Häufig wird das Verhältnis der Heizfläche zur Rostfläche angegeben. Wenn z. B. 1 qm Heizfläche 15 kg Dampf pro Std. entwickelt und wie oben angegeben auf 1 qm Rostfläche 60 kg Steinkohle verbrennen und 1 kg Steinkohle etwa 7 kg Dampf, also 60 kg 60.7 = 420 kg Dampf erzeugen, so erzeugt 1 qm Heizfläche 15, 1 qm Rostfläche 420 kg Dampf, folglich ist:

$$\frac{1 \text{ qm Heizfläche}}{1 \text{ qm Rostfläche}} = \frac{15}{420} = \frac{1}{28}.$$

Für diesen Fall muß demnach die Heizfläche 28 mal größer sein als die Rostfläche.

Bei äußerer Feuerung darf man den Feuerraum nicht zu hoch machen und zwar nimmt man:

	Dicke der Brennstoffschicht	Abstand des Rostes vom Kessel
für Steinkohlen	0,08 ÷ 0,12 m	0,2 ÷ 0,45 m
„ Koks	0,15 ÷ 0,2 „	0,3 ÷ 0,5 „
„ Holz und Torf	0,2 ÷ 0,25 „	0,3 ÷ 0,55 „

Bei der Vorfeuerung soll der Aschenfall 0,8 ÷ 1,2 m tief und so breit sein, als es die Anlage zuläßt.

Für die Feuertüren gelten folgende Maße:

30 ÷ 35 cm breit, 25 ÷ 30 cm hoch für eine einflüglige Tür,
45 ÷ 55 cm breit, 30 ÷ 35 cm hoch für eine zweiflüglige Tür.

Die Höhe der Feuerung über dem Fußboden soll 60 ÷ 75 cm betragen.

C. Feuerbrücke und Züge.

Die Feuerbrücke ist eine aus feuerfesten Steinen aufgeführte niedrige Querwand am hinteren Ende des Rostes. Die Höhe der Feuerbrücke ist 20 ÷ 30 cm. Ihr Abstand von Unterkante Kessel 12 ÷ 20 cm.

Der Schornstein. 241

Hinter der Feuerbrücke beginnen die Züge. Die Weite der Züge macht man im Minimum $10 \div 15$ cm. Der Querschnitt der Züge muß so sein, daß die Heizgase mit einer entsprechenden Geschwindigkeit ($1^1/_2 \div 4$ m) durch die Züge streichen.

Über der Feuerbrücke gibt man dem Zuge einen Querschnitt von $0{,}6$ $R_f \div 0{,}8$ R_f. Der Querschnitt des ersten Zuges sei $\frac{5}{4}$ R_f, der des letzten gleich R_f.

Die Gesamtlänge der Feuerzüge soll $25 \div 33$ m nicht übersteigen. In den Zügen sind alle scharfen Ecken möglichst auszurunden.

Die Reinigungstüren für die Züge erhalten eine Breite von $10 \div 15$ cm bei einer Höhe von $20 \div 30$ cm.

Nach dem Verlassen des letzten Zuges gelangen die Feuergase in den Fuchs. Er soll bis zum Schornstein eher Steigung als Gefälle haben.

D. Der Schornstein.

Bezeichnet

$f =$ lichten Querschnitt des Schornsteines in qm,
$h =$ Schornsteinhöhe in m,
$t =$ Temperaturdifferenz im Schornstein,
$\alpha =$ Ausdehnungskoeffizient der Luft; $\alpha = 0{,}00367 = \frac{1}{273}$,
$M_1 =$ die Menge warmer Luft in cbm, die pro Std. durch den Schornstein geht,
$M =$ Raum in cbm, den diese Luftmenge im kalten Zustande einnahm,
$v =$ Geschwindigkeit der Luft in m,

so ist:

$$v = \sqrt{2\,g\,h\,\alpha\,t},$$
$$M_1 = f \cdot v \cdot 60 \cdot 60 = f \cdot 3600 \sqrt{2\,g\,h\,\alpha\,t},$$
$$M_1 = M(1 + \alpha t),$$
$$f = \frac{k\,M}{\sqrt{h}}, \quad \ldots \ldots \ldots \ldots \quad 442$$

worin bedeutet

$$k = \frac{1 + \alpha t}{3600\,\sqrt{2\,g\,\alpha\,t}}.$$

Der in Gl. 442 bestimmte Querschnitt gilt für die obere Öffnung, unten gibt man ihm den $\frac{5}{4}$ fachen Durchmessser oder man macht auch:

$$d_1 = d + \frac{h}{60}, \text{ wenn}$$

Schneider, Formel- und Beispielsammlung.

$d_1 =$ unteren, $d =$ oberen Durchmesser und $h =$ Höhe des Schornsteins bezeichnet.

Der Faktor k, welcher auch die Widerstände mit einschließt, kann genommen werden:

$k = 0,0008$ für schwach wirkende Nebenhindernisse,
$k = 0,0012$ für mittlere Verhältnisse,
$k = 0,0016$ für starke Nebenhindernisse.

Man wählt die Höhe eines Schornsteines etwa gleich der 25 fachen Weite, doch betrachtet man 16 m als die kleinste Höhe.

Der Schornsteinquerschnitt ist entweder quadratisch, achteckig oder kreisförmig. Letzterer ist der beste, ersterer der schlechteste. Werden mehrere Feuerungen in einen Schornstein geleitet, so muß der Querschnitt desselben gleich der Summe der für die einzelnen Feuerungen berechneten Querschnitte sein.

Blechschornsteine sind nur provisorisch anzuwenden. Die Blechdicke ist oben 2 mm, unten etwa 5 mm.

Lokomobil-Schornsteine erhalten den 1 bis 1,5 fachen Zylinderdurchmesser als Weite und die 6 bis 7 fache Weite als Höhe.

E. Dampfraum und Heizfläche.

Die Höhe des Dampfraumes, d. h. den Abstand des niedrigsten Wasserspiegels vom Kesselscheitel macht man bei zylindrischen Kesseln etwa gleich dem 4. Teil des Kesseldurchmessers. Bei anderen Kesselsystemen dem entsprechend.

Unter der Heizfläche versteht man die Teile der Kesselwandung, die von den Feuergasen bestrichen werden und Wärme in das Kesselwasser einführen. Unter der direkten Heizfläche versteht man im Gegensatz zur indirekten diejenige, welche unmittelbar vom Feuer berührt wird.

Die Größe der Heizfläche F, die zur Erzeugung einer gewissen Menge Dampf erforderlich ist, ist je nach der Beschaffenheit der Kesselwände und nach der Art des Betriebes verschieden.

1 qm Heizfläche erzeugt $10 \div 30$ kg Dampf pro Stunde, folglich ist zur Verdampfung von 1 kg Wasser pro Stunde erforderlich:

$$F = 0,033 \div 0,1 \text{ qm Heizfläche} \quad \ldots \quad 443$$

Je größer man die Heizfläche wählt, desto mehr wird der Kessel geschont; das Verhältnis $\frac{Q}{F}$ bildet ein Maß für die Anstrengung des Kessels.

F. Blechstärke, Vernietung und dergl.
(Nach den Hamburger Normen 1898.)

Rechnungsvorgang: Es wird nach den folgenden Formeln die Blechstärke δ bestimmt, dann unter Annahme einer bestimmten

Blechstärke, Vernietung und dergl.

Längsnietung die Nietstärke d, die Teilung e und hierauf untersucht, ob die zulässige Belastung der Niete für 1 qcm Querschnitt derselben nicht überschritten wird (vergl. d u. s. f. unter Dampfkesselnietungen S. 156 u. f.).

a) Zylindrische Dampfkesselwandungen mit innerem Überdrucke.

Die Wandstärken δ (in cm) neuer Dampfkessel sind so zu bestimmen, daß (bei dem höchsten Betriebsüberdrucke) die Zugspannung des Bleches an der schwächsten Stelle nicht mehr als $^1/_{4,5}$ der Zugfestigkeit k_z beträgt.

Bei Anwendung doppelter gelaschter Nähte darf die Zugspannung bis zu $^1/_4$ der Zugfestigkeit des Bleches betragen.

Bezeichnet

D = inneren Durchmesser des Kessels in cm,
p = größten Betriebsüberdruck in kg/qcm,
k_z = Zugfestigkeit des Materials in kg/qcm,
x = 4,5 bezw. bis 4 den Sicherheitsgrad gegen Zerreißen,
φ = das Verhältnis der Festigkeit der Nietnaht zu der des vollen Bleches,

so kann gesetzt werden:

$$\delta = D \frac{p\,x}{2\,k_z\,\varphi} \text{ oder } p = k_z \frac{2\,\delta\,\varphi}{D\,x} \quad \ldots \quad 444$$

Die Blechstärke darf aber nie kleiner als 0,7 cm genommen werden.

Ergibt die Rechnung $\delta < 1$ cm, so ist ein Zuschlag von 0,1 bis 0,3 cm notwendig. Unter Umständen ist überhaupt δ etwas zu erhöhen.

Für Dampfkesselmäntel kann sein:

$\varphi = 0{,}56$ bei einreihiger Überlappungsnietung,
$\varphi = 0{,}70$ bei zweireihiger Überlappungsnietung,
$\varphi = 0{,}75$ bei dreireihiger Überlappungsnietung.

Die Festigkeit gut und mittelst Überlappung geschweißter Nähte kann zu 0,7 der Festigkeit des vollen Bleches in Rechnung gesetzt werden.

b) Dampfkessel-Flammrohre mit äußerem Überdrucke.

Bezeichnet

d = inneren Durchmesser des Flammrohres in cm,
l = Länge des Flammrohres oder die größte Entfernung der wirksamen Versteifungen von einander in cm,

so ist nach C. v. Bach die Blechdicke (in cm):

$$\delta = \frac{p\,d}{2000}\left(1+\sqrt{1+\frac{a}{p}\frac{l}{l+d}}\right)+c \quad \ldots \quad 445$$

Hierin bedeutet noch

a = 100 für Rohre mit überlappter Längsnaht
a = 80 „ „ „ gelaschter oder geschweißter Längsnaht } bei liegenden Flammrohren,

a = 70 für Rohre mit überlappter Längsnaht
a = 50 „ „ „ gelaschter oder geschweißter Längsnaht } bei stehenden Flammrohren,

c ein Zuschlag, der sich nach p richtet, wie folgt:

| Bei p = | 0÷5 | 6 | 7 | über 7 kg/qcm, |
| ist c = | 0,15 | 0,1 | 0,05 | 0 cm. |

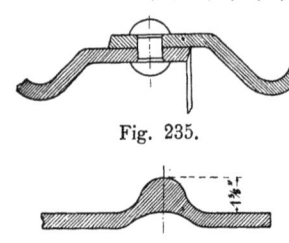

Fig. 235.

Fig. 236.

Wellrohre (Fig. 235) und gerippte Rohre (Fig. 236), letztere mit 9″ engl. Rippenentfernung erhalten eine Blechstärke:

$$\delta = \frac{p\,d}{1000}+c, \quad \ldots \quad 446$$

worin c = 0,1 bis 0,3 cm zu setzen ist.

Auch hier muß δ mindestens 0,7 cm betragen.

c) **Blechstärken ebener Wandungen.**

1. *Ebene Platten.*

Bezeichnet

δ = Blechstärke in cm,

p = größter Betriebsüberdruck in kg/qcm,

e = Abstand der Stehbolzen oder Anker voneinander in cm,

k_z = Zugfestigkeit des Materials in kg/qcm,

c = 1,323, wenn die Stehbolzen oder Anker in die Platten eingeschraubt oder vernietet sind;

c = 1,0314, wenn die Stehbolzen oder Anker in die Platten eingeschraubt und aussen mit einer Mutter versehen sind;

c = 0,9774, wenn die Stehbolzen oder Anker in die Platten eingeschraubt und innen und außen mit Muttern und Unterlagscheiben versehen sind, deren Durchmesser wenigstens dem 0,4 fachen der Entfernung e zwischen den Stehbolzen- oder Ankerreihen gleichkommt. Die Dicke der Unterlagscheiben muß dann mindestens das ²/₃ fache der Platten.

Blechstärke, Vernietung und dergl. 245

stärke δ betragen und ist noch zu erhöhen, wenn der Durchmesser der Scheiben mehr als das $1^1/_2$ fache des über die Ecken gemessenen Durchmessers der Muttern beträgt;

c = 0,8658, wenn die Stehbolzen oder Anker zu beiden Seiten der Platte mit Muttern und Unterlagscheiben versehen und die äußeren Unterlagscheiben mit der Platte vernietet sind, die Dicke der äußeren Unterlagscheiben mindestens das $^3/_4$ fache der Plattendicke δ beträgt und ihr Durchmesser wenigstens dem 0,6 fachen der Entfernung e zwischen den Stehbolzen oder Ankerreihen gleichkommt;

dann ist:

$$\delta = 0{,}15 + e\sqrt{\frac{p\,c}{k_z}} \quad \text{oder} \quad p = \frac{(\delta - 0{,}15)^2\, k_z}{e^2\, c} \quad \ldots \quad 447$$

2. Gekrempte flache Böden.

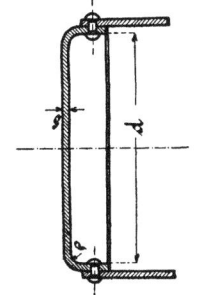

Fig. 237.

Die Bedeutung über δ, p und k_z siehe vorstehend unter 1. Ist außerdem

d = innerer Durchmesser des Bodens in cm (Fig. 237),

ϱ = innerer Wölbungshalbmesser der Krempung in cm, so ist nach C. v. Bach:

$$\delta = \sqrt{\frac{3}{8}\,\frac{p}{k_z}\left[d - \varrho\left(1 + \frac{2\varrho}{d}\right)\right]}$$

oder

$$p = \frac{8}{3}\, k_z \left[\frac{\delta}{d - \varrho\left(1 + \frac{2\varrho}{d}\right)}\right]^2 \quad \ldots \quad 448$$

d) Blechstärken gewölbter voller Böden ohne Verankerung.

Wirkt der Druck im Innern der Wölbung und bezeichnet

δ = Blechstärke in cm,

p = größter Betriebsüberdruck in kg/qcm,

R = Halbmesser des inneren Wölbungskreises in cm,

k_z = zulässige Beanspruchung des Bleches in kg/qcm, und zwar

k_z bis zu 450 kg/qcm für Schweißeisen,

„   „   „   600   „   „ Flußeisen,

„   „   „   250   „   „ Kupfer,

so ist:
$$\delta = \frac{pR}{2k_z} \text{ oder } p = \frac{2\delta k_z}{R} \quad \ldots \ldots \quad 449$$

Ebene Kesselböden werden event. entsprechend gestützt. Ausschnitte, z. B. für Mannlöcher, erhalten Verstärkungsringe.

G. Dampfkessel-Systeme.

Die zur Entwickelung einer bestimmten Dampfmenge pro Stunde erforderliche Heizfläche ist maßgebend für die Größe des Dampfkessels. Aus ihr erhält man je nach dem gewählten Kesselsystem ohne weiteres die Größe von Wasser- und Dampfraum. Bei der Berechnung von Länge und Durchmesser des Kessels müssen die örtlichen Verhältnisse mit in Rechnung gezogen werden.

a) **Einfacher Zylinderkessel (Walzenkessel).**

Die Einmauerung des Kessels ist entweder so, daß die Feuergase unter dem Kessel hin und dann in den Fuchs ziehen oder es sind 3 Feuerzüge vorhanden. Die Zugoberkante muß aber mindestens 10 cm unter dem niedrigsten Wasserstande liegen. Der erste Zug ist mit feuerfesten Steinen auszusetzen.

Das Verhältnis zwischen Dampfraum und Wasserraum ist ungefähr $\frac{2}{3}$.

Die Heizfläche übersteigt selten 15 qm.

Der Kesseldurchmesser liegt meist zwischen 0,8 und 1,5 m.

Das Verhältnis α der Länge L zum Durchmesser D ist im allgemeinen:

$$\left. \begin{array}{l} \alpha = \dfrac{L}{D} = 4 \div 6 \text{ bei kleinen Kesseln} \\ \alpha = \dfrac{L}{D} = 6 \div 12 \text{ bei großen Kesseln} \end{array} \right\} \quad \ldots \quad 450$$

Man kann annehmen, daß beim einfachen Zylinderkessel ungefähr die Hälfte des Kesselmantels von den Feuergasen bestrichen wird, man wählt:

$$m = \frac{\text{Geheizter Umfang}}{\text{Ganzer Umfang}} = 0{,}5 \div 0{,}6 \quad \ldots \ldots \quad 451$$

Demnach ist der Kesseldurchmesser, wenn F = Heizfläche (in qm) bedeutet:

$$D = \sqrt{\frac{F}{\pi \alpha m}} \text{ in m} \quad \ldots \ldots \quad 452$$

Da die Dampferzeugung bei diesem Kessel nur gering ist, findet derselbe nur noch selten Anwendung.

Dampfkessel-Systeme. 247

Beispiel. Ein einfacher Zylinderkessel soll pro Stunde 180 kg Dampf erzeugen. Das Speisewasser habe durchschnittlich 12° C. Die Dampfspannung betrage 5 Atm. Feuerungsmaterial sei mittlere Steinkohle.

Zur Erzeugung von Dampf von 5 Atm. Spannung aus Wasser von 12° sind an Wärmeeinheiten erforderlich (vergl. Gl. 435; nach Tabelle 7, S. 104 ist bei 5 Atm. Spannung $T = 150{,}99 \backsim 151$):
$$W = 180\,(606{,}5 + 0{,}305 \cdot 151 - 12) = \backsim 116\,000.$$

Also wird an Brennmaterial gebraucht (wenn nach der Tabelle S. 238 $B = 7000$ W.E. und ferner noch $\eta = 0{,}5$ gesetzt wird; vergl. Gl. 437:
$$Q = \frac{W}{\eta\,B} = \frac{116\,000}{0{,}5 \cdot 7000} = 33{,}2 \text{ kg.}$$

Bei mäßig geschontem Betriebe kann man rechnen (vergl. das Bemerkte S. 240 und die Tabelle S. 238), daß 1 qm Rostfläche 70 kg Kohle pro Stunde verbrennt, demnach gebraucht 1 kg Kohle $\frac{1}{70} = 0{,}014$ qm Rostfläche. Die erforderliche Rostfläche ist also:
$$33{,}2 \cdot 0{,}014 = 0{,}47 \text{ qm.}$$

Bei mäßiger Schonung erzeugt 1 qm Heizfläche etwa 16,6 kg Dampf (vergl. Tabelle S. 238), demnach ist erforderlich eine Heizfläche von:
$$\frac{180}{16{,}6} = \backsim 10{,}8 \text{ qm.}$$

Wählt man nach Gl. 450:
$$\alpha = \frac{L}{D} = 5$$
und nach Gl. 451:
$$m = 0{,}55,$$
dann ist nach Gl. 452:
$$D = \sqrt{\frac{F}{\pi\,m\,\alpha}} = \sqrt{\frac{10{,}8}{3{,}14 \cdot 0{,}55 \cdot 0{,}5}} = 1{,}12 \text{ m.}$$

Somit wird
$$L = \alpha \cdot D = 5 \cdot 1{,}12 = 5{,}6 \text{ m.}$$

b) **Siederkessel (mehrfacher Walzenkessel).**

Die Siederkessel (umstehende Fig. 238) haben vor den einfachen Zylinderkesseln den Vorteil einer größeren Heizfläche bei gleicher Grundrißfläche. Sie sind, wie die einfachen Zylinderkessel, leicht zu reinigen und haben einen großen Wasserraum. Dagegen kommen Undichtigkeiten öfter daran vor.

Die Feuerung ist meist unter dem oberen Hauptkessel.

Die Sieder dienen auch als Schlammfänger. Werden die Sieder unter sich durch mehrere Stutzen verbunden, so mache man die Länge der letzteren mindestens 0,5 m und setze sie auch nicht zu weit auseinander. Wird der Sieder nur durch einen Stutzen mit dem Hauptkessel verbunden, so setzt man denselben nahe an ein Ende und gibt dem Sieder nach der anderen Seite zu Fall. Die Neigung, welche die Sieder bekommen, ist mindestens 1 auf 60, während alle Kessel, damit das Wasser

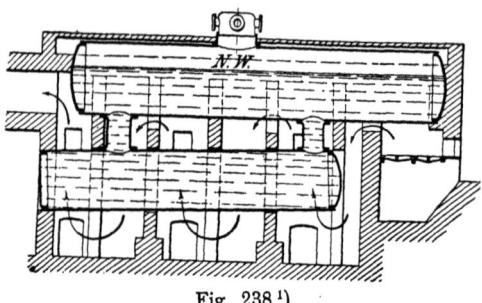

Fig. 238 [1]).

vollständig ablaufen kann, eine Neigung von mindestens 1 auf 100 ihrer Länge bekommen müssen.

Es bezeichne
L = Länge des Hauptkessels in m,
D = Durchmesser desselben in m,
L_1 = Länge der Sieder in m,
D_1 = ihren Durchmesser in m,
dann setze man:

$$\left. \begin{array}{l} \alpha = \dfrac{L}{D} = 3 \div 6 \\ \alpha_1 = \dfrac{L_1}{D} = 0{,}75\,\alpha \div \alpha \end{array} \right\} \quad \ldots \ldots \quad 453$$

Die Feuerzüge gehen meist in einem Zuge am Hauptkessel entlang und ebenso an den Siedern. Daher kann man setzen:

$$\left. \begin{array}{l} \dfrac{\text{Geheizter Umfang}}{\text{Ganzer Umfang}} = \mathfrak{m} = 0{,}5 \div 0{,}6 \text{ beim Hauptkessel,} \\ \dfrac{\text{Geheizter Umfang}}{\text{Ganzer Umfang}} = \mathfrak{m}_1 = 0{,}75 \div 1 \text{ beim Sieder} \end{array} \right\} \quad 454$$

$$D_1 = \beta D, \text{ worin } \beta = \dfrac{2}{3} \div \dfrac{3}{4} \quad \ldots \ldots \quad 455$$

Sind n Sieder oder Nebenkessel vorhanden, so ist die Heizfläche:

$$F = \mathfrak{m} D \pi L + n \mathfrak{m}_1 D_1 \pi L_1.$$

Setzt man hierin aus Gl. 453 bis 455 die Werte ein, so ergibt sich:

$$D = \sqrt{\dfrac{F}{\pi\,(\mathfrak{m}\,\alpha + \mathfrak{n}\,\mathfrak{m}_1\,\alpha_1\,\beta)}} \quad \ldots \ldots \quad 456$$

---

[1]) Fig. 238 und 239 vergl. Fr. Freytag, Hilfsbuch für den Maschinenbau, S. 761 u. 762, 2. Aufl., Verlag Julius Springer, Berlin.

Setzt man $\alpha = \alpha_1$, so wird die Länge des Sieders gleich der des Hauptkessels. Meist werden aber derartige Kessel als kombinierte Zylinderkessel mit Vorwärmer ausgeführt, dann wird der Hauptkessel geheizt. Der Vorwärmer ist kürzer als der Hauptkessel um den Rost unterbringen zu können, folglich wird $\alpha > \alpha_1$.

Die Verbindungsstutzen bekommen einen Durchmesser gleich $\frac{1}{2}$ bis $\frac{2}{3}$ des Siederdurchmessers. Besonders aber bei horizontaler Verbindung zweier Sieder macht man den Durchmesser der Verbindungsstutzen größer und zwar ebenso groß wie den des Sieders.

Alle Kesselteile, die befahrbar sein sollen, müssen mindestens 55 cm Weite, besser 80 cm Weite und mehr haben.

c) Flammrohr- (Cornwall-) Kessel und Zweiflammrohr (Lancashire-) Kessel.

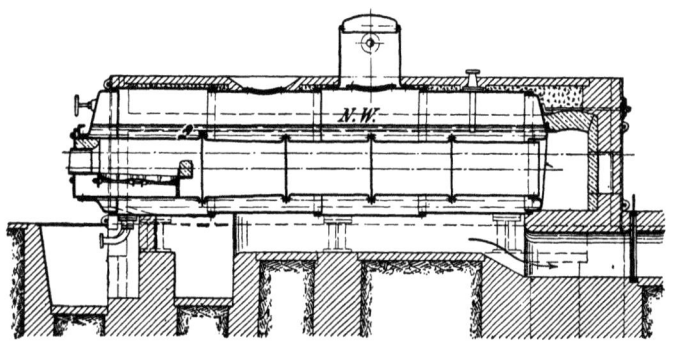

Fig. 239a.

Bei den Kesseln (Fig. 239a u. 239b) mit einem oder zwei Flammrohren liegt die Feuerung meist in den letzteren. Die Feuergase gehen zuerst durch die Flammrohre, dann geteilt zu beiden Seiten des Kessels nach vorn und schließlich im unteren Zug in den Fuchs. Die Kessel zeichnen sich dadurch aus, daß sie in den Flammrohren eine sehr wirksame Heizfläche haben, weniger Verluste durch Wärmestrahlung erzeugen als bei Unter- und Vorfeuerung, daß sie rasch und viel Dampf erzeugen und infolge einer verhältnismäßig großen Wasseroberfläche trocknen Dampf liefern. Der Wasser-

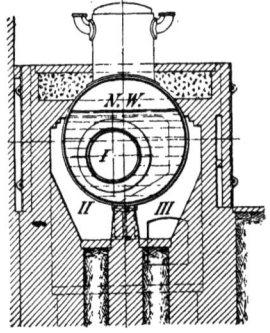

Fig. 239b.

raum ist zwar kleiner als bei den Zylinderkesseln, aber immerhin reichlich.

Auch hier werden die Abmessungen aus der erforderlichen Heizfläche berechnet. Außerdem sind folgende Bedingungen zu erfüllen:

1. Der Querschnitt des Flammrohres muß mindestens gleich der freien Rostfläche sein.
2. Zwischen Flammrohr und Kesselmantel muß ein Raum von mindestens 15 cm bleiben.
3. Bei Zweiflammrohren soll wenigstens auf die Länge eines Schusses der Abstand der beiden Flammrohre voneinander 28 cm, bei kleineren Kesseln 25 cm betragen.

    An den übrigen Stellen beträgt die Entfernung der Flammrohre 15 cm.

    (Aufgestellt vom Magdeburger Dampfkessel-Überwachungsverein.)
4. Der niedrigste Wasserstand muß wenigstens 10 cm über Oberkante Zug und Oberkante Flammrohr bleiben.
5. Die Kesselböden sind gehörig zu verankern.

Berechnung.

1. *Einflammrohrkessel.*

Ist $d =$ Durchmesser des Flammrohres in m,
$R_f =$ freie Rostfläche in qm,
so muß sein:
$$d = 1{,}25 \sqrt{R_f} \quad \ldots \ldots \ldots \ldots 457$$

Der größte Durchmesser bei glatten Flammrohren sei . . . . $d = 90$ cm,
der größte Durchmesser bei Wellblech-Flammrohren sei . . . . $d = 130 \div 140$ cm,
der kleinste Durchmesser bei glatten Flammrohren sei . . . . $d = 60$ cm,
der kleinste Durchmesser bei Wellblech-Flammrohren sei . . . . $d = 75 \div 80$ cm.

Man legt jetzt die Flammrohre meist seitwärts in den Kessel, wodurch die Reinigung desselben wesentlich erleichtert wird (vergl. Fig. 239b und Fig. 240). Der größte Manteldurchmesser des Kessels sei 2,4 m.

Den Durchmesser des Kesselmantels kann man im allgemeinen nehmen:
$$D = 2\,d \quad \ldots \ldots \ldots \ldots 458$$

Die Breite der beiden Auflagerstellen bei G beträgt im Mittel $8 \div 10$ cm.

Ferner ist, wenn $\delta_{11} =$ Blechstärke der Flammrohre bezeichnet (alle Maße in m einsetzen):

$$\cos(180 - \varphi) = \frac{a + 2\delta_{11} + b - c}{d} \quad \ldots \ldots \quad 459$$

Hierbei ist aber vorausgesetzt, daß nach Gl. 458 der Durchmesser des Flammrohres $d = \dfrac{D}{2}$ ist.

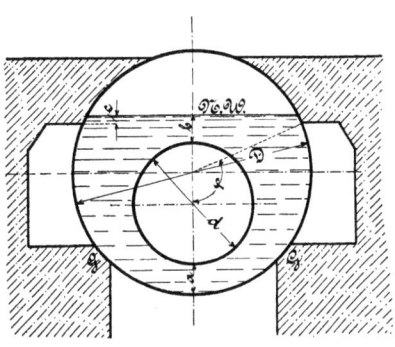

Fig. 240.

Ist die Heizfläche des Kessels bekannt, so folgt für die Länge des Kessels, wenn $G = 0{,}08$ m (alle Maße in m einsetzen):

$$L = \frac{F}{d\pi + \dfrac{D\pi 2\varphi}{360} - 2G} \quad \ldots \ldots \quad 460$$

Setzt man $d = \dfrac{D}{2}$ und den geheizten Umfang des Hauptkessels $\dfrac{2}{3} D\pi$, so ergibt sich:

$$L = \frac{F}{3{,}66\,D} = \frac{3\,F}{11\,D}, \text{ wenn } d = \frac{D}{2} \quad \ldots \ldots \quad 461$$

2. Zweiflammrohrkessel.

(Vergl. umstehende Fig. 241.)

Es ist, wenn wieder $R_f =$ freie Rostfläche (in qm) bezeichnet:

$$d = 0{,}9\sqrt{R_f} \text{ in m} \quad \ldots \ldots \quad 462$$

Man nehme:
$$a > 15 \text{ cm},$$
$$e > 20 \text{ cm},$$
$$b \geq 17{,}5 \text{ cm}.$$

Damit die Mitten der Flammrohre nicht viel unter Kesselmitte zu liegen kommen, sei:
$$D = 2d + 2a + 4\delta_{11} + e + 0{,}02 \text{ m}, \quad \ldots \quad 463$$
worin δ_{11} = Wandstärke (in m) der Flammrohre bedeutet.

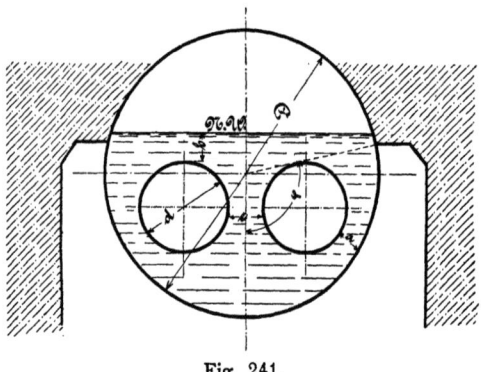

Fig. 241.

Der größte Manteldurchmesser sei ungefähr 2,4 m, der kleinste etwa 1,8 m. Der Durchmesser der Flammrohre sei wie oben angegeben. Eine Verkleinerung der Flammrohre auf d — 10 cm am hinteren Ende ist zu empfehlen.

Den geheizten Umfang, desgl. den $\sphericalangle \varphi$ muß man aus der Zeichnung ermitteln.

Bezeichnet wieder F = Heizfläche in qm,
  L = Länge des Kessels in m,
so ist (in m):

$$L = \frac{F}{2d\pi + \frac{D\pi}{360} \cdot 2\varphi},$$

oder angenähert

$$L = \frac{F}{2d\pi + \frac{2}{3}D\pi} \qquad \ldots \ldots 464$$

Liegt der Kessel auf Mauerwerk auf, so sind in ersterer Formel (Gl. 464) im Nenner noch $2G = 2 \cdot 0{,}08$ in Abzug zu bringen.

Beispiel. Es ist ein Einflammrohrkessel zu berechnen.

Derselbe soll 600 kg Dampf von 5 Atm. Überdruck erzeugen. Angenommen sei gute Steinkohle und mäßige Anstrengung des Kessels.

Berechnung. 253

Nach Tabelle S. 238 erzeugt 1 kg Kohle 7 kg Dampf, folglich sind für 600 kg Dampf $\frac{600}{7} = \infty\, 85{,}5$ kg Kohle erforderlich. Ferner verbrennen auf 1 qm Rostfläche (vergl. das Bemerkte S. 240 und die Tabelle S. 238) 90 kg Kohle, demnach ist eine Rostfläche nötig $R_t = \frac{85{,}5}{90} = 0{,}950$ qm. Die freie Rostfläche ist bei einer Roststabdicke von 15 mm und einer Spaltenbreite von 6 mm $\frac{2}{7} R_t$ (vergl. S. 239), also $R_f = \frac{2}{7} \cdot 0{,}950 = 0{,}271$ qm.

Dann ist nach Gl. 457 der Flammrohrdurchmesser:
$$d = 1{,}25\, \sqrt{0{,}271} = 0{,}650 \text{ m,}$$
und
$$D = 2 \cdot 0{,}650 = 1{,}3 \text{ m.}$$

1 qm Heizfläche erzeugt nach Tabelle S. 238 pro Stunde $15 \div 20 \div 30$ kg Dampf, also bei mäßiger Anstrengung etwa 23,3 kg Dampf. Demnach sind $\frac{600}{23{,}3} = \infty\, 25{,}6$ qm Heizfläche erforderlich.

Ist nun die Länge eines Flammrohres 107 cm und nach den Angaben auf S. 244 $a = 100$, und bei $p = 5$ Atm. $c = 0{,}15$, so wird die Blechstärke nach Gl. 445:

$$\delta_{11} = \frac{5 \cdot 65}{2000}\left(1 + \sqrt{1 + \frac{100}{5}\, \frac{107}{107 + 65}}\right) + 0{,}15 = 0{,}908 \text{ cm} \infty\, 1 \text{ cm.}$$

Nach Gl. 459 ist:
$$\cos(180 - \varphi) = \frac{a + 2\,\delta_{11} + b - c}{d},$$
hierin ist (vergl. Fig. 240):
$$a \geqq 0{,}16 \text{ m;}\ b \geqq 0{,}15 \text{ m;}\ c \geqq 0{,}1 \text{ m.}$$

Folglich:
$$\cos(180 - \varphi) = \frac{0{,}16 + 2 \cdot 0{,}01 + 0{,}15 - 0{,}1}{0{,}65} = 0{,}354$$
$$(180 - \varphi) = 69^\circ\, 15',$$
$$\measuredangle\, \varphi = 180^\circ - 69^\circ\, 15' = 110^\circ\, 45'.$$

Nach Gl. 460 ist nun:
$$L = \frac{25{,}6}{0{,}65 \cdot 3{,}14 + \frac{1{,}3 \cdot 3{,}14 \cdot 2 \cdot 110{,}75}{360} - 2 \cdot 0{,}08} = \frac{25{,}6}{4{,}4} = \infty\, 5{,}8 \text{ m.}$$

Diese Länge ist angängig; würde L zu groß, so müßte entweder der Kessel mehr beansprucht werden oder er müßte 2 Flammrohre erhalten.

Beispiel. Berechnung eines Zweiflammrohrkessels. Derselbe soll 900 kg Dampf pro Stunde von 6 Atm. Spannung erzeugen.

Anzahl der Wärmemenge nach Gl. 435. [Nach Tabelle 7, S. 104 ist $T = 157{,}94 \backsim 158$; bei $t = 15^0$ wird]:
$$W = 900\,(606{,}5 + 0{,}305 \cdot 158 - 15) = \backsim 575\,000.$$

Nach Gl. 437 [B = 7000 nach Tabelle S. 238]:
$$Q = \frac{W}{\eta\,B} = \frac{575000}{0{,}6 \cdot 7000} = 137 \text{ kg}.$$

1 kg Kohle gebraucht 0,025 qm Rostfläche (Tabelle S. 238), folglich gebrauchen 137 kg Kohle $137 \cdot 0{,}025 = 3{,}43$ qm Rostfläche.

Also
$$R_t = 3{,}43 \text{ qm}.$$
$$\frac{R_t}{R_f} = \frac{21}{6} = \frac{7}{2} \text{ (vergl. S. 239),}$$
$$R_f = \frac{2}{7}\,R_t = \frac{2}{7} \cdot 3{,}43 = 0{,}98 \text{ qm}.$$

Nun ist nach Gl. 462:
$$d = 0{,}9\,\sqrt{0{,}98} = \backsim 0{,}9 \text{ m}.$$

Dieser Durchmesser ist für einen Zweiflammrohrkessel zu groß, daher muß man entweder den Kessel stärker anstrengen oder 2 Kessel nehmen.

Setzt man nun $d = 0{,}6$ m, so ist jetzt R_f zu suchen und bei dem Kessel auszuführen.

$$d = 0{,}9\,\sqrt{R_f}, \text{ also}$$
$$0{,}6 = 0{,}9\,\sqrt{R_f}$$
$$0{,}6^2 = 0{,}9^2 \cdot R_f$$
$$R_f = 0{,}444 \text{ qm}.$$
$$R_t = \frac{7}{2} \cdot 0{,}444 = 1{,}555 \text{ qm}.$$

Die Heizfläche wird (20 ist angenommen):
$$F = 20 \cdot 1{,}555 = 31{,}1 \text{ qm}.$$

Die Blechstärke δ_{11} der Flammrohre ergibt sich nach Gl. 445:
$$\delta_{11} = \backsim 0{,}9 \text{ cm}.$$

Der Kesseldurchmesser folgt aus Gl. 463 mit den dort angegebenen Werten:
$$D = 2\,d + 2\,a + 4\,\delta_{11} + e + 0{,}02 \text{ m}$$
$$D = 2 \cdot 0{,}6 + 2 \cdot 0{,}15 + 4 \cdot 0{,}009 + 0{,}25 + 0{,}02 = 1{,}806 \backsim 2 \text{ m}.$$

Nach Gl. 464 wird noch die Kessellänge:
$$L = \frac{31{,}1}{2 \cdot 0{,}6 \cdot 3{,}14 + \dfrac{2}{3} \cdot 2 \cdot 3{,}14} = \backsim 3{,}9 \text{ m}.$$

Über andere Kesselsysteme muß in Rücksicht auf den Umfang des Werkes auf Spezialwerke verwiesen werden.

Berechnung. 255

d) Rohrleitungen für Kessel und Maschinenanlagen.

Die Dampfleitungsröhren erhalten pro qm Heizfläche einen Querschnitt $= \dfrac{8{,}75}{p + 0{,}75}$ qcm, wobei $p =$ Atmosphärendruck im Kessel ist.

Die Geschwindigkeit für gesättigten Dampf ist $20 \div 30$ m, für überhitzten $30 \div 40$ m. Über Absperr- und Rohrbruchventile, sowie über die Baustoffe siehe des Verfassers „Maschinenelemente", II. Band, S. 219 u. f. Je nach der Länge der Rohrleitung nimmt die Dampfspannung in derselben ab. Bezeichnet $p_1 =$ die in der Maschine erforderliche Dampfspannung, so muß die Kesselspannung sein:

$$p = 1{,}01\,p_1 \div 1{,}25\,p_1 \quad \ldots \ldots \quad 465$$

e) Speisevorrichtungen.

Handpumpen sind nur für kleine Kessel (wenn die Heizfläche in qm mal Überdruck in Atm. kleiner als 120 ist) als zweite Speisevorrichtung zu empfehlen, und so groß zu wählen, daß sie bei 40 bis 25 Hüben (abnehmend mit der Größe der Pumpe und der Höhe der Dampfspannung) in der Minute mindestens das $1^1/_2$ fache des erforderlichen Speisewassers liefern. Maschinen-, Dampfpumpen und Injekteure müssen das 2 fache des für den Kessel nötigen Speisewassers oder $30\,F$ bis $40\,F$ Liter in der Stunde ($F =$ Heizfläche in qm) geben können.

Bezeichnet bei einer Pumpe

$d =$ Durchmesser in m,
$s =$ Hub in m,
$n =$ Umdrehungszahl pro Minute,

so liefert dieselbe in 1 Stunde:

$$Q = 60 \cdot 1000\,i\,\varphi\,s\,n\,\dfrac{d^2\,\pi}{4} \text{ Liter}, \quad \ldots \ldots \quad 466$$

wobei ist:

$\varphi = 0{,}75 \div 0{,}85$ als Lieferungsgrad,
$i = 1$ für einfach wirkende Pumpen,
$i = 2$ für doppelt wirkende Pumpen.

Neunter Abschnitt.

Dampfmaschinen[1]).

A. Dampfzylinder und Schieber[2]).

Die Wandstärke δ (in cm) des Zylinders sei nach v. Bach:

$$\left. \begin{array}{l} \delta = \dfrac{D}{50} + 1{,}3 \text{ cm, wenn stehend gegossen,} \\ \delta = \dfrac{D}{40} + 1{,}5 \text{ cm, wenn liegend gegossen,} \end{array} \right\} \quad \ldots \; 467$$

worin D = lichter Zylinderdurchmesser in cm bedeutet.

Die Stärke der Zylinderflanschen sei:

$$\delta_1 = 1{,}4\,\delta \div 1{,}5\,\delta \; \ldots \ldots \ldots \; 468$$

Die Anzahl i der Zylinderdeckelschrauben sei (D in cm):

$$i = \dfrac{D}{8} + 4 \; \ldots \ldots \ldots \; 469$$

Die Entfernung der Schrauben voneinander sei nicht größer als 15 cm. i soll möglichst eine gerade Zahl sein.

Die Stärke d_1 der Deckelschrauben kann überschlagsweise betragen:

$$d_1 = \dfrac{D}{40} + 1{,}5 \text{ cm} \; \ldots \ldots \; 470$$

Die Stärke $\triangle$ der Zylinderdeckel kann annähernd betragen:

$$\triangle = 0{,}035\,D + 1{,}3 \text{ cm} \; \ldots \ldots \; 471$$

Die Bohrung D des Zylinders erweitert sich an den Stirnseiten desselben auf $D + 0{,}6$ bis 1,5 cm.

---

[1]) Vergl. Jos. Keßler „Die Dampfmaschinen" 2. Aufl., Verlag J. M. Gebhardt, Leipzig.
[2]) Vergl. des Verfassers „Maschinenelemente" II. Band S. 220 u. f.

Dampfzylinder und Schieber. 257

Der Deckel greift in der Regel in den Zylinder ein, um
$$0,1\,D + 0,5\text{ cm} \quad \ldots \ldots \ldots \quad 472$$

Bei Endstellung des Kolbens soll zwischen Deckel und Kolben ein Spielraum von 0,4 bis 0,8 cm, je nach der Zylindergröße, bleiben.

Äußerer Durchmesser D_0 des Deckels und der Zylinderflanschen:
$$D_0 = 1,2\,D + 12\text{ cm} \quad \ldots \ldots \quad 473$$

Bei Zylindern mit Dampfmantel entsprechend größer.

Die Schieberkastenwandungen können eine Stärke erhalten:
$$\delta_2 = 0,7\,\delta \text{ bis } 0,8\,\delta \quad \ldots \ldots \quad 474$$

Die Flanschen des Schieberkastens, sowie die des zugehörigen Deckels, erhalten mindestens eine Stärke:
$$\delta_3 = 1,5\,\delta_2 \quad \ldots \ldots \ldots \quad 475$$

Die Entfernung der Schieberkastendeckel-Schrauben voneinander betrage nie mehr als 15 cm und sollen die Schrauben nicht auf die Ecken gesetzt werden. Ihre Stärke d' kann überschlagsweise betragen:
$$d' = 0,035\,D + 0,6\text{ cm} \quad \ldots \ldots \quad 476$$

Über die Stärke der Schieberkastendeckel vergleiche des Verfassers „Maschinenelemente", II. Band, S. 224 u. f.

Bezeichnet
  f_e = Dampfkanal-Querschnitt (oder den Rohrquerschnitt),
  F = Kolbenfläche,
  c_{max} = maximale Kolbengeschwindigkeit,
  w_e = Dampfgeschwindigkeit im Rohre = 30 bis 40 m,
so wird:
$$f_e = \frac{F \cdot c_{max}}{w_e} \quad \ldots \ldots \ldots \quad 477$$

Es ist die mittlere Kolbengeschwindigkeit pro Sekunde:
$$c = \frac{2\,l\,n}{60}, \quad \ldots \ldots \ldots \quad 478$$

wenn l = Kolbenhub und n = Tourenzahl pro Minute bezeichnet.
$$c_{max} = \frac{l\,\pi\,n}{60} \quad \ldots \ldots \ldots \quad 479$$

Folglich:
$$\frac{c_{max}}{c} = \frac{\pi}{2} \quad \ldots \ldots \ldots \quad 480$$

Bezeichnet (Fig. 242):

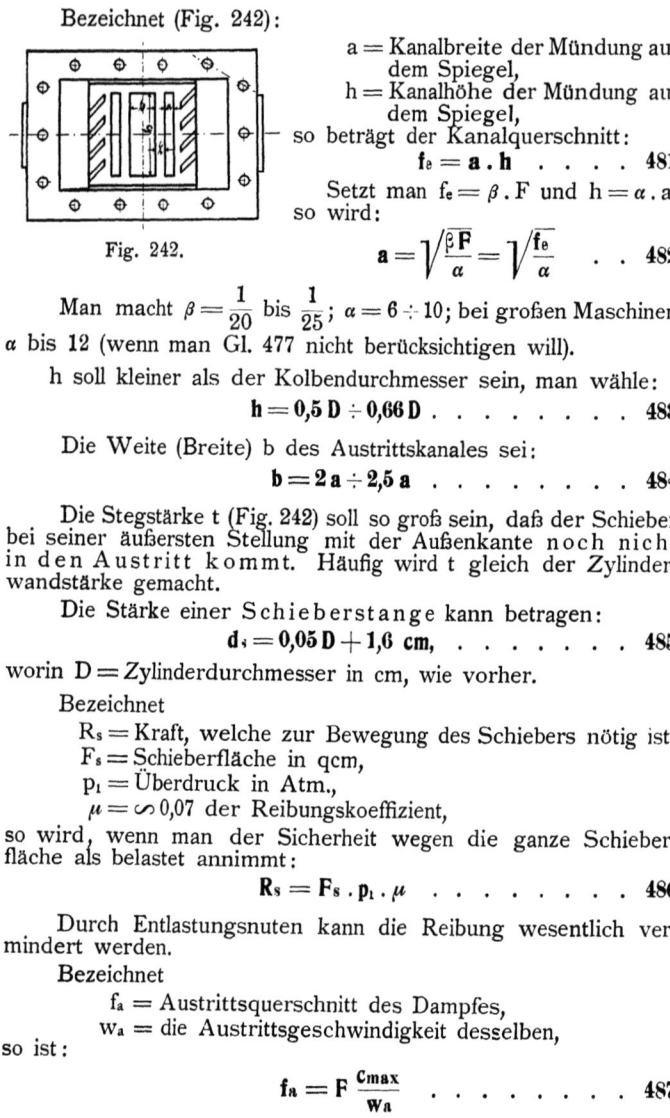

Fig. 242.

a = Kanalbreite der Mündung auf dem Spiegel,
h = Kanalhöhe der Mündung auf dem Spiegel,

so beträgt der Kanalquerschnitt:

$$f_e = a \cdot h \quad \ldots \quad 481$$

Setzt man $f_e = \beta \cdot F$ und $h = \alpha \cdot a$, so wird:

$$a = \sqrt{\frac{\beta F}{\alpha}} = \sqrt{\frac{f_e}{\alpha}} \quad \ldots \quad 482$$

Man macht $\beta = \frac{1}{20}$ bis $\frac{1}{25}$; $\alpha = 6 \div 10$; bei großen Maschinen α bis 12 (wenn man Gl. 477 nicht berücksichtigen will).

h soll kleiner als der Kolbendurchmesser sein, man wähle:

$$h = 0{,}5\,D \div 0{,}66\,D \quad \ldots \ldots \quad 483$$

Die Weite (Breite) b des Austrittskanales sei:

$$b = 2\,a \div 2{,}5\,a \quad \ldots \ldots \quad 484$$

Die Stegstärke t (Fig. 242) soll so groß sein, daß der Schieber bei seiner äußersten Stellung mit der Außenkante noch nicht in den Austritt kommt. Häufig wird t gleich der Zylinderwandstärke gemacht.

Die Stärke einer Schieberstange kann betragen:

$$d_s = 0{,}05\,D + 1{,}6 \text{ cm,} \quad \ldots \ldots \quad 485$$

worin D = Zylinderdurchmesser in cm, wie vorher.

Bezeichnet

R_s = Kraft, welche zur Bewegung des Schiebers nötig ist,
F_s = Schieberfläche in qcm,
p_l = Überdruck in Atm.,
$\mu = \infty\, 0{,}07$ der Reibungskoeffizient,

so wird, wenn man der Sicherheit wegen die ganze Schieberfläche als belastet annimmt:

$$R_s = F_s \cdot p_l \cdot \mu \quad \ldots \ldots \quad 486$$

Durch Entlastungsnuten kann die Reibung wesentlich vermindert werden.

Bezeichnet

f_a = Austrittsquerschnitt des Dampfes,
w_a = die Austrittsgeschwindigkeit desselben,

so ist:

$$f_a = F\,\frac{c_{max}}{w_a} \quad \ldots \ldots \quad 487$$

Hierbei ist $w_a = 20 \div 30$ m pro Sekunde.

Dampfzylinder und Schieber.

Der Durchmesser eines Abzugsrohres wird meist größer als 0,25 D, der Durchmesser eines Zuleitungsrohres meist etwas kleiner als 0,25 D gemacht.

Die Höhe der Zylinderachse oder die Mitte der Kurbelwelle über dem Boden sei:

$$H = 0{,}55\,l + 15 \text{ cm}, \quad \ldots \ldots \quad 488$$

worin $l =$ Kolbenhub bezeichnet.

Die Stärke d'' der Fundamentschrauben für den Zylinder kann, wenn 4 Schrauben angeordnet sind, betragen:

$$d'' = 0{,}05\,D + 1{,}5 \text{ cm} \quad \ldots \ldots \quad 489$$

Ihre Länge L, zwischen Kopf und Mutter, sei

$$L = 1{,}5\,l + 80 \text{ cm} \quad \ldots \ldots \quad 490$$

Hieraus folgt zugleich die Tiefe des Fundamentes.

Bezeichnet $L' =$ Länge, $B =$ Breite des rechteckigen, kastenförmigen Zylinderfußes, so wird:

$$\left. \begin{array}{l} L' = 0{,}6\,l\ + 20 \text{ cm}, \\ B = 1{,}1\,D + 24 \text{ cm} \end{array} \right\} \quad \ldots \ldots \quad 491$$

L' kann entsprechend kleiner werden, wenn der Fuß nur 2 Schrauben erhält.

Die Wandstärke w_f des kastenförmigen Zylinderfußes betrage:

$$w_f = 0{,}04\,D + 0{,}8 \text{ cm} \quad \ldots \ldots \quad 492$$

D und l bedeuten hierbei immer Durchmesser (Zylinderbohrung) und Hub des Kolbens.

Kolbenringe und Kolbendeckel[1]).

Die Höhe eines selbstspannenden gußeisernen Kolbenringes sei:

$$h_r = 0{,}06\,D + 1{,}5 \text{ cm} \quad \ldots \ldots \quad 493$$

Stärke desselben:

$$\delta_r = 0{,}36\,h_r \quad \ldots \ldots \quad 494$$

Die Stärke der Kolbendeckel kann betragen:

$$k_0 = 0{,}026\,D + 0{,}8 \text{ cm} \quad \ldots \ldots \quad 495$$

---

[1]) Vergl. des Verfassers „Maschinenelemente", II. Band S. 209 u. f.

B. Leistung der einzylindrigen Expansionsmaschine.

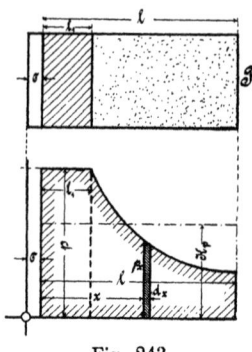

Fig. 243.

Bezeichnet
F = Kolbenfläche in qcm,
D = Kolbendurchmesser in cm,
l = Kolbenhub in m,
l_1 = Kolbenhub bis zur Dampfabsperrung, d. h. die Länge der Volldruckperiode,
p = Spannung des in den Zylinder tretenden Dampfes in Atm. oder in kg pro qcm,
σ = schädlicher Raum, d. i. der Raum, welcher zwischen Kolbenendstellung und dem Abschlußorgan der Steuerung verbleibt,

so ist die **Gesamtarbeit pro Hub**:

$$A = F\,l\,p\left[\varepsilon + f \cdot \log_n \frac{1+\frac{\sigma}{l}}{f}\right], \quad \ldots \ldots \quad 496$$

wobei zu setzen ist:

$$\varepsilon = \frac{l_1}{l} = \text{Füllungsgrad} \quad \ldots \ldots \quad 497$$

$$f = \frac{l_1 + \sigma}{l} = \varepsilon + \frac{\sigma}{l} \quad \ldots \ldots \quad 498$$

Wird der Klammerfaktor in Gl. 496 gleich K gesetzt, also

$$K = \varepsilon + f \cdot \log_n \frac{1+\frac{\sigma}{l}}{f}, \quad \ldots \ldots \quad 499$$

so ist auch:

$$A = F \cdot l \cdot p \cdot K \quad \ldots \ldots \quad 500$$

Hierbei kann K (Spannungskoeffizient) wie folgt genommen werden:

Mit $\dfrac{\sigma}{l} = \dfrac{1}{20}$ ist

für $\varepsilon =$	0,05	0,10	0,15	0,20	0,25	0,30	$\tfrac{1}{3}$
K =	0,280	0,392	0,482	0,559	0,626	0,685	0,722
für $\varepsilon =$	0,35	0,40	0,45	0,50	0,55	0,60	0,65
K =	0,736	0,781	0,821	0,856	0,885	0,912	0,935
für $\varepsilon =$	0,70	0,75	0,80	0,85	0,90	0,95	
K =	0,952	0,967	0,980	0,988	0,994	1,000	

$\frac{\sigma}{1} = \frac{1}{20} = 0{,}05$ gilt für Maschinen mit gewöhnlicher Schiebersteuerung,

$\frac{\sigma}{1} = 0{,}03$ gilt bei Ventilsteuerung,

$\frac{\sigma}{1} = 0{,}02$ gilt bei Corlißsteuerung.

C. Die Arbeit der Widerstände. Verluste.

An einer Dampfmaschine sind folgende Widerstände vorhanden:

p_0 = Widerstand des abziehenden Dampfes auf der Kolbenfläche,
p_n = Nutzwiderstand oder die effektive Leistung,
q = Widerstand der leer gehenden Maschine,
$\varphi \cdot p_n$ = Reibung, welche durch die Belastung der Maschine entsteht.

Diese Widerstände (in kg pro qcm der Kolbenfläche) wirken längs des ganzen Kolbenhubes gleichförmig.

Der mittlere Nutzdruck wird aber noch durch folgende Verluste vermindert (von der Konstruktion der Steuerung abhängig):
1. Spannungsverlust durch Drosselung des Eintrittsdampfes und Abkühlung in der Expansionsperiode,
2. durch vorzeitige Öffnung des Austritts,
3. durch vorzeitiges Schließen des Austritts (Kompression),
4. durch vorzeitiges Öffnen des Eintritts (Gegendampf).

Will man die Nutzleistung berechnen, so hat man die Summe r aller Spannungsverluste (auf den Hub l gleichmäßig verteilt) von der aktiven Spannung abzuziehen. Es muß demnach die mittlere Nutzspannung p_n sein:

$$p_n = \frac{K \cdot p - (p_0 + q + r)}{1 + \varphi} \quad \ldots \ldots \quad 501$$

Somit folgt für die **Nutzleistung in Pferdestärken**:

$$N_n = \frac{F \cdot p_n \cdot l \cdot 2n}{60 \cdot 75} = \frac{F \cdot p_n \cdot c}{75} \quad \ldots \ldots \quad 502$$

Hierin ist F in qcm, p_n in Atm. und l in Metern zu setzen. $\frac{2\,l\,n}{60}$ heißt die mittlere Kolbengeschwindigkeit, d. i. der Kolbenweg pro Sekunde.

$$c = \frac{2 \cdot l\,n}{60} \quad \ldots \ldots \ldots \quad 503$$

Für den **Widerstand des abziehenden Dampfes** kann gesetzt werden:

$p_0 = 1{,}1$ bis (ausnahmsweise) **1,3 Atm.** bei Auspuffmaschinen, } 504
$p_0 = 0{,}2 \div 0{,}25$ **Atm.** bei Kondensationsmaschinen

Der Leergangswiderstand q ist:

$q = 0{,}1 \div 0{,}25$ **Atm.**[1]) bei Auspuffmaschinen, $\left.\begin{array}{l}\\ \\\end{array}\right\}$ 505
q = 0,15 ÷ 0,35 Atm. bei Kondensationsmaschinen,

wobei für große, nicht besonders schwer gebaute Maschinen die kleinere Zahl, für kleinere, stark gebaute Maschinen die größere Zahl gilt.

Dasselbe gilt für die Reibung, es ist hierfür:

$$\varphi = 0{,}1 \div 0{,}2 \quad \ldots \ldots \ldots \ldots \quad 506$$

In der Summe der Spannungsverluste r hat den größten Anteil gewöhnlich die Kompression. Dieser Anteil sei mit r_c bezeichnet. Ist p′ die Höhe, bis zu welcher komprimiert werden soll, so ergibt sich, wenn das Mariottesche Gesetz zugrunde gelegt wird:

$$r_c = \frac{\sigma}{l}\, p_0 \left[\frac{p'}{p_0} \log_n \frac{p'}{p_0} - \left(\frac{p'}{p_0} - 1 \right) \right] \quad \ldots \quad 507$$

Bezeichnet noch m die horizontale Länge der Kompression, so sind für $\dfrac{\sigma}{l} = \dfrac{1}{20} = 0{,}05$ hiernach für verschiedene Verhältnisse $\dfrac{p'}{p_0}$ die Werte r_c berechnet.

$\dfrac{p'}{p_0} =$ 1,5	2	2,5	3	3,5	4	4,5
$\dfrac{r_c}{p_0} =$ 0,0054	0,019	0,040	0,065	0,094	0,127	0,166
$\dfrac{m}{l} =$ 0,025	0,05	0,075	0,1	0,125	0,15	0,175

$\dfrac{p'}{p_0} =$ 5	5,5	6	6,5	7	7,5	8
$\dfrac{r_c}{p_0} =$ 0,20	0,24	0,288	0,333	0,381	0,43	0,482
$\dfrac{m}{l} =$ 0,2	0,225	0,25	0,275	0,3	0,325	0,35

Den Drosselungs- und Abkühlungsverlust r_d kann man schätzen zu:

$r_d = 0{,}025\, p$ bei Maschinen mit Mantelheizung, $\left.\begin{array}{l}\\ \\ \\\end{array}\right\}$ 508
$r_d = 0{,}04\, p$ bei Auspuffmaschinen ohne Dampfmantel,
$r_d = 0{,}05\, p$ bei Kondensationsmaschinen ohne Dampfmantel

---

[1]) Bei kleinen, stark gebauten Maschinen kann q bis 0,35 Atm. betragen.

Ist so $r = r_c + r_d$ ermittelt, so ist in Rücksicht auf den Verlust durch den Voraustritt das Resultat noch etwas nach oben abzurunden.

Bei Verbundmaschinen kann r_d auf $0{,}03\,p \div 0{,}05\,p$ steigen.

Beispiel. Eine Dampfmaschine hat $D = 25$ cm Kolbendurchmesser und $l = 40$ cm Hub. Die anfängliche Dampfspannung beträgt $p = 7$ Atm., der Füllungsgrad ist $\varepsilon = 0{,}3$, der schädliche Raum beträgt $\frac{1}{20}$ des Zylinderinhaltes; die kräftig gebaute Maschine arbeitet ohne Kondensation. Wieviel Pferde leistet sie bei $n = 90$ Umdrehungen pro Minute?

Nach Gl. 501 ist:
$$p_n = \frac{K \cdot p - (p_0 + q + r)}{1 + \varphi},$$
worin nach Tabelle S. 260 $K = 0{,}685$ ist. Ferner sei noch $p_0 = 1{,}2$ Atm., $q = 0{,}22$ Atm. und $\varphi = 0{,}15$ gesetzt.

Zur Bestimmung der Verluste r sei noch angenommen, daß die Kompressionsspannung $p' = 4{,}5$ Atm. beträgt. Alsdann wird die auf den ganzen Hub verteilte (mittlere) Kompressionsspannung $\left[\text{da } \frac{p'}{p_0} = \frac{4{,}5}{1{,}2} = 3{,}74 \text{ und somit (vergl. Tabelle S. 262) } \frac{r_c}{p_0} \text{ zwischen}\right.$ den Zahlen $0{,}094$ und $0{,}127$ liegt, also etwa $\frac{r_c}{p_0} = 0{,}110$ beträgt $\Big]$:

$$r_c = 0{,}110 \cdot p_0 = 0{,}110 \cdot 1{,}2 = 0{,}132 \text{ Atm.}$$

Hat der Zylinder nun einen Dampfmantel, so ist nach Gl 508:
$$r_d = 0{,}025\,p = 0{,}025 \cdot 7 = 0{,}175 \text{ Atm.},$$
somit
$$r = r_c + r_d = 0{,}132 + 0{,}175 = 0{,}307 \text{ Atm.}$$

Folglich:
$$p_n = \frac{0{,}685 \cdot 7 - (1{,}2 + 0{,}22 + 0{,}307)}{1 + 0{,}15} = 2{,}67 \text{ Atm.}$$

Mithin nach Gl. 502:
$$N_n = \frac{F \cdot p_n \cdot l \cdot 2n}{60 \cdot 75} = \frac{\frac{25^2 \pi}{4} \cdot 2{,}67 \cdot 0{,}40 \cdot 2 \cdot 90}{60 \cdot 75} = \infty\, 21 \text{ PS.}$$

Beispiel. Wie groß müßte der Füllungsgrad bei der oben berechneten Maschine sein, wenn dieselbe 25 Pferde leisten sollte?

Aus Gl. 502 folgt:
$$p_n = \frac{N_n \cdot 60 \cdot 75}{F \cdot l \cdot 2n}$$
$$p_n = \frac{25 \cdot 60 \cdot 75}{\frac{25^2 \pi}{4} \cdot 0{,}40 \cdot 2 \cdot 90} = 3{,}16 \text{ Atm.}$$

Nach Gl. 501 ist aber:

$$p_n = \frac{K \cdot p - (p_0 + q + r)}{1 + \varphi}$$

$$3{,}16 = \frac{K \cdot 7 - (1{,}2 + 0{,}22 + 0{,}307)}{1 + 0{,}15}$$

$$K = 0{,}766.$$

Nach der Tabelle 260 müßte also der Füllungsgrad ε etwas weniger als 0,4, etwa 0,38 betragen.

Beispiel. Eine Kondensationsmaschine soll bei $\varepsilon = 0{,}25$ Füllung 50 Pferde leisten. Die Eintrittsspannung des Dampfes betrage 4,5 Atm., der schädliche Raum sei $\frac{1}{20}$ des Zylinderinhaltes. Die Maschine sei leichterer Bauart.

Nach Gl. 501 ist:

$$p_n = \frac{K \cdot p - (p_0 + q + r)}{1 + \varphi}.$$

Nach Tabelle S. 260 ist bei $\varepsilon = 0{,}25$ der Spannungskoeffizient $K = 0{,}626$. Ferner sei $p_0 = 0{,}22$ Atm., $q = 0{,}18$ und $\varphi = 0{,}12$ gesetzt (vergl. die früheren Angaben bezw. Gleichungen).

Zur Bestimmung von r wird angenommen, daß $\frac{m}{l} = 0{,}175$ betragen soll, dann ist (vergl. Tabelle S. 262) $r_c = 0{,}166\, p_j = 0{,}166 \cdot 0{,}22 = 0{,}0366$ Atm. Hat der Zylinder Mantelheizung, so ist nach Gl. 508 $r_d = 0{,}025\, p = 0{,}025 \cdot 4{,}5 = 0{,}112$ Atm., mithin

$$r = r_c + r_d = 0{,}0366 + 0{,}112 = 0{,}148 \text{ Atm.}$$

Folglich:

$$p_n = \frac{0{,}626 \cdot 4{,}5 - (0{,}22 + 0{,}18 + 0{,}148)}{1 + 0{,}12} = 2{,}02 \text{ Atm.}$$

Aus Gl. 502 ergibt sich nun:

$$F = \frac{60 \cdot 75 \cdot N_n}{p_n \cdot 1 \cdot 2n}.$$

Die Kolbengeschwindigkeit $c = \frac{2ln}{60}$ kann etwa zu 1,4 m pro Sekunde angenommen werden, womit

$$F = \frac{75 \cdot N_n}{p_n \cdot c}$$

$$F = \frac{75 \cdot 50}{2{,}02 \cdot 1{,}4} = 1322 \text{ qcm.}$$

Demnach wird der Kolbendurchmesser D:

$$\frac{D^2 \pi}{4} = 1322$$

$$D = \infty\, 41 \text{ cm.}$$

Von den noch zu bestimmenden beiden Größen l und n kann die eine beliebig gewählt werden. Nimmt man den Hub l = 70 cm = 0,7 m, so ergeben sich nach Gl. 503:

$$n = \frac{60\,c}{2\,l} = \frac{60 \cdot 1,4}{2 \cdot 0,7} = 60 \text{ Umdrehungen.}$$

Wird die **Leistung einer Maschine** graphisch bestimmt und bezeichnet
 D_f = Diagrammfläche,
 l = Hub,
 p_i = mittlere, indizierte Spannung,
 N_i = indizierte Leistung,
 N_n = Nutzleistung,
 η = Wirkungsgrad,
so ist:

$$p_i = \frac{D_f}{l} \quad \ldots \ldots \ldots \ldots \quad 509$$

$$N_i = \frac{F \cdot p_i \, l \cdot 2\,n}{60 \cdot 75} = \frac{F \cdot p_i \cdot c}{75} \quad \ldots \ldots \quad 510$$

$$N_n = \eta \cdot N_i \quad \ldots \ldots \ldots \ldots \quad 511$$

$$\eta = \frac{p_i - q}{(1 + \varphi)\,p_i} \quad \ldots \ldots \ldots \ldots \quad 512$$

Die Diagrammfläche kann hierbei nach der Simpsonschen Regel (S. 38) bestimmt werden.

D. Dampf- und Wasserverbrauch.

Bezeichnet
 V = verbrauchtes Dampfquantum pro Minute,
 V_0 = Wasserquantum pro Minute, aus welchem V entstanden ist,
 μ = spezifisches Dampfvolumen, und gilt für f wieder die Gl. 498, für c die Gl. 503, so wird:

$$V = 6 \cdot F \cdot f \cdot c \quad \ldots \ldots \ldots \ldots \quad 513$$

$$V_0 = \frac{6 \cdot F \cdot f \cdot c}{\mu} \quad \ldots \ldots \ldots \ldots \quad 514$$

Oder auch:

$$V_0 = \frac{450 \cdot f \cdot N_n}{\mu \cdot p_n} \text{ in kg} \quad \ldots \ldots \ldots \quad 515$$

Oder auch:

$$V_0 = \frac{450 \cdot f \cdot N_i}{\mu \cdot p_i} \text{ in kg} \quad \ldots \ldots \ldots \quad 516$$

Da bei kleinem Füllungsgrade, großem, schädlichem Raume und starker Kompression das im Zylinder verbleibende und dann komprimierte Abdampfquantum v sehr ins Gewicht fällt, ist dasselbe von Gl. 513 abzuziehen.

Dieses Quantum ist:
$$v = 6 \cdot F \cdot c \frac{\sigma}{l} \cdot \frac{p'}{p} \qquad \ldots \ldots 517$$

In Rücksicht hierauf ist in Gl. 514, 515 und 516 dann auch $\left(f - \frac{\sigma}{l} \cdot \frac{p'}{p}\right)$ statt f zu setzen.

Der wirkliche Dampfverbrauch kann durchschnittlich auf das 1,35 bis 1,75 fache des theoretischen Wertes geschätzt werden, welcher sich aus obigen Gleichungen ergibt.

Beispiel. Berechnung des Dampf- und Wasserverbrauchs der in dem Beispiel auf S. 263 besprochenen Maschine.

Es ist bei dieser Maschine:
$$D = 25 \text{ cm}; \quad F = \frac{25^2 \pi}{4} = 490{,}87 \text{ qcm}; \quad l = 40 \text{ cm}; \quad n = 90;$$
$$c = \frac{2 \ln}{60} = \frac{2 \cdot 0{,}4 \cdot 90}{60} = 1{,}2 \text{ m}; \quad p = 7 \text{ Atm.}; \quad \varepsilon = 0{,}3.$$

Ferner war:
$$p' = 4{,}5 \text{ Atm.}; \quad p_n = 2{,}67 \text{ Atm.}; \quad N_n = 21 \text{ PS.}$$

Nach Gl. 515 ergibt sich der Wasserverbrauch pro Minute:
$$V_0 = \frac{450 \cdot f \cdot N_n}{\mu \cdot p_n}.$$

Nach Gl. 498 ist noch:
$$f = \varepsilon + \frac{\sigma}{l} = 0{,}3 + 0{,}05 = 0{,}35$$

und nach Gl. 156:
$$\mu = \frac{2000}{p + 0{,}25} = \frac{2000}{7 + 0{,}25} = 276.$$

Somit:
$$V_0 = \frac{450 \cdot 0{,}35 \cdot 21}{276 \cdot 2{,}67} = 4{,}5 \text{ kg oder Liter.}$$

Mit Berücksichtigung des im schädlichen Raume verbliebenen, komprimierten Dampfes ist statt f = 0,35 zu setzen (vergl. das Bemerkte nach Gl. 517):
$$f - \frac{\sigma}{l} \cdot \frac{p'}{p} = 0{,}35 - 0{,}05 \frac{4{,}5}{7} = 0{,}317.$$

Demnach ergibt sich für V_0 nur:
$$V_0 = \frac{450 \cdot 0{,}317 \cdot 21}{276 \cdot 2{,}67} = 4{,}06 \text{ kg oder Liter.}$$

Mit Rücksicht auf die Verluste kann der Gesamtverbrauch auf 6,5 kg bis 8 kg veranschlagt werden.

Beispiel. Eine 70 pferdige Kondensationsmaschine hat eine Anfangsspannung $p = 6$ Atm. und einen Füllungsgrad $\varepsilon = 0,2$. Wie groß ist der Dampf- und Wasserverbrauch?

Nach Gl. 515 ist:
$$V_0 = \frac{450 \cdot f \cdot N_n}{\mu \cdot p_n},$$

wobei $f = \varepsilon + \frac{\sigma}{l} = 0,2 + 0,05 = 0,25$;

$$\mu = \frac{2000}{p + 0,25} = \frac{2000}{6 + 0,25} = 320 \text{ l};$$

$$p_n = \frac{K \cdot p - (p_0 + q + r)}{1 + \varphi} \text{ ist.}$$

Bei $\varepsilon = 0,2$ ist $K = 0,559$ (vergl. Tabelle S. 260). Für Kondensationsmaschinen ist $p_0 = 0,22$ Atm.; $q = 0,2$ Atm. Wird die Kompression so gewählt, daß $\frac{m}{l} = 0,125$, so ist $\frac{p'}{p_0} = 3,5$ (vergl. Tabelle S. 262), also $p' = 3 p_0 = 3 \cdot 0,22 = 0,66$ Atm. und $r_e = 0,094 \cdot p_0 = 0,094 \cdot 0,22 = 0,0206$ Atm.

Nach Gl. 508 ist ferner bei Maschinen mit Mantelheizung:
$$r_d = 0,025 \, p = 0,025 \cdot 6 = 0,150 \text{ Atm.}$$

Somit ist:

$r = r_e + r_d = 0,0206 + 0,150 = \infty \, 0,17$ Atm.

$$p_n = \frac{0,559 \cdot 6 - (0,22 + 0,2 + 0,17)}{1 + 0,15} = \infty \, 2,4 \text{ Atm.}$$

$$V_0 = \frac{450 \cdot 0,25 \cdot 70}{320 \cdot 2,4} = 10,25 \text{ kg pro Minute.}$$

Mit Rücksicht auf die Verluste ist V_0 etwa 15 kg.

E. Kolbendurchmesser, Hub und Geschwindigkeit.

Löst man Gl. 502 nach F auf, so findet man den Kolbendurchmesser (in cm):

$$D = 9,78 \sqrt{\frac{N_n}{p_n \cdot c}} \quad \ldots \ldots \ldots \quad 518$$

Wird hierauf l festgesetzt, so ergibt sich die Tourenzahl n aus:

$$c = \frac{2 \, l \, n}{60}.$$

Ist eine gewisse Tourenzahl n gegeben, so kann D folgendermaßen bestimmt werden. Man nimmt zwischen l und D ein Verhältnis β an, setzt also

$$l = \beta \, D \quad \ldots \ldots \ldots \quad 519$$

Dann folgt:

$$D = 66 \sqrt[3]{\frac{N_n}{p_n \cdot \beta \cdot n}} \quad \ldots \ldots \quad 520$$

Ist aber zuerst der Dampf- und Wasserverbrauch V_0 bekannt bezw. berechnet, so ergibt sich aus dem theoretischen Verbrauche ebenfalls der Kolbendurchmesser:

$$D = 0{,}46 \sqrt{\frac{\mu \cdot V_0}{f \cdot c}}, \quad \ldots \ldots \quad 521$$

oder

$$D = 8{,}6 \sqrt[3]{\frac{\mu \cdot V_0}{f \cdot \beta \cdot n}} \quad \ldots \ldots \quad 522$$

Hierbei ist $\beta = \infty\, 1{,}5$ bis 2 bei stationären Maschinen, nur ausnahmsweise beträgt β mehr oder weniger.

Die Kolbengeschwindigkeit c kann nach G. Schmidt betragen:

$$c = i\,(10 + \sqrt{N}) \quad \ldots \ldots \quad 523$$

Hierbei ist N die Pferdezahl der Maschine und $i = 0{,}05$ bis 0,13, je nachdem die Maschine sehr langsam oder sehr schnell laufen soll.

Für normale Verhältnisse ist $i = 0{,}09$; ausnahmsweise kann aber i bis 0,2 betragen.

Pumpmaschinen haben geringe Kolbengeschwindigkeit, etwa $c = 0{,}45$ bis 0,65 m.

Bei Lokomotiven beträgt c im Mittel 2,5 m.

Walzenzugmaschinen haben $c \geq 3$ m.

Beispiel. Es sind die Hauptdimensionen der Kondensationsmaschine (Beispiel S. 267) zu bestimmen.

Es ist bei dieser Maschine:

$\mu = 320$; $p_n = 2{,}4$ Atm.; $V_0 = 10{,}25$ kg; $N = 70$ PS; $f = 0{,}25$.

Die Kolbengeschwindigkeit wird:

$$c = i\left(10 + \sqrt{N}\right) = 0{,}08\left(10 + \sqrt{70}\right) = 1{,}47 \text{ m}.$$

Nach Gl. 521 ist nun:

$$D = 0{,}46 \sqrt{\frac{\mu \cdot V_0}{f \cdot c}} = 0{,}46 \sqrt{\frac{320 \cdot 10{,}25}{0{,}25 \cdot 1{,}47}} = \infty\, 43{,}5 \text{ cm}.$$

Wird nun $l = 1{,}6\,D$ gewählt (vergl. Gl. 519), also

$$l = 1{,}6 \cdot 43{,}5 = 69{,}6 \text{ cm},$$

F. Der günstigste Füllungsgrad.

so folgt die Tourenzahl n aus:
$$c = \frac{2\,l\,n}{60}$$
$$n = \frac{60\,c}{2\,l} = \frac{60 \cdot 1{,}47}{2 \cdot 0{,}696} = 63{,}3.$$

F. Der günstigste Füllungsgrad.

Unter dem günstigsten Füllungsgrade ε versteht man den Füllungsgrad, bei welchem **pro Pferdestärke** der Dampfverbrauch ein Minimum ist oder bei welchem mit einer gegebenen Dampfmenge die Arbeitsleistung ein Maximum ist.

Genau ermittelt sich:

$$\text{günst. } \varepsilon = \frac{p_0 + q + r}{p} - \frac{\sigma}{l}\,\frac{p'}{p}\,\log_n \frac{1 + \frac{\sigma}{l}}{f} \quad \ldots \quad 524$$

Da das zweite Glied auf der rechten Seite dieser Gleichung aber meist sehr klein ist, so kann man es vernachlässigen, also wird:

$$\text{günst. } \varepsilon = \frac{p_0 + q + r}{p} \quad \ldots \ldots \quad 525$$

Bezeichnet
p_l = Spannung am Hubende, so ist:
$$p_l = p_0 + q + r \quad \ldots \ldots \ldots \quad 526$$

Erfolgt also die Expansion nach dem günstigsten Füllungsverhältnis, so ist die aktive Dampfspannung am Hubende gerade noch hinreichend, um die Widerstände und Spannungsverluste aufzuwiegen.

Beispiel. Bei der 70 pferdigen Kondensationsmaschine (Beispiele S. 267 und S. 268) war die Füllung $\varepsilon = 0{,}2$; der Wasserverbrauch pro Minute war hierbei $V_0 = 10{,}25$ kg.

Der günstigste Füllungsgrad wäre nach Gl. 525 gewesen:

$$\text{günst. } \varepsilon = \frac{p_0 + q + r}{p} = \frac{0{,}22 + 0{,}2 + 0{,}17}{6} = 0{,}098.$$

Pro Pferdekraft wird verbraucht $\frac{10{,}25}{70} = 0{,}146$ kg Dampf in der Minute.

Würde man ε kleiner oder größer als 0,098 wählen, so wäre der Dampfverbrauch doch größer als 0,146 kg.

Verbund-Maschinen.

Durch die stufenförmige Expansion im Verbundsystem oder in mehreren Zylindern sollen die der Einzylindermaschine anhaftenden Mängel beseitigt werden.

Der zuerst in den kleineren Zylinder (Fig. 244) eintretende Dampf verrichtet Volldruck- und teilweise Expansionsarbeit. Der verbrauchte Dampf (der bei der Einzylindermaschine nur ins Freie oder in einen Kondensator geht) wird nun in einen zweiten größeren Zylinder geleitet, um dort noch weiter zu expandieren und dann in den Kondensator zu gehen. Bei dreifacher Expansion hätte der Dampf zuvor noch einen größeren Zylinder zu passieren.

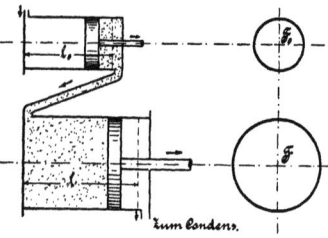

Fig. 244.

Zu unterscheiden hiervon sind die Zwillingsmaschinen, welche mit 2 ganz gleichen Zylindern versehen sind, von welchen jeder seine eigene Dampfmenge erhält, so daß jeder Zylinder für sich eine Maschine darstellt.

A. Woolfsche Maschinen.

Bei diesen treten beide Kolben zugleich in den toten Punkt und der Abdampf des kleinen Zylinders strömt direkt in den großen Zylinder über.

Bezeichnet

F = Fläche, l = Hub des großen Kolbens,
F_0 = Fläche, l_0 = Hub des kleinen Kolbens,
l_0' = Länge der Volldruckperiode im kleinen Zylinder,
p_i = mittlere, indizierte Spannung, bezogen auf den kleinen Zylinder,

so ist die Arbeit beider Kolben pro Hub:

$$A = F \cdot l \cdot p_i \qquad \ldots \ldots \ldots \quad 527$$

Es ist also die Leistung der Zweizylindermaschine ebenso groß als die einer Maschine, welche mit dem großen Zylinder allein und der Dampfmenge $F_0 l_0'$ arbeitet.

Der Füllungsgrad des kleinen Zylinders ist:

$$\varepsilon_0 = \frac{l_0'}{l_0} \qquad \ldots \ldots \ldots \quad 528$$

oder

$$\varepsilon_0 = \varepsilon \cdot W \qquad \ldots \ldots \ldots \quad 529$$

Woolfsche Maschinen. 271

Bei der **Neuberechnung** einer Maschine wird der große Zylinder so bestimmt, als wenn dieser allein vorhanden wäre und mit der Anfangsspannung p und dem Füllungsgrade ε die gewünschte Pferdezahl zu leisten hat. Danach wird der kleine Zylinder nach folgender Formel hinzu berechnet:

$$D_0 = D \sqrt{\frac{a}{w}}, \quad \ldots \ldots \ldots \quad 530$$

wobei $a = \frac{l}{l_0}$ das Hubverhältnis bezeichnet und

$$w = \frac{F l}{F_0 l_0} = \frac{J}{J_0} \text{ ist.}$$

Es ist $a = 1$, also $l = l_0$, wenn beide Kolben auf derselben Stange sitzen. Bei Balanciermaschinen ist das Verhältnis von l zu l_0 wie das der Hebelarme der beiden Kolben am Balancier. **Soll sich die Gesamtleistung zu gleichen Teilen auf die beiden Zylinder verteilen**, so ist:

$$\frac{e}{\varepsilon} = w^{\frac{2w}{w-1}}, \quad \ldots \ldots \ldots \quad 531$$

worin $\log_n e = 1$ ist.

Für ein gegebenes oder angenommenes w läßt sich der Füllungsgrad ε berechnen. Es ergeben sich so die Werte:

w = 4 | 3,5 | 3 | 2,5 | 2
ε = 0,067 | 0,082 | 0,1 | 0,135 | 0,17

Beispiel. Es ist eine Woolfsche Balancier-Maschine, welche bei 6,5 Atm. Anfangsspannung 60 Pferde leistet, zu berechnen. Die Hebelarme der beiden Kolben am Balancier sollen sich wie 2 : 3 verhalten. Die Maschine soll eine Kondensationsmaschine sein.

Der Widerstand des abziehenden Dampfes oder die Spannung im Kondensator sei (Gl. 504):

$p_0 = 0{,}22$ Atm.

Der Leergangswiderstand sei (Gl. 505):

$q = 0{,}25$ Atm.

Der Reibungskoeffizient sei (Gl. 506):

$\varphi = 0{,}15$.

Der Spannungsverlust durch Abkühlung, sowie der Kompressionsausfall sei angenommen zu

$r = 0{,}2$ Atm.

Somit folgt nach Gl. 525:

günst. $\varepsilon = \dfrac{p_0 + q + r}{p} = \dfrac{0{,}22 + 0{,}25 + 0{,}2}{6{,}5} = 0{,}103$

günst. $\varepsilon = \infty\, 0{,}1$.

Die Kolbengeschwindigkeit wird (Gl. 523):
$$c = i\left(10 + \sqrt{N}\right) = 0{,}09\left(10 + \sqrt{60}\right) = \infty\ 1{,}6\ m.$$

Die mittlere Nutzspannung ist (Gl. 501):
$$p_n = \frac{Kp - (p_0 + q + r)}{1 + \varphi};\ \text{bei}\ \varepsilon = 0{,}1\ \text{ist}\ K = 0{,}392;$$
vergl. Tabelle S. 260.
$$p_n = \frac{0{,}392 \cdot 6{,}5 - (0{,}22 + 0{,}25 + 0{,}2)}{1 + 0{,}15} = 1{,}63\ \text{Atm.}$$

Somit ergibt sich aus Gl. 502 die Kolbenfläche:
$$F = \frac{75 \cdot N_n}{p_n \cdot c} = \frac{75 \cdot 60}{1{,}63 \cdot 1{,}6} = 1722\ \text{qcm},$$
und der Kolbendurchmesser des großen Kolbens:
$$D = \infty\ 47\ \text{cm}.$$

Wird nun l etwa 1,5 D gewählt (Gl. 519), also
$$l = 1{,}5 \cdot 47 = \infty\ 71\ \text{cm},$$
so folgt aus $c = \frac{2\,l\,n}{60}$:
$$n = \frac{60\,c}{2\,l} = \frac{60 \cdot 1{,}6}{2 \cdot 0{,}71} = 67{,}6.$$

Nach Gl. 514 beträgt der Dampfverbrauch in kg:
$$V_0 = \frac{6\,F \cdot f \cdot c}{\mu}.$$

μ folgt aus Gl. 156:
$$\mu = \frac{2000}{p + 0{,}25} = \frac{2000}{6{,}5 + 0{,}25} = 296\ l.$$

f ergibt sich aus Gl. 498; $\frac{\sigma}{l}$ vergl. S. 261:
$$f = \varepsilon + \frac{\sigma}{l} = 0{,}1 + 0{,}05 = 0{,}15.$$

Also:
$$V_0 = \frac{6 \cdot 1722 \cdot 0{,}15 \cdot 1{,}6}{296} = 8{,}4\ \text{kg}.$$

Der wirkliche Verbrauch beträgt dann etwa 11,5 kg.

Die Berechnung für den großen Zylinder erfolgt also so wie die einer einzylindrigen Maschine.

Es ist jetzt der **kleine Zylinder** zu berechnen.

Da $\varepsilon = 0{,}1$ ist, ist nach Tabelle S. 271 w = 3 zu nehmen.

Daher ist der Füllungsgrad des kleinen Zylinders (Gl. 529):
$$\varepsilon_0 = \varepsilon \cdot w = 0{,}1 \cdot 3 = 0{,}3.$$

Das Hubverhältnis ist $\alpha = \dfrac{1}{l_0} = \dfrac{3}{2} = 1,5$.

Somit wird der kleine Zylinderdurchmesser nach Gl. 530:

$$D_0 = D \sqrt{\dfrac{\alpha}{w}} = 47 \sqrt{\dfrac{1,5}{3}} = 33,3 \text{ cm}.$$

Der Hub des kleinen Kolbens ist also:

$$l_0 = \dfrac{1}{\alpha} = \dfrac{71}{1,5} = 47,3 \text{ cm}.$$

Würde man bei der so ausgeführten Maschine den Füllungsgrad ε_0 des kleinen Zylinders z. B. auf 0,5 verstellen, so wäre dann die Gesamtfüllung:

$$\varepsilon = \dfrac{\varepsilon_0}{w} = \dfrac{0,5}{3} = 0,166.$$

Hieraus würde sich nun die größere Leistung und der größere Verbrauch berechnen.

B. Verbund-Maschinen.

Die eigentlichen Verbund- oder Kompound-Maschinen unterscheiden sich von den Woolfschen Maschinen dadurch, daß die Kolben nicht gleichzeitig in den toten Punkt treten, sondern daß vielmehr die Kurbeln meist um 90⁰ versetzt sind. Der große Kolben befindet sich also in der Nähe der Hubmitte, wenn der kleine Kolben am Ende des Hubes ist. Daher muß der große Zylinder seine eigene Expansionssteuerung erhalten. Beginnt der kleine Zylinder den verbrauchten Dampf auszustoßen, so muß diese Steuerung abgeschlossen haben.

Ferner muß sich zwischen beiden Zylindern ein Behälter (Aufnehmer, Reciver) befinden, welcher den abgehenden Dampf aus dem kleinen Zylinder (in der ersten Hubhälfte des kleinen Kolbens) aufnimmt.

Wie die Zylinder der Woolfschen Maschinen, so erhalten auch die Zylinder der Verbundmaschinen Dampfmäntel, ebenso der Aufnehmer. Allen Dampfmänteln ist Frischdampf, also nicht Abdampf zuzuführen.

Die **Berechnung** erfolgt wie bei den Woolfschen Maschinen.

Es wird der große Zylinder wieder berechnet, als wenn er allein vorhanden wäre und mit der Gesamtfüllung ε die verlangte Pferdezahl leisten soll. Danach berechnet man den kleinen Zylinder hinzu nach Gl. 530.

Der Füllungsgrad ε_0 des kleinen Zylinders ist wieder nach Gl. 528 oder 529 zu bestimmen.

Soll sich die Gesamtleistung wieder gleichmäßig auf die beiden Zylinder verteilen, so muß sein:

$$w = \sqrt{\frac{1}{e \cdot \varepsilon}} \quad \ldots \ldots \ldots \quad 532$$

Die Buchstaben haben hierbei dieselbe Bedeutung wie bei Gl. 531.

Ist auch bei **Dreifachexpansionsmaschinen** (mit **drei Zylindern**) die Gesamtleistung wieder gleichförmig auf die drei Zylinder verteilt und bezeichnet

D_1, l_1, $\varepsilon_1 =$ Durchmesser, Kolbenhub und Füllungsgrad des ersten Expansionszylinders,

D_2, l_2, $\varepsilon_2 =$ Durchmesser, Kolbenhub und Füllungsgrad des zweiten Expansionszylinders,

$w_1 =$ Inhaltsverhältnis zwischen dem Hochdruck- und dem ersten Expansionszylinder,

$w_2 =$ Inhaltsverhältnis zwischen dem ersten und zweiten Expansionszylinder,

$p_z =$ Spannung im ersten Aufnehmer,

$p_y =$ Spannung im zweiten Aufnehmer,

$p_l =$ Spannung im großen Zylinder am Schlusse des Hubes,

so ist:

Gesamtfüllungsgrad ε (vergl. auch S. 270):

$$\varepsilon = \frac{l'_0}{w_1 \cdot w_2 \cdot l_0} = \frac{\varepsilon_0}{w_1 \cdot w_2} \quad \ldots \ldots \quad 533$$

Ferner ist:

$$w_1 \cdot w_2 = \sqrt[3]{\frac{1}{e \cdot \varepsilon^2}} = \frac{\varepsilon_0}{\varepsilon} \quad \ldots \ldots \quad 534$$

Der Füllungsgrad ε_1 des ersten Expansionszylinders ist:

$$\varepsilon_1 = \frac{l_0}{w_1 \cdot l_0} = \frac{1}{w_1} \quad \ldots \ldots \quad 535$$

Der Füllungsgrad ε_2 des zweiten Expansionszylinders wird:

$$\varepsilon_2 = \frac{w_1 \cdot l_0}{w_1 \cdot w_2 \cdot l_0} = \frac{1}{w_2} \quad \ldots \ldots \quad 536$$

Ferner ist:

$$\varepsilon_0 = \sqrt[3]{\frac{\varepsilon}{e}} \quad \ldots \ldots \ldots \quad 537$$

Da nach Voraussetzung die Diagrammfläche in drei inhaltsgleiche Teile zu teilen ist, wird auch:

$$\varepsilon_1 = \sqrt[3]{\frac{\varepsilon}{e}} \quad \ldots \ldots \ldots \quad 538$$

Verbund-Maschinen. 275

$$w_1 = \sqrt[3]{\frac{e}{\varepsilon}} = \frac{1}{\varepsilon_1} \quad \ldots \ldots \quad 539$$

$$w_2 = \sqrt[3]{\frac{1}{e^2 \cdot \varepsilon}} = \frac{1}{\varepsilon_2} \quad \ldots \ldots \quad 540$$

Der Kolbendurchmesser des mittleren Zylinders wird:

$$D_1 = D_2 \sqrt{\frac{l_2}{l_1 \cdot w_2}} \quad \ldots \ldots \quad 541$$

Der Kolbendurchmesser des (kleinen) Hochdruckzylinders wird:

$$D_0 = D_1 \sqrt{\frac{l_1}{l_0 \cdot w_1}} \quad \ldots \ldots \quad 542$$

Bei der Berechnung ist wieder der große Zylinder (Niederdruckzylinder) zuerst zu bestimmen, als ob derselbe allein mit der Gesamtfüllung ε und der Anfangsspannung p die Leistung verrichten müßte. (Wird wie vorher im Beispiel für die Woolfsche Maschine durchgeführt.) Hiernach ist nach Gl. 541 der mittlere und nach Gl. 542 der kleine Zylinder zu berechnen.

Zur Berechnung dieser beiden Zylinder können der Reihe nach die Werte der folgenden Formeln bestimmt werden:

$w_1 \cdot w_2$ nach Gl. 534;
ε_0 nach Gl. 537;
w_1 nach Gl. 539.

Ferner: $w_2 = \dfrac{w_1 \cdot w_2}{w_1}$;

D_1 nach Gl. 541, wobei $\dfrac{l_2}{l_1}$ anzunehmen ist (z. B. $= 1$);

D_0 nach Gl. 542, wobei $\dfrac{l_1}{l_0}$ anzunehmen ist (z. B. $= 1,3$).

Die Bestimmung der Pferdezahl u. f. kann dann nach den Gl. 509 bis 512 erfolgen.

Zehnter Abschnitt.
Schwungräder und Regulatoren[1].

A. Schwungräder.

Den Reguliermitteln (Schwungrad und Regulator) haftet der Fehler an, daß sie erst regulierend eingreifen, wenn bereits ein ungleichförmiger Gang der Maschine eingetreten ist; man muß daher mit einem gewissen Gleichförmigkeitsgrade zufrieden sein und auf absolute Gleichförmigkeit im Gange verzichten.

Bezeichnet

V_{max} = größte vorkommende Geschwindigkeit,
V_{min} = kleinste „ „
V = mittlere „ „

so heißt der **Ungleichförmigkeitsgrad** δ:

$$\delta = \frac{V_{max} - V_{min}}{V} \quad \ldots \ldots \ldots \quad 543$$

Ferner ist:

$$V = \frac{V_{max} + V_{min}}{2} \quad \ldots \ldots \ldots \quad 544$$

Wie bekannt, zerlegt sich der Kolbendruck P (vergl. das Bemerkte S. 204) am Kurbelzapfen in zwei Komponenten, von welchen nur die Komponente p (Fig. 245) das Moment der Welle erzeugt.

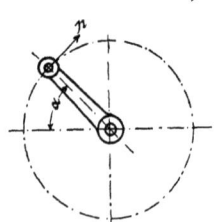

Fig. 245.

Es ist nun, wenn α den Ausschlagswinkel der Kurbel bezeichnet:

$$p = P \cdot \sin \alpha \quad \ldots \ldots \quad 545$$

Der Wert von p ist veränderlich. Der mittlere Wert für P ist P_m und es wird:

$$P_m = 0{,}636\, P \quad \ldots \ldots \quad 546$$

---

[1] Vergl. Jos. Keßler „Die Dampfmaschinen", II. Aufl., Verlag J. M. Gebhardt, Leipzig.

Schwungräder.

Die Differenz oder die Schwankung **der lebendigen Kraft A des Schwungringes einer Volldruckmaschine** beträgt, wenn

G = Gewicht des Schwungringes und
g = 9,81 m ist:

$$A = \frac{G}{g} \cdot \frac{V_{max}^2 - V_{min}^2}{2} \quad \ldots \ldots \quad 547$$

Bezeichnet noch bei einer **Volldruckmaschine**
N = Pferdezahl, n = Tourenzahl der Maschine,
ε = Füllungsgrad und m einen Koeffizienten,

so wird:

$$\left.\begin{array}{l} G = \dfrac{m \cdot 4640 \cdot N}{V^2 \cdot n \cdot \delta}, \text{ wenn } \dfrac{L}{R} = \infty, \\[2mm] G = \dfrac{m_1 \cdot 5690 \cdot N}{V^2 \cdot n \cdot \delta}, \text{ wenn } \dfrac{L}{R} = 5 \end{array}\right\} \quad \ldots \quad 548$$

Hierbei kann genommen werden:

wenn $\varepsilon =$	1	0,8	0,6	0,5	$^1/_3$	0,2	0,15
m =	1	1,03	1,12	1,17	1,36	1,66	1,87

Die Zahlen m_1 bei $\dfrac{L}{R} = 5$ sind nur angenähert gleich den angegebenen Zahlen für m.

Für eine **Zwillingsmaschine** (d. i. eine Maschine mit ganz gleichen Zylindern) ist das Ringgewicht G bei ganzer Füllung und bei um 90° versetzten Kurbeln:

$$\left.\begin{array}{l} G = \dfrac{465 \cdot N}{V^2 \cdot n \cdot \delta}, \text{ wenn } \dfrac{L}{R} = \infty, \\[2mm] G = \dfrac{505 \cdot N}{V^2 \cdot n \cdot \delta}, \text{ wenn } \dfrac{L}{R} = 5 \end{array}\right\} \quad \ldots \quad 549$$

Für **Expansionsmaschinen** hat man die rechte Seite der Gl. 549 noch mit m zu multiplizieren und es ist hierbei,

wenn $\varepsilon =$	1	0,8	$^2/_3$	0,5	$^1/_3$	0,2
m =	1	0,925	0,654	0,39	1,75	2,75

Diesen Zahlen liegt die Voraussetzung zugrunde, daß $\dfrac{L}{R} = \infty$ ist. Bei $\dfrac{L}{R} = 5$ gelten obige Zahlen nur angenähert.

Über die Kolben- bezw. Kreuzkopfbeschleunigung, sowie über den Beschleunigungsdruck vergl. das Bemerkte auf S. 204.

Der Ungleichförmigkeitsgrad δ wird genommen:

$\delta = \dfrac{1}{35}$ bei Werkstättenbetrieb,

$\delta = \dfrac{1}{20} \div \dfrac{1}{30}$ bei Pumpen und Sägemaschinen,

$\delta = \dfrac{1}{50}$ bei Mahlmühlen,

$\delta = \dfrac{1}{30} \div \dfrac{1}{40}$ bei Webstühlen und Papierfabrikation,

$\delta = \dfrac{1}{50} \div \dfrac{1}{100}$ bei Spinnmaschinen je nach Feinheit des Garnes,

$\delta \geq \dfrac{1}{150}$ bei Dynamomaschinen,

$\delta = \dfrac{1}{35} \div \dfrac{1}{50}$ bei Dampfmaschinen, welche auf Lager gearbeitet werden.

Schwungraddimensionen.

Bezeichnet
  G = Kranzgewicht in kg (nach der Guldinschen Regel, S. 46, zu bestimmen),
  R_1 = Radius (in cm) des Schwungrades bis zum Schwerpunkte des Kranzquerschnittes,
  F_1 = Querschnittsfläche (in qcm) des Kranzes,
so wird:

$$F_1 = 21{,}9\,\dfrac{G}{R_1} \qquad \ldots \ldots \ldots \quad 550$$

Denkt man sich den Schwungring ohne Arme und die Zentrifugalkraft in ihm wirkend, so würde sich im Kranzquerschnitte (also bei vorhandenen Armen auch in diesen) eine Zugspannung ergeben:

$$k_z = \dfrac{V^2 \cdot \gamma}{g}, \qquad \ldots \ldots \ldots \quad 551$$

hierin ist k_z pro qm, γ pro cbm zu verstehen, überhaupt alle Größen in Metern. Die Biegungsbeanspruchung k_b der Arme kann angenähert aus der Gleichung bestimmt werden:

$$\dfrac{2M}{A} = W \cdot k_b \qquad \ldots \ldots \ldots \quad 552$$

Hierin ist
  M = Moment der Schwungradwelle,
  A = Anzahl der Arme,
  W = Widerstandsmoment,
  $k_b = 50 \div 100$ kg/qcm bei Gußeisen,
  $k_b = 350$ kg/qcm bei Schmiedeeisen.

Ist R = Kurbelradius, so wird:
$R_1 = 3\,R$ bis $3,5\,R$ bei Balanciermaschinen,
$R_1 = 3,5\,R$ bis $5\,R$ bei Maschinen ohne Balancier,
$R_1 = 3,5\,R$ bis $4\,R$ bei Woolfschen Maschinen,
$R_1 = 2\,R$ bis $3\,R$ bei Zwillingsmaschinen.

Falls die Berechnung einen unpassenden Schwungring ergibt, so ist R_1 entsprechend größer oder kleiner zu wählen.

Der Armquerschnitt ist meist rechteckig oder elliptisch.

Die Anzahl A der Arme kann betragen:
$$A = 2\,(1 + R), \quad \ldots \ldots \ldots \quad 553$$
worin R in Metern und A abzurunden ist.

Die Wandstärke w der Nabe kann sein, wenn d = Wellendurchmesser bedeutet:
$$w = 0{,}5\,d; \quad \ldots \ldots \ldots \quad 554$$
bei größeren Rädern entsprechend kleiner.

Die Länge λ der Nabe kann genommen werden:
$$\lambda = 1{,}75\,d + 0{,}08\,R \quad \ldots \ldots \ldots \quad 555$$

Über die Teilung von Rädern siehe das Bemerkte bei Zahnrädern in des Verfassers Maschinenelementen.

B. Zentrifugalpendel-Regulatoren.

Diese Regulatoren regulieren entweder den Füllungsgrad oder dieselben drosseln den Dampf entsprechend ab, wodurch in beiden Fällen die Gangart der Maschine geregelt wird.

Bezeichnet

n = Tourenzahl für die mittlere Stellung des Regulators, wenn derselbe frei schwebt, d. h. weder nach oben noch nach unten drückt,

n_1 = vergrößerte Tourenzahl, bei welcher der Regulator anfängt nach oben zu steigen,

n_2 = verminderte Tourenzahl, bei welcher der Regulator anfängt zu fallen,

so heißt der Unempfindlichkeitsgrad ε:
$$\varepsilon = \frac{n_1 - n_2}{n} = \left(\frac{n_1}{n}\right)^2 - 1 \quad \ldots \ldots \quad 556$$

Die Empfindlichkeit des Regulators braucht die des Schwungrades nicht zu übertreffen, daher sei:
$$\varepsilon > \delta, \quad \ldots \ldots \ldots \quad 557$$
wenn wieder δ den Ungleichförmigkeitsgrad des Schwungrades bezeichnet.

280 Zehnter Abschnitt. Schwungräder und Regulatoren.

Der sogen. Ungleichförmigkeitsgrad δ_1 eines Regulators wird:

$$\delta_1 = \frac{n_o - n_u}{n} = \frac{2(n_o - n_u)}{n_o + n_u}, \quad \ldots \quad 558$$

worin n_o = Tourenzahl in der obersten Stellung und
n_u = Tourenzahl in der untersten Stellung bedeutet.

δ_1 liegt in der Regel zwischen 0,02 und 0,04.

Ist P = Verstellungskraft (Kraftäußerung) vom Regulator,
W = nutzbare Verstellungskraft,
R = Reibungswiderstand,

so muß sein:

$$P = W + R \quad \ldots \ldots \ldots \quad 559$$

Ist S = Ruhedruck, d. i. die Kraft in der Muffe, wenn der Regulator ruht,

so wird:

$$\frac{P}{S} = \frac{n_1 - n_2}{n} = \varepsilon \quad \ldots \ldots \quad 560$$

Ist also beispielsweise P bei einem Regulator groß, so wird auch die Unempfindlichkeit ε entsprechend größer.

Ist S konstant, so wird das Arbeitsvermögen A eines Regulators:

$$A = S \cdot s = \frac{P}{\varepsilon} \cdot s, \quad \ldots \ldots \quad 561$$

wenn noch s den Weg bedeutet, den die Kraft P mit der Muffe zurücklegen muß.

Ist jedoch S veränderlich, so ist der Hub s in kleine Wege δ_x zu teilen und es ist dann:

$$A = \Sigma S \cdot \delta x = S_m \cdot s, \quad \ldots \ldots \quad 562$$

worin S_m den mittleren Ruhedruck bezeichnet.

Die Nutzarbeit A_n eines Regulators würde sein:

$$A_n = P \cdot s \text{ bezw. } \Sigma P \cdot \delta x = P_m \cdot s \quad \ldots \ldots \quad 563$$

Ein Regulator heißt stabil, wenn mit größer werdender Tourenzahl der Spindel der Schwerpunkt aller beweglichen Teile steigt. Er heißt labil, wenn bei sinkendem Schwerpunkt die Tourenzahlen immer größer werden müssen, damit der Regulator nicht ganz zusammenklappen soll.

(Für direkte Übertragung unbrauchbar).

Nimmt bei jeder anderen Tourenzahl der Regulator auch eine andere Stellung ein, so heißt der Regulator statisch.

Nimmt dagegen der Regulator bei einer gewissen Tourenzahl alle möglichen Stellungen ein, d. h. befindet er sich überall im Gleichgewichte, so wird der Regulator astatisch genannt.

Für die Praxis eignen sich am besten die **pseudoastatischen** Regulatoren, welche nur in einer bestimmten Stellung astatisch sind und um so mehr statisch werden, je weiter sie sich aus jener Stellung entfernen.

a) Regulator von Porter.

α) **Bedingung für das Freischweben (Gleichgewichtsbedingung).**

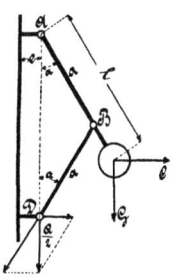

Fig. 246.

Ist (Fig. 246):

n = normale Tourenzahl der Spindel,
ω = Winkelgeschwindigkeit der Spindel,
$AB = BD = a$,
C = Zentrifugalkraft,
G = Kugelgewicht; g = 9,81 m,
Q = Muffengewicht,

so kann gesetzt werden:

$$\frac{\omega^2}{g} = \backsim \left(\frac{n}{30}\right)^2 = \frac{1+\frac{Q}{G}\cdot\frac{a}{l}}{l\cdot\cos\alpha + e\cdot\cotg\alpha} \quad . \quad . \quad 564$$

Aus dieser Gleichung folgt, daß zu höheren Stellungen auch größere Tourenzahlen der Spindel gehören, der Regulator also stabil ist.

β) **Bedingung für das Steigen.**

Hierfür muß die Tourenzahl n auf n_1 wachsen, ferner muß Q + P statt Q gesetzt werden, denn es ist jetzt der Nutzwiderstand P zu überwinden. Somit wird nun:

$$G\cdot\frac{l}{a} + Q = \frac{P}{\varepsilon} = S \quad . \quad . \quad . \quad . \quad . \quad 565$$

Nach Gl. 560 ist $\frac{P}{\varepsilon} = S$ der Druck, den der ruhende Regulator in der Muffe ausübt.

Man kann nehmen:

$\frac{l}{a} = 1$ bis 1,5,
e = 0,1 l,
$\alpha = 40°$,
Q = 3 G bis 5 G.

Zur Einstellung soll man Q verändern können.

Würde man nun bei einem vorhandenen Regulator Q verändern, so würde auch damit eine Veränderung von P, ε und n verbunden sein; vergl. Gl. 564 und 565.

Bezeichnet (Fig. 247):

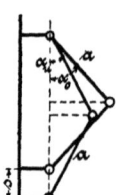

Fig. 247.

$s =$ Muffenhub, $a =$ Stangenlänge,
$\alpha_0 - \alpha_u =$ Winkeldifferenz,
so ist:

$$s = 2a(\cos \alpha_u - \cos \alpha_0) \quad \ldots \quad 566$$

Da für den Wert des Regulators nun das Arbeitsvermögen $A = S \cdot s$ maßgebend ist, so können zwei gleichwertige Regulatoren äußerlich doch ganz verschieden sein.

Beispiel. Ein ausgeführter Porter-Regulator hatte folgende Abmessungen:

$l = 0{,}54$ m; $a = 0{,}36$ m; $e = 0{,}054$ m;
$\alpha_u = 40^0$; $\alpha_0 = 44^0\,10'$; $Q = 14{,}8$ kg; $G = 4{,}12$ kg.

Somit ist:

$$\frac{a}{l} = \frac{0{,}36}{0{,}54} = 0{,}666; \quad \frac{l}{a} = \frac{1}{0{,}666} = \frac{10}{6{,}66}.$$

Muffenhub nach Gl. 566:

$$s = 2 \cdot 0{,}36\,(0{,}766 - 0{,}717) = 0{,}035 \text{ m}.$$

Ruhedruck nach Gl. 565:

$$S = G\frac{l}{a} + Q = 4{,}12 \cdot \frac{10}{6{,}66} + 14{,}8 = 20{,}96 \backsim 21 \text{ kg}.$$

Das Arbeitsvermögen beträgt somit:

$$A = S \cdot s = 21 \cdot 0{,}035 = 0{,}735 \text{ mkg}.$$

Bei einem Unempfindlichkeitsgrad $\varepsilon = 0{,}03$ wird also ein Arbeitsdruck bewältigt werden können von:

$$P = S \cdot \varepsilon = 21 \cdot 0{,}03 = 0{,}63 \text{ kg}.$$

Aus Gl. 564 ergibt sich die Tourenzahl für die unterste Stellung ($\alpha_u = 40^0$):

$$\left(\frac{n}{30}\right)^2 = \frac{1 + \frac{Q}{G} \cdot \frac{a}{l}}{l \cdot \cos\alpha + e \cdot \cotg\alpha} = \frac{1 + \frac{14{,}8}{4{,}12} \cdot \frac{0{,}36}{0{,}54}}{0{,}54 \cdot 0{,}766 + 0{,}054 \cdot 1{,}19}$$

$$\left(\frac{n}{30}\right)^2 = 7{,}1.$$

Also wird:

$$n_u = 30\sqrt{7{,}1} = 79{,}8 \backsim 80.$$

Ebenso ergibt sich aus Gl. 564 die Tourenzahl für die obere Stellung ($\alpha_0 = 44^0\,10'$):

$$\left(\frac{n}{30}\right)^2 = \frac{1 + \frac{14{,}8}{4{,}12} \cdot \frac{0{,}36}{0{,}54}}{0{,}54 \cdot 0{,}717 + 0{,}054 \cdot 1{,}029} = 7{,}66,$$

also
$$n_0 = 30\sqrt{7{,}66} = \infty\ 83.$$

Somit ist der Ungleichförmigkeitsgrad des Regulators nach Gl. 558:
$$\delta_1 = \frac{2(n_0 - n_u)}{n_0 + n_u} = \frac{2(83-80)}{83+80} = 0{,}0368.$$

Die mittlere Tourenzahl ist dann:
$$n = \frac{83+80}{2} = 81{,}5.$$

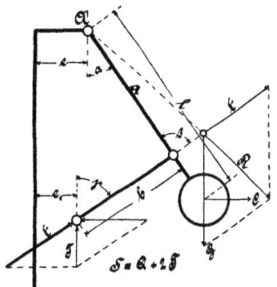

Fig. 248.

Ist der Regulator nach Fig. 248 angeordnet (also so, daß die Länge e nicht gleich der unteren, sondern dort e_1 ist), so muß sein:

$$\frac{\omega^2}{g} = \infty \left(\frac{n}{30}\right)^2 = \frac{1 + \frac{Q}{G}\cdot\frac{a}{2l}(1 + \operatorname{tg}\gamma\cdot\operatorname{cotg}\alpha)}{l\cdot\cos\alpha + e\cdot\operatorname{cotg}\alpha} \quad \ldots\ 567$$

$$\frac{P}{\varepsilon} = S = \frac{G + Q\cdot\frac{a}{2l}(1 + \operatorname{tg}\gamma\cdot\operatorname{cotg}\alpha)}{\frac{a}{2l}(1 + \operatorname{tg}\gamma\cdot\operatorname{cotg}\alpha)} \quad \ldots\ldots\ 568$$

$$s = (a\cdot\cos\alpha_u + b\cdot\cos\gamma_u) - (a\cdot\cos\alpha_0 + b\cdot\cos\gamma_0)\ .\ 569$$

Schließlich könnte noch der Fall vorkommen, daß die Schwungkugel nicht auf der Verlängerung des Armes a sitzt, sondern einen besonderen Arm hat. Alsdann hätte man für die aufzustellenden Formeln die Momentengleichungen um den Drehpunkt A zu bestimmen.

b) Regulator von Watt.

Bei diesem ist $e = 0$ und $Q = 0$. Man kann also leicht die Formeln aus denen des Porterschen Regulators herleiten.

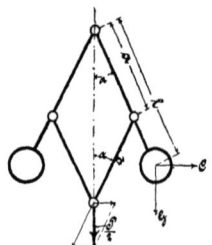

Fig. 249.

Man erhält:

$$\left(\frac{n}{30}\right)^2 = \frac{1}{1 \cdot \cos \alpha} \quad \ldots \quad 570$$

$$G \cdot \frac{l}{a} = \frac{P}{\varepsilon} = S \quad \ldots \quad 571$$

Für den Muffenhub s gilt auch hier die **Gl. 566.**

Aus Gl. 570 folgt, daß der Wattsche Regulator statisch und labil ist. α ist so klein als möglich zu machen. Die einfache Konstruktion des Wattschen Regulators ist ein großer Vorteil vor anderen Konstruktionen.

Ferner ist:

$$\delta_1 = \frac{2\left(\sqrt{\cos \alpha_u} - \sqrt{\cos \alpha_0}\right)}{\sqrt{\cos \alpha_u} + \sqrt{\cos \alpha_0}} \quad \ldots \quad 572$$

Hieraus läßt sich leicht für ein gegebenes δ_1 der Winkel α_0 bestimmen, sofern α_u angenommen wird.

Beispiel. Es ist ein Wattscher Regulator zu berechnen, bei welchem das Arbeitsvermögen 0,9 mkg, der Ungleichförmigkeitsgrad (s. das Bemerkte nach Gl. 558) $\delta_1 = 0{,}035$, der Unempfindlichkeitsgrad $\varepsilon = 0{,}055$, der Hub $s = 0{,}088$ m, $\alpha_u = 22^0$ ist.

Aus Gl. 572:

$$\delta_1 = 0{,}035 = \frac{2\left(0{,}96 - \sqrt{\cos \alpha_0}\right)}{0{,}96 + \sqrt{\cos \alpha_0}}$$

$$0{,}035\left(0{,}96 + \sqrt{\cos \alpha_0}\right) = 2\left(0{,}96 - \sqrt{\cos \alpha_0}\right)$$

$$2{,}035 \sqrt{\cos \alpha_0} = 1{,}884$$

$$\sqrt{\cos \alpha_0} = \frac{1{,}884}{2{,}035} = 0{,}93$$

$$\cos \alpha_0 = 0{,}93^2 = 0{,}865$$

$$\alpha_0 = 30^0\ 10'.$$

Aus Gl. 566:

$$a = \frac{s}{2\left(\cos \alpha_u - \cos \alpha_0\right)}$$

$$a = \frac{0{,}038}{2\left(0{,}927 - 0{,}865\right)} = 0{,}306 \text{ m}.$$

Wird $\dfrac{a}{l} = 0{,}65$ genommen, so wird

$$l = \frac{a}{0{,}65} = \frac{0{,}306}{0{,}65} = 0{,}47 \text{ m}.$$

Da $A = \frac{P}{\varepsilon} \cdot s = S \cdot s = 0{,}9$ mkg sein soll, muß sein:

$$S = \frac{0{,}9}{s} = \frac{0{,}9}{0{,}038} = 23{,}6 \text{ kg und}$$

$$P = S \cdot \varepsilon = 23{,}6 \cdot 0{,}055 = \infty\; 1{,}3 \text{ kg}.$$

Aus Gl. 571 ergibt sich das Kugelgewicht:

$$G = \frac{P \cdot a}{\varepsilon \cdot 1} = \frac{1{,}3 \cdot 0{,}306}{0{,}055 \cdot 0{,}47} = \infty\; 13{,}8 \text{ kg}.$$

Aus Gl. 570 ergeben sich die Tourenzahlen:

$$n_o = \frac{30}{\sqrt{\cos \alpha_o \cdot 1}} = \frac{30}{\sqrt{0{,}865 \cdot 0{,}47}}$$

$$n_o = \frac{30}{0{,}637} = \infty\; 47.$$

$$n_u = \frac{30}{\sqrt{\cos \alpha_u \cdot 1}} = \frac{30}{\sqrt{0{,}927 \cdot 0{,}47}}$$

$$n_u = \frac{30}{0{,}66} = 45{,}4.$$

Zur Kontrolle hätte man nach Gl. 558:

$$\delta_1 = \frac{2\,(n_o - n_u)}{n_o + n_u} = \frac{2\,(47 - 45{,}4)}{47 + 45{,}4} = \infty\; 0{,}035,$$

also wie oben angenommen.

c) Regulator von Kley.

Der Kleysche oder pseudoparabolische Regulator (Fig. 250) ist eine sehr günstige Konstruktion, denn er gestattet bei gegebenem δ_1 einen großen Hub s. Er hat also bei gleichen Gewichten Q und G und gleichem ε ein weit größeres Arbeitsvermögen als der Portersche Regulator.

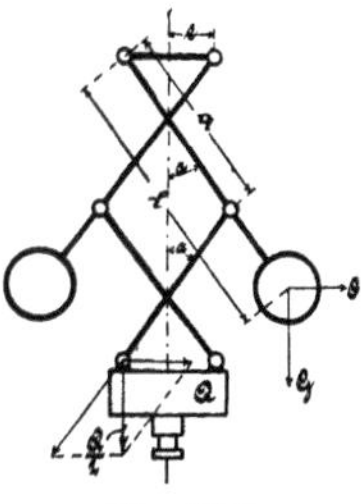

Die Formeln des letzteren lassen sich leicht auf den Kleyschen Regulator übertragen, wenn man nur e negativ setzt.

Man erhält:

$$\frac{\omega^2}{g} = \infty \left(\frac{n}{30}\right)^2 = \frac{1 + \frac{Q}{G} \cdot \frac{a}{l}}{l \cdot \cos \alpha - e \cdot \cot g\, \alpha} \quad . \quad 573$$

Fig. 250. Für die Gewichte und für den Muffenhub gelten wieder die **Gleichungen 565 und 566**.

Der Regulator heißt pseudoastatisch, weil er anfangs labil ist, alsdann einen astatischen Punkt erreicht und endlich stabil wird. Die tiefste brauchbare Stellung fällt mit dem astatischen Punkte zusammen; hierfür ist:

$$\frac{e}{l} = \sin^3 \alpha_u \ \ldots \ldots \ldots \ 574$$

Man kann wählen:

$$\alpha_u = 30^0 \div 40^0;$$
$$\frac{Q}{G} = 3 \div 5;$$
$$\frac{a}{l} = \frac{2}{3}.$$

Beispiel. Bei einem Kleyschen Regulator sei:

$$\alpha_u = 35^0; \ \alpha_o = 45^0; \ \frac{a}{l} = \frac{2}{3}; \ \frac{Q}{G} = 3{,}34.$$

Der Regulator soll ein Arbeitsvermögen von 5 mkg haben.

Ferner sei: $\varepsilon = \frac{1}{27} = 0{,}037$; s = 0,078 m.

Nach Gl. 574 wird:

$$\frac{e}{l} = \sin^3 35^0 = 0{,}574^3 = 0{,}189.$$

Aus Gl. 566 folgt:

$$a = \frac{s}{2 (\cos \alpha_u - \cos \alpha_o)}$$
$$a = \frac{0{,}078}{2 (0{,}819 - 0{,}707)} = 0{,}348 \text{ m}.$$

Bei $\frac{a}{l} = \frac{2}{3}$, also $l = \frac{3}{2} \cdot a = \frac{3}{2} \cdot 0{,}348 = 0{,}52$ m wird noch e = 0,189 . l = 0,189 . 0,52 = 0,0983 m.

Da A = 5 mkg sein soll, wird ferner aus Gl. 561:

$$A = \frac{P}{\varepsilon} \cdot s$$
$$P = \frac{A \cdot \varepsilon}{s} = \frac{5 \cdot 0{,}037}{0{,}078} = \infty \ 2{,}38 \text{ kg}.$$

Nach Gl. 561 ist noch:

$$S = \frac{P}{\varepsilon} = \frac{2{,}38}{0{,}037} = 64{,}4 \text{ kg}.$$

Das Kugelgewicht G ergibt sich aus Gl. 565:

$$G \cdot \frac{l}{a} + Q = \frac{P}{\varepsilon} = S$$
$$G \cdot \frac{3}{2} + 3{,}34 \, G = 64{,}4$$
$$4{,}84 \, G = 64{,}4$$
$$G = \frac{64{,}4}{4{,}84} = \infty \ 13{,}3 \text{ kg}.$$

Zentrifugalpendel-Regulatoren. 287

Demnach ist:
$$Q = 3{,}34 \cdot 13{,}3 = 44{,}4 \text{ kg}.$$

Diese Gewichte sind angängig. Fielen aber die Gewichte bei der Berechnung unbequem groß aus, so könnte man den Hub s größer wählen und die Werte a, l, e, P, S, G und Q nochmals berechnen. Die obere, bezw. untere Tourenzahl ergibt sich aus Gl. 573:

$$\left(\frac{n_o}{30}\right)^2 = \frac{1 + 3{,}34 \cdot \frac{2}{3}}{0{,}52 \cdot 0{,}707 - 0{,}0983 \cdot 1} = \frac{3{,}226}{0{,}2693} = 12$$

$$n_o = 30 \sqrt{12} = 103{,}92 \backsim 104.$$

$$\left(\frac{n_u}{30}\right)^2 = \frac{1 + 3{,}34 \cdot \frac{2}{3}}{0{,}52 \cdot 0{,}819 - 0{,}0983 \cdot 1{,}428} = \frac{3{,}226}{0{,}286} = 11{,}3$$

$$n_u = 30 \sqrt{11{,}3} = 100{,}8.$$

Der Ungleichförmigkeitsgrad wird also nach. Gl. 558:

$$\delta_1 = \frac{2 (n_o - n_u)}{n_o + n_u}$$

$$\delta_1 = \frac{2 (104 - 100{,}8)}{104 + 100{,}8} = 0{,}031.$$

Für eine tiefere Stellung als $\alpha_a = 35^0$ würden sich wieder mehr Touren als $n_u = 100{,}8$ ergeben; z. B. erhielte man für $\alpha = 27^0$:

$$\left(\frac{n}{30}\right)^2 = \frac{1 + 3{,}34 \cdot \frac{2}{3}}{0{,}52 \cdot 0{,}891 - 0{,}0983 \cdot 1{,}963} = \frac{3{,}226}{0{,}271} = 11{,}9$$

$$n = 30 \sqrt{11{,}9} = 103{,}8 \text{ Touren}.$$

Somit ist die Stabilität unterhalb 35^0 bewiesen.

d) Das Winkelpendel.

Das Winkelpendel kann sowohl mit direkter als auch mit umgekehrter Aufhängung ausgeführt werden.

Die Übertragung geschieht durch Kreuzschleife. Die Muffe ist durch ein Gewicht Q belastet, welches häufig als Kugel ausgeführt wird, welche den ganzen Mechanismus einschließt. Zur Betrachtung soll hier die umgekehrte Aufhängung kommen.

α) Gleichgewichtsbedingungen.

Es ist:

$$\frac{\omega^2}{g} = \backsim \left(\frac{n}{30}\right)^2 = \frac{1 + \frac{Q + 2G}{G} \cdot \frac{a}{2l} \cdot \cotg \alpha}{l \cdot \cos \alpha + e \cdot \cotg \alpha} \quad \ldots \quad 575$$

$$\sin^3 \alpha + \frac{e}{l} = \frac{Q+2G}{G} \cdot \frac{a}{2l} \cdot \cos^3 \alpha \quad \ldots \quad 576$$

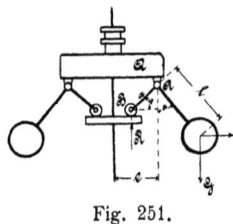

Fig. 251.

Wie beim Kleyschen Regulator kann man auch hier den astatischen Punkt an einen beliebigen Ausschlagswinkel bringen, wenn nur die Verhältnisse von Q, G, a, e und l der Gleichung 576 entsprechen.

Unter allen Umständen ist aber das Winkelpendel nicht stabil. Soll keine labile Stellung vorkommen, so muß sein:

$$\sin^3 \alpha + \frac{e}{l} - \frac{Q+2G}{G} \cdot \frac{a}{2l} \cdot \cos^3 \alpha > 0 \quad \ldots \quad 577$$

β) **Bedingung für das Aufsteigen.**

$$\left(\frac{n_1}{n}\right)^2 - 1 = \varepsilon = \frac{P}{G \dfrac{2l}{a} \cdot \operatorname{tg} \alpha + Q + 2G} \quad \ldots \quad 578$$

Der Muffenhub s wird:

$$s = a \left(\sin \alpha_0 - \sin \alpha_u\right) \quad \ldots \quad 579$$

Um bei Stellungsänderungen die Reibung zu vermindern, bringt man bei B (Fig. 251) eine Laufrolle an. Auf andere Regulator-Ausführungen muß auf Spezial-Werke verwiesen werden.

Für den **Arbeitsbedarf** der Regulierorgane (wie z. B. Drosselklappe, Drosselventil, Schieber usw.), welche den Dampf abdrosseln sollen, kann man schätzungsweise setzen:

$A = 0{,}05 \ D^2$ für die Drosselklappe,
$A = 0{,}015 \ D^2$ für das Glockenventil, $\Big\} \quad \ldots \quad 580$
$A = 0{,}01 \ D^2$ für den Zylinderschieber,

wobei D = Durchmesser der Dampfleitung an der betreffenden Stelle in cm ist.

Da die Festigkeitslehre für die Regulatorarme, für die Spindel u. f. meist unbrauchbare Werte ergibt, so nimmt man diese Teile am besten nach Gefühl an.

Elfter Abschnitt.
Pumpen[1]).

A. Kolbenpumpen.

Über Zylinder, Ventile u. dergl. s. S. 211 u. f.
Die Kolbenpumpen können eingeteilt werden in:
α) Hebepumpen, β) Druckpumpen.

Bei den ersteren ist der Kolben durchbrochen und mit einem Ventil versehen. Die Druckpumpen haben massiven Kolben.
Man unterscheidet noch einfach wirkende und doppelt wirkende Pumpen. Bei den einfach wirkenden Pumpen wird der Inhalt des Zylinders pro Umdrehung der Kurbel oder pro Doppelhub des Kolbens nur einmal gefördert, während die doppelt wirkende Pumpe in derselben Zeit den Zylinderinhalt zweimal fortschafft.

Die in der Saug- als auch Druckleitung eingeschalteten Windkessel verhüten den sog. Wasserschlag und machen die Wasserbewegung in den Rohren, sowie den Ausfluß vom Bewegungsgesetze des Kolbens unabhängig.

Bezeichnet
 Q = zu hebende Flüssigkeitsmenge in cbm pro Sek.,
 F = wirksamen Kolbenquerschnitt in qm,
 c_m = mittlere Kolbengeschwindigkeit in m pro Sek.,
 s = Kolbenhub in m,
 n = Umdrehungszahl pro Minute,
 λ = Lieferungsgrad,

so ist:

$$Q = F\,i\,\lambda\,\frac{s\,n}{60} = F\,i\,\lambda\,\frac{c_m}{2}, \quad \left(\text{also } c_m = \frac{s\,n}{30}\right) \quad \ldots \quad 581$$

worin $i = 1$ für einfach wirkende Pumpen,
 $i = 2$ für doppelt wirkende Pumpen.

---

[1]) Vergl. Fr. Freytag, Hilfsbuch für den Maschinenbau, S. 542 u. f., 2. Aufl., Verlag Julius Springer, Berlin.

Ferner kann man nehmen:
$\lambda = 0{,}95 \div 0{,}97$ bei guten Ausführungen,
$\lambda = \infty\, 0{,}9$ bei weniger guten Ausführungen.

Neuere größere Pumpenausführungen zeigen **mittlere Kolbengeschwindigkeiten** von $c_m = 1$ bis 2 m. Es ist zweckmäßig, für die Berechnung einen nicht zu hohen Wert zu nehmen, um im Bedarfsfalle die Pumpe noch etwas schneller laufen lassen zu können. Häufig beträgt $c_m = 0{,}25$ bis 1 m.

Die **Umdrehungszahl n** ist von der Flüssigkeitsbewegung abhängig und es ist bei ihrer Bestimmung (Wahl) darauf Rücksicht zu nehmen, daß der Ventilschluß ein rechtzeitiger ist.

Die **Hublänge s** richtet sich nach der Kolbengeschwindigkeit und den Anlagekosten.

Ist ferner:

$H_s =$ Saughöhe in m (gemessen vom tiefsten Wasserspiegel bis zum höchsten Kolbenstande),
$H_d =$ Druckhöhe in m,
$H = H_s + H_d =$ gesamte Förderhöhe in m,
$h_s =$ Flüssigkeitshöhe in m, welche den Bewegungswiderständen bei der Saugwirkung entspricht,
$h_d =$ Flüssigkeitshöhe in m, welche den Bewegungswiderständen bei der Druckwirkung entspricht,
$\gamma =$ Gewicht der Flüssigkeit in kg pro cbm,
$\eta =$ Wirkungsgrad,

so wird der Arbeitsbedarf einer Pumpe in PS:

$$N = \frac{Q\,\gamma\,(H + h_s + h_d)}{75} = \frac{Q\,H\,\gamma}{75\,\eta} \quad \ldots \ldots \quad 582$$

Bei gut ausgeführten Kolbenpumpen beträgt:
$$\eta = 0{,}9 \div 0{,}93,$$
sonst nur:
$$\eta = 0{,}8 \div 0{,}85.$$

a) Saugwirkung der Kolbenpumpen.

Dem Druck der Außenluft entspricht bei dem normalen Barometerstand von 76 cm Quecksilbersäule eine Wassersäule von der Höhe $A = 10{,}33$ m. Diese muß die Saughöhe H_s und auch die Widerstandshöhe h_s überwinden, so daß eine überschüssige Wassersäule verbleibt, welche größer als Null sein muß, somit folgt:

$$A - H_s - h_s > 0 \quad \ldots \ldots \ldots \quad 583$$

Für heißes Wasser wird die Saughöhe entsprechend kleiner als die theoretische Flüssigkeitshöhe von 10,33 m; ja sogar Null oder negativ, so daß ein Saugen überhaupt eventuell aufhört. Es ist hierfür der der Temperatur des Wassers entsprechende Dampfdruck (in m Wassersäule) von 10,33 m abzuziehen.

Kolbenpumpen. 291

Der Dampfdruck für verschiedene Wassertemperaturen in m Wassersäule ergibt sich wie folgt:

Wassertemperatur	10°	20°	30°	50°	80°	100°
Dampfdruck in m Wassersäule	0,125	0,236	0,429	1,25	4,824	10,33

Für eine andere Flüssigkeit als Wasser ist die Saughöhe mit dem spezifischen Gewicht der betr. Flüssigkeit zu multiplizieren, damit H_s in m Wassersäule erhalten wird.

Die den Bewegungswiderständen h_s bei der Saugwirkung entsprechende Flüssigkeitshöhe (in m Wassersäule) kann gesetzt werden:

$$\zeta \cdot \frac{v_s^2}{2g},$$

wenn ζ[1]) eine durch Versuche ermittelte Widerstandsvorzahl bedeutet.

Die Wassergeschwindigkeit v_s im Saugrohr kann gewählt werden:

$v_s = \infty\, 1$ m pro Sek. für kurze Leitungen,

$v_s < 0{,}75$ m pro Sek. von etwa über 50 m Leitungslänge an.

Der Druckhöhenverlust ist dann:

$$\frac{v_s^2}{2g}.$$

Bezeichnet

p = größte Kolbenbeschleunigung,
v = Kurbelzapfengeschwindigkeit in m pro Sek.,
R = Kurbelradius in m,
F = Kolbenquerschnitt,
F_s = Saugrohrquerschnitt,
l_s = Länge der bei jedem Pumpenhube zur Ruhe kommenden Wassersäule in m,

so ist der Anteil von h_s zur Beschleunigung der Saugwassermasse bei Beginn des Hubes:

$$\frac{v^2}{R} \cdot \frac{F}{F_s} \cdot \frac{l_s}{9{,}81} \quad \ldots \ldots \ldots \ 584$$

Bei der Berechnung wäre zu prüfen, ob der Gl. 583 genügt wird. Meist wird zur sicheren Erzielung der Saugwirkung ein Saugwindkessel angeordnet. Er soll dann so nahe wie möglich an die Pumpe herangelegt werden. Je nach Größe der Saughöhe beträgt der Inhalt des Saugwindkessels gleich das

---

[1]) Vergl. das Bemerkte auf S. 97. Genaueres über die hydraulischen Bewegungswiderstände s. Hartmann u. Knoke, „Die Pumpen", Verlag Julius Springer, Berlin.

5 bis 16 fache von dem Hubraume der Pumpe. Für sehr lange und sehr gekrümmte Saugleitungen ist dieser Inhalt meist noch größer.

b) Druckwirkung der Kolbenpumpen.

Die dem Bewegungswiderstande h_d bei der Druckwirkung entsprechende Flüssigkeitshöhe (in m Wassersäule) kann gesetzt werden:

$$\xi \frac{v_d^2}{2g},$$

wenn wieder ξ eine durch Versuche festgestellte Widerstandsvorzahl bedeutet.

Die Wassergeschwindigkeit v_d im Druckrohr wird genommen:

$v_d = 1{,}5$ bis 2 m pro Sek. für kleine Pumpen und kurze Leitungen,
$v_d = \infty\, 1$ m pro Sek. für große Pumpen und lange Leitungen.

Bezeichnet

$F_d = $ Druckrohrquerschnitt,
$l_d = $ Länge der bei jedem Pumpenhube zur Ruhe kommenden Druckwassersäule in m,

so muß sein:

$$A + H_d + h_d > \frac{v^2}{R} \cdot \frac{F}{F_d} \cdot \frac{l_d}{9{,}81} \quad \ldots \quad 585$$

Die Bedeutung der Buchstaben ist im übrigen wie vorher. Für Pumpen ohne Druckwindkessel ist $h_d = 0$, weil die Wassergeschwindigkeit am Ende des Hubes Null wird.

Durch Einschaltung eines Druckwindkessels ist die Bewegung der Druckwassersäule beinahe gleichbleibend und die Gefahr des Abreißens der Wassersäule (besonders an Kniestücken) bedeutend vermindert.

Der Druckwindkessel ist möglichst nahe über den Druckventilen anzubringen. Bei großer Druckhöhe und langen Druckleitungen ist die Einschaltung mehrerer Druckwindkessel vorteilhaft.

Der Inhalt I_d des Druckwindkessels hängt ab von der Druckhöhe H_d, von der Länge der Druckleitung l_d und von den Krümmungen der Leitung.

Bei nicht zu sehr gekrümmten Leitungen kann etwa genommen werden für

$H_d + l_d = $	20	50	100	500	1000	2000 m
$I_d = $ dem	4	5	6	9	12	16 fachen Hubraum der Pumpe.

Die **Wandstärke der Windkessel** kann nach Gl. 380 und 381, S. 211 berechnet werden, wobei gesetzt werden kann:

$k_z = 100$ kg pro qcm für Gußeisen,
$k_z = 500$ kg pro qcm für Schmiedeeisen,
$k_z = 800$ kg pro qcm für Stahl und Kupfer.

Die Wandstärke halbkugelförmiger Böden ist die gleiche wie die der Zylinder, bei gegossenen Kesseln ist sie etwas größer zu nehmen.

Beispiel. Eine doppelt wirkende Pumpe soll $Q = 500$ l Wasser pro Minute, d. i. $Q = 0.5$ cbm : $60 = 0.00833$ cbm pro Sek. liefern.

Ferner sei:

Saughöhe $H_s = 4.5$ m; Saugrohrlänge $l_s = 6$ m;
Druckhöhe $H_d = 19.5$ m; Druckrohrlänge $l_d = 30$ m;
$\eta = 0.9$; $\lambda = 0.95$; $n = 28$. $(H = H_s + H_d)$.

Wird die Summe aller Bewegungswiderstände h_s für die Saughöhe hier zu 0,15 m angenommen, bezw. ermittelt, so wäre

$$A - H_s - h_s = 10.33 - 4.5 - 0.15 = 5.83,$$

also > 0, womit der Gl. 583 genügt wäre.

Der Querschnitt der Rohre ermittelt sich aus Gl. 120; also wird der Saugrohrquerschnitt bei $v_s = 1$ m:

$$F_s = \frac{Q}{v_s \cdot \lambda} = \frac{0.00833}{1 \cdot 0.95} = 0.00876 \text{ qm},$$

und der Saugrohrdurchmesser:

$$\frac{D_s^2 \pi}{4} = 0.00876$$

$$D_s = \infty\, 0.105 \text{ m} = 10.5 \text{ cm}.$$

Die Durchmesser sind nach der Röhrentabelle (vergl. des Verfassers „Maschinenelemente") abzurunden und die Röhren nach dieser Tabelle zu nehmen. Nimmt man nun die mittlere Kolbengeschwindigkeit zu $c_m = 0.6$ m an, so ergibt sich der Kolbenhub aus Gl. 581:

$$s = \frac{30 \cdot c_m}{n} = \frac{30 \cdot 0.6}{28} = 0.643 \text{ m} = 64.3 \text{ cm}.$$

Also ist $R = \frac{s}{2} = 0.321$ m.

Nun wird der Kolbenquerschnitt nach Gl. 581:

$$F = \frac{Q}{i \cdot \lambda \cdot \frac{c_m}{2}} = \frac{0.00833}{2 \cdot 0.95 \cdot 0.3} = 0.0146 \text{ qm},$$

und der Kolbendurchmesser:
$$\frac{D^2 \pi}{4} = 0{,}0146$$
$$D = \infty\, 0{,}136 \text{ m} = 13{,}6 \text{ cm}.$$

Das Verhältnis Hub zum Kolbendurchmesser wäre also:
$$\frac{s}{D} = \frac{0{,}643}{0{,}136} = 4{,}72.$$

Nach Gl. 582 folgt der Kraftbedarf aus
$$N = \frac{Q H \gamma}{75\, \eta} = \frac{0{,}00833 \cdot 24 \cdot 1000}{75 \cdot 0{,}9} = 2{,}96 \text{ PS}.$$

Der Druckrohrquerschnitt würde noch bei $v_d = 1{,}6$ m:
$$F_d = \frac{Q}{v_d \cdot \lambda} = \frac{0{,}00833}{1{,}6 \cdot 0{,}95} = 0{,}00547 \text{ qm},$$
und der Druckrohrdurchmesser:
$$\frac{D_d^2 \pi}{4} = 0{,}00547$$
$$D_d = 0{,}074 \text{ m} = 7{,}4 \text{ cm}.$$

Für die Windkessel sind die früher gemachten Angaben maßgebend.

Zu kontrollieren ist noch, ob der Gleichung 585 genügt wird. Es ist:
$$v = \frac{2 R \pi n}{60} = 2\, \frac{\frac{s}{2} \pi n}{60} = \frac{s \pi n}{60} = \frac{0{,}643 \cdot 3{,}14 \cdot 28}{60}$$
$$v = 0{,}942 \text{ m},$$
daher $v^2 = 0{,}886$.

Nimmt man nun die Summe aller Bewegungswiderstände h_d für die Druckhöhe zu 0,35 m an (bezw. wird h_d ermittelt), so wird nach Gl. 585:
$$10{,}33 + 19{,}5 + 0{,}35 > \frac{0{,}886}{0{,}321} \cdot \frac{0{,}0146}{0{,}00547} \cdot \frac{30}{9{,}81}$$
$$30{,}18 > 22{,}4,$$
also der Gl. 585 entsprechend.

Der sich verändernde Kolbendruck kann annähernd bestimmt werden aus:
$$P = \frac{D^2 \pi}{4} \cdot H_t \cdot \gamma,$$
wenn für $H_t = H_s + H_d + h_s + h_d$ gesetzt wird.

Demnach also:
$$P = 0{,}0146 \cdot 24{,}5 \cdot 1000 = 358 \text{ kg}.$$

Das mittlere Moment der Kurbel wäre:
$$M = 71620 \frac{N}{n} = 71620 \frac{2,96}{28} = 7560 \text{ cmkg}.$$

Das Maximalmoment folgt aus:
$$M_{max} = P \cdot R = 358 \cdot 32,1 = \infty\, 11500 \text{ cmkg}.$$

Mit Rücksicht auf die Maschinenreibung hätte man noch P und M_{max} durch η oder 0,9 zu dividieren.

Also wäre:
$$P = \frac{358}{0,9} = 398 \text{ kg}$$

und
$$M_{max} = \frac{11500}{0,9} = \infty\, 12800 \text{ cmkg}.$$

B. Kreiselpumpen (Zentrifugalpumpen).

Man unterscheidet Kreiselpumpen mit horizontaler und senkrechter Welle, dann mit einseitigem und zweiseitigem Einlauf. Haben die Kreiselpumpen die Wassermenge bis auf etwa 20 m Höhe zu fördern, so heißen sie Niederdruck-Kreiselpumpen. Bei

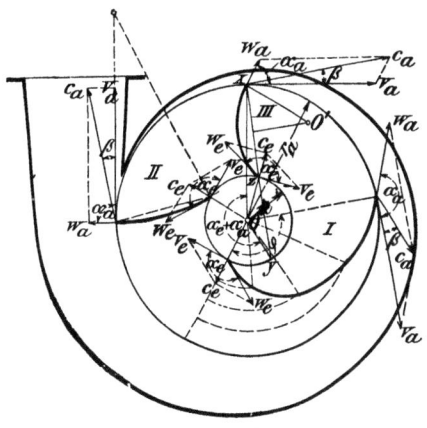

Fig. 252.

einer Förderung über 20 m nennt man dieselben Hochdruck-Kreiselpumpen.

Ausgeführt werden solche Pumpen für Förderungen von etwa 1,5 bis 150 cbm pro Minute und bis auf 150 m Höhe. Wird die Pumpe über der Oberfläche der zu hebenden Flüssigkeit aufgestellt, so muß dieselbe zwecks Ingangsetzung mit der Flüssigkeit angefüllt werden. Durch Räder oder Riemen kann der Antrieb derselben erfolgen.

Es bezeichne (vergl. Fig. 252, S. 295):

$A = 10{,}33$ m die dem Luftdruck entsprechende Wassersäule,

$H_s =$ Saughöhe in m,

$H_d =$ Druckhöhe in m,

$H = H_s + H_d =$ gesamte Förderhöhe in m,

$Q =$ gehobene Flüssigkeitsmenge in cbm pro Sek.,

$\gamma =$ Gewicht der Flüssigkeit in kg pro cbm,

v_s und $v_d =$ Saug- und Druckgeschwindigkeit in m pro Sek.,

c_e und $c_a =$ absolute Eintritt- und Austrittgeschwindigkeit in m pro Sek.,

w_e und $w_a =$ relative Eintritt- und Austrittgeschwindigkeit in m pro Sek.,

r_e und $r_a =$ inneren und äußeren Radhalbmesser in m,

b_e und $b_a =$ innere und äußere lichte Radbreite in m,

$n =$ Anzahl der Umdrehungen des Rades pro Minute,

$H_w = h_s + h_r + h_d =$ die Widerstandshöhe in m, welche den Bewegungswiderständen im Saugrohre, im Rade und im Druckrohre entspricht.

Die größte **Saughöhe**, welche möglich ist, ergibt sich aus der Bedingung:

$$A - \left(H_s + h_s + \frac{v_s^2}{2g}\right) > 0 \quad \ldots \ldots \quad 586$$

Es ist etwa:

$v_s = 1$ bis 2 m pro Sek., je nach Länge der Leitung.

Der **Saugrohrdurchmesser** d_s ergibt sich aus:

$$Q = \frac{d_s^2 \pi}{4} \cdot v_s \quad \ldots \ldots \ldots \quad 587$$

Bei zweiseitigem Einlauf wird der **Saugrohrdurchmesser** d_s':

$$Q = 2\frac{d_s'^2 \pi}{4} \cdot v_s \quad \ldots \ldots \quad 588$$

Ist $z_e =$ Schaufelzahl am inneren Umfange,

$z_a =$ Schaufelzahl am äußeren Umfange,

$e =$ Dicke der Schaufeln,

so gilt für den **Eintritt der Flüssigkeit in das Rad**, bezw. **in den Druckkanal**:

$$Q = \left(2r_e\pi - z_e\frac{e}{\sin\alpha_e}\right)b_e \cdot c_e = \left(2r_a\pi - z_a\frac{e}{\sin\alpha_a}\right)b_a \cdot c_a \cdot \sin\beta \quad 589$$

Kreiselpumpen (Zentrifugalpumpen). 297

Bei Pumpen mit zweiseitigem Einlauf ist:
$r_e = 0.6\, d_s'$,
$z_e = 6 \div 12$, je nach der Größe des Rades,
$z_a = z_e$ bei nicht sehr großen Pumpen,
$z_a > z_e$ bei großen Pumpen,
$e = 6 \div 10$ mm bei Gußeisenschaufeln.

Ferner ist:
$r_a = 2\, r_e$ für gewöhnlich,
$r_a > 2\, r_e$ bei großen Förderhöhen,
$c_e = v_s$ oder auch $= c_a \cdot \sin \beta$; im letzteren Falle ist aber b_e und b_a nicht gleich groß.
α_e, α_a und β sind Winkel laut Fig. 252.

Für die Radgeschwindigkeit v_a am äußeren Umfange gilt:

$$v_a = \sqrt{\frac{2g(H + H_w) + v_d^2}{1 + \dfrac{\sin(\alpha_a + \beta)}{\sin(\alpha_a - \beta)}}} \quad \ldots \ldots \quad 590$$

$v_d = \infty\, 1 \div 2$ m pro Sek.

Soll die gegebene Förderhöhe mit dem kleinsten v_a überwunden werden, so muß der Ausdruck $\dfrac{\sin(\alpha_a + \beta)}{\sin(\alpha_a - \beta)}$ in Gleich. 590 möglichst groß werden.

Bei der viel angewandten zurückgekrümmten Schaufel (Form I in Fig. 252) ist $\alpha_a > 90°$, da β nun spitz ist, wird dieser Ausdruck < 1.

Form II in Fig. 252 zeigt die von Rittinger gewählte Schaufelkrümmung; bei dieser ist $\alpha_a = 90°$ und es wird der Ausdruck $= 1$.

Bei der Form III in Fig. 252, d. h. bei der vorwärts gekrümmten Schaufelform ist der Ausdruck > 1. Daher ist vorteilhaft diese letztere Form besonders für größere Förderhöhen auszuführen.

Für die Radgeschwindigkeit v_e am inneren Umfange gilt:

$$v_e = v_a \frac{r_e}{r_a} \quad \ldots \quad \ldots \ldots \quad 591$$

Für die Schaufelform sind zunächst die Winkel α_e und α_a maßgebend; α_e folgt aus:

$$\operatorname{tg}(180 - \alpha_e) = \frac{c_e}{v_e}; \quad \ldots \ldots \ldots \quad 592$$

α_a kann auf Grund der gemachten Angaben angenommen werden.

Wächst die tangentiale Komponente der Durchflußgeschwindigkeit durch das Rad nach außen proportional dem Radhalbmesser, bezw. wird dieselbe so gewählt, so empfiehlt Fink, als Schaufelform die archimedische Spirale (Form I in Fig. 252) zu nehmen.

Für $r_a = 2\,r_e$ wird der Zentriwinkel φ, innerhalb dessen die Schaufel liegt, 160^0 gemacht; die Winkel α_e und α_a sind dann bestimmt. Wird jedoch α_e und α_a angenommen und danach die Spirale gezeichnet, so muß φ bestimmt werden aus der Gleichung:

$$\varphi = \frac{r_a - r_e}{r_e} \cdot \frac{180}{\pi\,\text{tg}\,(180 - \alpha_e)} = \frac{r_a - r_e}{r_a} \cdot \frac{180}{\pi\,\text{tg}\,(180 - \alpha_a)} \qquad 593$$

Hierbei ist zu beachten, daß nur α_e und α_a angenommen werden kann, wenn $\dfrac{r_a}{r_e}$ gegeben ist.

Die Rittinger-, wie auch alle anderen vorwärts gekrümmten Schaufelformen (II und III in Fig. 252) lassen sich vorteilhaft als Kreisbogen bilden, indem man den Winkel

$$x\,O\,y = 360^0 - (\alpha_e + \alpha_a)$$

macht, dann xy zieht, xz halbiert und als Mittelpunkt des Kreisbogens den Schnitt O' der Senkrechten im Halbierungspunkte mit der in x zu der Richtung von w_a gezogenen Senkrechten nimmt.

Die **Umdrehungszahl des Rades** pro Minute ist:

$$n = \frac{30\,v_a}{\pi\,r_a} = 9{,}55\,\frac{v_a}{r_a}\,; \qquad \ldots \ldots \quad 594$$

n oder r_a ist anzunehmen, v_a ist, wie oben bemerkt, zu berechnen.

Der **Arbeitsbedarf** E_e in sekmkg. wird:

$$\begin{aligned}
E_e &= Q\,\gamma\left(H + H_w + \frac{v_d{}^2}{2g}\right) + E_w \\
&= Q\,\gamma\,\frac{v_a{}^2}{2g}\left[1 + \frac{\sin(\alpha_a + \beta)}{\sin(\alpha_a - \beta)}\right] + E_w \\
&= \frac{Q\,H\,\gamma}{\eta}, \quad \ldots \ldots \ldots \quad 595
\end{aligned}$$

worin bedeutet:

$E_w = $ Widerstandsarbeit, welche die Zapfenreibung und das drehende Rad in der Flüssigkeit verursacht,

$\eta = $ Wirkungsgrad der Zentrifugalpumpe.

Es kann gesetzt werden nach Hartig:

$$E_w = \infty\,1{,}2\,v_a{}^2 \text{ in sekmkg.}$$

E_e wird am kleinsten für schwach zurückgekrümmte Schaufeln, nämlich für $\alpha_a = 90 + 0{,}5\,\beta$.

Kreiselpumpen (Zentrifugalpumpen). 299

Nach Ebel kann genommen werden:
$\beta = 10^0$ und damit $\alpha_a = 95^0$.

Ferner ist bei der Kreiselpumpe:
$$\eta = \frac{Q\,H\,\gamma}{Q\,\gamma\,\dfrac{v_a^2}{2g}\left[1 + \dfrac{\sin(\alpha_a + \beta)}{\sin(\alpha_a - \beta)}\right] + E_w} \quad \ldots \quad 596$$

Wird $\alpha_a = 90 + 0{,}5\,\beta$ gemacht, so wird η am größten, nämlich:
$$\eta_{max} = \frac{Q\,H\,\gamma}{Q\,\gamma\,\dfrac{v_a^2}{2g}(2 - 4\cos^2\alpha_a) + E_w} \quad \ldots \quad 596a$$

Der Wirkungsgrad η ist meist bei ausgeführten Zentrifugalpumpen $\leqq 0{,}6$.

Vorgang bei der Berechnung einer Zentrifugalpumpe.

Gegeben ist die Flüssigkeitsmenge Q und die Förderhöhe H.

Gewählt werden zunächst v_s und v_d, wodurch dann d_s und d_d bestimmt sind und h_s und h_d berechnet werden können.

Dann muß der Gl. 586 entsprochen werden. Wird dieser Gleichung nicht genügt, so ist H_s kleiner zu nehmen.

Hierauf sind die Winkel α_a und β anzunehmen, womit sich aus Gl. 590 der Wert für v_a ergibt.

Nun wird w_a und c_a ermittelt, $\dfrac{r_a}{r_e}$ gewählt, r_e aus d_s bezw. d_s' berechnet, womit r_a, v_e, α_e, w_e und n folgen.

Ferner werden z_e und z_a gewählt, die Schaufelformen aufgezeichnet und e angenommen; damit kann b_e und b_a berechnet werden. Endlich läßt sich aus den ermittelten Werten E_e und η bestimmen.

Meist erhält der Druckkanal, d. i. der Kanal dicht an der Pumpe, durch welchen das Rad die Flüssigkeit nach dem Druckrohr leitet, rechteckigen Querschnitt und eine Breite gleich der äußeren Radbreite b_a. Wird dann um den Radmittelpunkt mit $r_a \cdot \sin\beta$ ein Kreis beschrieben, so ergibt sich in der Evolvente desselben eine passende Form des Kanals.

Zwölfter Abschnitt.

Wasserräder[1]).

Einteilung und Wahl der Wasserräder.

Man unterscheidet:
a) **Unterschlächtige Räder**, bei denen der Wassereintritt am unteren Scheitel des Rades erfolgt.
b) **Kropfräder**, bei denen der Wassereintritt zwischen Mitte und unterem Scheitel erfolgt und die Wasserzuführung durch ein gekrümmtes Gerinne mit Durchlaßschütze geschieht.
c) **Mittelschlächtige Räder**, bei denen das Wasser etwa in Höhe der Radachse eintritt. Die Wasserzuführung erfolgt entweder durch Leitschaufeln (Kulissen), oder durch einen besonderen Überfall.
d) **Rückenschlächtige Räder**, bei denen der Wassereintritt zwischen Scheitel und Mitte erfolgt.
e) **Oberschlächtige Räder**, bei denen das Wasser am oberen Radscheitel eintritt.

Man nennt noch **Kübel- oder Zellenräder** solche, welche nach außen offen, aber seitlich durch Radkranzwände begrenzt sind. Hierher gehören die oberschlächtigen und rückenschlächtigen Räder.

Eine bestimmte Wassermenge bedingt bei einem gewissen Gefälle eine ganz bestimmte Radkonstruktion. Dies ist von Redtenbacher in dem Diagramm Fig. 253 dargestellt. Es sind in demselben die Gefälle in m als Abszissen (horizontal), die Wassermengen in cbm pro Sek. als Ordinaten (vertikal) aufgetragen. Die eingezeichneten Linien geben die zu wählende Radart an. Die Begrenzungskurve stellt dar, wie weit man überhaupt ein Wasserrad anwenden kann. Für größere Wassermengen (als diese Kurve angibt) bei gleichem Gefälle sind zwei oder mehr Räder oder es ist eine Turbine anzuwenden.

---

[1]) Vergl. F. Beyrich, „Die Wasserräder", Verlag J. M. Gebhardt, Leipzig.

Einteilung und Wahl der Wasserräder. 301

Es ist (Fig. 253):
I. Unterschlächtiges oder Poncelet-Rad.
II. Kropfrad oder Poncelet-Rad.
III. Kropfrad.
IV. Schaufelrad mit Überfalleinlauf.
V. Schaufelrad mit Kulisseneinlauf.
VI. Rückenschlächtiges Rad mit Kulisseneinlauf.
VII. Oberschlächtiges Rad.

Nach dem Diagramm würde z. B. für ein Gefälle von 4 m und 0,5 cbm Wassermenge pro Sek. ein rückenschlächtiges Rad

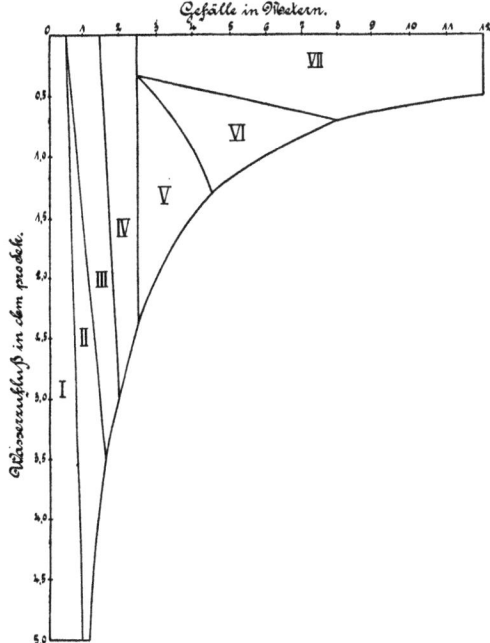

Fig. 253.

mit Kulisseneinlauf zu wählen sein, weil der Punkt, welcher der Abszisse 4 m und der Ordinate 0,5 cbm entpricht, in der Fläche VI des Diagrammes liegt.

Fällt dieser Punkt auf eine Grenzlinie, z. B. bei 1 m Gefälle und 1,5 cbm Wassermenge pro Sek., so kann entweder eine Radkonstruktion nach II oder III Anwendung finden.

Fällt der Punkt ganz aus dem Diagramm heraus, so ist die Wassermenge bei diesem Gefälle zu groß, d. h. für ein Rad zu groß.

Das größte zulässige Gefälle ist nach dem Diagramm 12 m. Man findet auch nur ausnahmsweise noch größere Gefällhöhen.

Außerdem können noch örtliche Verhältnisse für die Radwahl maßgebend sein.

A. Effekt und Wirkungsgrad der Wasserräder.

Bezeichnet

$Q=$ zufließende Wassermenge in cbm pro Sek.,
$H=$ Gefällhöhe in m,
$\gamma = 1000$ kg $=$ Gewicht eines Kubikmeters Wasser,
$c=$ Geschwindigkeit in m, welche durch das Herabfallen des Wassers von der Höhe H erlangt wird,
$g = 9{,}81$ m (Erdbeschleunigung),

so ist die absolute Leistung in Pferdestärken:

$$N_a = \frac{Q\gamma H}{75} = \frac{Q\gamma}{75} \cdot \frac{c^2}{2g} \quad \ldots \ldots \quad 597$$

Ist ferner

$N_n =$ Nutzleistung bezw. effektive Leistung,
$\eta =$ Wirkungsgrad bezw. Güteverhältnis,

so wird:

$$N_n = \eta \cdot N_a \quad \ldots \ldots \ldots \quad 598$$

Die einzelnen Radgattungen haben folgende Wirkungsgrade

1. Unterschlächtiges Rad . . . . . $\eta = 0{,}3 \div 0{,}35$
2. Poncelet-Rad . . . . $\eta = 0{,}6 \div 0{,}65$
3. Kropfrad . . . . $\eta = 0{,}4 \div 0{,}5$
4. Mittelschlächtiges Rad:
    a) Schaufelrad mit Überfalleinlauf $\eta = 0{,}6 \div 0{,}65$
    b) Schaufelrad mit Kulisseneinlauf $\eta = 0{,}65 \div 0{,}7$
5. Rückenschlächtiges Rad . . . . $\eta = 0{,}6 \div 0{,}7$
6. Oberschlächtiges Rad:
    a) bei kleinem Gefälle . . . . . $\eta = 0{,}6 \div 0{,}7$
    b) bei großem Gefälle . . . . . $\eta = 0{,}7 \div 0{,}8$

Ist die Aufgabe so gestellt, daß Q gesucht werden soll, so folgt aus Gl. 597 und 598:

$$Q = \frac{75 \cdot N_n}{\eta \cdot \gamma \cdot H} \quad \ldots \ldots \ldots \quad 599$$

Beispiel. Es sei das Gefälle $H = 2$ m und die Wassermenge $Q = 1{,}2$ cbm pro Sek., so ist nach dem Diagramm Fig. 253 ein Schaufelrad mit Überfalleinlauf (Fläche IV) zu wählen.

Nach Gl. 597 ist nun die absolute Leistung:
$$N_a = \frac{1,2 \cdot 1000 \cdot 2}{75} = 32\,PS.$$

Wird nach obigen Angaben $\eta = 0{,}625$ genommen, so folgt für die Nutzleistung (Gl. 598):
$$N_n = 0{,}625 \cdot 32 = 20\,PS.$$

B. Radius R und Umfangsgeschwindigkeit v der Wasserräder.

Der Radius R des Rades (vom Radmittelpunkt bis zum äußeren Umfang) ist eigentlich nur beim oberschlächtigen Rade durch das Gefälle bestimmt, doch macht man ihn auch bei den übrigen Rädern dem Gefälle proportional. v ist die Drehgeschwindigkeit am äußeren Umfange.

Redtenbacher gibt folgende Werte an, wobei v in Metern pro Sek., R und H in Metern zu verstehen sind.

Art der Räder	v =	R =
1. Unterschlächtiges Rad . . .	$0{,}4\sqrt{2gH}$	$2 \div 4\,m$
2. Poncelet-Rad	$0{,}55\sqrt{2gH}$	$2\,H$
3. Kropfrad	$2\,m$	$1{,}5\,H \div 2{,}5\,H$
4. Schaufelrad mit Überfalleinlauf	$1{,}5\,m$	$1{,}25\,H \div 1{,}5\,H$
5. Schaufelrad mit Kulisseneinlauf	$1{,}5\,m$	H
6. Rückenschlächtiges Rad . .	$1{,}5\,m$	$\frac{2}{3}\,H$
7. Oberschlächtiges Rad . . .	$1{,}3 \div 1{,}5 \div 2\,m$	$\dfrac{H - \dfrac{2v^2}{g}}{2}$

Die kleineren Werte für v gelten für kleinere Gefälle.

C. Füllung ε der Räder.

Unter der Füllung ε eines Rades versteht man das Verhältnis des in den Zellen bezw. im Schaufelraum enthaltenen Wassers zum ganzen Raum. ε ist daher stets ein echter Bruch.

Ist (vergl. Fig. 254):
a = Tiefe des Radkranzes, radial gemessen,
b = Radbreite, parallel zur Achse gemessen,

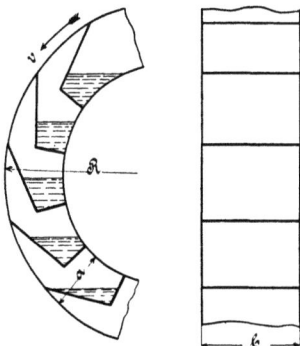

Fig. 254.

so beschreibt der Kranzquerschnitt pro Sekunde das Volumen a.b.v. Da nun in derselben Zeit dem Rade die Wassermenge Q zufließt, muß sein:

$$\varepsilon = \frac{Q}{a.b.v} \quad \ldots \ldots \ldots \quad 600$$

Der Füllungskoeffizient ε kann genommen werden:

$$\left.\begin{aligned}\varepsilon &= \frac{1}{2} \div \frac{1}{3} \text{ für Schaufelräder,} \\ \varepsilon &= \frac{1}{3} \div \frac{1}{5} \text{ für Kübelräder,} \\ \varepsilon &= \frac{3}{5} \text{ für das Poncelet-Rad}\end{aligned}\right\} \quad \ldots \quad 601$$

D. Radbreite b und Kranztiefe a.

Unter a und b sind die lichten Weiten zu verstehen.

Wird a angenommen, so kann b aus Gl. 600 und 601 berechnet werden.

Man kann aber auch ein Verhältnis für $\frac{b}{a}$ annehmen und dann b und a einzeln berechnen.

Nach Redtenbacher ist:

$$\left.\begin{aligned}\lambda &= \frac{b}{a} = 1{,}75 \sqrt[3]{N_a} \text{ für Schaufelräder,} \\ \lambda &= \frac{b}{a} = 2{,}25 \sqrt[3]{N_a} \text{ für Kübelräder,}\end{aligned}\right\} \quad \ldots \quad 602$$

Damit:

$$b = \sqrt{\frac{Q}{\varepsilon v} \cdot \lambda} \quad \ldots \ldots \quad 603$$

$$a = \frac{b}{\lambda} \quad \ldots \ldots \ldots \quad 604$$

Wird jedoch a angenommen, so kann man wählen:

$$\left.\begin{aligned}&a = 0{,}31 \text{ m} \div 0{,}52 \text{ m für unterschlächtige Räder,} \\ &a = 0{,}31 \text{ m} \div 0{,}42 \text{ m für mittelschlächtige Räder,} \\ &a = 0{,}4 \text{ m für rückenschlächtige Räder,} \\ &a = 0{,}26 \text{ m} \div 0{,}35 \text{ m für oberschlächtige Räder}\end{aligned}\right\} \quad . \quad 605$$

Aus Gl. 600 folgt dann b.

Für das Poncelet-Rad wird meist genommen:

$$\left.\begin{aligned}b &= 5{,}26 \frac{Q}{H\sqrt{2gH}} \\ a &= 0{,}509 \, H\end{aligned}\right\} \text{ für Holzräder} \quad \ldots \quad 606$$

Arm- und Schaufelzahl. Teilung. 305

$$b = 6 \frac{Q}{H \sqrt{2gH}}$$
$$a = 0{,}476\,H$$
$\Big\}$ für Eisenräder 607

E. Arm- und Schaufelzahl. Teilung.

Für $b \leq 2{,}5$ m genügen zwei Armsysteme, für $b > 2{,}5$ m sind 3 oder 4 Armsysteme erforderlich.

Die Anzahl A der Arme kann genommen werden:

$A = 2{,}5\,(1 + R)$ für Holzräder,
$A = 2\,(1 + R)$ für Eisenräder, $\Big\}$ 608

R hierbei in Metern.

Für A wird meist eine gerade Zahl genommen.

Die Teilung t der Schaufeln (d. i. die Entfernung der Schaufeln voneinander, gemessen im Bogen des äußeren Radumfanges) muß derart sein, daß der Eintritt des Wassers ohne Schwierigkeit stattfinden kann. Man nimmt:

$t = 0{,}7\,a + 0{,}2$ Meter für Schaufelräder,
$t = 0{,}6\,a + 0{,}12$ Meter für Kübelräder $\Big\}$ . . . 609

Die Schaufelzahl z wird:

$$z = \frac{2\,R\,\pi}{t} \qquad \ldots \ldots \ldots 610$$

z soll zweckmäßig durch die Armzahl A ohne Rest aufgehen; dementsprechend ist die berechnete Schaufelzahl oder die berechnete Teilung oder beide zu korrigieren.

Poncelet-Räder erhalten meist $z = 42$ Schaufeln.

Beispiel. Für eine Wassermenge $Q = 1{,}5$ cbm pro Sekunde und ein Gefälle $H = 3$ m ist nach dem Diagramm Fig. 253 ein Schaufelrad mit Kulisseneinlauf zu wählen.

Es ist nach Gl. 597:

$$N_a = \frac{Q\,\gamma\,H}{75} = \frac{1{,}5 \cdot 1000 \cdot 3}{75} = 60 \text{ absolute Pferdestärken.}$$

Bei $\eta = 0{,}65$ wird die Nutzleistung nach Gl. 598:

$$N_n = \eta \cdot N_a = 0{,}65 \cdot 60 = 39 \text{ PS.}$$

Nach den Angaben S. 303 kann für dieses Rad genommen werden:

$$v = 1{,}5 \text{ m}; \quad R = H = 3 \text{ m}.$$

Nach Gl. 601 ist etwa:

$$\varepsilon = 0{,}4.$$

Schneider, Formel- und Beispielsammlung.

Wird nach Gl. 605

$$a = 0{,}36 \text{ m}$$ gewählt, so ist nach Gl. 600:

$$\varepsilon = \frac{Q}{a \cdot b \cdot v}$$

$$0{,}4 = \frac{1{,}5}{0{,}36 \cdot b \cdot 1{,}5}$$

$$b = 6{,}95 \text{ m}.$$

Diese Radbreite ist recht groß, weshalb nach Gl. 601 besser genommen werde:

$$\varepsilon = 0{,}5$$

und nach Gl. 605:

$$a = 0{,}42 \text{ m}.$$

Damit wird nun nach Gl. 600:

$$0{,}5 = \frac{1{,}5}{0{,}42 \cdot b \cdot 1{,}5}$$

$$b = 4{,}76 \text{ m}.$$

Diese Werte für a und b sind beizubehalten.

Da die Breite des Rades größer als 2,5 m ist, muß das Rad 3 Armsysteme erhalten und wird bei einem Eisenrade nach Gl. 608:

$$A = 2(1+3) = 8,$$

so daß im ganzen $3 \cdot 8 = 24$ Arme anzuordnen sind.

Die Teilung t ergibt sich nach Gl. 609:

$$t = 0{,}7 \cdot 0{,}42 + 0{,}2 = 0{,}494 \text{ m},$$

und es wird dann die Schaufelzahl z nach Gl. 610:

$$z = \frac{2R\pi}{t} = \frac{2 \cdot 3 \cdot 3{,}14}{0{,}494} = 38{,}1,$$

wofür $z = 40$ gesetzt werden soll, damit die Armzahl in der Schaufelzahl aufgeht.

Es muß nun aber R oder t korrigiert werden, daher wird die definitive Teilung (Gl. 610):

$$t = \frac{2R\pi}{z} = \frac{2 \cdot 3 \cdot 3{,}14}{40} = 0{,}472 \text{ m}.$$

Es ist empfehlenswert, stets auf der Zeichnung zu kontrollieren, ob die Schluckweite groß genug ist, ob also der Raum zwischen 2 Schaufeln der Dicke des eintretenden Wasserstrahles genügt. Im Nichtfalle ist t zu vergrößern und damit R und z entsprechend zu ändern.

F. Stoßwirkung des Wassers.

Das Wasser wirkt auf die Radschaufeln durch Stoß, durch sein Gewicht und durch seine lebendige Kraft.

Stoßwirkung des Wassers.

Für die Stoßwirkung des Wassers gilt folgendes:
Bezeichnet (Fig. 255)
   L = die pro Sekunde geleistete Arbeit,
   Q = Wassermenge in cbm pro Sek.,
   γ = 1000 kg = Gewicht eines cbm Wassers,
   g = 9,81 m = Beschleunigung der Schwere,
   c = Geschwindigkeit des Wassers senkrecht gegen eine Fläche, z. B. gegen eine Radschaufel,
   v = Geschwindigkeit dieser Fläche, bezw. Radschaufel in derselben Richtung wie c,
so heißt die relative Geschwindigkeit des Wassers $= c - v$, und es ist:

$$L = \frac{Q\gamma}{g}(c-v)v \quad \ldots \ldots \ldots \quad 611$$

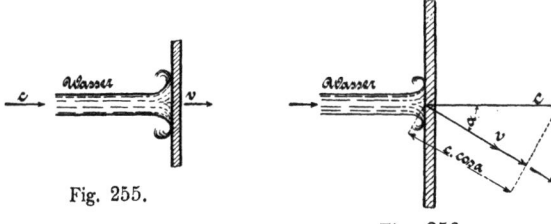

Fig. 255.   Fig. 256.

Bewegt sich jedoch die Fläche, bezw. Radschaufel nicht in der Richtung von c, sondern mit der Geschwindigkeit v um den Winkel α abweichend von c (Fig. 256), so ist:

$$L = \frac{Q\gamma}{g}(c \cdot \cos\alpha - v)v \quad \ldots \ldots \quad 612$$

L ist also hier kleiner als in Gl. 611.

Die Leistung wird am größten, wenn $v = \frac{c}{2}$ ist, damit folgt die Nutzleistung:

$$L_n = \frac{Q\gamma}{g} \cdot \frac{c^2}{4} \quad \ldots \ldots \ldots \quad 613$$

Ist h die Gefällhöhe, $h = \frac{c^2}{2g}$, so ist die absolute Leistung:

$$L_a = Q\gamma \frac{c^2}{2g} = \frac{Q\gamma}{g} \cdot \frac{c^2}{2} \quad \ldots \ldots \quad 614$$

Aus Gl. 613 und 614 folgt, daß beim Stoß die halbe Arbeit verloren geht. Es haben daher diejenigen Wasserräder den größten Wirkungsgrad, bezw. größte Nutzleistung, bei denen der Druck durch das Wassergewicht am größten, die Stoßwirkung aber am kleinsten ist. Ferner geht aus obigem hervor, daß für Wasserräder vorteilhaft $v = \dfrac{c}{2}$ zu wählen ist.

1. Das unterschlächtige Rad.

Das unterschlächtige Rad ist ein Schaufelrad. Der Wasserzufluß wird durch eine Spannschütze reguliert. Da das Wasser hier nur durch Stoß wirkt, geht mindestens die Hälfte des dem

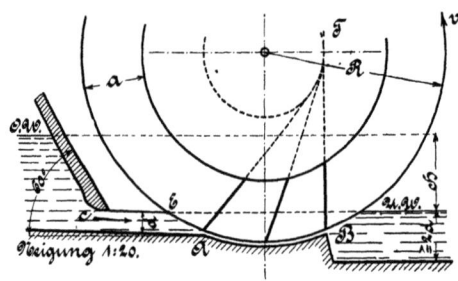

Fig. 257.

Wasser innewohnenden Arbeitsvermögens verloren. Daher wird das unterschlächtige Rad nur bei ganz kleinen Gefällen angewendet.

Zur Bestimmung der Nutzleistung ist Gl. 612 zu benutzen; da der Winkel α aber sehr klein ist, kann genau genug auch Gl. 611 Anwendung finden.

Der Wirkungsgrad η ist wie auf S. 302 angegeben.

Die minutliche Tourenzahl n des Rades bestimmt sich aus Gl. 3, nämlich

$$n = \frac{30\,v}{R\,\pi} = 9{,}55\,\frac{v}{R}.$$

Die Schütze soll möglichst dicht vor dem Rade unter 60° Neigung angebracht werden und unten gut abgerundet sein.

Die Wassergeschwindigkeit c wird:

$$c = 0{,}9\,\sqrt{2\,g\,H} \quad \ldots \ldots \quad 615$$

Bei $v = \dfrac{c}{2}$ ergibt sich für die Umfangsgeschwindigkeit:

$v = 0{,}4\,\sqrt{2\,g\,H}$ (wie auf S. 303 angegeben.)

Die Dicke d des Wasserstrahles macht man:

$$d = \frac{Q}{b_1\,c} = \frac{Q}{b_1 \cdot 0{,}9\,\sqrt{2\,g\,H}}, \quad \ldots \ldots \quad 616$$

worin b, die Breite des Einlaufes ist, welche man in der Regel 10 cm kleiner macht, als die Breite b des Rades.

Den kreisförmigen Teil AB des Gerinnes (s. Fig. 257) macht man gleich 2 Schaufelteilungen. In B steht die Schaufel vertikal. Alle Schaufeln sind Tangenten an einen die Linie BT berührenden Kreis. Der Unterwasserspiegel steht auf gleicher Höhe mit E. Punkt E ergibt sich aus der Strahldicke d. Die Tiefe des Abzuggrabens sei mindestens 2 d.

2. Das Poncelet-Rad.

Der Wirkungsgrad des Poncelet-Rades ist größer als der des unterschlächtigen, weil das Wasser ohne Stoß in das Rad eintritt und nur durch seine lebendige Kraft wirkt.

Der Eintritt des Wassers erfolgt mit der Geschwindigkeit und in der Richtung c. Das Wasser bewegt sich, da das Rad

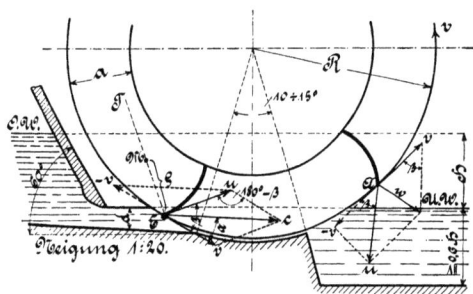

Fig. 258.

mit der Geschwindigkeit v ausweicht, mit der relativen Geschwindigkeit u in dasselbe hinein, bezw. fängt mit u an, an der gekrümmten Schaufel in die Höhe zu steigen. Letztere muß, damit kein Stoß stattfindet, die Richtung u tangieren. Das Wasser rollt mit verzögerter Geschwindigkeit die Schaufel hinauf und kommt unten mit derselben Geschwindigkeit wieder an. Am Austrittspunkte A setzt sich u und v zusammen zur absoluten Geschwindigkeit w. (A fällt in den Unterwasserspiegel und ist nur der Deutlichkeit wegen höher gezeichnet).

Die Nutzleistung ist:

$$L_n = \frac{Q\gamma}{g} 2v(c \cdot \cos\alpha - v \quad \ldots \ldots \quad 617$$

Für

$$v = \frac{c}{2} \cdot \cos\alpha \ldots \ldots \ldots \quad 618$$

wird Gl. 617 ein Maximum, also ist:

$$L_{n\,max} = \frac{Q\,\gamma}{g} \cdot \frac{c^2 \cdot \cos^2 \alpha}{2} \quad \ldots \ldots \quad 619$$

$\sphericalangle\alpha$ ist in der Regel 20°. Bei recht günstigem Wasseraustritt unter der Schütze ist $c = 0{,}95\sqrt{2\,g\,H}$, daher auch nach Gl. 619:

$$L_{n\,max} = 0{,}79\,Q\,\gamma\,H.$$

Im günstigsten Falle wäre daher $\eta = 0{,}79$. Durch die Nebenhindernisse (Reibung, Wasserverlust u. dergl.) wird aber η auf $0{,}6 \div 0{,}65$ (wie auf S. 302 angegeben) herabgezogen.

Die Strahldicke d kann nach Gl. 616 berechnet werden oder es kann nach Redtenbacher sein:

$$d = 0{,}19\,H \quad \ldots \ldots \ldots \quad 620$$

Die Breite b_1 des Gerinnes vor dem Rade wird (vergl. Gl. 606:

$$b_1 = 5{,}26\,\frac{Q}{H\sqrt{2\,g\,H}} \quad \ldots \ldots \quad 621$$

Die Breite b des Rades muß etwa 10 cm größer sein. Die Krümmung des Gerinnes umfasse einen Zentriwinkel von $20 \div 30°$.

Die Tiefe des Abflußgrabens betrage mindestens 0,6 H.

Bei der Konstruktion der Schaufeln ist für die Lage und Richtung von c der mittlere Wasserfaden maßgebend. Man errichte aus Punkt E auf u die Normale E T und wähle auf dieser den Mittelpunkt M des Schaufelkreises in einer Entfernung

$$\varrho = 0{,}44\,H \div 0{,}7\,H \quad \ldots \ldots \quad 622$$

Die Schaufelteilung t kann betragen:

$$t = 0{,}3\,H \quad \ldots \ldots \ldots \quad 623$$

Da nach den Angaben auf S. 303 $R = 2\,H$ ist, so wird nach Gl. 610 die Schaufelzahl $z = \dfrac{2\,R\,\pi}{t} = \dfrac{2 \cdot 2\,H\,\pi}{0{,}3\,H} = 42$.

Man braucht aber nicht unbedingt 42 Schaufeln zu nehmen, sondern kann t auch nach Gl. 609 berechnen.

Für das Gerinne und die Schütze gilt dasselbe wie beim unterschlächtigen Rade.

Beispiel. Es sind die Hauptabmessungen eines Poncelet-Rades für eine Wassermenge $Q = 2$ cbm pro Sekunde und ein Gefälle $H = 0{,}8$ m zu bestimmen. Für diese Verhältnisse könnte übrigens auch ein Kropfrad (vergl. Fig. 253) Anwendung finden. (Ein solches ist im nächsten Beispiel berechnet.)

Nach Gl. 615 ist:

$$c = 0{,}9\sqrt{2\,g\,H} = 0{,}9\sqrt{2 \cdot 9{,}81 \cdot 0{,}8} = 3{,}56\text{ m}.$$

Nach den Angaben auf S. 303 wird:
$$v = 0{,}55 \sqrt{2\,g\,H} = 0{,}55 \sqrt{2 \cdot 9{,}81 \cdot 0{,}8} = 2{,}18 \text{ m}$$
und
$$R = 2\,H = 2 \cdot 0{,}8 = 1{,}6 \text{ m}.$$

Die Umdrehungszahl des Rades pro Minute wird:
$$n = \frac{30\,v}{R\,\pi} = 9{,}55\,\frac{v}{R} = 9{,}55\,\frac{2{,}18}{1{,}6} = 13.$$

Für ein Eisenrad folgt die Radbreite nach Gl. 607:
$$b = 6\,\frac{Q}{H\sqrt{2\,g\,H}} = 6\,\frac{2}{0{,}8\sqrt{2 \cdot 9{,}81 \cdot 0{,}8}} = 3{,}78 \text{ m}$$
und die Kranztiefe:
$$a = 0{,}476 \cdot H = 0{,}476 \cdot 0{,}8 = 0{,}380 \text{ m}.$$

Nach Gl. 620 wird die Strahldicke:
$$d = 0{,}19\,H = 0{,}19 \cdot 0{,}8 = 0{,}152 \text{ m}.$$

Die Füllung ε folgt nach Gl. 600:
$$\varepsilon = \frac{Q}{a \cdot b \cdot v} = \frac{2}{0{,}38 \cdot 3{,}78 \cdot 2{,}18} = 0{,}637.$$

Wird nach Gl. 623 die Teilung:
$$t = 0{,}3\,H = 0{,}3 \cdot 0{,}8 = 0{,}24 \text{ m},$$
so erhält das Rad $z = 42$ Schaufeln.

Wird nun der Radius $R = 1{,}6$ m beibehalten, so muß die genaue Teilung werden (Gl. 610):
$$t = \frac{2\,R\,\pi}{z} = \frac{2 \cdot 1{,}6 \cdot 3{,}14}{42} = 0{,}2392 \text{ m}.$$

Der Radius der Schaufeln wird etwa nach Gl. 622:
$$\varrho = 0{,}55 \cdot H = 0{,}55 \cdot 0{,}8 = 0{,}44 \text{ m}.$$

Da $b > 2{,}5$ m ist, erhält das Rad 3 Armsysteme.

Nach Gl. 608 wird die Armzahl für jedes Armsystem:
$$A = 2\,(1 + R) = 2\,(1 + 1{,}6) = 5{,}2 \backsim 6.$$

Diese Armzahl ist auch in der Schaufelzahl 42 ohne Rest enthalten.

Man hätte auch t und z nach Gl. 609 und 610 berechnen können; aus diesen Gleichungen würden sich dann andere Werte für t und z ergeben.

Wird $\eta = 0{,}65$ (vergl. S. 302) genommen, so ergibt sich der Nutzeffekt nach Gl. 598:
$$N_n = \eta\,\frac{Q\,\gamma\,H}{75} = 0{,}65\,\frac{2 \cdot 1000 \cdot 0{,}8}{75} = 13{,}88 \text{ PS}.$$

3. Das Kropfrad.

Beim Kropfrad wirkt das Wasser teils durch Stoß, teils durch sein Gewicht. Das Zulaufgerinne ist parabolisch, die Dicke

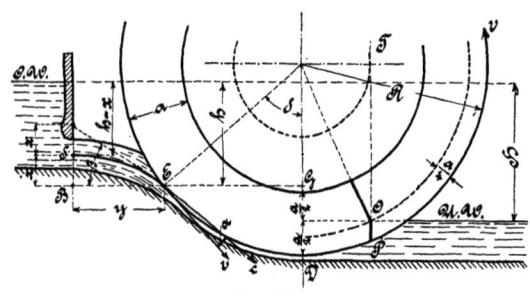

Fig. 259.

des Wasserstrahles wird durch eine Spannschütze reguliert. Der mittlere Wasserfaden treffe die Peripherie unter einem Winkel von

$$\alpha = 15^0 \div 25^0 \ldots \ldots \ldots \quad 624$$

Das Stoßgefälle h macht man:

$$\mathbf{h = 0{,}8 \div 0{,}94 \ m} \ldots \ldots \ldots \quad 625$$

Bei kleinen Gefällen kann man mit **h bis 0,6 m** herab gehen.

Die Koordinaten x und y des Parabelscheitels S ergeben sich ($SB = x$, $BE = y$):

$$\mathbf{x = h \cdot \sin^2 \beta} \ldots \ldots \ldots \quad 626$$

$$\mathbf{y = h \cdot \sin 2 \beta} \ldots \ldots \ldots \quad 627$$

Ferner ist nach Fig. 259:

$$\beta = \delta - \alpha, \ldots \ldots \ldots \quad 628$$

wobei

$$\cos \delta = \frac{R - \left(H + \frac{a}{2}\right) + h}{R} \ldots \ldots \quad 629$$

∢ α folgt aus Gl. 624.

Das Kropfgerinne ergibt sich aus der Parabel SE des mittleren Wasserfadens. Da die Wassergeschwindigkeit aber wächst, nimmt die Strahldicke von d auf d_1 ab (Fig. 260).

Es wird:

$$d = \frac{Q}{0{,}9 \, b_1 \sqrt{2 \, g \, \ h - x)}} \ldots \ldots \quad 630$$

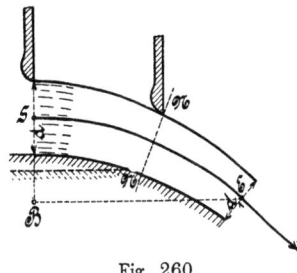

Fig. 260.

und
$$d_1 = \frac{Q}{b_1 \cdot c} = \frac{Q}{0,9\, b_1 \sqrt{2\,g\,h}}, \quad . \quad 631$$

$b_1 = $ Gerinnbreite.

Die Schütze kann auch, wie in Fig. 260 erkennbar, rechts vom Parabelscheitel S angebracht werden, am besten ordnet man dieselbe nahe am Rade an. Man braucht dann das Gerinne nicht bis zum Parabelscheitel auszuführen, doch muß dasselbe wenigstens soweit konstruiert sein, daß eine von Unterkante Schütze auf den mittleren Wasserfaden gefällte Normale NN noch auf die Parabel des Einlaufes trifft.

Man läßt das Kropfrad mit $\frac{a}{2}$ im Unterwasser gehen, schlägt im Abstand $\frac{a}{4}$ vom äußeren Umfange aus dem Radmittelpunkt einen Kreis und läßt das äußere Schaufelende OP senkrecht austauchen. Alle äußeren Schaufelenden sind nun Tangenten an den die gerade POT berührenden Kreis. Der innere Schaufelteil wird radial gestellt.

Die Nutzleistung in sekmkg ist:
$$L_n = Q\,\gamma \left[\frac{(c \cdot \cos \alpha - v)\,v}{g} + H - h \right] \quad \ldots \quad 632$$

Von dieser theoretischen Nutzleistung gehen noch die Verluste durch die Nebenhindernisse ab. Man kann den Wirkungsgrad nehmen:
$$\eta = 0,4 \div 0,5.$$

Beispiel. Statt des im vorigen Beispiel berechneten Poncelet-Rades kann ein Kropfrad gesetzt werden. Es war:

$$Q = 2 \text{ cbm pro Sek.}; \; H = 0,8 \text{ m}; \; N_a = \frac{N_n}{\eta} = \frac{13,88}{0,65} = 21,35 \text{ PS}.$$

Nach dem Bemerkten nach Gl. 625 sei $h = 0,6$ m zugelassen, damit wird:
$$c = 0,9 \sqrt{2\,g \cdot 0,6} = 3,087 \text{ m}.$$

Als günstigste Umfangsgeschwindigkeit folgt also:
$$v = \frac{c}{2} = \frac{3,087}{2} = \infty\, 1,6 \text{ m}.$$

Die Stoßwirkung würde ungünstiger, wenn man nach S. 303 $v = 2$ m nehmen würde.

Für die Radbreite b und die Kranztiefe a folgt noch Gl. 602:
$$\lambda = \frac{b}{a} = 1{,}75 \sqrt[3]{N_a} = 1{,}75 \sqrt[3]{21{,}35} = 4{,}85.$$

Nimmt man nach Gl. 601 den Füllungsgrad $\varepsilon = 0{,}42$, so wird nach Gl. 603 und 604:
$$b = \sqrt{\frac{Q}{\varepsilon \cdot v} \cdot \lambda} = \sqrt{\frac{2}{0{,}42 \cdot 1{,}6} \cdot 4{,}85} = \infty\, 3{,}8 \text{ m},$$
$$a = \frac{b}{\lambda} = \frac{3{,}8}{4{,}85} = 0{,}784 \text{ m}.$$

Wird nach den Angaben auf S. 303 im Mittel $R = 2\,H = 2 \cdot 0{,}8 = 1{,}6$ m gewählt, so erhält man nach Gl. 629:
$$\cos \delta = \frac{1{,}6 - (0{,}8 + 0{,}392) + 0{,}6}{1{,}6} = 0{,}63,$$
somit
$$\delta = 51^0.$$

Bei $\alpha = 17^0$ (Gl. 624) ergibt sich nach Gl. 628:
$$\beta = \delta - \alpha = 51 - 17 = 34^0.$$

Daher werden die Parabelkoordinaten nach Gl. 626 und 627:
$$x = 0{,}6 \cdot \sin^2 34^0 = 0{,}6 \cdot 0{,}559^2 = 0{,}187 \text{ m},$$
$$y = 0{,}6 \sin 2 \cdot 34^0 = 0{,}6 \cdot 0{,}927 = 0{,}556 \text{ m}.$$

Die Breite b_1 des Kropfgerinnes werde 10 cm kleiner genommen als die Radbreite, also $b_1 = 3{,}8 - 0{,}1 = 3{,}7$ m. Somit ergeben sich die Strahldicken d und d_1 (Gl. 630 und 631), wenn man die Schütze am Parabelscheitel anordnet:
$$d = \frac{2}{0{,}9 \cdot 3{,}7 \sqrt{2 \cdot 9{,}81 \,(0{,}6 - 0{,}187)}} = 0{,}21 \text{ m},$$
$$d_1 = \frac{2}{0{,}9 \cdot 3{,}7 \sqrt{2 \cdot 9{,}81 \cdot 0{,}6}} = 0{,}175 \text{ m}.$$

Die Schaufelteilung kann nach Gl. 609 betragen:
$$t = 0{,}7 \cdot 0{,}784 + 0{,}2 = 0{,}6488 \text{ m}.$$

Demnach folgt die Schaufelzahl nach Gl. 610:
$$z = \frac{2 \cdot 1{,}6 \cdot 3{,}14}{0{,}6488} = 15{,}5,$$
wofür aber $z = 18$ genommen werde, da das Rad 6 Arme erhält (vergl. voriges Beispiel).

Die wirkliche Teilung wird also nun:
$$t = \frac{2\,R\,\pi}{z} = \frac{2 \cdot 1{,}6 \cdot 3{,}14}{18} = 0{,}558 \text{ m}.$$

Die Umgangszahl des Rades ergibt sich aus:

$$n = 9{,}55 \frac{v}{R} = 9{,}55 \frac{1{,}6}{1{,}6} = 9{,}55 \text{ pro Minute.}$$

Nach Gl. 632 wird die theoretische Nutzleistung:

$$L_n = 2 \cdot 1000 \left[\frac{(3{,}087 \cdot \cos 17^0 - 1{,}6) 1{,}6}{9{,}81} + 0{,}8 - 0{,}6 \right]$$
$$= 840 \text{ sekmkg,}$$

oder

$$N_n = \frac{840}{75} = 11{,}2 \text{ PS.}$$

Die wirkliche Leistung ist aber kleiner, bei $\eta = 0{,}45$ wäre die tatsächliche Leistung (Gl. 598):

$$N_n = \eta \cdot N_a$$
$$= 0{,}45 \cdot \frac{2 \cdot 1000 \cdot 0{,}8}{75} = 9{,}6 \text{ PS.}$$

(Vergl. auch die Resultate im vorigen Beispiel bei dem für dieselben Verhältnisse berechneten Poncelet-Rad.)

4. Das Schaufelrad mit Überfalleinlauf.

Berechnung und Konstruktion dieses Rades sind nahezu gleich der des Kropfrades unter 3. Das Wasser fällt hier frei über eine verstellbare Überfallschütze hinweg und wird durch eine Leitkurve SE zum Rade geführt. Die Leitkurve ist wie der Kropf

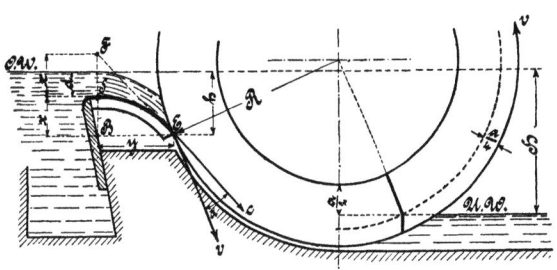

Fig. 261.

des vorigen Rades als Parabel zu konstruieren und besteht aus Eisenblech oder aus Gußeisen. Die Schaufeln werden wie beim Kropfrade konstruiert.

Man macht das Stoßgefälle:

$$\mathfrak{h} = 0{,}46 \text{ m,} \qquad \ldots \ldots \ldots \quad 633$$

oder auch:
$$h = 1{,}5\,d, \quad \ldots \ldots \ldots \ldots \quad 634$$
wobei d = Dicke des Wasserstrahles bezeichnet.

Die Strahldicke ist:
$$d = \sqrt[3]{\left(\frac{Q}{\frac{2}{3}\mu\, b_1 \sqrt{2g}}\right)^2}, \quad \ldots \ldots \quad 635$$

worin Q = Wassermenge in cbm pro Sek.,
b_1 = Gerinnbreite,
$\frac{2}{3}\mu = 0{,}44$ ist.

Die Eintrittsgeschwindigkeit ist $c = \sqrt{2gh} = \sqrt{2 \cdot g \cdot 0{,}46} = 3$ m und somit $v = \frac{c}{2} = 1{,}5$ m.

Da d klein ist, geht man hier vom untersten Wasserfaden aus, man hat für die Parabelkoordinaten:
$$x = h - d \ldots, \ldots \ldots \quad 636$$
$$y = 2\sqrt{d(h-d)} \ldots \ldots \ldots \quad 637$$

Die theoretische Nutzleistung kann wieder nach Gl. 632 berechnet werden.

Der Wirkungsgrad ist:
$$\eta = 0{,}6 \div 0{,}65.$$

5. Das Schaufelrad mit Kulissen-Einlauf.

Da die Leitkurve des vorigen Rades wenig verstellbar ist, da sonst der Leitapparat sich nicht in der richtigen Weise an das Rad anschließen würde, wendet man bei sehr veränderlichem Wasserstande im Obergraben den Leitschaufel- oder Kulissen-Apparat an. Die Leitschaufeln führen alle dem Rade das Wasser unter demselben Winkel α zu; man nimmt nach Redtenbacher:
$$\alpha = 36^0 \ldots \ldots \ldots \ldots \quad 638$$

Die Leitschaufeln können gerade oder besser nach Kreisbögen gekrümmt (s. nebenstehende Fig. 262), welche sich der Parabelform nähern, hergestellt werden.

Für die gekrümmten Schaufeln gilt folgendes:

Der höchste Eintrittspunkt E wird um 0,3 m unter den mittleren Oberwasserspiegel gelegt, darauf zieht man CE und trägt an CE in E die Linie EO unter 36⁰ an. Nun wird aus C der Hilfskreis I so geschlagen, daß er die Linie EO berührt. Durch die Kulissen-Teilpunkte F, G, J u. f. werden nun Tangenten an den Kreis I gelegt, auf welchen die Krümmungsmittelpunkte m_2, m_3, m_4 u. f. der Kulissen liegen.

Der Krümmungsmittelpunkt m_1 für die oberste Kulisse wird gefunden, indem man den Krümmungsradius macht:

$$E\,m_1 = 0{,}8\,a \quad \ldots \ldots \ldots \quad 639$$

$a =$ Kranztiefe des Rades.

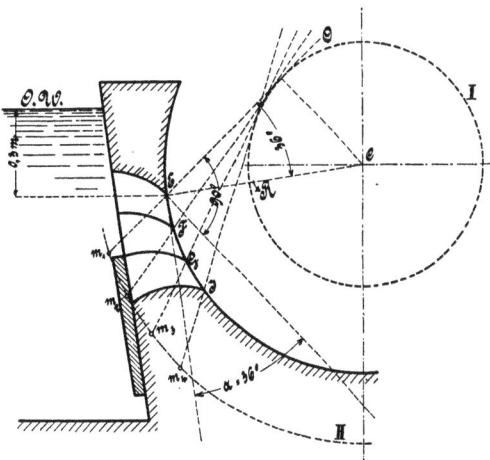

Fig. 262.

Wird nun aus C durch m_1 ein Kreis II geschlagen, so erhält man in m_2, m_3, m_4 u. f. die Krümmungsmittelpunkte für die übrigen Kulissen.

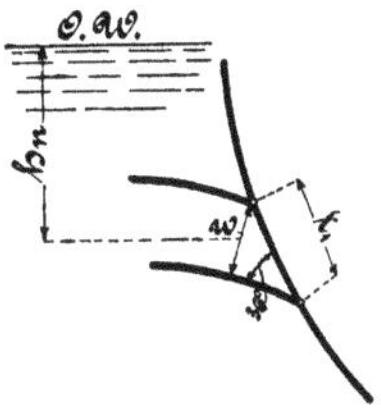

Es schneiden also alle Kulissen den Radumfang unter 36^0. Die Anzahl der Kulissen ist bestimmt durch die hindurchfließende Wassermenge Q.

Bezeichnet (Fig. 263):

$w =$ lichte Weite einer Kulisse,
$t_1 =$ Kulissen Teilung,

Fig. 263.

so ist genau genug:

$$w = 0{,}59\,t_1 \quad \ldots \ldots \quad 640$$

Bezeichnet

$h_1, h_2, h_3 \ldots h_n =$ Entfernung der Mitten der lichten Kulissenweiten w vom Oberwasserspiegel,

$b_1 =$ Breite der Kulissen,

$\mu =$ Ausflußkoeffizienten,

so ist beispielsweise die aus der obersten Kulisse ausfließende Wassermenge: $\mu\,b_1\,w\,\sqrt{2\,g\,h_1}$. Die Summe aller der durch die

Kulissen strömenden Wassermengen muß gleich der gesamten Wassermenge Q sein, daher wird:

$$\sqrt{h_1} + \sqrt{h_2} + \ldots + \sqrt{h_n} = \frac{Q}{\mu\, b_1\, w \sqrt{2\,g}} \quad \ldots \quad 641$$

Es ist nun die Anzahl der Kulissen so zu bestimmen (durch Probieren), daß der Gl. 641 genügt wird; die Tiefen h_1, $h_2 \ldots h_n$ sind aus der Zeichnung zu entnehmen.

Für μ kann gesetzt werden:

$$\mu = 0{,}6 \div 0{,}75 \quad \ldots \ldots \ldots \quad 642$$

Vorteilhaft ist, sowohl oben wie unten noch eine oder zwei Kulissen als Reserve hinzuzunehmen, um die Schwankungen des Ober-Wasserspiegels ausgleichen zu können.

Die Kulissen werden aus Eisenblech gefertigt. Die Verschaufelung des Rades ist wie die beim Kropfrade.

Die Gleitfläche der Schütze soll an der obersten und untersten Kulisse gleichen Abstand vom Radumfang, etwa 0,3 m, haben.

Der Wirkungsgrad ist hier:

$$\eta = 0{,}65 \div 0{,}7.$$

Die Schaufeln der drei mittelschlächtigen Räder, Kropfrad, Schaufelrad mit Überfall- und mit Kulisseneinlauf können auch nach demselben Prinzip konstruiert werden, wie die des Poncelet-Rades. Die Schaufeln müssen dann stetig gekrümmt sein und an die relative Eintrittsgeschwindigkeit tangieren.

6. Das rückenschlächtige Rad.

Das rückenschlächtige Zellenrad ist mit einem Kulisseneinlauf versehen. Die hölzernen Schaufeln erhalten die angegebene Form der Fig. 264. EF heißt die Stoßschaufel, FG die Setz- oder Riegelschaufel. Letztere wird radial gestellt und gleich $\frac{a}{2}$ $\frac{l}{1}$ anggemacht (a = Kranztiefe).

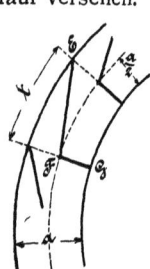

Fig. 264.

Die Stoßschaufel EF wird entsprechend der Radteilung t so gestellt, daß die eine Schaufel durch die andere nicht überdeckt wird.

Werden Blechschaufeln angewendet, so sind diese so zu krümmen, daß die Schaufelkurve durch die Punkte EFG geht.

Das in die Zellen einströmende Wasser verdrängt die darin befindliche Luft durch sog. Ventilationsspalten (s. nebenstehende Fig. 265). Damit das Wasser möglichst lange in den Kübeln gehalten wird, läßt man das Rad

Stoßwirkung des Wassers.   319

in einem Kreisgerinne laufen und macht den Spielraum δ zwischen Rad und Kreisgerinne:

$\delta = 2 \div 2,6$ cm für Holz,
$\delta = 1,3 \div 2$ cm für Eisen   } **643**

Das Rad kann den Unterwasserspiegel tangieren oder ein wenig im Unterwasser gehen, jedoch soll es um höchstens $\frac{a}{2}$ eintauchen.

Man wähle zunächst den Punkt E wieder 0,3 m unter dem tiefsten Oberwasserspiegel und verzeichne die Schaufel EFG.

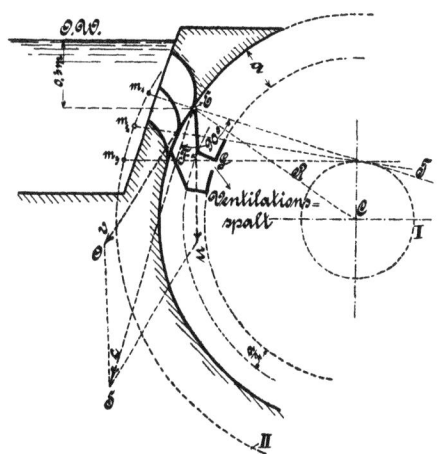

Fig. 265.

Damit an der Stoßschaufel EF kein Stoß des Wassers stattfindet, muß die relative Eintrittsgeschwindigkeit u in der Richtung EF liegen. Man trage also in E tangential $v = EO$ ($v = 1,5$ m, vergl. S. 303) an und ziehe durch O parallel zu EF, setze hierauf in E ein und schneide mit

$c = \sqrt{2g \cdot 0,3} = 2,43$ m

in S ein. Dann ist ES auch die Richtung von c.

In E errichte man eine Senkrechte auf c und wähle auf dieser den Mittelpunkt m_1 für die erste (oberste) Kulisse.

Den Krümmungsradius macht man:

$m_1 E = a$ **644**

Die Kulissen-Teilung wird:

$t_1 = 0,4\,a$ **645**

320 Zwölfter Abschnitt. Wasserräder.

Mit Hilfe dieser Teilung und der Hilfskreise I und II wird die Konstruktion der übrigen Kulissen wie bei dem vorigen Rade unter 5. ausgeführt.

Auch für die Anzahl der Kulissen gilt Gl. 641. Die lichte Weite w der Kulissen am Austritt kann einfach aus der Zeichnung bestimmt werden. Für μ kann gesetzt werden:

$$\mu = 0{,}75 \ldots \ldots \ldots \ldots 646$$

Auch hier werden vorteilhaft noch ein oder zwei Reserve-Einläufe hinzugefügt, welche bei normalem Wasserstande durch die Schütze geschlossen sind.

Streng genommen müßte man jede Leitzelle einzeln konstruieren, da für die tiefer liegenden Kulissen c etwas größer und durch das Wasser daher eine kleine Stoßwirkung auf die Schaufeln ausgeübt wird.

Der Wirkungsgrad des Rades ist:

$$\eta = 0{,}6 \div 0{,}7.$$

7. Das oberschlächtige Rad.

Die Verschaufelung ist ähnlich wie beim rückenschlächtigen Rade. Die Stoßschaufel EF soll aber die darüber liegende Schaufel um etwa $\frac{t}{4}$ überdecken (Fig. 266), damit das Wasser möglichst lange in den Kübeln zurückgehalten wird. Die Schluckweite s muß jedoch immer noch größer als die Dicke des einströmenden Wasserstrahles bleiben. Das Anbringen von Ventilationsspalten ist hier überflüssig. Bei der Anwendung von Blechschaufeln muß die Krümmung derselben durch die Punkte EFG gehen.

Auch hier muß die relative Eintrittsgeschwindigkeit u in die Richtung der Stoßschaufel fallen.

Das oberschlächtige Rad kann vom Unterwasserspiegel berührt werden, oder man läßt es besser nicht bis an den Unterwasserspiegel reichen. Das Wasser fließt unter einer Schütze hervor über ein parabolisches Gerinne.

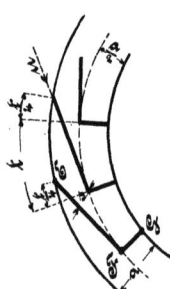

Fig. 266.

Das ganze Gefälle H zerfällt in 4 Teile (s. nebenstehende Fig. 267):

a) Das Stoßgefälle h_1,
b) das Druckgefälle h_2,
c) das teilweise Druckgefälle h_3,
d) das verlorene Gefälle h_4.

Fig. 268 zeigt die Konstruktion des Einlaufes. Den Eintrittspunkt E des Wassers legt man etwa 2 Schaufelteilungen

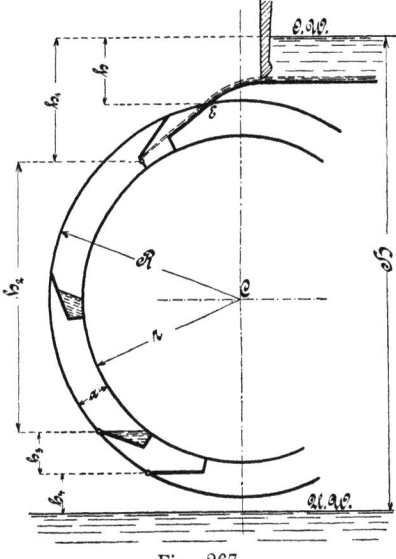

Fig. 267.

vom Radscheitel entfernt. Hierauf wird die relative Eintrittsgeschwindigkeit u in die Richtung EF der Schaufel EFG ge-

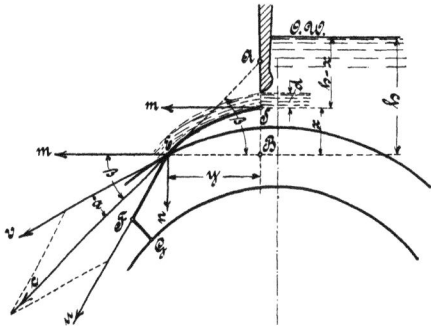

Fig. 268.

legt. Bei gekrümmten Schaufeln (Blechschaufeln) ist die Komponente u Tangente an die Schaufelkurve. In E wird die Umfangsgeschwindigkeit v Tangente an das Rad und zwar kann sein (vergl. S. 303):

v = 1,3 m bei kleinem Gefälle,
v = 1,5 m bei mittlerem Gefälle,
v = 1,5 ÷ 2 m bei großem Gefälle.

Die Richtung der absoluten Eintrittsgeschwindigkeit c wird dann genau so gefunden (durch das Geschwindigkeitsparallelogramm), wie bei dem vorigen Rade. Die Größe von c ist: $c = \sqrt{2gh}$, wobei h aus der Zeichnung zu entnehmen ist. Hierdurch wird auch der Winkel β, welchen c mit der horizontalen Geschwindigkeit m bildet, gefunden. Die Wasserzuführung muß nun so sein, daß c im Punkt E eine Tangente an die Parabel E S wird. Für die Parabelkoordinaten x = B S und y = E B des Scheitelpunktes S gilt (wie beim Kropfrade):

$$\left. \begin{array}{l} x = h \cdot \sin^2 \beta \\ y = h \cdot \sin 2\beta \end{array} \right\} \quad \ldots \ldots \quad 647$$

E S ist eigentlich der mittlere Wasserfaden; wegen der geringen Strahldicke d kann E S jedoch als unterer Einlauf betrachtet werden.

Auch für die Strahldicke d gilt dasselbe wie beim Kropfrade:

$$d = \frac{Q}{b_1 \, m} = \frac{Q}{0{,}9 \, b_1 \sqrt{2g(h-x)}}, \quad \ldots \quad 648$$

worin b_1 = Breite des Gerinnes, welche etwa 10 cm weniger als die Radbreite betragen kann.

Die Stoßwirkung des Wassers folgt aus **Gl. 612**.

Da hier aber α sehr klein ist (Fig. 268), so kann bei Einhaltung der besten Umfangsgeschwindigkeit gesetzt werden:

$$v = \frac{c}{2} = \frac{\sqrt{2gh}}{2},$$

also:

$$h = \frac{2v^2}{g} \quad \ldots \ldots \ldots \quad 649$$

Der Halbmesser des Rades folgt aus:

$$R = \frac{H - h}{2} \quad \ldots \ldots \ldots \quad 650$$

oder, vergl. S. 303:

$$R = \frac{H - \dfrac{2v^2}{g}}{2} \quad \ldots \ldots \ldots \quad 651$$

Für eine gewünschte Tourenzahl n des Rades ergibt sich $\left(\text{bei } v = \dfrac{c}{2} \right)$:

Stoßwirkung des Wassers. 323

$$R = \frac{500}{n^2}\left(-1 + \sqrt{1 + \frac{n^2}{500}H}\right) \quad \ldots \quad 652$$

Wird der Wert aus Gl. 652 größer als $\frac{H}{2}$, so ist die gegebene oder angenommene Tourenzahl n (bei Annahme von $v = \frac{c}{2}$) nicht mehr ausführbar.

Meist wird man besser R nach Gl. 651 bestimmen und die Tourenzahl des Rades dann aus $n = \frac{30\,v}{R\,\pi} = 9{,}55\,\frac{v}{R}$ berechnen.

Der Wirkungsgrad des oberschlächtigen Rades ist hoch. Er wächst im allgemeinen mit der Größe des Rades, d. h. mit dem Gefälle.

Man kann setzen:
$$\eta = 0{,}6 \div 0{,}8.$$

Beispiel. Auszuführen ist ein oberschlächtiges Wasserrad für eine Wassermenge $Q = 0{,}4$ cbm pro Sek. und ein Gefälle $H = 5$ m.

Nach Gl. 597 ist die absolute Leistung:
$$N_a = \frac{Q\,\gamma\,H}{75} = \frac{0{,}4 \cdot 1000 \cdot 5}{75} = 26{,}66 \text{ PS}.$$

Die Nutzleistung wird bei $\eta = 0{,}75$:
$$N_n = 0{,}75 \cdot 26{,}66 = \infty\, 20 \text{ PS}.$$

Man kann nun nach Gl. 602 für Kübelräder nehmen:
$$\lambda = \frac{b}{a} = 2{,}25\,\sqrt[3]{N_a} = 2{,}25\,\sqrt[3]{26{,}66} = \infty\, 6{,}7,$$
ferner nach Gl. 601:
$$\varepsilon = \frac{1}{4} = 0{,}25$$
und (S. 322) die Umfangsgeschwindigkeit $v = 1{,}6$ m.

Damit ergibt sich nach Gl. 603 und 604 die Radbreite b und die Kranztiefe a:
$$b = \sqrt{\frac{Q}{\varepsilon \cdot v} \cdot \lambda} = \sqrt{\frac{0{,}4}{0{,}25 \cdot 1{,}6} \cdot 6{,}7} = 2{,}588 \text{ m},$$
$$a = \frac{b}{\lambda} = \frac{2{,}588}{6{,}7} = 0{,}386 \text{ m}.$$

Der Radius des Rades wird nach Gl. 651:
$$R = \frac{5 - \dfrac{2 \cdot 1{,}6^2}{9{,}81}}{2} = 2{,}24 \text{ m},$$

demnach die Umgangszahl pro Minute:

$$n = 9{,}55 \frac{v}{R} = 9{,}55 \frac{1{,}6}{2{,}24} = 6{,}83.$$

Sollte nun beispielsweise das Rad eine andere Umgangszahl als die berechnete erhalten, so kann R aus Gl. 652, unter Einsetzung dieser anderen Umgangszahl bestimmt werden. Dann ist aber auch v und ε neu zu ermitteln.

G. Die Art der Effektübertragung.

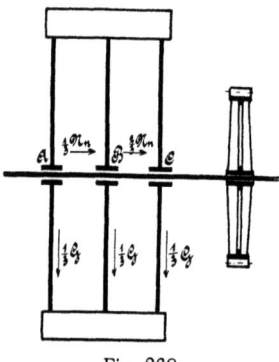

Fig. 269.

Für die Anordnung des Transmissionszahnrades und Übertragung des Effektes gilt folgendes:

a) Es kann das Zahnrad auf die Welle gekeilt werden (Fig. 269).
b) Es kann das Zahnrad an einem (äußeren) Armsystem befestigt werden.
c) Es kann das Zahnrad (aus Segmenten bestehend) am Radkranz angeordnet werden.

Im letzten Falle wirkt auf die Welle keine Torsion und hat dieselbe nur das Radgewicht zu tragen. Sie ist daher als Achse nur auf Biegung zu berechnen. Solche Räder heißen auch Suspensionsräder. Am besten und in der Konstruktion am einfachsten ist die Ausführung unter a, Fig. 269. Es soll deshalb nur diese hier näher besprochen werden.

Bei der Anordnung a werden die Arme auf Biegung beansprucht, die Welle auf Torsion und Biegung. Sind z. B. drei Armsysteme vorhanden (Fig. 269), so kommt auf jede der drei Stellen A, B und C $\frac{1}{3}$ G (G = Radgewicht). Ferner wird der Wellenteil von A bis B durch $\frac{1}{3} N_n$, von B bis C durch $\frac{2}{3} N_n$, und der Teil von C bis zum Zahnrade durch den ganzen Effekt N_n auf Torsion beansprucht.

Für die Berechnung der Welle gelten die Gleichungen 177 bezw. 177a oder 177b, S. 140.

Regel bei allen Wasserrädern ist, daß man, wenn irgend möglich, den Eingriff der Zahnräder in denjenigen Radius legt, auf welchem der Schwerpunkt des im Rade befindlichen Wassers liegt.

H. Gewicht der Wasserräder.

Für die Anordnungen a und b ist nach Grashof angenähert das Gewicht G des Wasserrades ohne Zahnrad oder Zahnkranz:

$$G = 1000 \frac{N_n}{n \cdot \varepsilon} \text{ in kg}, \quad \ldots \ldots \quad 653$$

worin N_n = Nutzleistung in P S,
n = Umgangszahl des Rades pro Minute,
ε = Füllungsgrad.

Für die Anordnung c eines Suspensionsrades, kann G einschließlich des Zahnkranzes geschätzt werden zu:

$$G = 350 N_a \text{ bis } 400 N_a \text{ in kg}, \quad \ldots \ldots \quad 654$$

worin N_a = absoluter Effekt in P S.

J. Welle, Arme und Rosette.

Über die Berechnung der Welle (auch oben erwähnt) und der Arme gilt das in den „Maschinenelementen" Bemerkte. Die Arme werden häufig aus C-Eisen hergestellt. Das gesamte Biegungsmoment, welches die Arme zu übertragen haben, beträgt

$$71620 \frac{N_n}{n} \text{ cmkg}.$$

Bei der Anordnung a ergibt sich nun das auf einen Arm kommende Biegungsmoment, wenn man das Gesamtmoment durch die Anzahl aller Arme dividiert.

Für die Dimensionierung der Rosette, welche übrigens bei eisernen Wellen und Armen stets Anwendung findet, gilt folgendes:

Länge der Armhülsen, in radialer Richtung:

$$l = 1{,}5 \, h \div 2{,}5 \, h, \quad \ldots \ldots \quad 655$$

worin h = Höhe der rechteckigen, hölzernen oder eisernen Arme ist.

Scheibenwandstärke:

$$\delta = \frac{h}{5} + 1 \text{ cm} \quad \ldots \ldots \quad 656$$

Die Versteifungsrippen oder die Hülsen erhalten eine Wandstärke:

$$\delta_1 = \frac{h}{5} \quad \ldots \ldots \quad 657$$

Nabenlänge:

$$l_1 = D \div 1{,}5 \, D, \quad \ldots \ldots \quad 658$$

wenn D = Durchmesser des Achsenkopfes ist.

Nabenwandstärke:

$$\delta_2 = \frac{D}{8} + 0{,}5 \text{ cm} \quad \ldots \ldots \quad 659$$

K. Schaufeln und Radkranz.

Bezeichnet wieder a die Kranztiefe, so macht man die Dicke δ der hölzernen Schaufeln bei **Schaufelrädern**:

$$\delta = \frac{a}{14} \div \frac{a}{10} \quad \ldots \ldots \quad 660$$

Bei Kübelrädern wird die Dicke δ der **Setzschaufel**:

$$\delta = \frac{a}{8}, \quad \ldots \ldots \quad 661$$

der **Stoßschaufel**:

$$\delta = \frac{a}{10} \quad \ldots \ldots \quad 662$$

Blechschaufeln erhalten eine Stärke von $3 \div 5$ mm und werden über 1 m Breite durch Stehbolzen gegen einander versteift.

Die eisernen Kulissenschaufeln werden ebenfalls 5 mm dick gemacht.

Die Dicke **gußeiserner Seitenwände** wird, wenn die Schaufeln auf rippenförmige Vorsprünge derselben aufgeschraubt werden:

$$\frac{a}{25} \div \frac{a}{20} \quad \ldots \ldots \quad 663$$

Die **Dicke der Blechwände** wird $6 \div 12$ mm, wenn die Seitenwände aus Blechsegmenten bestehen und die Schaufeln auf aufgenieteten, gebogenen Winkeleisen befestigt werden.

Die Dicke des **hölzernen Radbodens** wird für Schaufelräder:

$$\delta = \frac{a}{15} \div \frac{a}{11}, \quad \ldots \ldots \quad 664$$

für Kübelräder:

$$\delta = \frac{a}{7} \quad \ldots \ldots \quad 665$$

L. Die Wasserregulierung.

Der Wasserzufluß wird durch Schützen reguliert.

Bezeichnet (s. nebenstehende Fig. 270)

P = Widerstand bezw. die zur Hebung nötige Kraft,
G = Gewicht der Schütze,

Die Wasserregulierung.

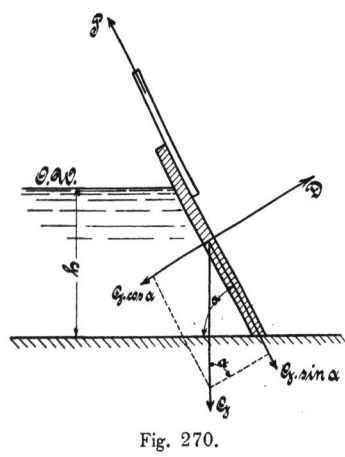

Fig. 270.

D = senkrechter Wasserdruck gegen die Schütze,
α = Neigungswinkel der Schütze gegen die Horizontale,
μ = Reibungskoeffizient zwischen Schütze und Gleitfläche,
γ = Wassergewicht der Kubikeinheit (für Metermaß γ = 1000 kg),
b = Breite des Gerinnes,

so ist:

$$P = \left(\frac{b\,h^2}{2 \cdot \sin \alpha} \gamma - G \cdot \cos \alpha\right) \mu + G \cdot \sin \alpha \quad \ldots \quad 666$$

Ist α = 90°, steht also die Schütze senkrecht, so wird:

$$P = \frac{b\,h^2}{2} \gamma \mu + G \quad . \quad 667$$

Es ist vorteilhaft, μ reichlich zu nehmen und zwar kann sein:
μ = 0,7, wenn Holz auf Holz im Wasser gleitet,
μ = 0,3 ÷ 0,35, wenn Eisen auf Eisen im Wasser gleitet.

Diese Reibungskoeffizienten gelten für den Zustand der Ruhe. Bei der Bewegung werden dieselben kleiner.

Dreizehnter Abschnitt.

Turbinen[1].

Einteilung.

Die Turbinen sind Wasserräder, bei welchen sich das Wasser relativ gegen die Schaufeln in Bewegung befindet und der Austritt durch eine andere Öffnung erfolgt als der Eintritt. Bei den **Radialturbinen** findet die Bewegung des Wassers in der Radebene statt und je nachdem der Eintritt des Wassers innen oder außen erfolgt, heißen sie innenschlächtig oder außenschlächtig.

Bei den **Achsialturbinen** dagegen bewegt sich das Wasser senkrecht gegen die Radebene in der Richtung der Drehachse des Rades.

Die Turbinen teilt man noch ein in **Vollturbinen** und **Partialturbinen**. Bei ersteren fließt das Wasser durch sämtliche Radzellen gleichzeitig. Bei letzteren ist nur ein Teil des Rades beaufschlagt. Nach der Wirkungsweise des Wassers teilt man die Turbinen ein in **Druckturbinen** und **Reaktionsturbinen**.

Bei ersteren wirkt das Wasser nur durch seine lebendige Kraft und die Geschwindigkeit, welche hier hauptsächlich zur Geltung kommt, ist nur vom Gefälle abhängig. Das Wasser geht in Form eines freien Strahles durch das Rad. Bei den Reaktionsrädern dagegen erfolgt die Kraftwirkung hauptsächlich infolge der Pressung des Wassers und die Geschwindigkeit, mit welcher das Wasser in das Rad eintritt, ist nicht nur vom Gefälle, sondern auch noch durch gewisse Verhältnisse des Rades bestimmt.

---

[1] Vergl. Jos. Kessler, „Die Berechnung und Konstruktion der Turbinen", Verlag J. M. Gebhardt, Leipzig.

Jede Turbine besitzt einen feststehenden Leitapparat, welcher dem Laufrade der eigentlichen Turbine das Wasser durch gekrümmte Schaufeln in geeigneter Weise zuführt.

Die heute noch am meisten ausgeführten Turbinenarten sind folgende:

1. **Radiale Druckturbinen**, auch Zentrifugalturbinen oder Tangentialräder genannt, gewöhnlich partiell beaufschlagt, horizontal oder vertikal aufgestellt, innen- oder außenschlächtig.
2. **Achsiale Druckturbinen**, Girardturbinen; meist horizontal aufgestellt, partiell oder auch voll beaufschlagt.
3. **Radiale Reaktionsturbinen**, meist horizontal aufgestellt, innen- und außenschlächtig. Letztere Art nennt man auch Francis-Turbinen.
4. **Achsiale Reaktionsturbinen**, Henschel- oder Jonval-Turbinen; meist horizontal aufgestellt.
5. **Kegel- und Zwitterturbinen**. Erstere als Reaktions-, letztere als Druck- oder Reaktionsturbinen ausgeführt.

Außer den oben angeführten Druckturbinen ist noch die von Hänel konstruierte Grenzturbine zu nennen. Dieselbe besitzt in der Mitte derartig verdickte Schaufeln, daß das sonst mit freiem Strahle durch das Rad gehende Wasser gezwungen ist, die Zellen vollständig auszufüllen.

A. Unterschied zwischen Druck- und Reaktionsturbinen.

Die Druckturbine geht stets in freier Luft. Die Reaktionsturbine kann unter Wasser gehen; ist sie aber über dem Unterwasserspiegel aufgestellt, so ist dieselbe in ein Gehäuse eingeschlossen, so daß in beiden Fällen die Fuge (Spalt) zwischen Leitrad und Laufrad von der atmosphärischen Luft abgeschlossen ist.

Es bezeichne (s. umstehende Fig. 271, 272 und 273):

$H =$ ganzes nutzbares Gefälle in m,

$H_1 =$ Entfernung des Spaltes vom Oberwasserspiegel,

$h_1 =$ Entfernung des Spaltes vom Unterwasserspiegel,

$h_0 = 10{,}33$ m ∞ 10 m Wassersäule, welche dem Atmosphärendruck entspricht,

$h_s =$ Spaltendruck, d. i. eine Wassersäule, welche die Pressung angibt, unter welcher das Wasser im Spalt steht,

$c =$ absolute Geschwindigkeit, mit welcher das Wasser den Leitapparat verläßt,

$g = 9{,}81$ m die Beschleunigung der Schwere.

Es gilt Fig. 271 für eine Druckturbine. Fig. 272 für eine Reaktionsturbine, welche über dem Unterwasserspiegel aufge-

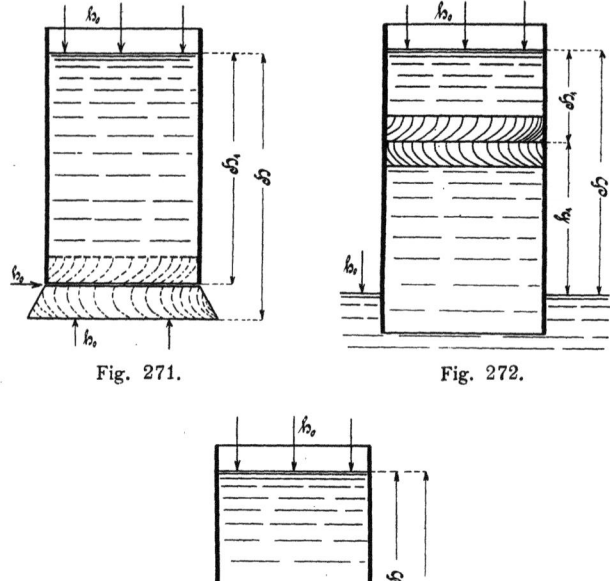

Fig. 271. Fig. 272.

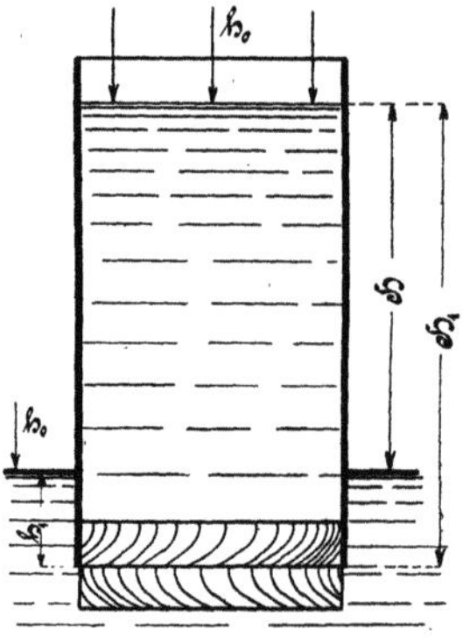

Fig. 273.

stellt ist. Fig. 273 für eine Reaktionsturbine, welche unter Wasser geht.

Bei der Anordnung der Fig. 272 geht das die Turbine einschließende Rohr bis unter den Unterwasserspiegel, so daß die Wassersäule, welche unter dem Turbinenrade hängt, saugend mitwirkt. Es darf hierfür h_1 nicht größer als $h_0 = 10$ m sein.

Der absolute Spaltendruck ist:

$$h_s = H_1 + h_0 - \frac{c^2}{2g} \quad \ldots \ldots \quad 668$$

Anwendung der verschiedenen Turbinenarten. 331

Dem aus dem Laufrade austretenden Wasser wirkt bei Fig. 271 nur der Atmosphärendruck h_0 entgegen; bei Fig. 272 findet dasselbe statt, doch wird die Ausflußgeschwindigkeit noch vermehrt durch die unter dem Rade stehende Wassersäule h_1, während sie bei Fig. 273 durch h_1 vermindert wird.

Zieht man den Gegendruck vom Spaltendruck h_s ab, so erhält man den Überdruck h_s':

$$h_s' = h_s - (h_0 \mp h_1) = H - \frac{c^2}{2g} \quad \ldots \quad 669$$

Bei der Druckturbine, Fig. 271, ist $h_1 = 0$ und $c^2 = 2 g H_1$. Folglich ist $h_s = h_o$, d. h. der Spaltendruck ist gleich dem Atmosphärendruck und der Überdruck $h_s' = 0$. Es entspricht also die Ausflußgeschwindigkeit der ganzen Druckhöhe H_1, wobei $H = H_1$ angenommen, also die Radhöhe (Fig. 271) vernachlässigt ist.

Bei den Reaktionsturbinen ist jedoch $h_s > h_0 \mp h_1$ und es ist $H > \frac{c^2}{2g}$, d. h. die Geschwindigkeit c ist kleiner als es der Druckhöhe H entspricht. Das Wasser steht im Spalt unter einem besonderen, hydraulischen Drucke, der auch auf das Wasser in den Zellen wirkt, so daß die Kanäle des Laufrades vollständig gefüllt sind. Da selbst bei der besten Ausführung die Spaltenweite noch $3 \div 4$ mm beträgt, so wird des Spaltendruckes wegen das Wasser in alle Radzellen gelangen, selbst wenn nicht alle Leitzellen geöffnet sind.

Eine Reaktionsturbine soll daher stets Vollturbine sein.

Bei einer Druckturbine wird durch die Luftleere im Innern der Zelle die beabsichtigte Wasserwirkung gestört, weshalb man für Zuführung frischer Luft, durch seitlich angebrachte Öffnungen, Sorge zu tragen hat.

Eine Druckturbine muß also ventiliert sein und darf nur in freier Luft gehen.

Die Hänelsche Grenzturbine kann aber, da der Wasserstrahl durch die beiden Wände in eine ganz bestimmte Form gezwängt ist, ohne daß ein Spaltendruck vorhanden und ohne daß sie in ihrer Wirksamkeit einbüßte, ein wenig im Wasser gehen.

Die Reaktionsturbine kann übrigens auch in freier Luft gehen, doch muß man den mit dem Spaltendruck verbundenen Wasserverlust dadurch verringern, daß man h_s nicht viel größer als h_0 macht.

B. Anwendung der verschiedenen Turbinenarten.

Die Turbinen sind für jedes Gefälle und für jede Wassermenge anwendbar, da sie außerdem mit höherem Nutzeffekt arbeiten als die Wasserräder (abgesehen von großen oberschlächtigen Wasserrädern), so sind sie im allgemeinen diesen vorzuziehen und da anzuwenden, wo es sich um möglichste Ausnützung einer vorhandenen Wasserkraft handelt. Auch bei hohen Umgangszahlen wird man eine Turbine dem Wasserrade vorziehen, da erstere infolge ihrer meist höheren Tourenzahl einfachere Rädervorgelege benötigt. Aber die Turbinen verlangen auch sorgfältigere Wartung, besonders verstopfen sich die Kanäle des Leit- und Laufrades leicht. Bei geringen Wassermengen wird man stets eine Partialturbine, d. h. also eine Druckturbine anwenden, weil eine Vollturbine zu klein wird und event. eine zu hohe Tourenzahl erhält. Für kleine Wassermengen und hohe Gefälle eignet sich das Tangentialrad. Auch die Girard-Turbine kann für solche Fälle Verwendung finden, aber auch für große Wassermengen, wenn sie als Vollturbine konstruiert wird.

Die Druckturbinen sind bei sehr veränderlicher Wassermenge den Reaktionsturbinen vorzuziehen, weil man die Beaufschlagung regulieren kann. Sie verlangen aber einen wenig veränderlichen Unterwasserspiegel, weil sie außer Wasser gehen müssen und nutzen daher zeitweise nicht das ganze Gefälle aus. Bei veränderlichem Unterwasserspiegel, aber fast konstantem Zuflußquantum, sowie dann, wenn jederzeit das ganze vorhandene Gefälle ausgenutzt werden soll, wählt man eine Reaktionsturbine. Letztere besitzen auch größere Geschwindigkeiten als die Druckturbinen.

C. Allgemeine Bedingungen.

Soll die Wasserwirkung möglichst ausgenutzt werden, so muß das Wasser ohne Stoß auf die Radschaufel treten, es muß also die relative Eintrittsgeschwindigkeit die Schaufel am Eintrittspunkte tangieren. Ferner muß die absolute Geschwindigkeit, mit welcher das Wasser die Schaufel verläßt, möglichst senkrecht auf der Bewegungsrichtung des Rades an der Austrittsstelle stehen und so klein als möglich sein.

Im Eintrittspunkte E (Fig. 274) muß die Geschwindigkeit u_i die Schaufel tangieren.

Es bezeichne

α = Zuleitungswinkel,
β = Eintrittswinkel,
δ = Austrittswinkel,
u_1 = relative Geschwindigkeit,
v_a = entsprechende Geschwindigkeit des Rades,
w = absolute Austrittsgeschwindigkeit.

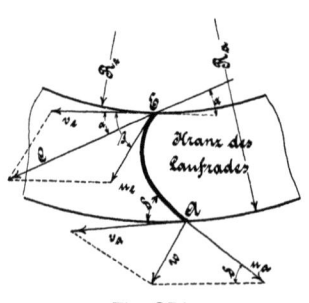

Fig. 274.

Fließt das Wasser am Austrittspunkte A mit u_a von der Schaufel herab, so ist w die Resultierende aus u_1 und v_a.

Man setzt meistens:
$$v_a = u_a,$$
$$w = 2\,v_a \cdot \sin\frac{\delta}{2} \quad \bigg\} \quad \ldots \ldots \quad 670$$

Im nachfolgenden ist $v_a = u_a$ der einfachen Rechnungen halber angenommen.

Druckturbinen.

1. Radiale Druckturbinen.

a) Geschwindigkeiten.

Bezeichnet

$H_1 =$ senkrechte Entfernung zwischen Spalt und Oberwasserspiegel,

so ist die Zuflußgeschwindigkeit:
$$c = \varphi \cdot \sqrt{2\,g\,H_1}, \quad \ldots \ldots \quad 671$$
worin $\varphi = 0{,}9 \div 0{,}95$ ist.

Bezeichnet

$R_e =$ Radhalbmesser für die Eintrittsstelle,
$R_a =$ Radhalbmesser für die Austrittsstelle,
$v_e =$ Peripheriegeschwindigkeit an der Eintrittsstelle,
$v_a =$ Peripheriegeschwindigkeit an der Austrittsstelle,

so muß sein (Fig 274):
$$u_e = v_e \quad \ldots \ldots \quad 672$$
$$v_e = \frac{c}{2 \cdot \cos \alpha} \quad \ldots \ldots \quad 673$$
$$\frac{v_e}{v_a} = \frac{R_e}{R_a} \quad \ldots \ldots \quad 674$$

b) Winkel und Zellenquerschnitte.

Es muß sein:
$$\beta = 2\,\alpha \quad \ldots \ldots \quad 675$$

In der Regel macht man:
$$\alpha = 12 \div 30^0 \quad \ldots \ldots \quad 676$$

α kann bei außenschlächtigen Rädern kleiner als bei innenschlächtigen sein und bei hohen Gefällen kleiner als bei niederen.

Bezeichnet

$F =$ lichter Querschnitt aller Leitzellen,
$F_e =$ lichter Querschnitt aller Radzellen,
$F_a =$ Austrittsquerschnitt zu F_e gehörig,

so ist:
$$Q = F \cdot c = F_e \cdot u_e = F_a \cdot u_a \quad \ldots \ldots \quad 677$$

Bezeichnet (Fig. 275 und 275 a)

t = Teilung des Leitapparates,
σ = Stärke der Leitschaufeln,
b = lichte Breite des Leitapparates,
t_e = Schaufelteilung des Rades am Eintrittskreise,
b_e = Radbreite des Rades am Eintrittskreise,
t_a und b_a = desgleichen für den Austrittskreis,
σ_1 = Stärke der Radschaufeln,

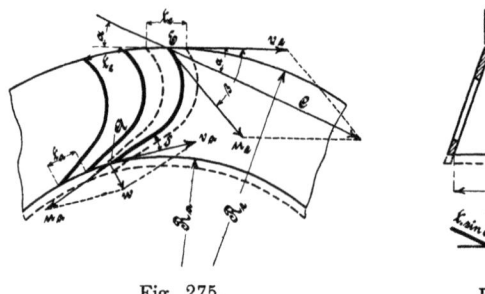
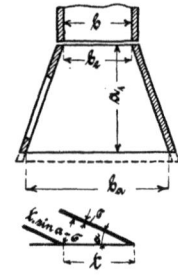

Fig. 275. Fig. 275a.

so ist die aus einer Radzelle austretende Wassermenge gleich der eintretenden, mithin:

$$(t_e . \sin \beta - \sigma_1) b_e . u_e = (t_a . \sin \delta - \sigma_1) b_a . u_a \quad \ldots \quad 678$$

Hieraus folgt δ, wenn alle übrigen Größen gegeben sind.

Man kann hierbei nehmen:

$$\frac{b_a}{b_e} = m = 1 \text{ bis } 3 \text{ und darüber} \quad \ldots \quad 679$$

Wird $u_a = u_e \frac{R_a}{R_e}$ gesetzt, so ist auch:

$$(t_e . \sin \beta - \sigma_1) = (t_a . \sin \delta - \sigma_1) m \frac{R_a}{R_e} \quad \ldots \quad 678a$$

Ferner ist:

$$t_a = t_e . \frac{R_a}{R_e} \quad \ldots \quad 680$$

Für die Ausführung wird b_e und b_a noch etwas größer gemacht. Befinden sich Ventilationsöffnungen in der Seitenwand des Rades, so genügt ein Zuschlag von 6 bis 20 mm. Sind aber solche Öffnungen nicht vorhanden, so daß die Luftzuführung neben dem eintretenden Wasserstrahle erfolgen muß, so muß

Druckturbinen. 335

der Zuschlag größer sein; man macht dann die auszuführende Radbreite $\frac{5}{4} b_e$ und noch größer (vergl. Fig. 276 und 276a).

Theoretisch ist immer $b_e = b$.

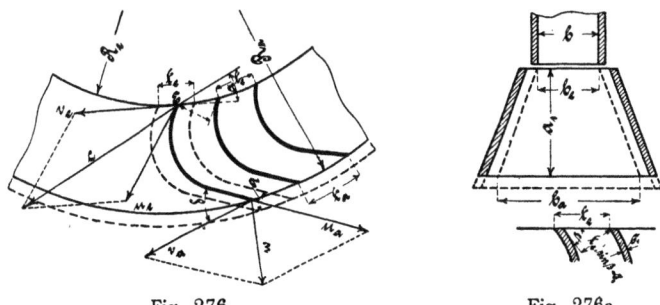

Fig. 276.   Fig. 276a.

In den Figuren 275 und 276 stellen die Linien EA den sogen. mittleren Wasserfaden dar, d. i. die Verbindung der Schwerpunkte der aufeinander folgenden Strahlquerschnitte. Der Radius R_a ist bis in die Mitte des normalen Austrittsquerschnittes gemessen, ebenso ist v_a auf diese Stelle bezogen.

c) Radien, Beaufschlagung u. dergl.

Bezeichnet

z = Zahl aller Leitzellen,
z_1 = Zahl aller Radschaufeln,
ϑ = Beaufschlagungsgrad, d. i. das Verhältnis des Bogens l, auf welchem Einströmung stattfindet, zum ganzen Radumfange,

so ist ($z \cdot t = l = \vartheta \cdot 2 R_e \pi$ und $z_1 t_e \vartheta = l = 2 R_e \pi \vartheta$):

$$\vartheta = \frac{l}{2 R_e \pi} \quad \ldots \ldots \ldots \quad 681$$

Ferner ist:

$$b = p R_e, \quad \ldots \ldots \ldots \quad 682$$

wenn

$$p = \frac{b_e}{R_e} = \frac{1}{4} \div \frac{1}{10} \quad \ldots \ldots \ldots \quad 683$$

$$R_e = \sqrt{\frac{Q}{2 \pi p c \left(\sin \alpha - \frac{\sigma}{t} \right) \vartheta}} \quad \ldots \quad 684$$

$$c\left(\sin\alpha - \frac{\sigma}{t}\right) = u_e\left(\sin\beta - \frac{\sigma_1}{t_e}\right) \quad \ldots \quad 685$$

Aus Gl. 685 kann $\frac{\sigma_1}{t_e}$ berechnet werden, wenn alle übrigen Größen bekannt sind. Durch Annahme von t_e wird dann die Schaufeldicke σ_1 gefunden, welche nicht überschritten werden darf, ohne den lichten Querschnitt der Radzellen ungehörig zu verengen. In der Ausführung bleibt man mit dem Wert σ_1 meist unter dem aus Gl. 685 erhaltenen und schärft die Radschaufeln oben zu.

Das Verhältnis der Radien kann genommen werden:

$$\left.\begin{array}{l} \dfrac{R_e}{R_a} = 1{,}25 \div 1{,}33 \text{ bei außenschlächtigen,} \\ \dfrac{R_e}{R_a} = 0{,}75 \div 0{,}8 \text{ bei innenschlächtigen Rädern} \end{array}\right\} \quad . \ 686$$

Der Beaufschlagungsgrad ϑ kann um so kleiner sein, je geringer die Wassermenge und je höher das Gefälle ist; man nimmt:

$$\left.\begin{array}{l} \vartheta = \dfrac{1}{6} \text{ und kleiner, bei einseitigem Einlauf,} \\ \vartheta = \dfrac{1}{3} \text{ und kleiner, bei doppeltem Einlauf} \end{array}\right\} \quad . \ 687$$

Die Schaufeldicke kann betragen:

$$\left.\begin{array}{l} 4 \div 8 \text{ mm bei Schaufeln aus Schmiedeeisen,} \\ 6 \div 14 \text{ mm bei Schaufeln aus Gußeisen} \end{array}\right\} \quad . \ 688$$

Die Schaufelteilung kann sein:

$$\left.\begin{array}{l} t > 40 \text{ mm, oder auch} \\ t = 0{,}09\, R_e \div 0{,}13\, R_e \end{array}\right\} \quad \ldots \quad 689$$

d) Arbeitsleistung.

Bezeichnet

H = ganzes Nutzgefälle, d. i. der Abstand des Austrittspunktes A vom Oberwasserspiegel in Metern,

so ist die absolute Arbeit in Pferdestärken:

$$N_a = \frac{Q\,\gamma\,H}{75} \quad \ldots \ldots \quad 690$$

und die Nutzleistung:

$$N_n = \eta \cdot N_a \quad \ldots \ldots \quad 691$$

Der Wirkungsgrad η beträgt für radiale Druckturbinen etwa:

$$\eta = 0{,}6 \div 0{,}75.$$

Druckturbinen. 337

Beispiel. Es ist ein innenschlächtiges Tangentialrad für eine Wassermenge von $Q = 0,2$ cbm pro Sekunde und ein Gefälle von $H = 14$ m zu berechnen. Das Rad soll einseitigen Einlauf bei vertikaler Aufstellung erhalten.

Wird vorläufig die Radtiefe $a_1 = R_a - R_e$ auf 0,13 m geschätzt, so ist das Gefälle bis zum Spalt:

$$H_1 = H - a_1 = 14 - 0,13 = 13,87 \text{ m.}$$

Die Zuflußgeschwindigkeit ist nach Gl. 671:

$$c = 0,9 \sqrt{2 \cdot 9,81 \cdot 13,87} = \infty \, 14,8 \text{ m.}$$

Wird der Zuleitungswinkel $\alpha = 25^0$ (Gl. 676) gewählt, so muß der Eintrittswinkel $\beta = 2 \cdot 25 = 50^0$ (Gl. 675) sein.

Radgeschwindigkeit v_e und relative Eintrittsgeschwindigkeit u_e werden nach Gl. 672 und 673:

$$v_e = u_e = \frac{c}{2 \cdot \cos \alpha} = \frac{14,8}{2 \cdot \cos 25^0} = 8,16 \text{ m.}$$

Der lichte Querschnitt des Leitapparates ist (Gl. 677):

$$F = \frac{Q}{c} = \frac{0,2}{14,8} = 0,0135 \text{ qm}$$

und der lichte Eintrittsquerschnitt des Rades:

$$F_e = \frac{Q}{u_e} = \frac{0,2}{8,16} = 0,0245 \text{ qm.}$$

Nimmt man nun nach Gl. 686 an:

$$\frac{R_e}{R_a} = 0,78,$$

so folgt nach Gl. 674:

$$v_a = v_e \frac{R_a}{R_e} = 8,16 \cdot \frac{1}{0,78} = 10,44 \text{ m}$$

und

$$u_a = v_a = 10,44 \text{ m.}$$

Demnach ist nach Gl. 677:

$$F_a = \frac{Q}{u_a} = \frac{0,2}{10,44} = 0,0191 \text{ qm.}$$

Wählt man nach Gl. 682 bezw. 683:

$$p = \frac{b}{R_e} = \frac{1}{5} = 0,2$$

und nach Gl. 687:

$$\vartheta = \frac{1}{7};$$

Schneider, Formel- und Beispielsammlung.

setzt man ferner nach Gl. 688 bezw. 689 die Schaufeldicke $\sigma = 5$ mm und die Schaufelteilung $t = 75$ mm, so wird nach Gl. 684:

$$R_e = \sqrt{\frac{Q}{2\pi p c \left(\sin \alpha - \frac{\sigma}{t}\right) \vartheta}}$$

$$R_e = \sqrt{\frac{0{,}2}{2 \cdot 3{,}14 \cdot 0{,}2 \cdot 14{,}8 \left(\sin 25^0 - \frac{0{,}005}{0{,}075}\right) \frac{1}{7}}}$$

$$R_e = 0{,}459 \text{ m}.$$

Somit:
$$R_a = \frac{R_e}{0{,}78} = \frac{0{,}459}{0{,}78} = 0{,}588 \text{ m}.$$

Der Einströmungsbogen wird:
$$l = \vartheta \cdot 2 R_e \pi = \frac{1}{7} \cdot 2 \cdot 0{,}459 \cdot 3{,}14 = \infty\, 0{,}41 \text{ m}.$$

Wählt man 5 Leitzellen, so wird jetzt die Teilung:
$$t = \frac{0{,}41}{5} = 0{,}082 \text{ m} = 82 \text{ mm};$$

folglich die Schaufeldicke $\left(\frac{5}{75} = \frac{\sigma}{t}\right)$:
$$\sigma = \frac{5}{75} \cdot 82 = 5{,}46 \text{ mm}.$$

Nach Gl. 685 muß sein:
$$c \left(\sin \alpha - \frac{\sigma}{t}\right) = u_e \left(\sin \beta - \frac{\sigma_1}{t_e}\right)$$

$$14{,}8 \left(\sin 25^0 - \frac{0{,}00546}{0{,}082}\right) = 8{,}16 \left(\sin 50^0 - \frac{\sigma_1}{t_e}\right)$$

$$\frac{\sigma_1}{t_e} = 0{,}12.$$

Wählt man jetzt $t_e = 75$ mm, so erhält das Rad $\frac{2 R_e \pi}{t_e} = \frac{2 \cdot 0{,}459 \cdot 3{,}14}{0{,}075} = 38{,}4$ Schaufeln. Wird die Schaufelzahl nun auf 38 abgerundet, so wird:

$$t_e = \frac{2 \cdot 0{,}459 \cdot 3{,}14}{38} = 0{,}0758 \text{ m} = 75{,}8 \text{ mm}$$

und
$$\sigma_1 = 0{,}12\, t_e = 0{,}12 \cdot 75{,}8 = 9{,}1 \text{ mm} \infty\, 9 \text{ mm}.$$

Druckturbinen. 339

Für die lichte Breite des Leitapparates ergibt sich:
$$b = b_e = p \cdot R_e = 0.2 \cdot 0.459 = 0.0918 \text{ m}.$$

Wählt man nach Gl. 679:
$$b_a = 2 b = 2 \cdot 0.0918 = 0.1836 \text{ m},$$

so ergibt sich der Winkel δ aus Gl. 678:
$$(t_e \cdot \sin \beta - \sigma_1) b_e \cdot u_e = (t_a \sin \delta - \sigma_1) b_a \cdot u_a.$$

Hierbei ist noch nach Gl. 680:
$$t_a = t_e \frac{R_a}{R_e} = 0.0758 \frac{0.588}{0.459} = 0.097 \text{ m} = 97 \text{ mm}.$$

Folglich:
$$(0.0758 \cdot \sin 50^0 - 0.009) 0.0918 \cdot 8.16$$
$$= (0.097 \cdot \sin \delta - 0.009) 0.1836 \cdot 10.44$$
$$\sin \delta = 0.286$$
$$\delta = 16^0 40' \sim 17^0.$$

Die absolute Austrittsgeschwindigkeit ergibt sich aus Gl. 670:
$$w = 2 v_a \cdot \sin \frac{\delta}{2} = 2 \cdot 10.44 \cdot \sin 8^0 30' = \sim 3.08 \text{ m}.$$

Die Umgangszahl des Rades wird:
$$n = 9.55 \frac{v_e}{R_e} = 9.55 \cdot \frac{10.44}{0.459} = 216.8.$$

Die absolute Leistung ist, Gl. 690:
$$N_a = \frac{Q \gamma H}{75} = \frac{0.2 \cdot 1000 \cdot 14}{75} = 37.3 \text{ P S}.$$

Bei einem Wirkungsgrad $\eta = 0.7$ wird daher die Nutzleistung:
$$N_n = 0.7 \cdot 37.6 = \sim 26.3 \text{ P S}.$$

2. Girardturbinen.

Ein Hauptvorzug der Girardturbinen ist, daß sie für große Wassermengen als Vollturbine ausgeführt und für jede geringere Wassermenge durch Verschluß der Leitzellen eingestellt werden kann. Zur Vermeidung einseitiger Drücke werden in der Regel durch den Regulierapparat zwei gegenüber liegende Zellen zugleich geöffnet oder geschlossen. Auch verhält sich eine Verminderung der Nutzleistung proportional zu der des Beaufschlagungsgrades.

Für die Girardturbinen gilt im wesentlichen dasselbe wie für das Tangentialrad; es gelten also die Formeln des vorigen Abschnittes unter 1, nur ist in diesen zu setzen:
$$R_a = R_e = R.$$

Eigentlich ist R_a etwas größer als R_e. Zuweilen wird deshalb der Querschnitt des Radkranzes nach dem Austritt zu erweitert.

Der Winkel α kann hier betragen
$$\alpha = 15 \text{ bis } 30^0,$$
je nachdem das Gefälle groß oder klein ist.

Für mittlere Verhältnisse findet man häufig:
$$\alpha = 20^0.$$

Für p gilt hier meistens:
$$p = 0{,}2 \div 0{,}25.$$

Die Teilung des Rades beträgt oft $80 \div 100$ mm, die des Leitapparates $t = 100 \div 120$ mm.

Die Höhe des Laufrades kann sein:
$$a_1 = 0{,}18\,R \div 0{,}25\,R.$$

Die Höhe des Leitapparates kann sein:
$$a = \frac{2}{3}\,a_1 \div \frac{3}{4}\,a_1.$$

Der Wasserdruck P auf das Rad, normal zur Radebene, beträgt:
$$P = \frac{Q\,\gamma}{g}(c \cdot \sin\alpha - w) \quad \ldots \ldots \quad 692$$

Der Wirkungsgrad der Girardturbine beträgt:
$$\eta = 0{,}7 \div 0{,}8.$$

Beispiel. Es soll für ein mittleres Gefälle $H = 2{,}4$ m und für eine Wassermenge $Q = 1{,}4$ cbm pro Sekunde eine Girardturbine berechnet werden. Das Rad soll volle Beaufschlagung erhalten, also $\vartheta = 1$.

Gewählt wird:
$$\alpha = 22^0;\ \beta = 2\,\alpha = 44^0;\ p = \frac{b}{R} = 0{,}23;$$
$\sigma = 6$ mm (schmiedeeiserne Schaufeln); $t = 100$ mm; die Radhöhe sei vorläufig zu $a_1 = 0{,}16$ m $= 160$ mm angenommen (vergl. Fig. 277).

Die Austrittsgeschwindigkeit des Wassers aus dem Leitapparate ist, Gl. 671:
$$c = 0{,}94\,\sqrt{2\,g\,H_1} = 0{,}94\,\sqrt{2 \cdot 9{,}81\,(2{,}4 - 0{,}16)} = 6{,}23 \text{ m}.$$

Die beste Umfangsgeschwindigkeit des Rades folgt aus Gl. 673:
$$v_e = \frac{c}{2 \cdot \cos\alpha} = \frac{6{,}23}{2 \cdot \cos 22^0} = 3{,}36 \text{ m}.$$

Druckturbinen.

Der Halbmesser des Rades, Gl. 684:

$$R = \sqrt{\frac{Q}{2\pi p c \left(\sin\alpha - \frac{\sigma}{t}\right)\vartheta}}$$

$$R = \sqrt{\frac{1,4}{2 \cdot 3,14 \cdot 0,23 \cdot 6,23 \left(\sin 22^0 - \frac{6}{100}\right) 1}}$$

$R = 0,704$ m (vergl. umstehende Fig. 278).

Mithin:
$$b = p \cdot R = 0,23 \cdot 0,704 = \infty\, 0,162 \text{ m}.$$

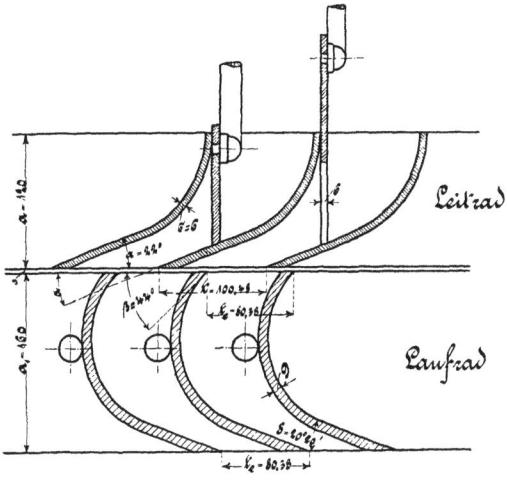

Fig. 277.

Behufs Ventilation wäre nun etwa zu nehmen:

$b_e = b + 20$ mm $= 162 + 20 = 182$ mm ∞ 180 mm $= 0,18$ m.

Nach Gl. 679 ist dann:
$$b_a = m \cdot b_e = 2,5 \cdot 0,18 = 0,450 \text{ m}.$$

Erhält das Laufrad $t_e = 80$ mm Teilung, so ergibt sich die größte zulässige Schaufelstärke aus Gl. 685:

$$c\left(\sin\alpha - \frac{\sigma}{t}\right) = u_e \left(\sin\beta - \frac{\sigma_1}{t_e}\right),$$

342   Dreizehnter Abschnitt. Turbinen.

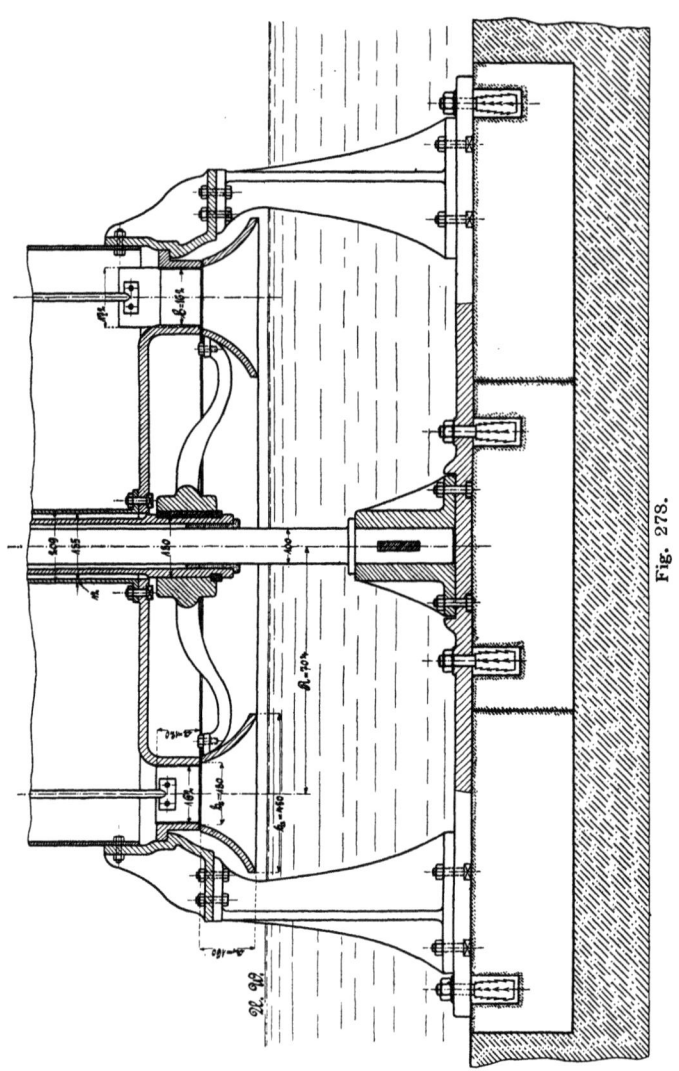

Fig. 278.

Druckturbinen. 343

oder, da nach Gl. 672 $u_e = v_e$ ist:
$$c \left(\sin \alpha - \frac{\sigma}{t} \right) = v_e \left(\sin \beta - \frac{\sigma_1}{t_e} \right)$$
$$6{,}23 \left(\sin 22^0 - \frac{6}{100} \right) = 3{,}36 \left(\sin 44^0 - \frac{\sigma_1}{0{,}08} \right)$$
$$\sigma_1 = 0{,}0088 \text{ m} = 8{,}8 \text{ mm} \backsim 9 \text{ mm}$$
(Gußeisen-Schaufeln).

Die Schaufelzahl des Rades wird:
$$z_1 = \frac{2 R \pi}{t_e} = \frac{2 \cdot 0{,}704 \cdot 3{,}14}{0{,}08} = \backsim 55$$

und die korrigierte Teilung:
$$t_e = \frac{2 R \pi}{z_1} = \frac{2 \cdot 0{,}704 \cdot 3{,}14}{55} = 0{,}08038 \text{ m} = 80{,}38 \text{ mm}.$$

Die Schaufelzahl des Leitapparates wird:
$$z = \frac{2 R \pi}{t} = \frac{2 \cdot 0{,}704 \cdot 3{,}14}{0{,}1} = \backsim 44$$

und die korrigierte Teilung:
$$t = \frac{2 R \pi}{z} = \frac{2 \cdot 0{,}704 \cdot 3{,}14}{44} = 0{,}10048 \text{ m} = 100{,}48 \text{ mm}.$$

Die Schaufelstärken bleiben wie oben bestimmt.

Der Austrittswinkel δ folgt aus Gl. 678:
$$(t_e \sin \beta - \sigma_1) b_e \cdot u_e = (t_a \cdot \sin \delta - \sigma_1) b_a \cdot u_a.$$

Nun ist $u_e = v_e = u_a$; $b_a = 2 b_e$; mithin:
$$(t_e \cdot \sin \beta - \sigma_1) = 2 (t_a \cdot \sin \delta - \sigma_1)$$
$$80{,}38 \sin 44^0 - 0{,}009 = 2 (80{,}38 \sin \delta - 0{,}009)$$
$$\sin \delta = 0{,}348$$
$$\delta = 20^0 \, 20'.$$

Die absolute Austrittsgeschwindigkeit wird nach Gl. 670:
$$w = 2 v_a \cdot \sin \frac{\delta}{2}; \quad v_a = v_e;$$
$$w = 2 \cdot 3{,}36 \sin 10^0 \, 10' = 1{,}18 \text{ m}.$$

Die Höhe des Laufrades soll sein:
$$a_1 = 0{,}18 R \div 0{,}25 R.$$

Es war $a_1 = 0{,}16$ m angenommen; das wäre soviel wie $0{,}228 R$, es kann also $a_1 = 0{,}16$ m bleiben.

Die Höhe des Leitapparates wird:
$$a = \frac{3}{4} a_1 = \frac{3}{4} \cdot 0{,}16 = 0{,}12 \text{ m} = 120 \text{ mm}.$$

Die Tourenzahl des Rades pro Minute wird:
$$n = 9{,}55 \frac{v}{R} = 9{,}55 \frac{3{,}36}{0{,}704} = 45{,}6.$$

Die absolute Leistung ist nach Gl. 690:
$$N_a = \frac{Q \gamma H}{75} = \frac{1{,}4 \cdot 1000 \cdot 2{,}4}{75} = 44{,}8 \, \text{PS}.$$

Die Nutzleistung wird bei $\eta = 0{,}76$:
$$N_n = 0{,}76 \cdot 44{,}8 = \infty \, 34 \, \text{PS}.$$

Reaktionsturbinen.

1. Radiale Reaktionsturbinen.

Wie die Tangentialräder, können diese Turbinen innen- oder außenschlächtig sein. Meist bewegt sich das Rad horizontal und ist am ganzen Umfange beaufschlagt.

a) Geschwindigkeiten.

Um dem Wasser wieder möglichst viel Arbeitsvermögen zu entziehen, sei wieder $u_a = v_a$ gesetzt und der Winkel δ so klein als möglich genommen.

Es ist:
$$u_e^2 = c^2 + v_e^2 - 2 c v_e \cdot \cos \alpha \quad \dots \quad 693$$

$$v_e = \frac{0{,}9 \, g \, H}{c \cdot \cos \alpha} \quad \dots \quad 694$$

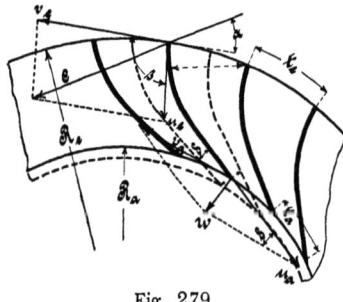
Fig. 279.

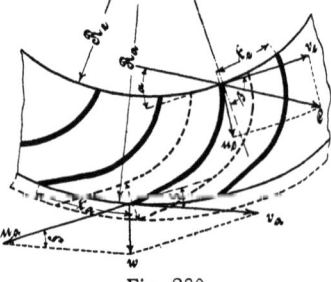
Fig. 280.

Zwischen c und u_e besteht die Gleichung:
$$v_e \cdot \sin \beta = c \cdot \sin (\beta - \alpha) \quad \dots \quad 695$$

In Verbindung mit Gl. 694 folgt auch:
$$v_e = 0{,}95 \sqrt{\frac{g \, H \sin (\beta - \alpha)}{\cos \alpha \cdot \sin \beta}} \quad \dots \quad 696$$

oder auch:
$$c = 0{,}95 \sqrt{\frac{g\,H\,.\,\sin\beta}{\cos\alpha\,.\,\sin(\beta-\alpha)}} \quad \ldots \ldots \quad 697$$

Die Peripheriegeschwindigkeiten verhalten sich wieder wie die Radien:
$$v_a = v_e \frac{R_a}{R_e} \quad \ldots \ldots \ldots \quad 698$$

Damit das Wasser ohne Stoß in das Rad tritt, muß sich der Anfang der Radschaufeln tangential an u_e anschließen. An der Austrittsstelle ist das Geschwindigkeitsparallelogramm wieder ein verschobenes Quadrat, in welchem ist:
$$u_a = v_a \ldots \ldots \ldots \ldots \quad 699$$
und
$$w = 2\,v_a\,.\,\sin\frac{\delta}{2} \quad \ldots \ldots \quad 700$$

b) Winkel- und Zellenquerschnitte.

Die Winkel α und β können angenommen werden, nur hat man $\beta > 2\alpha$ zu setzen.

Man nimmt:
$$\alpha = 15^0 \div 24^0 \quad \ldots \ldots \ldots \quad 701$$
und zwar die kleineren Zahlen bei kleiner Wassermenge und bei hohem Gefälle, die größeren Zahlen bei großer Wassermenge und bei kleinem Gefälle.

Der Winkel β ist meist ein rechter oder stumpfer:
$$\beta = 90^0 \div 120^0 \text{ oder } \beta = 90 + \frac{\alpha}{2} \quad \ldots \ldots \quad 702$$

Ferner ist:
$$Q = F\,.\,c = F_e\,.\,u_e = F_a\,.\,u_a \quad \ldots \ldots \quad 703$$

Die in eine Radzelle eintretende Wassermenge muß gleich der austretenden sein, mithin:
$$(t_e \sin\beta - \sigma_1)\,b_e\,.\,u_e = (t_a \sin\delta - \sigma_1)\,b_a\,.\,u_a \quad \ldots \quad 704$$

Hieraus kann δ bestimmt werden, wenn die anderen Größen bekannt sind.

In der Regel ist $b_a = b_e = b$ und es wird auch für die Ausführung die Radbreite nur wenig gegen die Leitzellenbreite vergrößert.

Es ist bei Vernachlässigung der Schaufeldicke:
$$\sin\delta = \frac{R_e}{R_a}\,.\,\frac{c\,.\,\sin\alpha}{u_a} \quad \ldots \ldots \quad 705$$

oder

$$\sin \delta = \left(\frac{R_e}{R_a}\right)^2 \frac{1}{\cot g\,\alpha - \cot g\,\beta} \quad \ldots \quad 706$$

c) Radien, Teilung u. f.

Es ist, wenn wieder $p = \dfrac{b}{R_e}$ gesetzt wird:

$$R_e = \sqrt{\frac{Q}{2\pi p c \left(\sin \alpha - \dfrac{\sigma}{t}\right)}} \quad \ldots \quad 707$$

Der Beaufschlagungsgrad ist immer $\vartheta = 1$ vorausgesetzt.
Oder auch:

$$R_e = \sqrt{\frac{Q}{2\pi p u_e \left(\sin \beta - \dfrac{\sigma_1}{t_e}\right)}} \quad \ldots \quad 707a$$

Beide Gleichungen einander gleichgesetzt, gibt:

$$c\left(\sin \alpha - \frac{\sigma}{t}\right) = u_e \left(\sin \beta - \frac{\sigma_1}{t_e}\right) \quad \ldots \quad 708$$

Die hieraus sich ergebende Schaufeldicke σ_1 ist genau einzuhalten, denn das Wasser füllt hier die Zellen vollkommen aus und geht als freier Strahl durch das Rad.

Für p kann man nehmen:

$$\left.\begin{array}{l} p = 0{,}25 \div 0{,}3 \text{ bei außenschlächtigen Rädern,} \\ p = 0{,}35 \div 0{,}4 \text{ bei innenschlächtigen Rädern} \end{array}\right\} \ldots 709$$

Das Verhältnis der Radien kann betragen:

$$\left.\begin{array}{l} \dfrac{R_e}{R_a} = 1{,}2 \div 1{,}4 \text{ bei außenschlächtigen Rädern,} \\ \dfrac{R_e}{R_a} = 0{,}66 \div 0{,}8 \text{ bei innenschlächtigen Rädern} \end{array}\right\} \ 710$$

Die Schaufelteilung wird bei Reaktionsturbinen bis 300 mm genommen, doch soll t um so kleiner sein, je kleiner R ist.

Die Teilung des Leitapparates kann etwas größer genommen werden als die des Rades. Man wähle:

$$t = 150 \div 130 \text{ mm oder } 0{,}21\sqrt{R} \text{ oder } 0{,}11\,R \div 0{,}133\,R \quad . \quad 711$$

d) Reaktion.

Es muß sein:

$$\beta > 2\alpha \quad \ldots \ldots \quad 712$$

Wird bei Reaktionsturbinen derjenige Teil des Gefälles H, welcher zur Erzeugung der Geschwindigkeit c verwendet wird, mit $\varepsilon \cdot H$ bezeichnet, so ist:

$$\varepsilon = \frac{c^2}{2\,g\,H} = \frac{H - h'_s}{H} \quad \ldots \ldots \quad 713$$

ε wird der Reaktionsgrad genannt.

Je mehr dieser Bedingung genügt ist, desto größer wird der Spaltenüberdruck h'_s und die durch denselben bewirkte Beschleunigung der Wasserbewegung durch die Zellen des Rades.

Es muß hier stets $h_1 < h_0$ sein, d. h. es darf die Turbine nie höher als 10 m über dem Unterwasserspiegel stehen, in der Regel nimmt man höchstens $h_1 = 8$ m.

Bei richtiger Anordnung kommt hierbei immer das ganze vorhandene Gefälle zur Wirkung. Bei den Girardturbinen dagegen muß häufig das Rad einige Zentimeter über dem Unterwasserspiegel angeordnet werden, in Rücksicht auf ein Steigen des Unterwassers. Dieses sogenannte Freihängen des Rades bedeutet dann einen kleinen Gefällverlust.

e) Nutzleistung.

Bezeichnet

H = ganzes nutzbares Gefälle, d. i. der Abstand zwischen Ober- und Unterwasserspiegel,

so ist wieder die absolute Arbeit in PS:

$$\left.\begin{array}{l} N_a = \dfrac{Q\,\gamma\,H}{75} \\ \text{und die Nutzarbeit: } N_n = \eta \cdot N_a \end{array}\right\} \quad \ldots \ldots \ldots \quad 714$$

Hierbei beträgt der Wirkungsgrad:

$$\eta = 0{,}7 \div 0{,}75.$$

Durch die Reguliervorrichtung wird bei den meisten Reaktionsturbinen der Wirkungsgrad beeinträchtigt und sinkt daher oft im quadratischen Verhältnis mit der Wassermenge, so daß:

$$\eta_2 = \eta_1 \left(\frac{Q_2}{Q_1}\right)^2, \quad \ldots \ldots \quad 715$$

wenn Q_1 und η_1 für volle Beaufschlagung, Q_2 und η_2 für verminderte Beaufschlagung gelten.

Rechnungsvorgang. Gegeben sei eine außenschlächtige, radiale Reaktionsturbine für eine Wassermenge Q cbm pro Sek. und ein Gefälle von H Metern. Das Saugrohr der Turbine soll die innere Weite des Rades zum Durchmesser haben; die Wassergeschwindigkeit in diesem Rohre betrage V Meter.

Es folgt der Rohrdurchmesser d aus $\frac{d^2 \pi}{4} \cdot V = Q$; demnach der innere Halbmesser des Rades aus $R_a = \frac{d}{2}$.

Nun wird $\frac{R_e}{R_a}$ gewählt und R_e ermittelt. Nimmt man nun α und β an, so folgt v_e aus Gl. 696.

Somit v_a aus Gl. 698. c folgt aus Gl. 697, bezw. aus:

$$c = v_e \frac{\sin \beta}{\sin(\beta - \alpha)}.$$

Wird jetzt die Leitschaufelstärke σ und die Teilung t gewählt, so erhält man p aus Gl. 707, nämlich:

$$p = \frac{Q}{2\pi c R_e^2 \left(\sin \alpha - \dfrac{\sigma}{t}\right)}.$$

Die Radbreite wird dann $b = p \cdot R_e$.

Die Anzahl der Leitschaufeln folgt aus $z = \frac{2 R_e \pi}{t}$. Bei abgerundetem z sind t und σ zu korrigieren.

Wählt man weiter die Teilung t_2 des Rades und dementsprechend die Schaufelzahl, so ergibt sich σ_1 aus Gl. 708, wenn noch vorher bestimmt wird: $u_e = v_e \dfrac{\sin \alpha}{\sin(\beta - \alpha)}$.

Ergibt sich σ_1 zu groß, so braucht man nur σ kleiner als vorher anzunehmen; man erhält dann auch σ_1 entsprechend kleiner. Der Winkel δ folgt aus Gl. 704, worin zu setzen ist:

$$b_1 = b_e; \quad t_1 = \frac{R_a}{R_e} \cdot t_e; \quad u_a = v_a;$$

Man kann δ aber auch nach Gl. 705 berechnen.

Die absolute Austrittsgeschwindigkeit w ist nach Gl. 700 zu berechnen. Die Tourenzahl nach der Gleichung: $n = 9{,}55 \dfrac{v_e}{R_e}$.

Die absolute Leistung, sowie die Nutzleistung ermittelt sich aus Gl. 714.

Der Spaltenüberdruck entspricht einer Wassersäule von (Gl. 669)

$$h'_s = H - \frac{c^2}{2g}.$$

Schließlich kann der Reaktionsgrad ε aus Gl. 713 bestimmt werden.

2. Die Henschel-Jonval-Turbine.

Diese Turbine ist achsial und, weil Reaktionsturbine, voll beaufschlagt. Die Achse steht meist senkrecht. Reguliert wird durch eine im Zuleitungsrohre befindliche Drosselklappe. Auch bei einem etwa angebrachten Saugrohr können Drosselklappe oder Schieber die Regulierung dadurch bewirken, daß sie den Austritt des Wassers aus dem Rohre beeinflussen.

Für die Berechnung der Henschel-Jonval-Turbine gelten die vorigen Formeln wie bei den radialen Reaktionsturbinen unter 1, wenn man $\frac{R_e}{R_a} = 1$ setzt.

Für mittlere Verhältnisse wird meist genommen:

$$\alpha = 20^0; \quad p = 0{,}2 \div 0{,}4.$$

Die Radhöhe sei:

$a_1 = 0{,}2\,R \div 0{,}4\,R$, bei kleinen Maschinen noch mehr.

Ferner sei:

$$a = \frac{4}{3}\,a_1 \div \frac{3}{2}\,a_1.$$

Beispiel. Für eine Henschel-Jonval-Turbine sei das Gefälle 3,8 m. Die Turbine habe einen mittleren Radius von 0,72 m und eine Radbreite von 0,3 m. Der Leitapparat hat 20 Schaufeln von 6 mm Dicke. Der Zuleitungswinkel beträgt $\alpha = 20^0$, der Eintrittswinkel $\beta = 100^0$. Das Rad hat 26 Schaufeln. Wie groß ist der Wasserverbrauch, die Geschwindigkeit und die Leistung der Turbine?

Die Teilung des Leitapparates ist:

$$t = \frac{2\,R\,\pi}{z} = \frac{2 \cdot 0{,}72 \cdot 3{,}14}{20} = 0{,}226 \text{ m}.$$

Die Teilung des Rades:

$$t_e = t_a = \frac{2\,R\,\pi}{z_1} = \frac{2 \cdot 0{,}72 \cdot 3{,}14}{26} = 0{,}174 \text{ m}.$$

Aus Gl. 696:

$$v_e = 0{,}95\,\sqrt{\frac{g\,H \cdot \sin(\beta - \alpha)}{\cos\alpha \cdot \sin\beta}}$$

$$v_e = 0{,}95\,\sqrt{\frac{9{,}81 \cdot 3{,}8 \cdot \sin(100^0 - 20^0)}{\cos 20^0 \cdot \sin 100^0}} = 0{,}95\,\sqrt{\frac{9{,}81 \cdot 3{,}8 \cdot \sin 80^0}{\cos 20^0 \cdot \sin 100^0}} = 6\,\text{m}.$$

Aus Gl. 695:

$$c = v_e\,\frac{\sin\beta}{\sin(\beta - \alpha)} = 6 \cdot \frac{\sin 100^0}{\sin 80^0} = 6 \cdot \frac{\sin 80^0}{\sin 80^0} = 6 \text{ m}.$$

Gl. 707 nach Q aufgelöst, gibt:

$$Q = R^2 \cdot 2\pi \cdot p \cdot c \left(\sin\alpha - \frac{\sigma}{t}\right); \; p = \frac{b}{R};$$

$$Q = 0{,}72^2 \cdot 2 \cdot 3{,}14 \cdot \frac{0{,}3}{0{,}72} \cdot 6 \left(\sin 20° - \frac{6}{226}\right) = 2{,}58 \text{ cbm.}$$

Die Nutzleistung wäre bei einem Wirkungsgrade $\eta = 0{,}75$ nach Gl. 714:

$$N_n = \eta \frac{Q\gamma H}{75} = 0{,}75 \frac{2{,}58 \cdot 1000 \cdot 3{,}8}{75} = 98 \text{ P S.}$$

Die Umgangszahl wird:

$$n = 9{,}55 \frac{v_e}{R} = 9{,}55 \frac{6}{0{,}72} = 79{,}6.$$

Die relative Eintrittsgeschwindigkeit ist:

$$u_e = \frac{v_e \cdot \sin\alpha}{\sin(\beta - \alpha)} = \frac{6 \cdot \sin 20°}{\sin 80°} = 2{,}09 \text{ m.}$$

Die Schaufeldicke für das Rad ergibt sich aus Gl. 708:

$$c\left(\sin\alpha - \frac{\sigma}{t}\right) = u_e\left(\sin\beta - \frac{\sigma_1}{t_e}\right)$$

$$6\left(\sin 20° - \frac{6}{226}\right) = 2{,}09\left(\sin 100° - \frac{\sigma_1}{174}\right)$$

$$1{,}896 = 2{,}06 - \frac{2{,}06\,\sigma_1}{174}$$

$$\sigma_1 = 13{,}8 \text{ mm.}$$

Da nun $u_a = v_a = v_e = 6$ m ist, so folgt der Winkel δ aus Gl. 704:

$$(t_e \sin\beta - \sigma_1)\,b_e \cdot u_e = (t_a \sin\delta - \sigma_1)\,b_a \cdot u_a,$$

wobei noch $b_e = b_a$ und $t_e = t_a$ gesetzt wird.

Also:
$$(0{,}174 \sin 100° - 0{,}0138)\,0{,}3 \cdot 2{,}09 = (0{,}174 \sin\delta - 0{,}0138)\,0{,}3 \cdot 6$$
$$\sin\delta = 0{,}394$$
$$\delta = 23° 10'.$$

Nach der Annäherungsformel, Gl. 705, hätte man δ auch berechnen können.

Aus Gl. 700 ergibt sich die absolute Ausflußgeschwindigkeit:

$$w = 2\,v_a \sin\frac{\delta}{2} = 2 \cdot 6 \cdot \sin 11° 35' = 2{,}4 \text{ m.}$$

Der äußere Durchmesser des Rades ist:

$$2R + b = 2 \cdot 0{,}72 + 0{,}3 = 1{,}74 \text{ m.}$$

Wird das Saugrohr unter dem Rade auf 1,9 m erweitert, so ist der Querschnitt desselben $\dfrac{1,9^2 \pi}{4} = 2{,}83$ qm. Demnach die Geschwindigkeit des Wassers in demselben:

$$V = \frac{Q}{2{,}83} = \frac{2{,}58}{2{,}83} = 0{,}91 \text{ m.}$$

Der Spaltenüberdruck ist, Gl. 669:

$$h_s{}' = H - \frac{c^2}{2\,g} = 3{,}8 - \frac{6^2}{2 \cdot 9{,}81} = 1{,}97 \text{ m.}$$

Wird die ganze Radfläche $\dfrac{1,74^2 \pi}{4} = 2{,}38$ qm als belastet betrachtet, wenn das Rad mit voller Armscheibe ausgeführt ist, so ist der achsiale Druck auf das Rad:

$$P = 2{,}38 \cdot 1{,}97 \cdot 1000 = \infty\, 4689 \text{ kg.}$$

Details.

1. R o h r e.

Die lichte Weite der Zuleitungsrohre bei geschlossenen Turbinen ist abhängig von der Durchflußgeschwindigkeit V des Wassers. Diese Geschwindigkeit kann natürlich nie größer sein als die der Druckhöhe h entsprechende Geschwindigkeit $\sqrt{2\,g\,h}$, wenn h vertikal vom Oberwasserspiegel bis zum Ausflußpunkte gemessen wird.

Im allgemeinen kann man für V setzen:

$$V = 0{,}7 \div 1{,}5 \text{ m pro Sek.} \quad \ldots \ldots \quad 716$$

Für die Bestimmung der Rohrweite d gilt die Gleichung:

$$Q = \frac{d^2 \pi}{4} \cdot V \quad \ldots \ldots \ldots \quad 717$$

Im übrigen gilt über die Rohre (Wandstärke, Flanschen, Schrauben u. f.) das Bemerkte in den Maschinenelementen.

Bei freiem Ausfluß aus der Mündung eines Rohres ist $V = \varphi \sqrt{2\,g\,h}$, worin φ der Geschwindigkeitskoeffizient ist.

Der Druckhöhenverlust h_r der Reibung des Wassers in den Röhren ist:

$$h_r = \lambda\, \frac{l}{d}\, \frac{V^2}{2\,g} \quad \ldots \ldots \quad 718$$

Dieser Verlust ist aber erst bei längerer Rohrleitung von Bedeutung.

In Gl. 718 bedeutet:

l = Länge des Rohres,
V = Wassergeschwindigkeit, wie oben bemerkt,
λ = ein Koeffizient, von V abhängig.

Nach Weisbach ist bei

V = 0,1	0,3	0,5	0,8	1	1,5 m
λ = 0,0443	0,0317	0,0278	0,025	0,0239	0,0221.

2. Rad und Welle.

Die Wandstärke des Kranzes der Turbinenräder kann betragen (Maße in cm):

$$\delta = 0{,}02\,R + 1\,\text{cm}, \quad \ldots \ldots \quad 719$$

wenn die Schaufeln aus Gußeisen hergestellt werden.

Bei eingegossenen Blechschaufeln sei die Wandstärke des Kranzes:

$$\delta_1 = \frac{9}{8}\delta \div \frac{5}{4}\delta \quad \ldots \ldots \quad 720$$

Die Armzahl kann etwa betragen, wenn R in cm:

$$A = \frac{R}{40} + 2 \ldots \ldots \ldots \quad 721$$

Der Armquerschnitt ist meist rechteckig (Höhe h und Breite b) mit abgerundeten Ecken. Liegt h in der Radebene, so muß sein:

$$\frac{M}{A} = \frac{b\,h^2}{6} \cdot k_b; \; k_b = 100 \div 200 \text{ kg/qcm}.$$

Das Moment M folgt aus der Formel:

$$M = 71620\,\frac{N}{n}\,\text{cmkg}.$$

Man nimmt oft $b = \frac{h}{4}$. Es gilt überhaupt hier das bei den Maschinenelementen Bemerkte; ebenso bei elliptischem Armquerschnitt.

Die Welle ist in der Regel auf Torsion und Zug beansprucht, sofern die Stützung derselben oberhalb des Turbinenrades stattfindet; vergl. Gl. 173, S. 139.

Die Tragstange ist auf Zerknicken zu berechnen und zwar nach dem 2. Fall, Gl. 180a:

$$P = \frac{\pi^2\,J\,E}{S \cdot l^2}.$$

Der Sicherheitsgrad S beträgt hierbei $10 \div 20$.

Die Kraft P, welche die Säule belastet (ist zugleich der Druck auf die Spurplatte), setzt sich zusammen aus: dem Gewichte des Turbinenrades, dem Gewichte der hohlen Welle und dem der Zapfenkonstruktion, dem Gewichte des Zahnrades und ev. einer achsialen Komponente des Zahndruckes und dem Wasserdruck auf das Turbinenrad.

Für den Spurzapfen wird ein Flächendruck von 50 bis 80 und sogar bis 100 kg pro qcm zugelassen. Schmiernuten sind besser von der Fläche in Abzug zu bringen.

3. Regulierapparate.

Die Berechnung der Regulierapparate hängt von der besonderen Einrichtung derselben ab. Meist kommen hier die bekannten Sätze aus der Hydrostatik zur Anwendung. Ist F ein gedrücktes Flächenstück in qdm, h der Abstand seines Schwerpunktes vom Oberwasserspiegel in dm (Höhe), so ist der Wasserdruck:

$$P_w = F \cdot h \text{ kg.}$$

Ist die betreffende Verschlußplatte (behufs Öffnung oder Schließung) auf ihrer Fläche verschiebbar, so setzt sich obiger Wasserdruck in Reibung um. Für einen Gleitschieber ist also die zur Verschiebung nötige Kraft:

$$P = F \cdot h \cdot \mu,$$

wenn der Reibungskoeffizient für die Bewegung von Eisen auf Eisen gesetzt wird: $\mu = 0{,}3 \div 0{,}35$.

Ist bei einer Drosselklappe F die Fläche der Klappe in qdm und h die auf ihr lastende Wassersäule in dm, so ist auch hier der Wasserdruck $= F \cdot h$. Bei einer Drosselklappe ist nur die Zapfenreibung zu überwinden; bezeichnet daher r den Zapfenradius, so ist das zu überwindende Reibungsmoment $F h \mu_1 r$, wo μ_1 der Koeffizient der Zapfenreibung ist.

Sind die beiden Zapfen ungleich stark, verteilt sich aber die Belastung auf jeden Zapfen zur Hälfte, so ist das Reibungsmoment:

$$F h \mu_1 \left(\frac{r_1 + r_2}{2}\right).$$

Vierzehnter Abschnitt.
Verbrennungsmotoren[1]).

Maße D und S nach dem Bedarf an Verbrennungsluft.

Bezeichnet
- N_n = effektive Nennleistung in PS (gewöhnlich 0,75 bis 0,85 der erreichbaren Höchstleistung),
- n = Anzahl der Umdr./min.,
- D = Durchmesser des Kolbens in m,
- S = Hub des Kolbens in m,
- V_h = 0,785 D^2 S das Kolbenhubvolumen in cbm,
- $V = \eta \cdot V_n$ die wirklich angesaugte Gemischmenge im Normalzustande (bei 0^0 und 760 QS) in cbm,
- L = den praktisch günstigsten Luftbedarf für 1 cbm gasförmigen oder 1 kg flüssigen Brennstoff in cbm,
- L_h = den aus L resultierenden wirklichen Luftverbrauch eines Verbrennungshubes bei der Nennleistung N_n in cbm,
- C_s = den stündlichen Brennstoffverbrauch bei der Nennleistung N_n, für Gase in cbm, für Kraftöle in kg,
- C = desgleichen bezogen auf 1 PSe/st.,
- C_1 = desgleichen bezogen auf einen Saughub,
- H = den unteren Heizwert des Brennstoffes, bezogen auf 1 cbm Gas oder 1 kg flüssigen Brennstoffes, in WE,
- $\eta_e = \dfrac{V}{V_h}$ den Lieferungsgrad des Saughubes, bezogen auf den Normalzustand von 0^0 und 760 QS,
- $\eta_w = \dfrac{N_n \cdot 75 \cdot 3600}{C_s H \cdot 428} = \infty \dfrac{631 N_n}{C_s H}$ den wirtschaftlichen Wirkungsgrad,

---

[1]) Vergl. Hugo Güldner, „Das Entwerfen und Berechnen der Verbrennungsmotoren", Verlag Julius Springer, Berlin.

Maße D und S nach dem Bedarf an Verbrennungsluft. 355

dann ist zunächst allgemein für **Viertaktmotoren**:

$$C_s = \frac{N_n \, 75 \cdot 3600}{H \, \eta_w \, 428} = \frac{630{,}841 \, N_n}{H \, \eta_w} \quad \ldots \ldots \quad 722$$

$$C_h = \frac{N_n \, 75 \cdot 60 \cdot 2}{H \, \eta_w \, n \, 428} = \frac{21{,}028 \, N_n}{H \, \eta_w \, n} \quad \ldots \ldots \quad 723$$

$$L_h = \frac{C_s \, L}{30 \, n} = \frac{630{,}831 \, N_n \, L}{30 \, H \, \eta_w \, n} = \frac{21{,}028 \, N_n \, L}{H \, \eta_w \, n} \quad \ldots \quad 724$$

Für **Zweitaktmotore** sind die Gleichungen 723 und 724 durch 2 zu dividieren, weil bei ihnen auf jede Umdrehung ein Saughub kommt.

a) Motoren für gasförmige Brennstoffe.

Die während eines Saughubes in den Zylinder gelangende Ladung $V = C_h + L_h$ erfordert ein wirksames Kolbenhubvolumen:

$$V_h = 0{,}785 \, D^2 S = \frac{C_h + L_h}{\eta_e} = \frac{21{,}028 \, N_n \, (1+L)}{H \, \eta_w \, n \, \eta_e} \text{ cbm} \quad \ldots \quad 725$$

Durch Auflösung nach den drei veränderlichen Konstruktionswerten D, S und n folgt hieraus:

$$D = \sqrt{\frac{26{,}787 \, N_n \, (1+L)}{H \, \eta_w \, S \, n \, \eta_e}} \text{ m} \quad \ldots \ldots \quad 726$$

$$S = \frac{26{,}787 \, N_n \, (1+L)}{H \, \eta_w \, D^2 \, n \, \eta_e} \quad \ldots \ldots \quad 727$$

$$n = \frac{26{,}787 \, N_n \, (1+L)}{H \, \eta_w \, D^2 \, S \, \eta_e} \quad \ldots \ldots \quad 728$$

b) Motoren für flüssige Brennstoffe.

Hierbei wird der Brennstoff entweder noch flüssig oder bereits verdampft in den Zylinder eingeführt. Das Mischungsverhältnis ist aber auch im dampfförmigen Zustande erheblich kleiner als bei den reichsten Gasarten. Dies berücksichtigend, kann für Ölmotoren unter Vernachlässigung des Brennstoffvolumens gesetzt werden:

$$V_h = 0{,}785 \, D^2 S = \frac{L_h}{\eta_e} = \frac{21{,}028 \, N_n \, L}{H \, \eta_w \, n \, \eta_e} \text{ cbm}, \quad \ldots \quad 729$$

woraus die drei Veränderlichen folgen:

$$D = \sqrt{\frac{26{,}788 \, N_n \, L}{H \, \eta_w \, S \, n \, \eta_e}} \text{ m} \quad \ldots \ldots \quad 730$$

$$S = \frac{26{,}787 \, N_n \, L}{H \, \eta_w \, D^2 \, n \, \eta_e} \text{ m} \quad \ldots \ldots \quad 731$$

$$n = \frac{26{,}787 \, N_n \, L}{H \, \eta_w \, D^2 \, S \, \eta_e} \quad \ldots \ldots \quad 732$$

Heizwert, Luftbedarf und Ausnutzung

	Spalte Nr.	1	2	3
	Die eingeklammerten Gewichteinheiten in den Spaltenköpfen 1 bis 8 gelten für die flüssigen (und festen) Brennstoffe	Unterer Heizwert für 1 cbm (kg) H WE	Luftbedarf	
			theoretisch L_0 für 1 cbm (kg) cbm	wirklich L für 1 cbm (kg) cbm
I	Leuchtgas { arm	4500	5,5	7,5
	gewöhnlich	5000 / 5500	bis	bis
	reich	6000	6,5	10,0
II	Kraftgas { bezogen auf Anthrazit[1])	7500	—	—
	bezogen auf dessen Gas	1250	0,85	1,1
	bezogen auf Koks[1])	7000	bis	bis
	bezogen auf deren Gas	1150	1,0	1,4
III	Hochofengas (Gichtgas)	950	0,75	1,0 bis 1,2
IV	Koksofengas	4500	5,3	7,0
V	Petroleum, gereinigt	10500	11,5	16 bis 22
VI	Rohpetroleum (Diesel-Motor)	10000	11,0	18 bis 20
VII	Benzin	11000	11,5	15 bis 70
VIII	Rohspiritus von 90 Vol.-Proz.	5700	6,0	8 bis 12

Die in die Grundgleichungen 725 bis 732 einzusetzenden Zahlenwerte für die Wirkungsgrade η_w und η_e können den obigen Angaben (Tabelle) entnommen werden; desgleichen erhält man für H und L brauchbare Durchschnittswerte.

In der Tabelle beziehen sich die Angaben der Spalten 3 bis 8 auf die Nennleistung N_n des Motors. Der Brennstoffverbrauch C (Spalte 4 bis 8) setzt zeitgemäße Ausführung und geordnete praktische Betriebsverhältnisse voraus.

Der Verbrauch der Zünd- und Heizlampen ist an der inneren Arbeitsleistung nicht beteiligt und deshalb in den Angaben für C unberücksichtigt geblieben; bei den Kraftgasmotoren sind Sauggaserzeuger vorausgesetzt, wobei also besondere Dampfkessel nicht verwendet werden, sondern der Gaserzeuger auch den Wärmeverbrauch der Verdampfung deckt.

---

[1]) Bei Sauggas-Anlagen einschl. 10 bis 15 % eines vollen Tagesverbrauches für Anheizen und Rückbrand. Der Kohlenverbrauch eines über Nacht durchglimmenden Generators ist um $1/3$ bis $1/2$ kleiner, als beim Anheizen aus dem kalten Zustande.

Maße D und S nach dem Bedarf an Verbrennungsluft.

der motorischen Brennstoffe.

4		5		6		7		8	
Brennstoffverbrauch C bei Nennleistung für 1 PSe/st. (bezogen auf 735,5 QS und 15⁰), wenn die Motorgröße $N_n =$									
5 PSe		10 PSe		25 PSe		50 PSe		100 PSe u. mehr	
C cbm (kg)	η_w	C cbm (kg)	η_w	C cbm (kg)	η_w	C cbm (kg)	η_w	C cbm (kg)	η_w
0,70	0,20	0,63	0,22	0,58	0,24	0,54	0,26	0,525	0,27
0,63	0,20	0,57	0,22	0,52	0,24	0,48	0,26	0,47	0,27
0,58	0,20	0,52	0,22	0,48	0,24	0,44	0,26	0,43	0,27
0,53	0,20	0,475	0,22	0,44	0,24	0,40	0,26	0,39	0,27
0,65	0,13	0,58	0,15	0,50	0,17	0,45	0,19	0,40	0,21
3,0	0,17	2,7	0,19	2,4	0,21	2,2	0,23	2,1	0,24
0,75	0,12	0,65	0,14	0,56	0,16	0,50	0,18	0,45	0,20
3,3	0,17	2,9	0,19	2,6	0,21	2,4	0,23	2,3	0,24
—	—	3,7	0,18	3,3	0,20	3,0	0,22	2,8	0,24
—	—	1,0	0,17	0,85	0,19	0,75	0,21	0,70	0,23
0,55	0,11	0,50	0,12	0,46	0,13	—	—	—	—
0,25	0,25	0,24	0,26	0,23	0,27	0,21	0,30	0,20	0,315
0,30	0,19	0,28	0,21	0,25	0,23	—	—	—	—
0,50	0,22	0,46	0,24	0,42	0,26	—	—	—	—

Für η_e ist erfahrungsgemäß bei Berücksichtigung der Verminderung des Ladungsgewichtes durch die Temperaturzunahme während des Saughubes:

$\eta_e = 0{,}88$ bis $0{,}93$ langsam laufende Motoren mit gesteuertem Einlaßventil,

$\eta_e = 0{,}80$ bis $0{,}87$ langsam laufende Motoren mit selbsttätigem Einlaßventil,

$\eta_e = 0{,}78$ bis $0{,}85$ schnell laufende Motoren mit gesteuertem Einlaßventil,

$\eta_e = 0{,}65$ bis $0{,}75$ schnell laufende Motoren mit selbsttätigem Einlaßventil,

$\eta_e = 0{,}50$ bis $0{,}65$ sehr schnell laufende Wagenmotoren mit selbsttätigem Einlaßventil und Rippenkühlung.

Sauggasgeneratoren und Verdunstungskarburatoren von Benzinmotoren vermindern in ungünstigsten Fällen η_e um 2 bis 5 %.

# Fünfzehnter Abschnitt.

Eisenbahnwesen [1]).

a) Widerstände und Zuglänge.

Bezeichnet

μ = die Reibungszahl zwischen Triebrad und Schiene (i. M. μ = 0,14 bis 0,154; jedoch bei feuchter Luft, Schneefall u. dergl oft erheblich weniger),

a = Anzahl der Triebachsen der Lokomotive,

L_1 = Triebgewicht der Lokomotive in t (Adhäsionsgewicht),

L = Gesamtgewicht der Lokomotive (betriebsfähig) ohne Tender, in t,

T = Gewicht des Tenders mit Füllung, in t,

Q = erreichbares Gewicht des Zuges ohne Tender und Lokomotive, in t,

$G = Q + T$, in t,

$Q_0 = L + T + Q$ das Gesamtgewicht des Zuges, in t,

q = durchschnittliches Gesamtgewicht der belasteten Achse, in t,

i = Achsenzahl des Zuges ohne Tender und Lokomotive,

V = Fahrgeschwindigkeit in km/st. = 3,6 v m/sk.,

w = Widerstandszahl für Wagen und Tender (einschließlich Luftwiderstand) in kg/t, also in Tausendsteln,

w_1 = desgl. der Lokomotive ohne Tender,

W = Widerstand des ganzen Zuges mit Lokomotive, in kg,

Z = dauernde Zugkraft der Lokomotive am Triebradumfange im Beharrungszustande, in kg,

N = Kesselleistung in PS,

H = Heizfläche in qm,

---

[1]) Vergl. Ingenieur-Taschenbuch „Hütte", 19. Aufl., Verlag von Wilhelm Ernst & Sohn, Berlin.

Widerstände und Zuglänge.

$r =$ Halbmesser der Bahnkrümmung in m,

$s = \dfrac{1000}{n}$ die Neigung der Bahn in mm/m, also in Tausendsteln,

so ist:
$$W = w\,G + w_1\,L = w\,(Q + T) + w_1\,L \leqq Z \ \ \ \ldots \ 733$$

daher:
$$Q = \dfrac{Z - w_1\,L}{w} - T = \dfrac{Z}{w} - \left(\dfrac{w_1}{w} L + T\right) \ \ \ \ldots \ 734$$

$$i = \dfrac{Q}{q} \ \ \ \ldots\ldots\ldots\ldots\ldots\ldots \ 735$$

Die dauernde (oder mittlere) Zugkraft der Lokomotive ist:

$$Z = \dfrac{270\,N}{V}, \ \ \ \ldots\ldots\ldots\ldots \ 736$$

hängt also ab von Geschwindigkeit und Kesselleistung. Diese ist nach Frank bei mäßig guter Kohle etwa:

$N = (0{,}6 + 0{,}527\,\sqrt{V})\,H$ für Güterzug-Lokomotiven,

$N = 0{,}617\,H\,\sqrt{V}$ für Personen- und Schnellzug-Lokomotiven.

Demnach also auch:

$$\left. \begin{array}{l} Z = \left(\dfrac{162}{V} + \dfrac{142}{\sqrt{V}}\right) H \ \text{für Güterzug-Lokomotiven,} \\[1em] Z = \dfrac{166{,}5\,H}{\sqrt{V}} \ \text{für Personen- und Schnellzug-Lokomotiven} \end{array} \right\} \ . \ 737$$

Die beim Anfahren zeitweilig erforderliche Erhöhung der Zugkraft erfolgt durch vermehrte Dampfzulassung, kann aber keinesfalls den Grenzwert $\mu\,L_1$ überschreiten, den das Triebgewicht ergibt.

Bedeutung der Werte w und w_1.

Bewegungswiderstand	für $G = Q + T$	für L
in gerader, wagerechter Bahn	w_g	w_l
in einer Krümmung vom Halbmesser r	w_r	w_r
auf einer Neigung s . .	$\pm s$	$\pm s$
zusammen:	$w = w_g + w_r \pm s$	$w_1 = w_l + w_r \pm s$

Bestimmung der Widerstandszahlen für Vollspur.

w_k kg/t	w_l kg/t	w_r Bahnen mit min. $r \geq 300$ kg/t	w_r Bahnen mit min. $r < 300$ kg/t
$2{,}5 + \beta V^2$	$2{,}6 \sqrt{a} + \beta_1 V^2$	$650 : (r - 60)$	$500 : (r - 30)$

Hierbei nehme man nach Frank:

$\beta = 0{,}00052$ für Güterzüge mittlerer Zusammensetzung (teils bedeckte, teils offene Güterwagen,

$\beta = 0{,}00026$ für Güterzüge mit beladenen offenen Wagen (Rohgutzüge),

$\beta = 0{,}00040$ für Personen- und Schnellzüge mit leichten Wagen,

$\beta = 0{,}00014$ für Schnellzüge mit schweren Wagen (D-Züge),

$\beta_1 = 0{,}0023$ für Güterzug-Lokomotiven mit $a = 3$,

$\beta_1 = 0{,}0016$ für Personenzug-Lokomotiven mit $a = 2$,

oder auch allgemein: $\beta_1 = 0{,}00075\, a$.

Hierbei sind Gewichte etwa von $L = L_1 = 38$ bis 40 t für Güterzüge, $L = 48$ t für Schnellzüge vorausgesetzt. Sollte L erheblich größer (bezw. kleiner) sein, so verkleinert (oder vergrößert) sich β_1 im Verhältnis des abweichenden Gewichtes zum angegebenen. Der Einfluß ist jedoch nur bei großem V von Bedeutung.

Für Schmalspur fehlt es an Versuchen. Bei völlig guter Unterhaltung von Bahn und Fahrzeugen wird in der Form $\alpha + \beta V^2$ der Festwert α sich gegen Vollspur für die Wagen nur wenig erhöhen, dagegen mehr für die Lokomotiven wegen der gedrängteren Bauart. Die der Luft dargebotene Fläche nimmt dagegen ab, mithin auch β. Man kann etwa rechnen:

Spur mm	w_k in kg/t	w_l in kg/t	w_r in kg/t
1000	$2{,}6 + 0{,}0003\, V^2$	$2{,}7 \sqrt{a} + 0{,}0015\, V^2$	$400 : (r - 20)$
750	$2{,}7 + 0{,}0002\, V^2$	$2{,}8 \sqrt{a} + 0{,}001\, V^2$	$350 : (r - 10)$
600	$2{,}8 + 0{,}0002\, V^2$	$2{,}9 \sqrt{a} + 0{,}0008\, V^2$	$200 : (r - 5)$

Der Krümmungswiderstand ist jedoch sehr abhängig vom Radstande der Betriebsmittel.

Beispiel. Bei einer Gebirgsbahn werden gewählt: Lokomotiven mit $H = 170$ qm Heizfläche und $a = 4$ Triebachsen; $L = 56{,}5$ t; $T = 30$ t; bei $V = 15$ km/st. Die maßgebende Steigung (in den Bogen kleiner) beträgt $s = 27$ v T. Wieviel darf alsdann ein bergan fahrender Kohlenzug wiegen?

Nach Gl. 737 ist:
$$Z = \left(\frac{162}{15} + \frac{142}{\sqrt{15}}\right) 170 = \infty\; 8050 \text{ kg}.$$

Nach der Tabelle S. 360 ist:
$w_g = 2{,}5 + \beta V^2$, worin $\beta = 0{,}00026$ zu setzen wäre.

Also:
$w_g = 2{,}5 + 0{,}00026 \cdot 15^2 = 2{,}56$, folglich
$w = 2{,}56 + 27 = 29{,}56$ v T.

Ebenso ist:
$w_l = 2{,}6\sqrt{a} + \beta_1 V^2$
$w_l = 2{,}6\sqrt{4} + 0{,}003 \cdot 15^2 = 5{,}88$, folglich
$w_l = 5{,}88 + 27 = 32{,}88$ v T.

Dann ergibt sich nach Gl. 734:
$$Q = \frac{Z - w_l L}{w} \; T = \frac{8050 - 32{,}88 \cdot 56{,}5}{29{,}56} - 30$$
$Q = 178{,}8$ t.

b) Zweckmäßigstes Steigungsverhältnis.

Wenn eine bestimmte Höhe h bei annähernd gleicher Geschwindigkeit zu ersteigen ist und dazu verschiedene Linien möglich sind, so ist die zweckmäßigste Steigung s_z in gerader oder wenig gekrümmter Strecke:

$$s_z = -w_g + w\sqrt{\frac{Z - W_l}{w_g(L+T)} + 1}, \quad \ldots \quad 738$$

wobei der Widerstand für Lokomotive und Tender gesetzt ist:
$$W_l = w_l L + w_g T \quad \ldots \ldots \quad 739$$

c) Zulässige Größtwerte von a.

Ist a die Wagenachszahl, V die Geschwindigkeit in km/st, dann sind die zulässigen Größtwerte von a:

		Hauptbahnen				Nebenbahnen		
		1	2	3	4	5	6	7
Personenzüge	V	≤ 50	51—60	61—80	> 80	≤ 30	31—40	> 40
	a	80	60	52	44	80	40	16
Güterzüge	V	≤ 45	46—50	51—55	56—60	bis zu 30 km		
	a	120	100	80	60	120		

In Personenzügen darf für jeden sechsachsigen Wagen die Zahl a um je 2 Achsen, in Spalte 3 bis zu 60, in Spalte 4 bis zu 52, in Spalte 6 bis zu 48 und in Spalte 7 bis zu 20 Wagenachsen erhöht werden.

Für Güterzüge mit $V \leq 45$ kann bei günstigen Neigungen und Krümmungen sowie ausreichenden Bahnhofsanlagen die Aufsichtsbehörde a = 150 zulassen.

Für Militär- und für Güterzüge mit regelmäßiger Personenbeförderung ist a = 110 zulässig, sofern $V \leq 45$ für Haupt- und ≤ 30 für Nebenbahnen.

Für Lokalbahnen kann sein: Auf Vollspur a = 120, auf Schmalspur a = 100.

Der größte ruhende Raddruck ist im allgemeinen auf Hauptbahnen 7 t, bei hinreichend starkem Oberbau 8 t. Bei Neubau von Gleisen ist stets auf 8 t, auf stark beanspruchten Strecken auf ≥ 9 t ruhenden Raddruck zu rechnen.

Für vollspurige Lokalbahnen mit unbeschränktem Wagenübergang beträgt dieser Raddruck 6 t, ev. 5 t; für Schmalspur von 1 m, 75 und 60 cm: 4,5 t; 4 t; 3,5 t.

Sechzehnter Abschnitt.
Motorwagen[1]).

Für mittlere Fahrgeschwindigkeiten ergibt sich bei der Annahme, daß die Radgröße innerhalb enger Grenzen liegt, wenn
P = Kraft zur Fortbewegung eines Wagens,
Q = Gewicht desselben[2]),
$$P = Q\,\mu, \quad \ldots \ldots \ldots \quad 740$$
wobei annähernd μ gesetzt werden kann:
$\mu = 0{,}010$ chaussierte Straße mit Teer und Pech gedichtet,
$= 0{,}013$ Asphaltstraße oder vorzügliches Steinpflaster,
$= 0{,}015$ chaussierte Straße, gewöhnlicher Schotter, in vorzüglichem Zustande,
$= 0{,}018$ gutes Holzpflaster,
$= 0{,}020$ gutes Steinpflaster,
$= 0{,}022$ chaussierte Straße, in gutem Zustande,
$= 0{,}028$ desgl. mit Staub usw. bedeckt,
$= 0{,}033$ geringes Steinpflaster,
$= 0{,}035$ chaussierte Straße, mit Schlamm, Gleisen u. f. bedeckt,
$= 0{,}045$ Erdwege, sehr gute,
$= 0{,}050$ chaussierte Straße von sehr geringer Beschaffenheit,
$= 0{,}080$ bis $0{,}16$ Erdwege, gute bis schlechte.

Nach Angaben[3]) des Ingenieurs Mees sind ferner folgende Bestimmungen für μ bekannt:

Beschaffenheit der Straße	Mittelwerte von μ
Erd-Bahnen { Loser Sand	$1/7 = 0{,}157$
Schlechter Erdweg	$1/10 = 0{,}10$
Trockner, fester Erdweg	$1/20 = 0{,}05$

---

[1]) Vergl. Jul. Küster, „Automobil-Kalender", Verlag M. Krayn, Berlin.
[2]) Vergl. „Rollende Reibung" S. 73.
[3]) In der Zeitschrift „Motorwagen".

Sechzehnter Abschnitt. Motorwagen.

Beschaffenheit der Straße   Mittelwerte von μ

Stein-Bahnen
- Loser Schotter . . . . $1/7 = 0{,}157$
- Kotige Steinbahn . . . . $1/25 = 0{,}04$
- Trockene gute Chaussee . . . . . $1/33 = 0{,}03$

Pflaster-Straßen
- Schlechtes Steinpflaster . . . . . . $1/25 = 0{,}04$
- Gutes, ebenes Steinpflaster . . . . $1/50 = 0{,}02$
- Sehr gutes Steinpflaster . . . . . $1/75 = 0{,}013$
- Gutes Holzpflaster . . . . $1/55 = 0{,}018$
- Asphaltbelag . . . . $1/133 = 0{,}0075$.

Zugkraft zur Überwindung von Steigungen.

Bezeichnet P_1 die aufwärts ziehende Kraft bei einer Bodenneigung vom Winkel α, so ist:
$$P_1 = Q \cdot \sin \alpha;$$
da aber bei kleinen Winkeln annähernd $\sin \alpha = \text{tg}\, \alpha$ ist und tg = Steigung der Bahn in Prozenten (n : 100), so kann auch gesetzt werden:
$$P_1 = Q\,\frac{n}{100}.$$

Dieser Ausdruck wird für Talfahrt negativ.

Die totale Zugkraft Z ist für Überschlagsrechnungen genügend genau:

$$\mathbf{Z = P + P_1 = Q\left(\mu \pm \frac{n}{100}\right)} \quad \ldots \quad 741^1)$$

Das — Zeichen gilt also für die Talfahrt.

Bei ganz korrekter Berechnung müßte der Raddurchmesser und Luftwiderstand, sowie der Umstand in Rechnung gezogen sein, daß der Bodenwiderstand an sich bis zu einer gewissen Grenze mit der Geschwindigkeit wächst.

Arbeitsleistung.

Wird der Wagen mit Z kg Zugkraft vorwärts bewegt und legt hierbei pro Sek. v mehr zurück (pro Std. also $\frac{v \cdot 3600}{1000}$ Kilometer), so müssen
$$\frac{Z \cdot v}{75}$$
Pferdekräfte geleistet werden.

---

[1] Z. B. versteht man unter 65 % Steigung: Auf eine Wagerechte von 100 m sind 65 m Steigung und zwar wird stets auf die Horizontale gerechnet. Der genaue Steigungswinkel beträgt dann $33^0\,1'\,26''$.
Also $\text{tg}\,\alpha^n = \frac{65}{100} = 0{,}65$; also $\sphericalangle \alpha = 33^0\,1'\,26''$.

Hier sind aber nur die Pferdekräfte inbegriffen, welche tatsächlich zur Wirkung kommen. Ein erheblicher Teil geht im Getriebe verloren.

Man kann beim Benzinmotor annehmen, daß etwa 40 % der effektiven Motor-Pferdekräfte im Getriebe verloren gehen. Bei Cardanübertragung und direkter Übersetzung für die große Geschwindigkeit ist der Wirkungsgrad günstiger. Auch bei neuen, sehr gut gebauten Wagen können die Verluste kleiner sein.

Bei Dampfmaschinen und Elektromotoren kann man für die Verluste 25 % annehmen.

Es ist deshalb bei Benzinmotoren der Ausdruck $\frac{Z \cdot v}{75}$ mit $\frac{10}{6}$, bei den übrigen Motoren mit $\frac{4}{3}$ zu multiplizieren. Unter Einsetzung von Z (Gl. 741) ergibt sich demnach für die effektive Pferdekraft N_e des Motors, wenn die Brüche $\frac{10}{6}$ bezw. $\frac{4}{3}$ allgemein mit $\frac{1}{\varrho}$ bezeichnet werden:

$$N_e = \frac{Q\left(\mu \pm \frac{n}{100}\right)v}{75} \cdot \frac{1}{\varrho} \quad \ldots \ldots \quad 742$$

Ist nicht die Geschwindigkeit v, sondern die Zahl c der in einer Stunde zurückgelegten Kilometer gegeben, dann ist $v = \frac{c}{3.6}$, also:

$$N_e = \frac{Q\left(\mu \pm \frac{n}{100}\right)c}{75 \cdot 3 \cdot 6} \cdot \frac{1}{\varrho} \quad \ldots \ldots \quad 743$$

Setzt man für $\frac{1}{\varrho} = \frac{10}{6}$, so wird also:

$$N_e = \infty \frac{Q\left(\mu \pm \frac{n}{100}\right)c}{160} \quad \ldots \ldots \quad 744$$

Setzt man $\frac{1}{\varrho} = \frac{4}{3}$, so wird:

$$N_e = \infty \frac{Q\left(\mu \pm \frac{n}{100}\right)c}{200} \quad \ldots \ldots \quad 745$$

Bei sehr guter Ausführung und starken Benzinmotoren kann Gl. 745 zugrunde gelegt werden.

366   Sechzehnter Abschnitt. Motorwagen.

Für die **Verteilung des Gewichtes** gilt im allgemeinen, daß bei Hinterantrieb die Hinterräder mit $\frac{3}{5}$, die Vorderräder mit $\frac{2}{5}$ der Last beschwert sein sollen. Indessen ist auch das Verhältnis 1:1 vorteilhaft.

Wagen mit sehr leichtem Vorderteil lassen sich leicht lenken, neigen aber sehr zum Schleudern.

Die **Adhäsion** ist am geringsten bei wenig nassem Asphalt und kann dann nur zu $\frac{1}{7}$ bezw. $\frac{1}{10}$ geschätzt werden. Sie ist normal ca. $\frac{1}{3}$, steigt aber bis zu $\frac{2}{3}$ und mehr der Totallast in besonderen Fällen.

Für den **Benzinverbrauch** kann als Anhalt dienen:
Ein 1-Zylindermotor braucht für 13 km Fahrt etwa 1 l Benzin;
ein $10 \div 12$ PS 2-Zylindermotor braucht für ca. $10 \div 11$ km Fahrt 1 l Benzin;
ein $16 \div 20$ PS 4-Zylindermotor braucht für ca. 6 km Fahrt 1 l Benzin;

Ferner:
1 l Öl für 1-Zylindermotor ca. 200 km;
1 l Öl für 2-Zylindermotor ca. 120 km;
1 l Öl für 4-Zylindermotor ca. $70 \div 75$ km.

An **Kühlwasser** genügen im allgemeinen 5 l für 300 km Fahrt.

Für die **Leistung der Motorrad-Motoren** gilt die Formel der D.M.V. (deutsche Motorradfahrer-Vereinigung):

$$N = \frac{6\,d^2\,h}{1000}, \quad \ldots \ldots \ldots \quad 746$$

worin d = Zylinder-Bohrung in cm,
h = Hub in cm zu setzen ist.

Ist z. B. d = 8,2 cm, h = 9 cm, so hätte der Motor

$$N = \frac{6 \cdot 8{,}2^2 \cdot 9}{1000} = 3{,}63 \text{ PS}.$$

Siebenzehnter Abschnitt.
Bauwerke[1]).

Bezeichnet

    t = Tragfähigkeit des Baugrundes in kg/qcm,
    γ_e = Gewicht des sandigen Baugrundes in kg/cbm,
    h = Gründungstiefe in m,
    ϱ = natürlicher Böschungswinkel des Baugrundes (im Mittel $\varrho = 30^0$ bis $37^1/_2{}^0$),

so ist nach den Versuchen von Jankowsky angenähert:

$$t = 0{,}0002\,\gamma_e\,h\left(\frac{1+\sqrt{2\sin\varrho}}{1-\sqrt{2\sin\varrho}}\right)^2 = 0{,}0002\,\gamma_e\,h\,n^2\ .\ .\ 747$$

Für $\varrho =$	15^0	20^0	25^0	30^0	35^0	$37^1/_2{}^0$	40^0	45^0
ist $n^2 =$	4,6427	8,2578	15,769	33,971	91,987	179,03	440,66	∞

t ist ferner abhängig von der Größe und Gestalt der Sohlfläche F und zwar wächst t mit F. Die zulässige Belastung k des Baugrundes muß stets kleiner als t gewählt werden. Bei festem Felsboden beträgt t etwa $^1/_{10}$ der Druckfestigkeit des Gesteins; gewöhnlich bleibt man mit k in den Grenzen zwischen 5 und 15 kg/qcm. Festgelagerter Kies und Sand wird meist mit 2,5 kg/qcm belastet, kann jedoch bis 10 kg qcm tragen; ebenso trockener Lehm- und Tonboden, wenn Durchfeuchtung ausgeschlossen ist. — Außerdem ist auch die größte Kantenpressung zu untersuchen, namentlich wenn das Bauwerk auch wagerechten Kräften unterworfen ist. Die Mittelkraft aller senkrechten und wagerechten Kräfte soll hierbei nicht außerhalb des mittleren Drittels der Sohlenbreite angreifen. Die größte Kantenpressung darf den größten für den betr. Baugrund zulässigen Wert nicht übersteigen (gewöhnlich 0,75 bis 1,50 kg).

---

[1]) Vergl. Ingenieur-Taschenbuch „Hütte", 19. Aufl., Verlag von Wilhelm Ernst & Sohn, Berlin.

Sandschüttung.

Die erforderliche Stärke d in m der Sand- oder Betonschüttung auf weichem Boden ist nach Rankine:

$$d = \frac{10000\,p\,c^2}{\gamma - \gamma_e\,c^2}, \quad \ldots \ldots 748$$

wenn p = größten Druck des auszuführenden Bauwerkes auf seine Grundfläche in kg/qcm,

$\gamma = 1600$ bis 2000 kg/cbm das Gewicht des Sandes oder
$\gamma = 1800$ bis 2200 kg/cbm das Gewicht des Betons,
$\gamma_e = 1600$ kg/cbm das Gewicht weicher Erde bedeutet

und

$$c^2 = \left(\frac{1-\sin\varrho}{1+\sin\varrho}\right)^2 \text{ ist,}$$

worin der natürliche Böschungswinkel des Baugrundes meist $\varrho = 30^0$ bis $37^1/_2{}^0$ angenommen werden kann.

Für $\varrho =$	15^0	20^0	25^0	30^0	35^0	$37\,^1/_2{}^0$	40^0	45^0
ist $c^2 =$	0,346	0,240	0,165	0,111	0,073	0,059	0,047	0,0296

oder es ist bei einer Sandschüttung über Grundwasser die zulässige Belastung des Baugrundes:

$$k = \frac{P}{b + 1{,}678\,d} + 1800\,(d+t); \quad \ldots \ldots 749$$

bei einer solchen unter Grundwasser:

$$k = \frac{P}{b + 0{,}89\,d} + 2000\,(d+t), \quad \ldots \ldots 750$$

worin P = Belastung des Bauwerkes für 1 m Länge des Fundamentes in Erdoberfläche,

b = Breite der gemauerten Fundamentsohle,
t = Tiefe derselben unter Erdoberfläche,
d = Stärke der Sandschüttung bezeichnet.

k ist durch Probebelastung zu ermitteln.

Tragfähigkeit der Pfähle.

Ein Pfahl, der den festen Baugrund erreicht, kann so stark belastet werden, wie die Knickfestigkeit des Holzes es gestattet, gewöhnlich 20 kg/qcm bei langen Pfählen und lockerem Boden, 40 kg/qcm bei kurzen Pfählen und festem Boden. Grundpfähle sollen in der Regel 2 bis 3 m im festen Baugrunde stehen. Die Pfahllänge soll in der Regel 12 bis 15 m nicht übersteigen. In Sand, Klei, Moor usw. genügt eine Zuspitzung des Pfahles, 1,5 bis 2 mal so lang als die untere Pfahlstärke d. In kiesigem oder steinigem Boden sind Pfahlschuhe (mit Stahlspitze) vorteilhaft.

Bezeichnet
- $Q =$ Gewicht des Rammbärs in kg,
- $h =$ dessen Fallhöhe in cm,
- $s =$ die Strecke in cm, um welche der Pfahl beim letzten Schlage eindringt,
- $R =$ Widerstand auf dem Wege s in kg,
- $a = 20600$ kg/cm (für die Pfähle der Spundwände — Reibung nur auf 3 Seiten — ist $a = 13000$ kg/cm zu setzen),

so ist nach Brennecke:

$$s = \frac{Qh}{R} - \frac{R}{a}, \quad \ldots \ldots \quad 751$$

also:

$$R = 0{,}5\,a\left(-s + \sqrt{s^2 + \frac{4Qh}{a}}\right) \quad \ldots \quad 752$$

Die größte zulässige Belastung des Pfahles ist:

$$P = R \cdot n, \quad \ldots \ldots \ldots \quad 753$$

worin je nach der Wichtigkeit des Bauwerkes $n = 4$ bis 10 zu setzen ist.

Deutsche Normalprofile für Walzeisen[1]).

Bemerkung. Die hierunter angegebenen Gewichte gelten für Schweißeisen (spez. Gewicht = 7,8); für Flußeisen (spez. Gewicht = 7,85) sind diese Gewichte noch mit 1,0064 zu multiplizieren.

a) Gleichschenklige Winkeleisen.

Normallängen = 4 bis 8 m.
Größte Länge = 12 m.
Abrundungshalbmesser der inneren Winkelecke
$R = 0,5 \, (d_{min} + d_{max})$.
Abrundungshalbmesser der Schenkelenden $r = 0,5 \, R$ (auf halbe mm abgerundet).
Schwerpunktabstand $\xi_0 \sim 1/4 \, b + 0,36 \, d$.
Vorprofile mit gleicher Schenkelbreite und 1 mm größerer Schenkeldicke sind erhältlich.

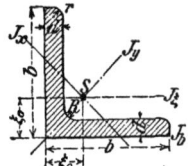

Profil-Nr.	Breite b	Dicke d	Querschnitt	Gewicht für 1 m	Abstand des Schwerpunktes ξ_0	Trägheitsmomente			
						J_b	J_ξ	J_y = max	J_x = min
	mm	mm	qcm	kg	mm	cm⁴	cm⁴	cm⁴	cm⁴
1½	15	3	0,82	0,64	4,8	0,33	0,15	0,24	0,06
		4	1,05	0,82	5,1	0,46	0,18	0,29	0,08
2	20	3	1,12	0,87	6,0	0,78	0,38	0,62	0,15
		4	1,45	1,13	6,4	1,07	0,48	0,77	0,19
2½	25	3	1,42	1,11	7,3	1,53	0,79	1,27	0,31
		4	1,85	1,44	7,6	2,08	1,00	1,61	0,40
3	30	4	2,27	1,77	8,9	3,5	1,80	2,85	0,76
		6	3,27	2,55	9,6	5,5	2,48	3,91	1,06
3½	35	4	2,67	2,08	10,0	5,6	2,96	4,68	1,24
		6	3,87	3,02	10,8	8,6	4,13	6,50	1,77
4	40	4	3,08	2,40	11,2	8,3	4,47	7,09	1,86
		6	4,48	3,49	12,0	12,8	6,35	9,98	2,67
		8	5,80	4,52	12,8	17,4	7,90	12,4	3,38
4½	45	5	4,30	3,36	12,8	14,9	7,85	12,4	3,25
		7	5,86	4,57	13,6	21,2	10,4	16,4	4,39
		9	7,34	5,73	14,4	27,8	12,6	19,8	5,40
5	50	5	4,80	3,75	14,0	20,4	11,0	17,4	4,59
		7	6,56	5,12	14,9	29,0	14,5	23,1	6,02
		9	8,24	6,43	15,6	38,0	17,9	28,1	7,67
5½	55	6	6,31	4,92	15,6	32,8	17,3	27,4	7,24
		8	8,23	6,42	16,4	44,2	22,1	34,8	9,35
		10	10,07	7,85	17,2	56,0	26,3	41,4	11,27

[1]) Nach dem Deutschen Normalprofilbuche für Walzeisen, 5. Auflage; Aachen 1897, Jos. La Ruelle.

Deutsche Normalprofile für Walzeisen.

Profil-Nr.	Breite b mm	Dicke d mm	Quer-schnitt qcm	Ge-wicht für 1 m kg	Abstand des Schwer-punktes ξ_0 mm	Trägheitsmomente			
						J_b cm^4	J_ξ cm^4	$J_y=$max cm^4	$J_x=$min cm^4
6	60	6	6,91	5,39	16,9	42,5	22,7	36,1	9,43
		8	9,03	7,04	17,7	57,5	29,2	46,1	12,1
		10	11,07	8,63	18,5	72,8	34,8	55,1	14,6
6½	65	7	8,7	6,8	18,5	63	33,4	53,0	13,8
		9	11,0	8,6	19,3	82	41,3	65,4	17,2
		11	13,2	10,3	20,0	101	48,7	76,8	20,7
7	70	7	9,4	7,3	19,7	79	42,3	67,1	17,6
		9	11,9	9,3	20,5	102	52,5	83,1	22,0
		11	14,3	11,1	21,3	126	62,0	97,6	26,0
7½	75	8	11,5	8,9	21,3	111	59,0	93,3	24,4
		10	14,1	11,0	22,1	140	71,0	113	29,8
		12	16,7	13,0	22,9	170	82,5	130	34,7
8	80	8	12,3	9,6	22,6	135	72,0	115	29,6
		10	15,1	11,8	23,4	170	87,5	139	35,9
		12	17,9	13,9	24,1	206	102	161	43,0
9	90	9	15,5	12,1	25,4	216	116	184	47,8
		11	18,7	14,6	26,2	266	138	218	57,1
		13	21,8	17,0	27,0	317	158	250	65,9
10	100	10	19,2	14,9	28,2	329	177	280	73,3
		12	22,7	17,7	29,0	398	207	328	86,2
		14	26,2	20,4	29,8	468	235	372	98,3
11	110	10	21,2	16,5	30,7	438	239	379	98,6
		12	25,1	19,6	31,5	529	280	444	116
		14	29,0	22,6	32,1	621	319	505	133
12	120	11	25,4	19,8	33,6	626	340	541	140
		13	29,7	23,2	34,4	745	393	625	162
		15	33,9	26,5	35,1	864	445	705	186
13	130	12	30,0	23,4	36,4	869	472	750	194
		14	34,7	27,0	37,2	1020	540	857	223
		16	39,3	30,6	38,0	1171	604	959	251
14	140	13	35,0	27,3	39,2	1175	638	1014	262
		15	40,0	31,2	40,0	1363	723	1148	298
		17	45,0	35,1	40,8	1554	805	1276	334
15	150	14	40,3	31,4	42	1559	845	1343	347
		16	45,7	35,7	43	1790	949	1507	391
		18	51,0	39,9	44	2023	1052	1665	438
16	160	15	46,1	35,9	45	2027	1099	1745	453
		17	51,8	40,4	46	2308	1225	1945	506
		19	57,5	44,9	47	2590	1348	2137	558

b) Ungleichschenklige Winkeleisen.

Normallängen = 4 bis 8 m.
Größte Länge = 12 m.
Abrundungshalbmesser der inneren Winkelecke $R = 0{,}5\,(d_{\min} + d_{\max})$.
Abrundungshalbmesser der Schenkelenden $r = 0{,}5\,R$ (auf halbe mm abgerundet).
Vorprofile mit gleichen Schenkelbreiten und 1 mm größerer Schenkeldicke sind erhältlich.

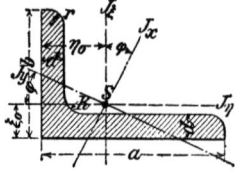

i (in mm) ist der lichte Abstand zweier ungleichschenkliger ⌐L, wobei die beiden Hauptträgheitsmomente gleich groß ($= 2\,J_\zeta$) sind.

Profil-Nr.	Abmessungen in mm			Querschnitt qcm	Gewicht für den lfd. m kg	Abstand des Schwerpunktes		tg φ	Trägheitsmomente				i
	b	a	d			ξ_0 mm	η_0 mm		J_ζ cm⁴	J_η cm⁴	J_x =max cm⁴	J_y =min cm⁴	mm
Schenkelverhältnis 2 : 3.													
2/3	20	30	3	1,42	1,11	4,9	9,9	0,4216	1,25	0,45	1,42	0,28	5,2
			4	1,85	1,44	5,4	10,3	0,4214	1,60	0,55	1,82	0,33	4,3
3/4½	30	45	4	2,87	2,24	7,4	14,8	0,4334	5,77	2,05	6,63	1,19	8,0
			5	3,53	2,75	7,8	15,2	0,4288	6,99	2,46	8,01	1,44	7,1
4/6	40	60	5	4,79	3,74	9,7	19,5	0,4319	17,3	6,20	19,8	3,66	11,0
			7	6,55	5,11	10,5	20,4	0,4275	22,8	8,10	26,3	4,63	9,0
5/7½	50	75	7	8,33	6,50	12,4	24,7	0,4304	46,3	16,4	53,1	9,58	13,1
			9	10,5	8,20	13,2	25,6	0,4272	57,2	20,1	65,4	11,9	11,2
6½/10	65	100	9	14,2	11,0	15,9	33,1	0,4101	140	46,6	160	26,8	19,5
			11	17,1	13,3	16,7	34,0	0,4074	167	55,3	189	32,9	17,7
8/12	80	120	10	19,1	14,9	19,5	39,2	0,4348	276	97,9	317	56,8	22,1
			12	22,7	17,7	20,2	40,0	0,4304	323	115	370	67,5	20,1
10/15	100	150	12	28,7	22,4	24,2	48,9	0,4361	649	232	747	134	27,8
			14	33,2	25,9	25,0	49,7	0,4339	744	263	854	153	26,1
Schenkelverhältnis 1 : 2.													
2/4	20	40	3	1,72	1,34	4,4	14,3	0,2575	2,81	0,46	2,96	0,31	14,6
			4	2,25	1,76	4,8	14,7	0,2528	3,58	0,60	3,78	0,40	13,4
3/6	30	60	5	4,29	3,35	6,8	21,5	0,2544	15,6	2,61	16,5	1,71	21,2
			7	5,85	4,56	7,6	22,4	0,2479	20,6	3,42	21,8	2,28	19,1
4/8	40	80	6	6,89	5,37	8,8	28,5	0,2568	44,9	7,66	47,6	4,99	28,9
			8	9,01	7,03	9,6	29,4	0,2518	57,5	9,70	60,8	6,41	26,9
5/10	50	100	8	11,5	8,93	11,2	35,9	0,2565	116	19,6	123	12,8	35,5
			10	14,1	11,0	12,0	36,7	0,2658	141	23,5	150	14,6	33,7
6½/13	65	130	10	18,6	14,5	14,5	46,5	0,2569	320	54,4	339	35,4	46,6
			12	22,1	17,2	15,3	47,5	0,2549	374	62,8	395	41,3	44,4
8/16	80	160	12	27,5	21,5	17,7	57,2	0,2586	719	122	762	79,4	57,8
			14	31,8	24,8	18,5	58,1	0,2679	822	139	875	86,0	55,7
10/20	100	200	14	40,3	31,4	21,8	71,2	0,2608	1654	282	1754	182	73,1
			16	45,7	35,6	22,6	72,0	0,2586	1863	315	1973	205	71,2

b) Ungleichschenklige Winkeleisen.

Normallängen = 4 bis 8 m.
Größte Länge = 12 m.
Abrundungshalbmesser der inneren Winkelecke $R = 0{,}5\,(d_{min} + d_{max})$.
Abrundungshalbmesser der Schenkelenden $r = 0{,}5\,R$ (auf halbe mm abgerundet).
Vorprofile mit gleichen Schenkelbreiten und 1 mm größerer Schenkeldicke sind erhältlich.

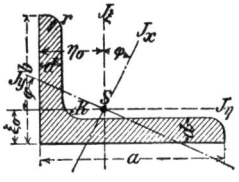

i (in mm) ist der lichte Abstand zweier ungleichschenkligen ⌐L, wobei die beiden Hauptträgheitsmomente gleich groß ($= 2\,J_\zeta$) sind.

Profil-Nr.	Abmessungen in mm b	a	d	Querschnitt qcm	Gewicht für den lfd. m kg	Abstand des Schwerpunktes ξ_0 | η_0 mm	tg φ	J_ζ cm⁴	J_η cm⁴	J_x = max cm⁴	J_y = min cm⁴	i mm
\multicolumn{13}{c}{Schenkelverhältnis 2 : 3.}											
2/3	20	30	3	1,42	1,11	4,9 | 9,9	0,4216	1,25	0,45	1,42	0,28	5,2
			4	1,85	1,44	5,4 | 10,3	0,4214	1,60	0,55	1,82	0,33	4,3
3/4½	30	45	4	2,87	2,24	7,4 | 14,8	0,4334	5,77	2,05	6,63	1,19	8,0
			5	3,53	2,75	7,8 | 15,2	0,4288	6,99	2,46	8,01	1,44	7,1
4/6	40	60	5	4,79	3,74	9,7 | 19,5	0,4319	17,3	6,20	19,8	3,66	11,0
			7	6,55	5,11	10,5 | 20,4	0,4275	22,8	8,10	26,3	4,63	9,0
5/7½	50	75	7	8,33	6,50	12,4 | 24,7	0,4304	46,3	16,4	53,1	9,58	13,1
			9	10,5	8,20	13,2 | 25,6	0,4272	57,2	20,1	65,4	11,9	11,2
6½/10	65	100	9	14,2	11,0	15,9 | 33,1	0,4101	140	46,6	160	26,8	19,5
			11	17,1	13,3	16,7 | 34,0	0,4074	167	55,3	189	32,9	17,7
8/12	80	120	10	19,1	14,9	19,5 | 39,2	0,4348	276	97,9	317	56,8	22,1
			12	22,7	17,7	20,2 | 40,0	0,4304	323	115	370	67,5	20,1
10/15	100	150	12	28,7	22,4	24,2 | 48,9	0,4361	649	232	747	134	27,8
			14	33,2	25,9	25,0 | 49,7	0,4339	744	263	854	153	26,1
\multicolumn{13}{c}{Schenkelverhältnis 1 : 2.}											
2/4	20	40	3	1,72	1,34	4,4 | 14,3	0,2575	2,81	0,46	2,96	0,31	14,6
			4	2,25	1,76	4,8 | 14,7	0,2528	3,58	0,60	3,78	0,40	13,4
3/6	30	60	5	4,29	3,35	6,8 | 21,5	0,2544	15,6	2,61	16,5	1,71	21,2
			7	5,85	4,56	7,6 | 22,4	0,2479	20,6	3,42	21,8	2,28	19,1
4/8	40	80	6	6,89	5,37	8,8 | 28,5	0,2568	44,9	7,66	47,6	4,99	28,9
			8	9,01	7,03	9,6 | 29,4	0,2518	57,5	9,70	60,8	6,41	26,9
5/10	50	100	8	11,5	8,93	11,2 | 35,9	0,2565	116	19,6	123	12,8	35,5
			10	14,1	11,0	12,0 | 36,7	0,2658	141	23,5	150	14,6	33,7
6½/13	65	130	10	18,6	14,5	14,5 | 46,5	0,2569	320	54,4	339	35,4	46,6
			12	22,1	17,2	15,3 | 47,5	0,2549	374	62,8	395	41,3	44,4
8/16	80	160	12	27,5	21,5	17,7 | 57,2	0,2586	719	122	762	79,4	57,8
			14	31,8	24,8	18,5 | 58,1	0,2679	822	139	875	86,0	55,7
10/20	100	200	14	40,3	31,4	21,8 | 71,2	0,2608	1654	282	1754	182	73,1
			16	45,7	35,6	22,6 | 72,0	0,2586	1863	315	1973	205	71,2

d) ⊏-Eisen.

Normallängen = 4 bis 8 m.
Größte Länge = 12 m.
Neigung der inneren Flanschflächen = 8%.
Abrundungshalbmesser $R = t$ und $r = 0,5\,t$ (auf halbe mm abgerundet).
Die Flanschdicke t ist im Abstande $1/2\,b$ von der Kante gemessen.
i (in mm) ist der lichte Abstand zweier ⊐⊏, wobei die beiden Hauptträgheitsmomente gleich groß ($= 2\,J_x$) sind.

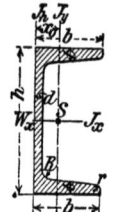

⊏-Eisen.

Profil-Nr.	Höhe h	Breite b	Dicke		Querschnitt	Gewicht für den lfd. m	Abstand des Schwerpunktes x_0	Trägheitsmomente			i	Widerstandsmoment W_x	Profil-Nr.
			Steg d	Flansch t				J_h	J_y	J_x			
	mm	mm	mm	mm	qcm	kg	mm	cm⁴	cm⁴	cm⁴	mm	ccm	
3	30	33	5	7	5,44	4,24	13,1	14,7	5,33	6,39	·	4,3	3
4	40	35	5	7	6,21	4,85	13,3	17,7	6,68	14,1	·	7,1	4
5	50	38	5	7	7,12	5,55	13,7	22,5	9,12	26,4	3,8	10,6	5
6½	65	42	5,5	7,5	9,03	7,05	14,2	32,3	14,1	57,5	15,4	17,7	6½
8	80	45	6	8	11,0	8,60	14,5	43,2	19,4	106	27,1	26,5	8
10	100	50	6	8,5	13,5	10,5	15,5	61,7	29,3	206	41,4	41,1	10
12	120	55	7	9	17,0	13,3	16,0	86,7	43,2	364	54,9	60,7	12
14	140	60	7	10	20,4	15,9	17,5	125	62,7	605	68,1	86,4	14
16	160	65	7,5	10,5	24,0	18,7	18,4	166	85,3	925	81,5	116	16
18	180	70	8	11	28,0	21,8	19,2	217	114	1354	94,7	150	18
20	200	75	8,5	11,5	32,2	25,1	20,1	278	148	1911	108	191	20
22	220	80	9	12,5	37,4	29,2	21,4	368	197	2690	120	245	22
24	240	85	9,5	13	42,3	33,0	22,3	458	248	3598	133	300	24
26	260	90	10	14	48,3	37,7	23,6	586	317	4823	146	371	26
28	280	95	10	15	53,3	41,6	25,3	740	399	6276	159	450	28
30	300	100	10	16	58,8	45,8	27,0	924	495	8026	172	535	30

Deutsche Normalprofile für Walzeisen. 375

e) T-Eisen.

Normallängen = 4 bis 8 m.
Größte Länge = 12 m.
Abrundungshalbmesser in den
  Winkelecken $R = d$.
Abrundungshalbmesser am Fuße
  $r = 0,5\,d$.
Abrundungshalbmesser am Stege
  $\rho = 0,25\,d$, jedoch r und ρ
  auf halbe mm abgerundet.
Neigungen bei breitfüßigen T-Eisen: Steg je 4 %; Fuß je 2 %.
Neigungen bei hochstegigen T-Eisen: Steg und Fuß je 2 %.
Die Dicken d sind in den Abständen $^1/_2\,h$ bezw. $^1/_4\,b$ von außen gemessen.

Profil-Nr.	Breite b	Höhe h	Dicke d	Querschnitt	Gewicht für 1 m	Abstand des Schwerpunktes y_0	Trägheitsmomente J_b	J_y	J_x
	mm	mm	mm	qcm	kg	mm	cm⁴	cm⁴	cm⁴

Breitfüßige T-Eisen. $b:h = 2:1$.

Profil-Nr.	b	h	d	Querschn.	Gew.	y_0	J_b	J_y	J_x
6/3	60	30	5,5	4,64	3,62	6,7	4,69	2,58	8,62
7/3½	70	35	6	5,94	4,63	7,7	8,00	4,49	15,1
8/4	80	40	7	7,91	6,17	8,8	13,9	7,81	28,5
9/4½	90	45	8	10,2	7,93	10,0	22,9	12,7	46,1
10/5	100	50	8,5	12,0	9,38	10,9	33,0	18,7	67,7
12/6	120	60	10	17,0	13,2	13,0	66,5	38,0	137
14/7	140	70	11,5	22,8	17,8	15,1	121	68,9	258
16/8	160	80	13	29,5	23,0	17,2	204	117	422
18/9	180	90	14,5	37,0	28,8	19,3	323	185	670
20/10	200	100	16	45,4	35,4	21,4	486	277	1000

Hochstegige T-Eisen. $b:h = 1:1$.

Profil-Nr.	b	h	d	Querschn.	Gew.	y_0	J_b	J_y	J_x
2/2	20	20	3	1,12	0,87	5,8	0,76	0,38	0,20
2½/2½	25	25	3,5	1,64	1,28	7,3	1,74	0,87	0,43
3/3	30	30	4	2,26	1,76	8,5	3,35	1,72	0,87
3½/3½	35	35	4,5	2,97	2,32	9,9	6,01	3,10	1,57
4/4	40	40	5	3,77	2,94	11,2	10,0	5,28	2,58
4½/4½	45	45	5,5	4,67	3,64	12,6	15,5	8,13	4,01
5/5	50	50	6	5,66	4,42	13,9	23,0	12,1	6,06
6/6	60	60	7	7,94	6,19	16,6	45,7	23,8	12,2
7/7	70	70	8	10,6	8,27	19,4	84,4	44,5	22,1
8/8	80	80	9	13,6	10,6	22,2	141	73,7	37,0
9/9	90	90	10	17,1	13,3	24,8	224	119	58,5
10/10	100	100	11	20,9	16,3	27,4	336	179	88,3
12/12	120	120	13	29,6	23,1	32,8	684	366	178
14/14	140	140	15	39,9	31,1	38,0	1236	660	330

f) Quadranteisen.

Normallängen = 4 bis 8 m.
Größte Länge = 12 m.
Abrundungshalbmesser $r = 0{,}12\,R$.
Abrundungshalbmesser $r_1 = 0{,}06\,R$.
Vorprofile mit 1 mm größeren Stärken sind erhältlich.

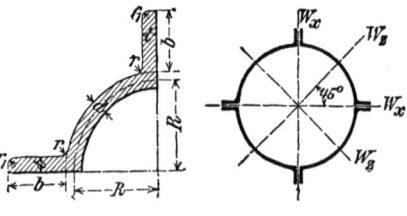

Profil-Nr.	Abmessungen in mm				Querschnitt des vollen Rohres qcm	Gewicht des vollen Rohres für 1 m kg	Trägheitsmoment des vollen Rohres cm⁴	Widerstandsmomente des vollen Rohres	
	R	b	d	t				$W_z = \max$ cm³	$W_x = \min$ cm³
5	50	35	4	6	29,8	23,3	576	89,3	66,2
5	50	35	8	8	48,0	37,4	906	135	102
7½	75	40	6	8	54,9	42,8	2 068	237	175
7½	75	40	10	10	80,2	62,5	2 982	331	248
10	100	45	8	10	88,1	68,7	5 511	501	370
10	100	45	12	12	120	94,0	7 478	663	495
12½	125	50	10	12	129	101	12 161	917	676
12½	125	50	14	14	169	132	15 788	1165	867
15	150	55	12	14	179	140	23 637	1515	1120
15	150	55	18	17	249	194	32 738	2051	1530

Griechisches Alphabet.

$A\,\alpha$ $B\,\beta$ $\Gamma\,\gamma$ $\Delta\,\delta$ $E\,\varepsilon$ $Z\,\zeta$ $H\,\eta$ $\Theta\,\vartheta$
Alpha, Beta, Gamma, Delta, Epsilon, Zeta, Eta, Theta,
$I\,\iota$ $K\,\varkappa$ $\Lambda\,\lambda$ $M\,\mu$ $N\,\nu$ $\Xi\,\xi$ $O\,o$ $\Pi\,\pi$ $P\,\varrho$
Iota, Kappa, Lambda, My, Ny, Xi, Omikron, Pi, Rho,
$\Sigma\,\sigma$ $T\,\tau$ $\Upsilon\,\upsilon$ $\Phi\,\varphi$ $X\,\chi$ $\Psi\,\psi$ $\Omega\,\omega$.
Sigma, Tau, Ypsilon, Phi, Chi, Psi, Omega.

Verlag von Julius Springer in Berlin.

Hilfsbuch für den Maschinenbau. Für Maschinentechniker sowie für den Unterricht an technischen Lehranstalten. Von Fr. Freytag, Professor, Lehrer an den technischen Staatslehranstalten in Chemnitz. Zweite, vermehrte und verbesserte Auflage. 1164 Seiten Oktav-Format. Mit 1004 Textfiguren und 8 Tafeln. In Leinwand geb. Preis M. 10,—. In Ganzleder geb. M. 12,—.

Maschinenelemente. Ein Leitfaden zur Berechnung und Konstruktion der Maschinenelemente für technische Mittelschulen, Gewerbe- und Werkmeisterschulen sowie zum Gebrauche in der Praxis. Von Ingenieur Hugo Krause. Mit 305 Textfiguren. — In Leinwand gebunden Preis Mk. 5,—.

Das Skizzieren ohne und nach Modell für Maschinenbauer. Ein Lehr- und Aufgabenbuch für den Unterricht. Von Karl Kaiser, Zeichenlehrer an der Städtischen Gewerbeschule zu Leipzig. Mit 24 Textfiguren und 23 Tafeln. — In Leinwand gebunden Preis M. 3,—.

Das Skizzieren von Maschinenteilen in Perspektive. Von Ingenieur Carl Volk. Zweite, verbesserte Auflage. Mit 60 in den Text gedruckten Skizzen. — In Leinwand gebunden Preis M. 1,40.

Entwerfen und Herstellen. Eine Anleitung zum graphischen Berechnen der Bearbeitungszeit von Maschinenteilen. Von Ingenieur Carl Volk. Mit 18 Skizzen, 4 Figuren und 2 Tafeln. In Leinwand gebunden Preis M. 2,—.

Die Werkzeugmaschinen und ihre Konstruktionselemente. Ein Lehrbuch zur Einführung in den Werkzeugmaschinenbau. Von Fr. W. Hülle, Ingenieur, Oberlehrer an der Königl. höheren Maschinenbauschule in Stettin. Mit 326 Textfiguren. In Leinwand geb. Preis M. 8,—.

Einführung in die Festigkeitslehre nebst Aufgaben aus dem Maschinenbau und der Baukonstruktion. Ein Lehrbuch für Maschinenbauschulen und andere technische Lehranstalten sowie zum Selbstunterricht und für die Praxis. Von Ernst Wehnert, Ingenieur und Lehrer an der Städt. Gewerbe- und Maschinenbauschule in Leipzig. Mit 231 in den Text gedruckten Figuren. In Leinwand geb. Preis M. 6,—.

Zu beziehen durch jede Buchhandlung.

Verlag von Julius Springer in Berlin.

Entwerfen und Berechnen der Dampfmaschinen. Ein Lehr- und Handbuch für Studierende und Konstrukteure. Von Heinrich Dubbel, Ing. Mit 388 Textfig. In Leinwand geb. Preis M. 10,—.

Hilfsbuch für Dampfmaschinen-Techniker. Herausgegeben von Josef Hrabák, k. u. k. Hofrat, emer. Professor der k. k. Bergakademie zu Pribram. Vierte Auflage. In drei Teilen. Mit Textfiguren. In 3 Leinwandbände gebunden Preis M. 20,—.

Die Steuerungen der Dampfmaschinen. Von Karl Leist, Prof. an der Königl. Techn. Hochschule zu Berlin. Zweite, sehr vermehrte und umgearbeitete Auflage, zugleich als fünfte Auflage des gleichnamigen Werkes von Emil Blaha. Mit 553 Textfiguren. In Leinwand geb. Preis M. 20,—.

Kondensation. Ein Lehr- und Handbuch über Kondensation und alle damit zusammenhängenden Fragen, einschließlich der Wasserrückkühlung. Für Studierende des Maschinenbaues, Ingenieure, Leiter größerer Dampfbetriebe, Chemiker und Zuckertechniker. Von F. J. Weiß, Zivilingenieur in Basel. Mit 96 Textfiguren. In Leinwand geb. Preis M. 10,—.

Die Dampfkessel. Ein Lehr- und Handbuch für Studierende Technischer Hochschulen, Schüler Höherer Maschinenbauschulen und Techniken sowie für Ingenieure und Techniker. Bearbeitet von F. Tetzner, Professor, Oberlehrer an den Königl. Verein. Maschinenbauschulen zu Dortmund. Zweite, verbesserte Auflage. Mit 134 Textfiguren und 38 lithographierten Tafeln. In Leinwand geb. Preis M. 8,—.

Anleitung zur Durchführung von Versuchen an Dampfmaschinen und Dampfkesseln. Zugleich Hilfsbuch für den Unterricht in Maschinenlaboratorien technischer Schulen. Von Franz Seufert, Ingenieur, Lehrer an der Königl. höheren Maschinenbauschule zu Stettin. Mit 36 Textfiguren. Preis ca. M. 2,—. Erscheint im Herbst 1906.

Generator-Kraftgas- und Dampfkessel-Betrieb in bezug auf Wärmeerzeugung und Wärmeverwendung. Eine Darstellung der Vorgänge, der Untersuchungs- und Kontrollmethoden bei der Umformung von Brennstoffen für den Generator-Kraftgas- und Dampfkessel-Betrieb. Von Paul Fuchs, Ingen. Zweite Aufl. von: „Die Kontrolle des Dampfkesselbetriebes". Mit 42 Textfig. In Leinw. geb. Preis M. 5,—.

Zu beziehen durch jede Buchhandlung.

Verlag von Julius Springer in Berlin.

Die Pumpen. Berechnung und Ausführung der für die Förderung von Flüssigkeiten gebräuchlichen Maschinen. Von K. Hartmann und J. O. Knoke. Dritte, vermehrte und verbesserte Auflage, neu bearbeitet von H. Berg, Professor an der Königl. Techn. Hochschule in Stuttgart. In Leinwand gebunden Preis M. 18,—.

Die Gebläse. Bau und Berechnung der Maschinen zur Bewegung, Verdichtung und Verdünnung der Luft. Von Albrecht von Ihering, Kaiserl. Regierungsrat, Mitglied des Kaiserl. Patentamtes, Dozenten an der Königl. Friedrich-Wilhelms-Universität zu Berlin. Zweite, umgearbeitete und vermehrte Auflage. Mit 522 Textfiguren und 11 Tafeln. In Leinwand geb. Preis M. 20,—.

Die Hebezeuge. Theorie und Kritik ausgeführter Konstruktionen mit besonderer Berücksichtigung der elektrischen Anlagen. Ein Handbuch für Ingenieure, Techniker und Studierende. Von Ad. Ernst, Professor des Maschinen-Ingenieurwesens an der Kgl. Techn. Hochschule in Stuttgart. Vierte, neubearbeitete Auflage. Drei Bände. Mit 1486 Textfiguren und 97 lithograph. Tafeln. In 3 Leinwandbände geb. Preis M. 60,—.

Die Werkzeugmaschinen. Von Hermann Fischer, Geh. Regierungsrat und Professor an der Königl. Techn. Hochschule zu Hannover. I. Die Metallbearbeitungsmaschinen. Zweite, vermehrte und verbesserte Auflage. Mit 1545 Textfiguren und 50 lithograph. Tafeln. In zwei Leinwandbände geb. Preis M. 45,—. II. Die Holzbearbeitungsmaschinen. Mit 421 Textfiguren. In Leinwand geb. Preis M. 15,—.

Technische Mechanik. Ein Lehrbuch der Statik und Dynamik für Maschinen- und Bauingenieure. Von Ed. Autenrieth, Oberbaurat und Professor an der Königl. Techn. Hochschule zu Stuttgart. Mit 327 Textfiguren. Preis M. 12,—; in Leinwand geb. M. 13,20.

Elastizität und Festigkeit. Die für die Technik wichtigsten Sätze und deren erfahrungsmäßige Grundlage. Von Dr.-Ing. C. Bach, Königl. Württ. Baudirektor, Professor des Maschinen-Ingenieurwesens an der Königl. Techn. Hochschule Stuttgart. Fünfte, vermehrte Auflage. Mit zahlreichen Textfiguren und 20 Lichtdrucktafeln. In Leinwand geb. Preis M. 18,—.

Zu beziehen durch jede Buchhandlung.

Verlag von Julius Springer in Berlin.

Die Dampfturbinen, mit einem Anhang über die Aussichten der Wärmekraftmaschinen und über die Gasturbine. Von Dr. A. S t o d o l a, Professor am Eidgenössischen Polytechnikum in Zürich. Dritte, bedeutend erweiterte Auflage. Mit 434 Textfiguren und 3 lithographierten Tafeln. In Leinwand geb. Preis M. 20,—.

Das Entwerfen und Berechnen der Verbrennungsmotoren. Handbuch für Konstrukteure und Erbauer von Gas- und Ölkraftmaschinen. Von H u g o G ü l d n e r, Oberingenieur, Direktor der Güldner-Motoren-Gesellschaft in München. Zweite, bedeutend erweiterte Auflage. Mit 800 Textfiguren und 30 Konstruktionstafeln. In Leinwand geb. Preis M. 24,—.

Die Regelung der Kraftmaschinen. Berechnung und Konstruktion der Schwungräder, des Massenausgleichs und der Kraftmaschinenregler in elementarer Behandlung. Von M a x T o l l e, Professor und Maschinenbauschuldirektor. Mit 372 Textfiguren und 9 Tafeln. In Leinwand geb. Preis M. 14,—.

Technische Messungen, insbesondere bei Maschinenuntersuchungen. Zum Gebrauch in Maschinenlaboratorien und für die Praxis. Von A n t o n G r a m b e r g, Diplom-Ingenieur, Dozent an der Technischen Hochschule Danzig. Mit 181 Textfig. In Leinw. geb. Preis M. 6,—.

Technische Untersuchungsmethoden zur Betriebskontrolle, insbesondere zur Kontrolle des Dampfbetriebes. Zugleich ein Leitfaden für die Arbeiten in den Maschinenbaulaboratorien technischer Lehranstalten. Von J u l i u s B r a n d, Ingenieur, Oberlehrer der Königl. vereinigten Maschinenbauschulen zu Elberfeld. Mit 168 Textfiguren, 2 Tafeln und mehreren Tabellen. In Leinwand geb. Preis M. 6,—.

Hilfsbuch für die Elektrotechnik. Von C. G r a w i n k e l und K. S t r e c k e r. Unter Mitwirkung von Fachgelehrten bearbeitet und herausgegeben von Dr. K. S t r e c k e r. Siebente, vermehrte und verbesserte Auflage. Mit zahlreichen Textfiguren. Unter der Presse.

Kurzes Lehrbuch der Elektrotechnik. Von Dr. A d o l f T h o m ä l e n, Elektroingenieur. Zweite, verbesserte Auflage. Mit 287 Textfiguren. In Leinwand gebunden Preis M. 12,—.

Kurzer Leitfaden der Elektrotechnik für Unterricht und Praxis in allgemein verständlicher Darstellung. Von R u d o l f K r a u s e, Ing. Mit 180 Textfiguren. — In Leinwand gebunden Preis M. 4,—.

Zu beziehen durch jede Buchhandlung.